中等职业教育新课程改革教材

计算机应用基础
（Windows 7+Office 2010）

刘 猛 主 编

電子工業出版社
Publishing House of Electronics Industry
北京·BEIJING

内 容 简 介

计算机应用基础（Windows 7+Office 2010）参考了全国计算机等级考试一级计算机基础及 MS Office 应用考试大纲，全国计算机及信息高新技术考试办公软件应用（中级）考试标准和国家职业标准—计算机操作员（中级），计算机操作员（高级）。全书共分为 6 个部分，这 6 个部分包含不同的项目，每个项目又拆分为不同的小任务，通过项目和任务的实际操作，读者较容易掌握相关的理论知识和操作技巧。

本书坚持“用什么、考什么、编什么”的原则，内容丰富全面，并配有大量练习题，通过反复训练既可以使考生通过考试，又能达到熟练掌握计算机应用技能的目的。

图书在版编目（CIP）数据

计算机应用基础：Windows 7+Office 2010 / 刘猛主编．—北京：电子工业出版社，2015.9
中等职业教育新课程改革教材

ISBN 978-7-121-26752-9

Ⅰ．①计… Ⅱ．①刘… Ⅲ．①Windows 操作系统—中等专业学校—教材②办公自动化—应用软件—中等专业学校—教材 Ⅳ．①TP316.7②TP317.1

中国版本图书馆 CIP 数据核字（2015）第 168738 号

策划编辑：肖博爱
责任编辑：郝黎明
印　　刷：北京捷迅佳彩印刷有限公司
装　　订：北京捷迅佳彩印刷有限公司
出版发行：电子工业出版社
　　　　　北京市海淀区万寿路 173 信箱　邮编　100036
开　　本：787×1 092　1/16　印张：20　字数：512 千字
版　　次：2015 年 9 月第 1 版
印　　次：2024 年 8 月第 15 次印刷
定　　价：38.00 元

凡所购买电子工业出版社图书有缺损问题，请向购买书店调换。若书店售缺，请与本社发行部联系，联系及邮购电话：（010）88254888，88258888。

质量投诉请发邮件至 zlts@phei.com.cn，盗版侵权举报请发邮件至 dbqq@phei.com.cn。

本书咨询联系方式：（010）88254617，luomn@phei.com.cn。

前言 | PREFACE

计算机应用基础（Windows 7+Office 2010）遴选了典型工作案例和应用场景作为编写素材，采用项目—任务式编写方法，体现项目—任务式教学思想，体现针对性、典型性、实用性。

计算机应用基础（Windows 7 +Office 2010）参考了全国计算机等级考试一级计算机基础及MS Office应用考试大纲，全国计算机及信息高新技术考试办公软件应用（中级）考试标准和国家职业标准—计算机操作员（中级），计算机操作员（高级）。本书坚持“用什么、考什么、编什么”的原则，内容丰富全面，并配有大量练习题，通过反复训练既可以使考生通过考试，又能达到熟练掌握计算机应用技能的目的。全书授课电子课件及素材，包括课后练习题素材读者可登录华信教育资源网（www.hxedu.com.cn）免费注册后下载使用。

全书共分为6个部分，这6个部分包含不同的项目，每个项目又拆分为不同的小任务，通过项目和任务的实际操作，读者较容易掌握相关的理论知识和操作技巧。

本书由多位一线教师综合多年教学经验编写而成，具体分工如下：苏伟斌负责编写第一部分，张贵元负责编写第二部分，李小军负责编写第三部分（其中，项目五由林景灼负责编写），刘猛编写第四部分（其中，项目四、项目五由刁燕菲编写，项目六由余润海负责编写），周清流负责编写第五部分，张金良负责编写第六部分，全书第一～第三部分的习题由王月兰编写，第四～第六部分的习题由刁燕菲编写。全书由刘猛担任主编，负责全书统稿工作，赵英姿担任主审。

由于时间仓促，水平有限，书中难免有错误和不足之处，敬请广大读者批评指正。如有意见请发邮件至主编邮箱：Leumoon@yeah.net。

编　者

2015年8月

CONTENTS | 目录

计算机基础

计算机是人类的智慧结晶，它是现代世界科学技术飞速发展的产物。作为一名 21 世纪的青年，应当熟练掌握计算机知识和技能，在学习计算机操作技能之前，应该适当地了解计算机的相关基础知识，对以后其他计算机相关科目的学习有很大帮助。根据全国计算机等级考试一级 MS Office 考试大纲，通过本部分的学习应掌握以下知识点。

❖ 计算机的发展、类型及其应用领域。
❖ 计算机中数据的表示、存储与处理。
❖ 多媒体技术的概念与应用。
❖ 计算机病毒的概念、特征、分类与防治。
❖ 计算机网络的概念、组成和分类；计算机与网络信息安全的概念和防控。
❖ 计算机软、硬件系统的组成及主要技术指标。
❖ 操作系统的基本概念、功能、组成及分类。

项目一　认识计算机

项目指引

当前计算机在人类生活和科学技术发展中应用非常广泛，各种计算机的专业名词也经常出现在日常生活当中。计算机特别是互联网深刻地改变了人们的生活方式、学习及工作方式，没有计算机的现代生活简直是不可想象的。了解计算机的发展、分类、应用领域及工作原理将会非常有助于计算机专业的学生提高学习相关专业课程的兴趣，以便于更好地利用计算机为自己的工作、学习、生活服务。

知识目标

掌握计算机的发展、应用、特点及分类。

技能目标

了解身边使用的计算机属于第几代，有什么特点，可用来做什么，按照分类应该属于哪种类型的计算机。

任务一　计算机及发展

任务说明

任何事物的发展都不是一蹴而就的，计算工具的发展同样经历了从无到有、从简单到复杂的过程。目前计算机应用广泛，形式、外观各异，深刻地影响和改变了人们的生产、生活方式，本任务将学习和了解计算机的发展史及未来发展方向。

相关知识

一、人类计算工具的发展

自古以来，人类就在不断地发明和改进计算工具，从古老的“结绳记事”，到算盘、计算尺、差分机，直到 1946 年第一台电子计算机诞生，计算工具经历了从简单到复杂、从低级到高级、从手动到自动的发展过程。回顾计算工具的发展，可以归纳为以下几个发展阶段。

1．手动式计算工具

人类最初用手指进行计算。人有 10 个手指头，自然而然地习惯用手指记数并采用十进制记数法。用手指进行计算范围有限，计算结果也无法存储。后来人们用绳子、石子等作为工具来弥补手指计算能力的不足。后来我国劳动人民发明了算筹，如图 1.1 所示，这是人类计算工具的一大进步。我国劳动人民智慧的另一结晶——算盘（图 1.2）由算筹演变而来，能够进行基本的算术运算，也能简单存储运算结果，是公认的最早使用的计算工具。

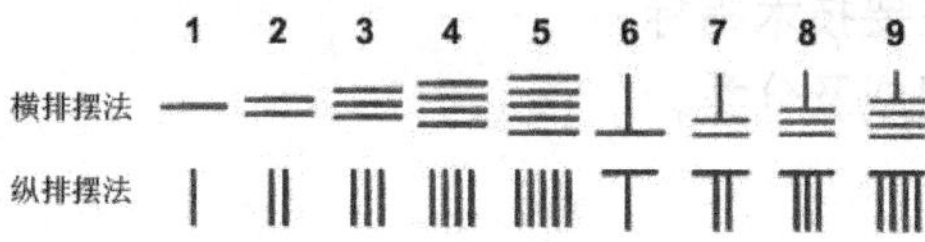

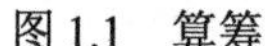

图 1.1　算筹

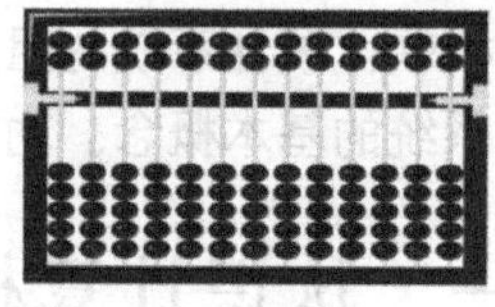

图 1.2　算盘

2．机械式计算工具

17 世纪，欧洲出现了利用齿轮技术的计算工具。法国数学布莱士·家帕斯卡（Blaise Pascal）发明了人类历史上第一台机械式计算工具——帕斯卡加法器，其原理对后来的计算工具产生了持久的影响。英国数学家查尔斯·巴贝奇（Charles Babbage）1822 年研制的差分机专门用于航海和天文计算，这是最早采用寄存器来存储数据的计算工具，体现了早期程序设计思想的萌芽，使计算工具从手动机械跃入自动机械的新时代，如图 1.3 所示。

图 1.3　差分机

3．机电式计算机

1886 年，美国统计学家赫尔曼·赫勒里特（Herman Hollerith）制造了第一台可以自动进行加减运算、累计存档、制作报表的制表机，这台制表机参与了美国 1890 年的人口普查工作，使统计工作效率提高了近 6 倍，是人类历史上第一次利用计算机进行大规模的数据处理。1924 年，赫尔曼·赫勒里特把自己组建的公司改名为“国际商用机器公司”，即 IBM 公司。

1938 年，德国工程师克兰德·朱斯（Kalde Zuse）研制出 Z-1 计算机，这是第一台采用二进制的计算机。在后来的 4 年中，克兰德·朱斯先后研制出采用继电器的计算机 Z-2、Z-3、Z-4。Z-3 是世界上第一台真正的通用程序控制计算机，不仅全部采用继电器，还采用了浮点记数法、二进制运算、带存储地址的指令形式等。

1944 年，美国哈佛大学应用数学教授霍华德·艾肯（Howard Aiken）研制成功了机电式计算机 Mark-I，如图 1.4 所示。Mark-I 长 15.5m，高 2.4m，由 75 万个零部件组成，使用了大量的继电器作为开关元器件，存储容量为 72 个 23 位十进制数，采用了穿孔纸带进行程序控制。它的计算速度很慢，执行一次加法操作需要 0.3s。

图 1.4 Mark-I

4．电子计算机

第二次世界大战中，美国宾夕法尼亚大学物理学教授约翰·莫克利（John Mauchly）和他的研究生普雷斯帕·埃克特（Presper Eckert）受军械部的委托，为计算弹道和射击表启动了研制电子数字积分计算机 ENIAC，Electronic Numerical Integrator and Computer），如图 1.5 所示，1946 年 2 月 14 日，这台巨型机器宣告竣工。ENIAC 是一个庞然大物，包含了 17468 个真空管、7200 个晶体二极管、1500 个继电器、10000 个电容器，还有大约五百万个手工焊接头。它的质量达 27t，体积大约是 2.4m×0.9m×30m，占地 167m^2，耗电 150kW·h。ENIAC 的最大特点就是采用电子器件代替机械齿轮或电动机械来执行算术运算、逻辑运算和存储信息。ENIAC 每秒能完成 5 000 次加法，300 多次乘法，比当时最快的计算工具快 1 000 多倍。ENIAC 是世界上第一台能真正运转的大型电子计算机，ENIAC 的出现标志着电子计算机（以下称计算机）时代的到来。

1945 年 6 月，普林斯顿大学数学教授冯·诺依曼（Von Neumann，图 1.6）发表了 EDVAC（Electronic Discrete Variable Computer，离散变量自动电子计算机）论文，确立了现代计算机的基本结构，他提出以下 3 个重要理论观点。

（1）计算机应具有 5 个基本部件：运算器、控制器、存储器、输入设备和输出设备。

（2）计算机采用二进制进行运算。

（3）存储程序控制，计算机的程序和数据放在存储器中，计算机运行过程中自动存取、自动执行。

迄今为止，大部分计算机仍基本上遵循冯·诺依曼结构，因此把这种类型的计算机称为冯·诺依曼型计算机。

图 1.5　ENIAC

图 1.6　冯·诺依曼

 **扩展知识**

EDVAC 是集体智慧的结晶，冯·诺依曼的伟大功绩在于他运用雄厚的数理知识和非凡的分析、综合能力，在 EDVAC 的总体配置和逻辑设计中起到了关键的作用。可以说，现代计算机的发明绝不是仅凭杰出科学家的个人努力就能完成的事业，研制电子计算机不仅需要巨大的资金，还需要数学家、逻辑学家、电子工程师及组织管理人员的密切合作，需要团队的共同努力。

二、计算机的发展阶段

尽管计算机发明至今才 60 多年，可是计算机得到了高速的发展。英特尔（Intel）公司创始人之一戈登·摩尔（Gordon Moore）是这样形容计算机的发展速度的：当价格不变时，集成电路上可容纳的晶体管数目，约每隔 18 个月增加一倍，性能也将提升一倍。这就是著名的摩尔定律，它揭示了计算机硬件高速更新的规律。根据计算机硬件使用的电子元器件不同，可以把计算机的发展分为电子管、晶体管、集成电路（IC）和超大规模集成电路（VLSI）4 个阶段

1. **第一代计算机**（1946～1958）

第一代计算机采用的电子器件是电子管，如图 1.7 所示。它们体积大，运算速度低，存储容量小，价格昂贵，使用也不方便。通常为了解决一个问题，需要编制复杂的程序，程序和数据的输入几乎都要靠手工。这一代计算机主要应用于科学计算，只在重要部门或科学研究部门使用。

2. **第二代计算机**（1958～1965）

第二代计算机采用的电子器件是晶体管，如图 1.8 所示。其运算速度比第一代计算机的速度提高了近百倍，体积却为原来的几十分之一。在软件方面开始使用计算机语言。这一代计算机不仅用于科学计算，还用于数据处理、事务处理及工业控制。

图 1.7　电子管

图 1.8　晶体管

3．第三代计算机（1965～1970）

图 1.9 集成电路

第三代计算机采用的电子器件是中、小规模集成电路，如图 1.9 所示。这一时期出现了操作系统，使计算机的功能越来越强，应用范围越来越广。它们不仅用于科学计算，还用于文字处理、企业管理、自动控制等领域，出现了计算机技术与通信技术相结合的信息管理系统，可用于生产管理、交通管理、情报检索等领域。

4．第四代计算机（1970 至今）

第四代计算机出现在 1970 年以后，采用的电子器件是大规模集成电路（LSI）和超大规模集成电路（VLSI）。第四代计算机体积更小、性能更强，已经应用于各行各业。

计算机的发展一刻也没有停下，第五代计算机已经开始研制，尽管还没有形成统一的定义，但是第五代计算机的发展方向是明确的，即智能化和更好的用户体验。

计算机各发展阶段对比如表 1.1 所示。

表 1.1 计算机各发展阶段对比表

项目 \ 发展阶段	第一代计算机	第二代计算机	第三代计算机	第四代计算机
出现时间	1946～1958 年	1958～1965 年	1965～1970 年	1970 年以后
主要电子器件	电子管	晶体管	中小规模集成电路	大规模和超大规模集成电路

三、计算机的发展方向

当前，计算机已经在人们的生活工作、国防军事、科学研究等领域扮演着不可替代的作用，计算机正朝巨型化、微型化、网络化和智能化方向发展。

巨型化：指计算机具有极高的运算速度、大容量的存储空间、更加强大和完善的功能，主要用于航空航天、军事、气象、人工智能、生物工程等学科领域。

微型化：大规模及超大规模集成电路发展的必然。从第一块微处理器芯片问世以来，发展速度前所未有，计算机芯片集成度越来越高，所完成的功能也越来越强，使计算机微型化的进程和普及率越来越快。

网络化：随着互联网的普及，计算机网络化是必然的。计算机网络能让人们突破时间和空间的限制共享网络资源、协同工作，大大提高了社会效率。如今，网络化水平已经成为衡量一个国家信息化水平的重要指标之一。

智能化：计算机智能化是让计算机具有与人脑相似的思考模式，如人机对话、逻辑思考、计算机自我学习等。

随着科技的发展，未来计算机的制造会向光子计算机、生物计算机、量子计算机等方面推进。

技能练习

通过网络了解计算机的发展历史、发展方向等知识。

任务二 计算机的特点、应用和分类

任务说明

计算机的特点概括来说如下：运算速度快、计算精度高、存储容量大、具有逻辑判断和高度自动化功能。计算机的作用领域如下：科学计算、过程检测与控制、信息管理、计算机辅助系统、人工智能和计算机网络通信。计算机按信息的表示和处理方式可以分为数字计算机、模拟计算机、数字模拟混合计算机；按计算机用途分为专用计算机、通用计算机；按计算机规模与性能分为巨型机、大型机、中型机、小型机、微型机。

 **相关知识**

一、计算机的特点

1．运算速度快

由于计算机拥有高速计算能力，所以已经应用在各行各业中并发挥着重要作用。通常用 MIPS（百万条指令每秒）衡量计算机的运算速度。例如，采用了 3.2GHz i7 处理器的计算机处理速度最高超过 8000 亿次每秒，即 80000MIPS。美国的超级计算机“红杉”的最高速度超过 20000 万亿次每秒，即 20000000000MIPS。而目前世界上运算速度最快的计算机是我国研制的“天河二号”，最高运算速度达 5.49 亿亿次每秒。

2．计算精度高

以计算机圆周率为例，历代科学家用手工计算也只能正确地算出小数点后 500 位，而在 2011 年 10 月 19 日，日本程序员宣布他已经用计算机将圆周率精确地计算到小数点后 10M 位。

3．存储容量大

计算机中的存储器能够存储大量的信息，以存储文字为例，一本 100 万字的小说存储在计算机中占用的空间不到 2MB，而一般计算机硬盘的容量已经达到 500GB。

4．具有逻辑判断功能

计算机能够进行各种基本的逻辑判断，并根据判断的结果自动决定下一步的操作，所以计算机能够处理各种复杂的任务。

5．高度自动化

一般来说，人们在数据和程序输入到计算机后，计算机能够自动执行并输出结果，这期间无需人们的干预，这也是冯·诺依曼型计算机的特点之一。

二、计算机应用领域

目前，计算机应用在各行各业里，可概括为以下几个方面。

1．科学计算（或称数值计算）

早期的计算机主要用于科学计算。目前，科学计算仍然是计算机应用的一个重要领域，如高能物理、工程设计、地震预测、气象预报、航天技术等。由于计算机具有高运算速度、精度及逻辑判断能力，因此出现了计算力学、计算物理、计算化学、生物控制论等新的学科。

2．过程检测与控制

利用计算机对工业生产过程中的某些信号自动进行检测，并把检测到的数据存入计算机，再根据需要对这些数据进行处理，这样的系统称为计算机检测系统。特别是仪器仪表引进计算机技术后所构成的智能化仪器仪表，将工业自动化推向了一个更高的水平。

3．信息管理（数据处理）

信息管理是目前计算机应用最广泛的一个领域。利用计算机来加工、管理与操作任何形式的数据资料，如企业管理、物资管理、报表统计、账目计算、信息情报检索等。近年来，国内许多机构纷纷建设自己的管理信息系统（MIS）；生产企业也开始采用制造资源规划软件（MRP），商业流通领域则逐步使用电子信息交换系统（EDI），即无纸贸易。

4．计算机辅助系统

（1）计算机辅助设计（CAD），是指利用计算机来帮助设计人员进行工程设计，以提高设计工作的自动化程度，节省人力和物力。目前，此技术已经在电路、机械、土木建筑、服装等设计中得到了广泛的应用。

（2）计算机辅助制造（CAM），指利用计算机进行生产设备的管理、控制与操作，从而提高了产品质量、降低了生产成本，缩短了生产周期，并且大大改善了制造人员的工作条件。

（3）计算机辅助测试（CAT），指利用计算机进行复杂而大量的测试工作。

（4）计算机辅助教学（CAI），指利用计算机帮助教师讲授和帮助学生学习的自动化系统，使学生能够轻松自如地从中学到需要的知识。

5．人工智能

人工智能是利用计算机模拟、延伸和扩展人的智能，让计算机表现出来越来越像真人的活动，如智能机器人、智能家电等系统中都引入了人工智能。

6．计算机网络通信

利用计算机网络，使不同地区的计算机之间实现资源共享；通过网络，人们还可以使用邮件、即时通信工具等进行友好交流。

三、计算机的分类

按信息的表示和处理方式分类：数字计算机、模拟计算机、数字模拟混合计算机。

模拟计算机的主要特点：参与运算的数值由不间断的连续量表示，其运算过程是连续的，模拟计算机由于受元器件质量影响，其计算精度较低，应用范围较窄，目前已很少生产。

数字计算机的主要特点：参与运算的数值用断续的数字量表示，其运算过程按数字位进行计算，数字计算机由于具有逻辑判断等功能，因此以近似人类大脑的“思维”方式进行工作。

按计算机用途分类：专用计算机、通用计算机。

专用计算机功能单一，针对某类问题能显示出最有效、最快速和最经济的特性，但它的适应性较差，不适用于其他方面的应用。在导弹和火箭上使用的计算机很大部分就是专用计算机。

通用计算机功能多样，适应性很强，应用面很广，但其运行效率、速度和经济性依据不同的应用对象会受到不同程度的影响。

按计算机规模与性能分类：巨型机、大型机、中型机、小型机、微型机。

1．巨型机

巨型机也称超级计算机，采用大规模并行处理的体系结构，是运算速度最快、体积最大、价格最昂贵的主机。运算速度每秒可以达到亿亿次，主要用于尖端科学研究领域。例如，我国的“银河”、“天河”（图 1.10）系列计算机就属于巨型机。

图 1.10　天河二号超级计算机

2．大型机

大型计算机是指运算速度快、处理能力强、存储容量大、功能完善的计算机。它的软、硬件规模较大，价格也较高。大型机多采用对称多处理器结构，有数十个处理器，在系统中起着核心作用，发挥主服务器的作用。

3．小型机

20 世纪 60 年代开始出现一种供部门使用的计算机，它的规模较小、结构简单、成本较低、操作简便、维护容易，能满足部门的要求，可供中小企事业单位使用。例如，美国 DEC 公司的 VAX 系列、富士通的 K 系列，我国生产的“太极”系列计算机等，都属于小型计算机。近年来，小型计算机逐渐被高性能的服务器取代。

4．工作站

20 世纪 70 年代后期出现了一种新型的计算机系统工作站。它配有大屏幕显示器和大容量存储器，有较强的网络通信能力，主要适用于 CAD/CAM 和办公自动化等领域，如美国 SUN 公司的 SUN-3、SUN-4。

5．个人计算机

个人计算机又称为个人电脑或微型计算机。这类计算机面向个人、家庭、学校等，应用十分广泛。它由微处理器、内存、主板输入和输出设备组成，因此其体积更小、价格更低、通用性更强、可靠性更高、使用更加方便。

个人计算机的出现，是计算机发展过程中的里程碑，它使计算机的成用与普及成为可能。早期的典型产品有 APPLE2 和 IBM 公司生产的 IBM PC。如今，IBM 的 PC 业务已经被我国的联想（Lenovo）公司收购，联想也成为了世界上最大的 PC 品牌。

扩展知识

由国防科大研制的天河二号超级计算机系统，以峰值计算速度 5.49 亿亿次每秒、持续计算速度 3.39 亿亿次每秒，双精度浮点运算的优异性能位居榜首，比第二名美国的“泰坦”快了近一倍，成为全球最快超级计算机。

天河二号超级计算机系统由 170 个机柜组成，包括 125 个计算机柜、8 个服务机柜、13 个通信机柜和 24 个存储机柜，占地面积 720m^2，内存总容量 1400 万亿字节，存储总容量 12400 万亿字节，最大运行功耗 17.8MW·h，是目前功耗最大的超级计算机。

天河二号运算 1h，相当于 13 亿人同时用计算器计算一千年，其存储总容量相当于存储每册 10 万字的图书 600 亿册。

下面简单统计一下它的硬件配置。

1）处理器：有计 32000 个 Xeon E5 主处理器和 48000 个 Xeon Phi 协处理器，共 312 万个计算核心。

2）内存：整体总计内存 1.408PB。

3）硬盘：12.4PB 容量的硬盘阵列。

天河二号已应用于生物医药、新材料、工程设计与仿真分析、天气预报、智慧城市、电子商务、云计算与大数据、数字媒体和动漫设计等多个领域，还将广泛应用于大科学、大工程、信息化等领域，为经济社会转型升级提供了重要支撑。

技能练习

1）列举自己知道的计算机在生活、学习、工作中的用途，他们各有什么特点。

2）从互联网了解计算机还有什么分类方式，分为哪几类。

知识巩固

1. 世界上第一台电子计算机诞生于（　　）。

A. 20 世纪 30 年代　B. 20 世纪 40 年代　C. 20 世纪 80 年代　D. 20 世纪 90 年代

2. 世界上的第一台电子计算机是由（　　）研制出来的。

A. 中国　B. 美国　C. 英国　D. 日本

3. 世界上第一台计算机的英文缩写为（　　）。

A. MARK-II　B. ENIAC　C. EDSAC　D. EDVAC

4. 冯·诺伊曼在研制 EDVAC 计算机时，提出了两个重要的改进，它们是（　　）。

A. 采用二进制和存储程序控制的概念　B. 引入 CPU 和内存储器的概念

C. 采用机器语言和十六进制　D. 采用 ASCII 编码系统

5. 下列不属于计算机特点的是（　　）。

A. 存储程序控制，工作自动化　B. 具有逻辑推理和判断能力

C. 处理速度快，存储量大　D. 不可靠、故障率高

6. 计算机之所以能按人们的意图自动进行工作，最直接的原因是因为采用了（　　）。

A. 二进制　B. 高速电子元器件　C. 程序设计语言　D. 存储程序控制

7. 现代微型计算机中采用的电子器件是（　　）。

A. 电子管　B. 晶体管

C. 小规模集成电路　D. 大规模和超大规模集成电路

8. 计算机辅助设计的英文缩写是（　　）。

A. CAD　B. CAT　C. CAI　D. CAM

9. 使用计算机进行财务处理是计算机在（　　）领域的具体应用。

A. 科学计算　B. 实时控制　C. 信息处理　D. 辅助系统

10. 第一台电子计算机使用的主要逻辑元器件是（　　）。

A. 集成电路　B. 晶体管　C. 电子管　D. 齿轮

项目二　数据信息及存储

项目指引

计算机的数据处理能力我们已有所了解，但是数据在计算机内部是怎么表示的？为什么要这样表示？怎样进行进制之间的转换？在计算机内部怎样进行信息的存储和表示？

知识目标

掌握进制的概念，掌握二进制、八进制、十六进制的数码、基数和位权。

掌握常见的编码及编码方法。

掌握汉字的编码及编码方法。

技能目标

掌握进制间的转换、二进制与十进制之间的转换、非十进制之间的转换。

任务一　进位计数制

任务说明

人们一般使用十进制，那么什么是进制？除了十进制外还有哪些进制？计算机为什么采用二进制？

相关知识

一、数制的基本概念

在实际生活中，人们通常用 0、1、2、3、4、5、6、7、8、9 这十个数字或者这十个数字的不同组合来表示数或者量的大小，在计算的过程中人们也会遵循逢十进一的规则，人们称以上的计数方法为十进制计数制，下面以十进制为例介绍数制的基本概念。

数制也称计数制，是用一组固定的符号和统一的规则来表示数值的方法。正如上述讲到的十进制，它有固定符号（0、1、2、3、4、5、6、7、8、9）和统一的规则（逢十进一）。

1．数码

数码指数制中表示基本数值大小的不同数字符号。一个 N 进制的数有 N 个数码，分别是 0，1，2，…，N-1。例如，十进制有 10 个数码，分别是 0、1、2、3、4、5、6、7、8、9。

2．基数

基数指数制所使用数码的个数。一个 N 进制的数，其基数就是 N，如十进制的基数为 10。

3．位权

位权指数制中某一位上的 1 所表示数值的大小。例如，十进制数 329，3 代表的是 300，可以写成 3×100 或者 3×10^2；2 代表的是 2×10 或者 2×10^1；9 可以写成 9×1 或者 9×10^0。那么可以说在十进制数 329 中，3 的位权是 $10^2=100$，2 的位权是 $10^1=10$，9 的位权是 $10^0=1$。其中，$329=3\times10^2+2\times10^1+9\times10^0$，这称为该数的按权展开式。

4．表示方法

如果一个数是十进制，则可以用以下两种方法表示出来，第一种是在数的后面加上大写字母 D，第二种是在数的后面加下标 10。例如，329 是一个十进制的数，可以写成 329D 或者$(329)_{10}$。在日常生活中，人们把什么标志也不加的数默认为十进制数。

二、常用计数制

1．二进制数

（1）定义：按“逢二进一”的原则进行计数，即每位上计满 2 时向高位进一。

（2）特点：每个数的数位上只能是 0、1 两个数字；二进制数中最大数字是 1，最小数字是 0；基数为 2。

（3）表示方法：如果 100 是一个二进制数，则可以写成 100B 或者$(100)_2$。

（4）二进制数的按权展开式：二进制数的位权是 2^i，如 $101\text{B}=1\times2^2+0\times2^1+1\times2^0$。

2．八进制数

（1）定义：按“逢八进一”的原则进行计数，即每位上计满 8 时向高位进一。

（2）特点：每个数的数位上只能是 0、1、2、3、4、5、6、7 八个数字；八进制数中最大数字是 7，最小数字是 0；基数为 8。

（3）表示方法：如果 123 是一个八进制数，则可以写成 123O 或者$(123)_8$。

（4）八进制数的按权展开式：八进制数的权是 8^i，如 $172\text{O}=1\times8^2+7\times8^1+2\times8^0$。

3．十六进制数

（1）定义：按“逢十六进一”的原则进行计数，即每位上计满 16 时向高位进一。

（2）特点：每个数的数位上只能是 0、1、2、3、4、5、6、7、8、9、A. B. C. D. E、F 十六个数码，特别说明，在十六进制中，为了避免与十进制数相冲突，人们通常用大写字母 A～F 分别代表 10～15。所以十六进制数中最大数字是 F，即 15，最小数字是 0；基数为 16。

（3）表示方法：如果 1E 是一个十六进制数，则可以写成 1EH 或者 $(1E)_{16}$。

（4）十六进制数的按权展开式：十六进制数的权是 16^i，如 1EDH $=1\times16^2+14\times16^1+13\times16^0$。

二进制、八进制、十进制和十六进制基本情况对比如表 1.2 所示。

表 1.2　常见进制数码、基数、位权及表示方法对比表

数制名称	计数规则	数码	基数	位权	表示方法
十进制（D）	逢十进一	0、1、2、3、4、5、6、7、8、9	10	10^i	123D 或者 $(123)_{10}$
二进制（B）	逢二进一	0、1	2	2^i	100B 或者 $(100)_2$
八进制（O）	逢八进一	0、1、2、3、4、5、6、7	8	8^i	123O 或者 $(123)_8$
十六进制（H）	逢十六进一	0、1、2、3、4、5、6、7、8、9、A. B. C. D. E、F	16	16^i	1EH 或者 $(1E)_{16}$

三、计算机科学中采用不同计数制的意义

1．在计算机中为什么使用二进制数

在计算机中，广泛采用的是只有“0”和“1”两个基本符号组成的二进制数，而不使用人们习惯的十进制数，原因如下。

（1）二进制数在物理上最容易实现。例如，可以只用高、低两个电平表示“1”和“0”，也可以用脉冲的有无或者脉冲的正负极性表示它们。

（2）二进制数用来表示的二进制数的编码、计数、加减运算规则都较简单。

（3）二进制数的两个符号“1”和“0”正好与逻辑命题的两个值“是”和“否”或称“真”和“假”相对应，为计算机实现逻辑运算和程序中的逻辑判断提供了便利的条件。

2．为什么引入八进制数和十六进制数

二进制数书写冗长、易错、难记，而十进制数与二进制数之间的转换过程复杂，所以一般用十六进制数或八进制数作为二进制数的缩写。

技能练习

身边还有哪些进位技术制，分别是多少进位，为什么采用这种进位计数制？

任务二　进制之间的转换

任务说明

计算机内部采用二进制来表示数据，本任务主要介绍二进制、十进制、八进制和十六进制整数之间的相互转换，其中二进制、八进制、十六进制整数转换为十进制整数采用“按权相加法”；十进制整数转换为其他进制整数的方法是“除基取余，反向排列”法；二进制整数转换为八进制采用“取三合一”法；八进制整数转换为二进制采用“取一分三”法；二进制整数转换为十六进制采用“取四合一”法；十六进制整数转换为二进制采用“取一分四”法。

任务实战

一、二进制、八进制、十六进制整数转换为十进制整数

二进制、八进制、十六进制整数转换为十进制整数采用“按位权展开相加法”，下面举例说明。

1．二进制转换为十进制

例如，二进制数 101B 转换为十进制数。

第一步：写出按权展开式，101B$=1\times2^2+0\times2^1+1\times2^0$。

第二步：求出按权展开式的和，101B $=4+0+1=$5D。

2．八进制转换为十进制

例如，八进制数 172O 转换为十进制数。

第一步：写出按权展开式，172O $=1\times8^2+7\times8^1+2\times8^0$。

第二步：求出按权展开式的和，172O $=64+56+2=$ 122D。

3．十六进制转换为十进制

例如，十六进制数 1EDH 转换为十进制数。

第一步：把十六进制数中所有 A～F 转换为十进制的 10～15，在此题中 E 表示 14，D 表示 13。

第二步：写出按权展开式，1EDH$=1\times16^2+14\times16^1+13\times16^0$。

第三步：求出按权展开式的和，1EDH$=256+224+13=$493D。

二、十进制整数转换为二进制、八进制和十六进制整数

十进制整数转换为其他进制整数的方法是“除基取余，反向排列”。

十进制整数转换为二进制整数的具体计算方法：把十进制数除以 2 并取得余数，把得到的商继续除以 2 直到商为 0 停止，把取得的余数反向排列即可得到相应的二进制数。

1．十进制转化为二进制

例如，18D 转换成二进制数，步骤如下。

```
2|18  ………… 0  ↑
 2|9  ………… 1  |
  2|4 ………… 0  |
   2|2 ……… 0  |
    2|1 …… 1  |
      0
```

18 除以 2 得到的余数依次为 0、1、0、0、1，反向排列，所以 18 对应的二进制数就是 10010B。

用同样的方法可以把十进制整数转换为八进制、十六进制。

2．十进制转换为八进制

例如，168D 转换成八进制数，步骤如下。

```
8|168 ………… 0  ↑
 8|21 ………… 5  |
  8|2 ………… 2  |
     0
```

168 除以 8 得到的余数依次为 0、5、2，反向排列，所以 168 对应的八进制数就是 250O。

3．十进制转换为十六进制

例如，428D 转换成十六进制数，步骤如下。

```
16 | 428  ………………… C  ↑
 16 | 26   ……………… A
  16 | 1   ……………… 1
       0
```

428 除以 16 得到的余数依次为 C、A、1，反向排列，所以 428 对应的十六进制数就是 1ACH。

三、非十进制数之间的转换

1. 二进制转换为八进制

二进制整数转换为八进制采用“取三合一”法，即从最低位开始向左每 3 位二进制数取成一段，再将这 3 位二进制按权相加，得到的数就是一位八进制数。按顺序进行排列，得到的数字就是所求的结果。如果向左取到最高位时，无法凑足 3 位，则可以在最高位前添 0，凑足 3 位。

例如，二进制数 1001010B 转换为八进制数。

第一步：从最低位开始向左每 3 位取成一段，不够 3 位的最高位补“0”，得

001，001，010

第二步：分别把上述 3 段数转换为十进制，得

1，1，2

按顺序排列后得到结果：1001010B＝112O。

2. 八进制转换为二进制

八进制整数转换为二进制采用“取一分三”法，即将一位八进制数分解成 3 位二进制数，把得到的二进制数按原来权大小顺序排列。

例如，八进制数 71O 转换为二进制数。

第一步：把八进制数中的每一位分别转换为 3 位二进制数，不够 3 位的最高位补“0”，得

7D＝111B

1D＝001B

第二步：把得到的二进制数按原来权大小顺序排列，得到结果 71O ＝ 111001B。

3. 二进制转换为十六进制

二进制整数转换为十六进制采用“取四合一”法，即从最低位开始向左每 4 位二进制取成一段，再将这 4 位二进制按权相加，得到的数就是一位十六进制数。按顺序进行排列，得到的数字就是所求的结果。如果向左取到最高位时，无法凑足 4 位，则可以在最高位前添 0，凑足 4 位。

例如，二进制数 1001010B 转换为十六进制数。

第一步：从最低位开始向左每 4 位取成一段，不够 4 位的最高位补“0”，得

0100，1010

第二步：分别把上述两段数转换为十进制，得

4，10

按顺序排列后得到结果 1001010B＝4AH。

4. 十六进制转换为二进制

十六进制整数转换为二进制采用“取一分四”法，即将一位十六进制数分解成 4 位二进制数，不够 4 位的最高位补“0”，把得到的二进制数按原来权的大小顺序排列。

例如，把八进制数 71H 转换为二进制数。

第一步：把十六进制数中的每一位分别转换为 4 位二进制数，不够 4 位的最高位补“0”，得

7D＝0111B

1D＝0001B

第二步：把得到的二进制数按原来权的大小顺序排列，得到结果 71H＝1110001B。

技能练习

1．将以下非十进制数转换为十进制数。

111000011B　　173O　　3A1H

110.1B　　174.6O　　F0.CEH

2．将以下十进制数分别转换为二进制数、八进制数、十六进制数（保留两位小数）。

160.5　　0.75　　2015.3

3．实现以下非十进制数之间的相互转换。

1111010011.11B =（　　　　）O=（　　　　）H

FFF.CH =（　　　　）B =（　　　　）O

337.6 O =（　　　　）B =（　　　　）H

任务三　二进制的运算

任务说明

十进制的算数运算我们从小学就已熟练掌握，但是二进制不仅有算数运算还有其特有的逻辑运算。二进制数的加减运算和逻辑运算法则：加运算“逢二进一”，减运算“借一当二”；逻辑与运算“遇 0 得 0”，逻辑或运算“遇 1 得 1”，逻辑非运算“遇 1 得 0，遇 0 得 1”。

任务实战

一、二进制加减运算

1．二进制的加法

二进制的加法运算采用“逢二进一”法则，所以：

0＋0＝0

0＋1＝1

1＋0＝1

1＋1＝10（向高位进一）

例如，1001＋1011 的计算如下。

$$\begin{array}{r} 1001 \\ +\ 1011 \\ \hline 10100 \end{array}$$

所以，1001＋1011＝10100。

2．二进制的减法运算

二进制的减法运算采用“借一当二”法则，所以：

0－0＝0

0－1＝1（向高位借一）

1－0＝1

1－1＝0

例如，1110－1011 的计算如下。

$$\begin{array}{r} 1110 \\ -\ 1011 \\ \hline 0011 \end{array}$$

所以，1110－1011＝11。

二、二进制逻辑运算

二进制逻辑运算包括逻辑与、逻辑或和逻辑非运算。

1．逻辑与运算

逻辑与运算又称为逻辑乘运算，常用符号“×”或“∧”表示。与运算遵循“遇 0 得 0”运算规则，所以：

0×1＝0 或 0∧1＝0

1×0＝0 或 1∧0＝0

1×1＝1 或 1∧1＝1

例如，1111∧1011 的计算如下。

$$\begin{array}{r} 1\,1\,1\,0 \\ \wedge\ 1\,0\,1\,1 \\ \hline 1\,0\,1\,0 \end{array}$$

所以，1111∧1011＝1010。

2．逻辑或运算

逻辑或运算又称为逻辑加运算，常用符号“＋”或“∨”表示。或运算遵循“遇 1 得 1”运算规则，所以：

0＋0＝0 或 0∨0＝0

0＋1＝1 或 0∨1＝1

1＋0＝1 或 1∨0＝1

1＋1＝1 或 1∨1＝1

例如，11110∨10110 的计算如下。

$$\begin{array}{r} 1\,1\,1\,1\,0 \\ \vee\ 1\,0\,1\,1\,0 \\ \hline 1\,1\,1\,1\,0 \end{array}$$

所以，11110∧10110＝11110。

3．逻辑非运算

逻辑非运算又称为逻辑否定运算或逻辑反运算，遵循“遇 1 得 0，遇 0 得 1”运算规则，所以：

0 的非＝1

1 的非＝0

例如，求 11111011 的非，其计算过程如下：按规则把数的各个位取非，得 00000100。

技能练习

1．完成以下二进制数的算术运算。

100110001B＋10100111B　　　100001110B－11101B

2．完成以下二进制数的逻辑运算。

11100101B∧10101011B　　　10101001B∨01010011

任务四　数据存储单位及字符编码

任务说明

数据指计算机进行运算的所有信息的统称；量度信息的最小单位是 bit，存储容量的基本单位是

Byte，各存储单位之间的换算；ASCII 码的基本情况，常见的 ASCII 码码值大小比较；各种中文字符编码，如国标码、区位码、输入码、内码和字形码。

相关知识

一、数据的定义

在计算机领域中，数据是计算机进行运算的所有信息的统称，这些信息包括图形、声音、文字、数、字符和符号等。

二、数据存储单位

位：数据在计算机内部都是以二进制形式表示的，单位是位（bit）。bit 是 binary digit 的英文缩写，它是量度信息的最小单位，只有 0、1 两种状态。

字节：衡量计算机存储容量的基本单位。8 个二进制位的数据单元称为一个字节。在计算机内部，一个字节可以表示一个数据，也可以表示一个英文字母或其他特殊字符，两个字节可以表示一个汉字。

计算机常用的数据存储单位和换算方法如表 1.3 所示。

表 1.3　数据存储单位和换算方法

单　　位	换　　算	中　文　名
bit	最小单位	位
Byte	1 Byte = 8 bit	字节
KB	1 KB = 2^{10}B = 1024 B	千字节
MB	1 MB = 2^{20}B = 1024 KB	兆字节
GB	1 GB = 2^{30}B = 1024 MB	吉字节
TB	1 TB = 2^{40}B = 1024 GB	太字节
PB	1 PB = 2^{50}B = 1024 TB	拍字节
EB	1 EB = 2^{60}B = 1024 PB	艾字节
ZB	1 ZB = 2^{70}B = 1024 EB	皆字节
YB	1 YB = 2^{80}B = 1024 ZB	佑字节
NB	1 NB = 2^{90}B = 1024 YB	诺字节
DB	1 DB = 2^{100}B = 1024 NB	刀字节

三、字符编码

在计算机科学中，人们把现实生活中的各种文字、标点、图形、数字等统称为字符，计算机要准确地处理各种字符，需要对字符进行编码，以便计算机能够识别和存储。常见的西文字符编码有 ASCII 码，中文字符编码有 GB 2312—190 等。

1．西文字符编码

1）ASCII 码

ASCII 码（American Standard Code for Information Interchange，美国信息交换标准码）是目前使用最广泛的西文字符编码。标准 ASCII 码是由 7 位二进制组成的，可以给 128（2^7）个不同的字符进行编码，其中有 96 个可打印字符，包括常用的字母、数字、标点符号等，还有 32 个控制字符，如表 1.4 所示。由于计算机基本处理单位为字节，所以一般仍以一个字节来存放一个 ASCII 字符。每一个字节中多余的一位（最高位）在计算机内部通常保持为 0（在数据传输时可用做奇偶校验位）。

由于标准 ASCII 码数目有限（128 个），在实际应用中往往无法满足要求。为此，国际标准化组织又制定了与标准 ASCII 码兼容的扩展 ASCII 码，扩展 ASCII 码由 8 位二进制组成，可以为 256（2^8）个不同的字符进行编码。

表 1.4 标准 ASCII 码表

ASCII 值		控制字符	ASCII 值		控制字符	ASCII 值		控制字符	ASCII 值		控制字符
十进制	二进制		十进制	二进制		十进制	二进制		十进制	二进制	
0	00000000	NUT	32	00100000	space	64	01000000	@	96	01100000	、
1	00000001	SOH	33	00100001	!	65	01000001	A	97	01100001	a
2	00000010	STX	34	00100010	”	66	01000010	B	98	01100010	b
3	00000011	ETX	35	00100011	#	67	01000011	C	99	01100011	c
4	00000100	EOT	36	00100100	$	68	01000100	D	100	01100100	d
5	00000101	ENQ	37	00100101	%	69	01000101	E	101	01100101	e
6	00000110	ACK	38	00100110	&	70	01000110	F	102	01100110	f
7	00000111	BEL	39	00100111	,	71	01000111	G	103	01100111	g
8	00001000	BS	40	00101000	(	72	01001000	H	104	01101000	h
9	00001001	HT	41	00101001	)	73	01001001	I	105	01101001	i
10	00001010	LF	42	00101010	*	74	01001010	J	106	01101010	j
11	00001011	VT	43	00101011	+	75	01001011	K	107	01101011	k
12	00001100	FF	44	00101100	,	76	01001100	L	108	01101100	l
13	00001101	CR	45	00101101	-	77	01001101	M	109	01101101	m
14	00001110	SO	46	00101110	.	78	01001110	N	110	01101110	n
15	00001111	SI	47	00101111	/	79	01001111	O	111	01101111	o
16	00010000	DLE	48	00110000	0	80	01010000	P	112	01110000	p
17	00010001	DCI	49	00110001	1	81	01010001	Q	113	01110001	q
18	00010010	DC2	50	00110010	2	82	01010010	R	114	01110010	r
19	00010011	DC3	51	00110011	3	83	01010011	X	115	01110011	s
20	00010100	DC4	52	00110100	4	84	01010100	T	116	01110100	t
21	00010101	NAK	53	00110101	5	85	01010101	U	117	01110101	u
22	00010110	SYN	54	00110110	6	86	01010110	V	118	01110110	v
23	00010111	TB	55	00110111	7	87	01010111	W	119	01110111	w
24	00011000	CAN	56	00111000	8	88	01011000	X	120	01111000	x
25	00011001	EM	57	00111001	9	89	01011001	Y	121	01111001	y
26	00011010	SUB	58	00111010	:	90	01011010	Z	122	01111010	z
27	00011011	ESC	59	00111011	;	91	01011011	[	123	01111011	{
28	00011100	FS	60	00111100	<	92	01011100	/	124	01111100	|
29	00011101	GS	61	00111101	=	93	01011101	]	125	01111101	}
30	00011110	RS	62	00111110	>	94	01011110	^	126	01111110	~
31	00011111	US	63	00111111	?	95	01011111	—	127	01111111	DEL

2）ASCII 码大小的比较

熟识 ASCII 表对学习计算机有很大的帮助，通过观察表 1.4 可以得出以下规律。

（1）大写字母“A”的 ASCII 码值是 65，大写字母比小写字母小 32，如“A” < “a”。

（2）控制字符比数字小，如“空格” < “9”。

（3）数字 0～9 比字母小，如“7”<“F”；“7”<“f”。

（4）数字 0 比数字 9 小，并按 0～9 顺序递增，如“3”<“8”。

（5）字母 A 比字母 Z 小，并按 A～Z 顺序递增，如“A”<“Z”。

（6）字母 a 比字母 z 小，并按 a～z 顺序递增，如“a”<“z”。

2．中文字符编码

西方人发明了计算机，并且把西文字符用 ASCII 编码表示出来，同样的，要让中文被计算机识别也要对中文字符进行编码。

1）国标码

国标码又称汉字信息交换码，是用于汉字信息处理系统之间或者通信系统之间交换信息的汉字编码。我国国家标准局于 1980 年发布了国家标准 GB 2312—1980《信息交换用汉字编码字符集·基本集》作为我国国家标准的简体中文字符集。它所收录的汉字已经覆盖 99.75%的使用频率，基本满足了汉字的计算机处理需要，在中国大陆和新加坡广泛使用。

国标码收录了简化汉字及一般符号、序号、数字、拉丁字母、日文假名、希腊字母、俄文字母、汉语拼音符号、汉语注音字母，共 7445 个图形字符。其中，包括 6763 个汉字，其中一级汉字 3755 个，按拼音排序，二级汉字 3008 个，按部首排序；还包括拉丁字母、希腊字母、日文平假名及片假名字母、俄语西里尔字母在内的 682 个全角字符。

2）区位码

国标 GB 2312—80 规定，所有的汉字或符号分配在一个 94 行、94 列的方阵中，方阵的每一行称为一个“区”，编号为 01～94，每一列称为一个“位”，编号也是 01～94，方阵中的每一个汉字或符号所对应的区号和位号合在一起形成了一个 4 位数字的编码，称为字符的区位码。不难看出，区位码由区号和位号组成，区号是 01～94，位号也是 01～94，例如，汉字“母”的区号是 36，位号是 24，所以它的区位码是 3624。区位码的主要特点是一号一码，绝无重码，但难以记忆。

国标码规定，每个汉字由两个字节表示，每个字节的最高位为 0。把汉字的区位码加上 2020H 就得到了汉字的国标码。

汉字国标码＝汉字区位码＋2020H

3）汉字输入码

将汉字输入到计算机中的代码称为输入码，也称汉字外码。汉字输入码可分为形码，如五笔输入法；音码，如微软拼音输入法；音形码，如二笔输入法等。显然，一个汉字的输入码会随所采用的输入法的不同而不同，如汉字“中”，用拼音输入法时的输入码是“ZHONG”，而用五笔输入法时输入码是“K”。

4）汉字内码

计算机内部存储、处理加工和传输汉字时所用代码称为汉字内码，输入码被接收后由汉字操作系统的“输入码转换模块”转换为机内码，机内码是汉字最基本的编码，不管是什么汉字系统和汉字输入方法，输入的汉字输入码（外码）到机器内部都要转换成机内码，才能被存储和进行各种处理。

汉字的机内码与国标码的关系：汉字机内码＝汉字国标码＋8080H。

5）字形码

汉字字形码又称汉字字模，是汉字字型信息数据的编码，主要用于汉字在显示屏或打印机上的输出。汉字字型码通常有两种表示方式：点阵方式（点阵码）和矢量码方式（矢量码）。

用点阵表示字形时，汉字字型码指的是这个汉字字型点阵的代码。根据输出汉字的要求不同，点阵的大小也不同。简易型汉字为 16×16（16 行，16 列）点阵，提高型汉字为 24×24 点阵、32×32 点阵、48×48 点阵、64×64 点阵等，图 1.11 列出了 24×24 和 64×64 点阵的“景”字。点阵规模越大，字形越清晰美观，所占存储空间也越大。计算机存储不同点阵所需要的字节数可以用以下式子计算出来。

存储汉字需要的字节数＝点阵行数×点阵列数÷8

例如，存储一个 16×16 点阵需要的字节数＝16×16÷8＝32B。

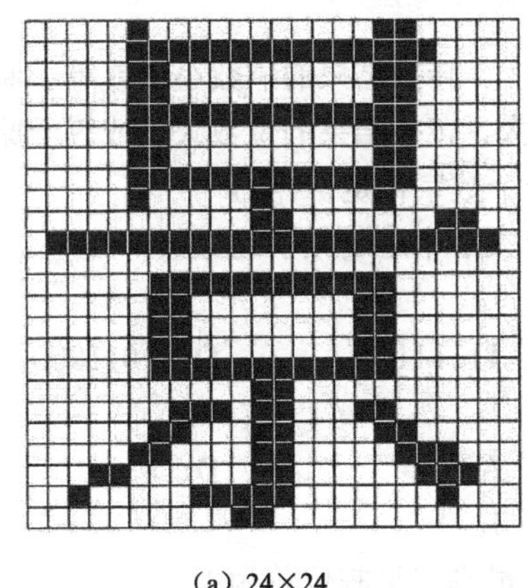

（a）24×24　　（b）64×64

图 1.11　点阵

矢量表示方式存储的是描述汉字字型的轮廓特征，当要输出汉字时，通过计算机的计算，由汉字字型描述生成所需大小和形状的汉字点阵。矢量化字形描述与最终文字显示的大小、分辨率无关，因此可以产生高质量的汉字输出。Windows 中使用的 TrueType 技术就是汉字的矢量表示方式。

扩展知识

国家标准 GB 18030—2000《信息交换用汉字编码字符集基本集的扩充》，是我国政府于 2000 年 3 月 17 日发布的新的汉字编码国家标准，2001 年 8 月 31 日后在中国市场上发布的软件必须符合该标准。其中收录了 27484 个汉字，覆盖中文、日文、朝鲜语和中国少数民族文字，满足中国大陆、中国香港、中国台湾、日本和韩国等东亚地区信息交换多文种、大字量、多用途、统一编码格式的要求。GB 18030 标准采用单字节、双字节和四字节 3 种方式对字符编码，大大增加了可用编码的数量，将成为未来计算机使用的主流汉字编码。

技能练习

1．除了 ASCII 码外，计算机还能使用什么编码？

2．你知道的汉字编码有哪些，对使用计算机有什么影响？

3．自己经常使用的输入法是什么？询问周围的人使用的输入法是什么？有什么优缺点？

知识巩固

1．在计算机中，组成一个字节的二进制位位数是（　　）。

A．1　　B．2　　C．4　　D．8

2．假设某台式计算机的内存储器容量为 128MB，硬盘容量为 10GB，则硬盘的容量是内存容量的（　　）。

A．40 倍　　B．60 倍　　C．80 倍　　D．100 倍

3．20GB 的硬盘表示容量约为（　　）。

A．20 亿个字节　　B．20 亿个二进制位

C．200 亿个字节　　　　　　　　　　D．200 亿个二进制位

4．如果在一个非零无符号二进制整数之后添加一个 0，则此数的值为原数的（　　）。

A．10 倍　　　B．2 倍　　　C．1/2　　　D．1/10

5．如果删除一个非零无符号二进制数尾部的 2 个 0，则此数的值为原数（　　）。

A．4 倍　　　B．2 倍　　　C．1/2　　　D．1/4

6．关于数制的转换，下列叙述中正确的是（　　）。

A．对于相同的十进制正整数，随着基数的增大，转换结果的位数小于或等于原数据的位数

B．对于相同的十进制正整数，随着基数的增大，转换结果的位数大于或等于原数据的位数

C．不同数制的数字符是各不相同的，没有一个数字符是一样的

D．同一个整数值的二进制数表示的位数一定大于十进制数字的位数

7．十进制整数 127 转换为二进制整数等于（　　）。

A．1010000　　　B．0001000　　　C．1111111　　　D．1011000

8．在下列字符中，其 ASCII 码值最小的是（　　）。

A．空格字符　　　B．0　　　C．A　　　D．a

9．下列关于 ASCII 码的叙述中，正确的是（　　）。

A．一个字符的标准 ASCII 码占一个字节，其最高二进制位总为 1

B．所有大写英文字母的 ASCII 码值都小于小写英文字母 a 的 ASCII 码值

C．所有大写英文字母的 ASCII 码值都大于小写英文字母 a 的 ASCII 码值

D．标准 ASCII 码表有 256 个不同的字符编码

10．已知英文字母 m 的 ASCII 码值为 6DH，那么 ASCII 码值为 71H 的英文字母是（　　）。

A．M　　　B．j　　　C．P　　　D．q

11．在微机中，西文字符采用的编码是（　　）。

A．EBCDIC 码　　　B．ASCII 码　　　C．国标码　　　D．BCD 码

12．汉字的区位码由一个汉字的区号和位号组成。其区号和位号的范围各为（　　）。

A．区号 1～95，位号 1～95　　　　B．区号 1～94，位号 1～94

C．区号 0～94，位号 0～94　　　　D．区号 0～95，位号 0～95

13．五笔字型汉字输入法的编码属于（　　）。

A．音码　　　B．形声码　　　C．区位码　　　D．形码

14．显示或打印汉字时，系统使用的是汉字的（　　）。

A．机内码　　　B．字形码　　　C．输入码　　　D．国标交换码

15．若已知一汉字的国标码是 5E38H，则其内码是（　　）。

A．DEB8H　　　B．DE38H　　　C．5EB8H　　　D．7E58H

项目三　计算机系统

项目指引

计算机的功能越来越多，性能也越来越出色，应用范围越来越广泛，各种计算机设备出现在人们的生活中，离开计算机的世界无法想象。其实很多用户并不理解计算机工作的原理，台式机、笔记本式计算机、平板电脑、智能手机、各种专业的工作站及超级计算机，它们的系统是怎样组成的？本项目将探讨常见计算机的系统组成，计算机硬件系统和软件系统，以及指令和语言。

知识目标

熟练掌握计算机系统的组成，掌握计算机指令和计算机语言。

技能目标

分析周围的计算机设备，如家用台式机、平板电脑、智能手机，哪些是硬件系统，哪些是软件系统，软件一般采用什么程序语言设计。

任务一 计算机硬件系统

任务说明

目前为止，人们使用的计算机大多采用冯·诺依曼结构，所以计算机通常有五大部件，分别是运算器、控制器、存储器、输入设备和输出设备，通常把只有硬件没有软件的计算机称为“裸机”。

计算机硬件系统由主机和外部设备组成，而主机又由 CPU 和内部存储器构成，如图 1.12 所示。

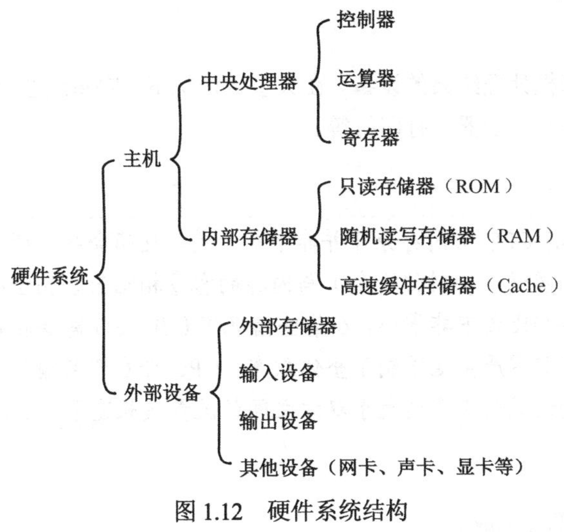

图 1.12 硬件系统结构

相关知识

一、运算器

运算器又称算术逻辑单元（Arithmetic Logic Unit，ALU）。它是计算机对数据进行加工处理的部件，包括算术运算（加、减、乘、除等）和逻辑运算（与、或、非、异或、比较等）。

二、控制器

控制器负责从存储器中取出指令，并对指令进行译码；根据指令的要求，按时间的先后顺序，负责向其他部件发出控制信号，保证各部件协调一致地工作，一步一步地完成各种操作。控制器主要由指令寄存器、译码器、程序计数器、操作控制器等组成。

硬件系统的核心是中央处理器。它主要由控制器、运算器等组成，并采用大规模集成电路工艺制成的芯片（又称微处理器芯片）。

三、存储器

存储器是计算机记忆或暂存数据的部件。计算机中的全部信息，包括原始的输入数据，经过初步加工的中间数据，以及最后处理完成的有用信息都存放在存储器中。此外，指挥计算机运行的各种程序，即规定对输入数据如何进行加工处理的一系列指令也存放在存储器中。

存储器分为内部存储器（内存）和外部存储器（外存）两种。常见的内部存储器有内存条，外部存储器有硬盘、USB 闪存盘、光盘等。内部存储器又分为只读存储器（Read Only Memory，ROM）、随机读写储存器（Random Access Memory，RAM）和高速缓冲存储器（Cache）。ROM 的特点是能读不能写，断电后数据不丢失；RAM 的特点是能读也能写，断电后数据丢失。

在计算机系统中，CPU 运行速度比较快而内存运行速度比较慢，为了提高系统效率，在 CPU 和内存中间加入了 Cache，以缓解两者速度不匹配的问题。

四、输入设备

输入设备是给计算机输入信息的设备。它是重要的人机接口，负责将输入的信息（包括数据和指令）转换成计算机能识别的二进制代码，送入存储器保存。常见的输入设备有键盘、鼠标等。

五、输出设备

输出设备是输出计算机处理结果的设备。在大多数情况下，它将这些结果转换成便于人们识别的形式。常见的输入设备有显示器，打印机等。

扩展知识

冯·诺依曼瓶颈：将 CPU 与内存分开并非十全十美，反而会导致所谓的冯·诺伊曼瓶颈，即在 CPU 与内存之间的流量（资料传输率）与内存的容量相比而言相当小，在现代计算机中，流量与 CPU 的工作效率相比之下非常小，在某些情况下（当 CPU 需要在巨大的资料上执行一些简单指令时），资料流量非常严重地限制了整体效率。CPU 会在资料输入或输出内存时闲置。由于 CPU 速度及内存容量的成长速率远大于双方之间的流量成长速率，因此瓶颈问题越来越严重。

技能练习

1．计算机由哪五大部分组成？

2．列举自己知道的计算机硬件，并判断它们应该属于五大组成部分中的哪一部分？

任务二　计算机软件系统

任务说明

计算机软件系统由系统软件和应用软件组成。系统软件是指能够控制、管理和维护计算机硬件资源的软件，常见的系统软件有操作系统、语言处理程序（解释和编译系统）、数据库管理系统等；应用软件是指为了解决用户的实际问题而编写的软件，常见的应用软件有办公软件、网络软件、多媒体软件等，如图 1.13 所示。

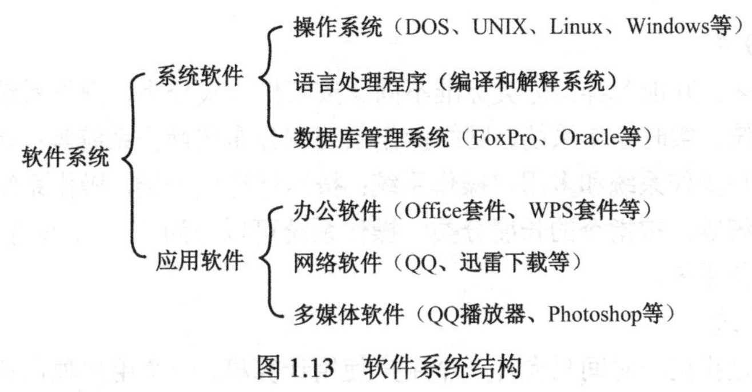

图 1.13 软件系统结构

相关知识

一、操作系统

操作系统（Operating System，OS）是管理和控制计算机硬件与软件资源的计算机程序，是计算机的最基本的系统软件，任何其他软件都必须在操作系统的支持下才能运行。操作系统是用户和计算机的接口，也是计算机硬件和其他软件的接口。

1．操作系统的功能

1）处理器管理

处理器管理就是要对处理器的工作时间进行分配，对不同程序的运行进行记录和调度，实现用户和程序之间的相互联系，解决不同程序在运行时相互发生的冲突。处理器管理是操作系统的最核心部分，它的管理方法决定了整个系统的性能。

2）存储器管理

存储器管理就是要以最合适的方案为不同的用户和不同的任务划分出不同的存储器区域，保障各存储器区域不受其他程序的干扰；管理好不同程序所需要的数据的物理地址，以便处理器最快最准确地读取数据；在主存储器区域不够大的情况下，使用硬盘等其他辅助存储器来替代主存储器的空间，自行对存储器空间进行整理等。

3）设备管理

设备管理就是为用户提供设备的独立性，使用户不管是通过程序逻辑还是命令来操作设备时都不需要了解设备的具体操作。设备管理在接到用户的要求以后，将用户提供的设备名与具体的物理设备进行连接，再将用户要处理的数据送到物理设备上；对各种设备信息的记录、修改；对设备行为的控制。

4）文件管理

文件是一组相关信息的集合，任何程序和数据都是以文件的形式存放在计算机的外存储器上的，文件是数据组织的最小单位。计算机中的信息都是以文件形式存放的，文件管理就是要对用户文件的存储空间进行组织，分配和回收；负责文件的存储、检索、共享和保护；实现“按名取存”，用户只要知道文件名，即可存取文件，而无需知道这些文件的物理地址。

5）用户接口管理

操作系统是为了方便人们使用计算机而产生的，它会提供丰富的用户接口以实现更好的人机交互。用户接口一般可以分为如下两种。

（1）程序接口：这种接口一般是为程序员编程而设置的，目的是让程序员更容易调用系统的各种资源，编写更有效率的程序。

（2）操作接口：操作接口也称作业接口，目的是让用户更方便地使用计算机，如图形化的使用界面、DOS 命令等都属于这种接口。

2．操作系统的分类

操作系统种类繁多，功能各异，分类标准不同。按工作方式分类，操作系统可以分为批处理操作系统、分时操作系统、实时操作系统、网络操作系统和分布式操作系统等；按用户数量分类，操作系统可以分为单用户操作系统和多用户操作系统；按运行环境分类，操作系统可以分为桌面操作系统、嵌入式操作系统等；按指令的长度分类，操作系统可以分为 32 位、64 位操作系统等。下面简单介绍各类型的操作系统。

1）单用户操作系统

单用户操作系统是指同一时间只允许一个用户使用计算机，一个用户独占计算机的所有资源的操作系统，典型的单用户操作系统是 MS-DOS。

2）多用户操作系统

多用户操作系统允许多个用户同时使用计算机，多个用户同时共享同一计算机的资源，典型的多用户操作系统有 Linux、UNIX 等。由于 Linux 操作系统允许用户同一时间可以运行多个程序，因此该类型的系统又被称为多任务操作系统。

3）批处理操作系统

批处理操作系统主要用于早期的大型计算机上，由于早期大型主机使用效率很低，为了提高效率，用户预先把作业整批输入计算机，计算机自动执行，在这期间无需人工干预，也没有人机交互。系统内存一次只能处理一个作业的操作系统称为单道批处理操作系统；相反，系统内存一次可以处理一个或多个作业的操作系统称为多道批处理操作系统。典型的多道操作系统有 IBM 的 DOS/VSE。

4）分时操作系统

分时操作系统能使一台计算机同时为多个终端提供服务，而使用不同终端的人不会感觉到他们正在共享一台计算机的资源。分时系统能够把计算机资源特别是 CPU 运行时间分成不同的时间片，轮流给每个终端作用，当一个终端运行完一个时间片后，就到下一个，循环使用直到本终端的作业完成。由于时间片是极短的（毫秒级），所以只要终端的数量不是太多，终端的用户感觉不到自己在与其他人分享一台计算机的资源。典型的分时操作系统是 UNIX。

5）实时操作系统

实时操作系统与普通操作系统的最大区别是“实时性”，实时操作系统要求系统对任务的响应和执行时间都有极严格的要求，如果有一个任务要执行，实时操作系统会马上（在一个规定的较短时间内）执行该任务，不会有延时，保证任务及时执行。实时操作系统有硬实时和软实时之分，硬实时要求在规定的时间内必须完成操作，这是在操作系统设计时保证的；软实时则只要按照任务的优先级，尽可能快地完成操作即可。例如，飞机上的自动导航系统、导弹的飞行系统、自动防火系统等都属于实时操作系统。

6）网络操作系统

网络操作系统是一个网络的“心脏”和“灵魂”，它能让用户方便地使用远程的计算机资源，提供网络通信，实现资源共享。网络操作系统能让网络间使用不同操作系统的计算机实现最大的网络相关性，如共享数据文件、软件应用，以及共享硬盘、打印机、调制解调器、扫描仪和传真机等。典型的网络操作系统有 UNIX、Linux、Windows、Netware 等。

7）分布式操作系统

分布式操作系统由若干台独立的计算机构成，整个系统给用户的印象就像一台计算机。实际上，系统中的每台计算机都有自己的处理器、存储器和外部设备，它们既可独立工作（自治性），亦可合作。在这个系统中各机器可以并行操作且有多个控制中心，即具有并行处理和分布式控制的功能。分布式系统是一个一体化的系统，它负责全系统（包括每台计算机）的资源分配和调度、任务划分、信息传输、控制协调等工作，并为用户提供一个统一的界面、标准的接口。用户通过统一界面实现所需操作和使用系统资源，至于操作是在哪个计算机上执行的或使用的是哪个计算机的资源则由系统考虑，用户无需了解，也就是说，系统对用户是透明的。分布式系统具有响应时间短、吞吐量大、可用性好和可靠性高等特点，是目前的研究热点。

二、语言处理程序

计算机要自动运行必须靠人把要运行的程序输入到计算机中，这个过程就像人类与计算机在沟通，告诉计算机什么情况下要怎么做，人们把人与计算机沟通的语言称为计算机语言。到目前为止，计算机语言从大的方向可分为低级语言和高级语言，其中低级语言包括机器语言和汇编语言，高级语言包括 C、C++、BASIC、Java 等。

1．机器语言

通常在计算机中，指挥计算机完成某个基本操作的命令称为指令。所有指令集合称为指令系统。指令的基本格式如图 1.14 所示，一条指令含有操作码字段和地址码字段，其中操作码指明了指令的操作性质及功能，地址码则给出了操作数或操作数的地址。

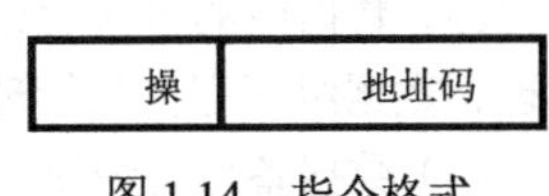

图 1.14　指令格式

计算机内部采用的是二进制，所以计算机唯一能够直接识别的是机器语言，每一条机器语言指令都是一组有意义的二进制代码。对于计算机来说，它是执行效率最高、执行速度最快的语言；而对于程序员来说，机器语言是难以记忆、可靠性差、可读性差、可移植性差的语言，所以如今人们已经很少用机器语言进行编程了。

2．汇编语言

为了克服机器语言的缺点，人们开发出了汇编语言，汇编语言相对机器语言最大的改进就是用助记符（字母、数字等）代替机器语言指令的操作码，用地址符号代替机器语言指令的地址码，如用 ADD 表示加法指令、MOV 表示传送指令等。这样大大增强了程序的可读性，降低了编写难度。

尽管汇编语言跟机器语言一样都是面向机器的语言，但汇编语言编写的程序计算机是不能直接识别和执行的，必须翻译成机器语言（所有计算机语言都要翻译成机器语言后，计算机才能识别和执行）。用汇编语言编写的程序一般称为汇编语言源程序，翻译后的机器语言一般称为目标程序。将汇编语言源程序翻译成目标程序的软件称为汇编程序。

3．高级语言

由于汇编语言依赖于硬件体系，且助记符量大、难记，于是人们发明了更接近日常生活语法（英语）、远离计算机硬件的语言，即高级语言。高级语言种类很多，如目前流行的 Java、C、C++、C#、Pascal、FoxPro、VC 语言等。

相对于低级语言，高级语言的优点是非常明显的。首先，高级语言接近日常语法，易学、易用，编写源程序快速、高效；其次，高级语言源程序可读性好，可维护性强，可靠性高；再次，高级语言源程序可移植性好，重用率高；最后，高级语言源程序自动化程度高，开发周期短，使程序员不用关心编译的过程，可以集中时间和精力去做提高程序的质量和效率等更有创造性的事情。

高级语言编写的源程序也要翻译成机器语言才能在计算机中执行，通常翻译的方法有编译和解释两种。

编译就是把高级语言源程序翻译成目标程序，再通过链接程序把目标程序链接成可执行程序的过程。所以一般编译的过程分为两步：编译（翻译），分为五个阶段，即词法分析，语法分析，语义检查和中间代码生成，代码优化，目标代码生成；是链接，把目标程序链接和定位成可执行程序。

通过编译方法生成目标程序的语言有 C、C++、Pascal 等。

解释就是在翻译的过程中，翻译一句执行一句，解释的过程中不产生目标程序。采用解释方法翻译的语言每次执行都要翻译一次，执行效率比较低。

常见的通过解释翻译的语言有 BASIC。

三、数据库管理系统

数据库管理系统（Database Management System，DBMS）是一种专门用来管理数据库的系统软件，负责定义、建立、管理、维护数据库，保证数据安全可靠，提高数据库的运行效率。用户或者程序可以摆脱时间和空间的限制通过 DBMS 访问数据库，大大增强了使用数据库的便利性。数据库管理系统一般包括以下功能。

（1）数据定义：DBMS 提供数据定义语言定义数据库的模式结构、完整性约束等。

（2）数据操作：DBMS 提供数据操作语言，供用户实现对数据的追加、删除、更新、查询等操作。

（3）数据库的日常运行管理：DBMS 负责处理多用户环境下的并发控制、数据安全、运行日志管理、数据组织存储与管理等，保证数据库安全可靠运行。

（4）数据备份与恢复：DBMS 能让用户定期备份数据，当数据库运行出现故障时能迅速恢复数据，尽量保证数据不被丢失。

（5）数据通信：DBMS 要为用户和程序提供操作数据库、传输数据的接口。

目前常用的数据库管理系统有 SQL Server、DB2、Oracle 等。

四、办公软件

办公软件指的是人们日常工作中使用的软件，这些软件可以进行文书处理、表格制作、幻灯片制作、简单数据库处理等工作。常用的办公软件有微软 Office 套件、金山 WPS 套件等。

五、网络软件

在计算机网络环境中，用于支持数据通信和各种网络活动的软件称为网络软件。如今互联网已经深入人们的生产、生活，网络软件有很多，有的可以聊天，如 QQ、飞信、微信等；有的可以浏览网页，如 IE、Google Chrome 等；有的可以帮助用户下载资源，如迅雷、Flash Get 等。

六、多媒体软件

人们把声音、图像、文字、视频和动画等称为媒体，多媒体就是指把两种或两种以上的媒体进行组合。常见的多媒体软件动画制作软件有 Adobe Flash CS3、图片处理软件 Photoshop、三维制作软件 3ds Max 等。

技能练习

列举在日常工作、生活中常用的软件，并区分哪些是系统软件，哪些是应用软件。

任务三　微机常见设备

任务说明

微型计算机一般指以微处理器作为 CPU 的计算机，如常见的个人计算机（PC）、平板电脑、PSP 游戏机等。与大中小型计算机通常会占用很大的空间不同，微型计算机所有部件都会微小化并且紧密组合在一起，所以微型计算机体积小，占用空间小。下面以个人计算机为例介绍微型计算机常用的部件。

相关知识

一、微处理器

微处理器（Micro Processor Unit，MPU）包括运算器（ALU）和控制器（CU）两大部件，它是计算机的核心部件。根据应用领域的不同，MPU 也有一些特别的名称，如用于处理通用数据时被称为中央处理器，常见生产厂商有 Intel 和 AMD 公司；专用于图像数据处理时被称为图形处理器（Graphics Processing Unit，GPU)；用于音频数据处理时被称为音频处理单元（Audio Processing Unit，APU）等。

1. MPU 的性能指标

MPU 的性能直接决定了微机的性能，MPU 的性能指标主要是字长和时钟主频。字长是指 MPU 一次能够运算的二进制的位数，现在常见的有 32 位和 64 位。MPU 的时钟主频表示在 CPU 内数字脉冲信号震荡的速度，尽管时钟主频与运算速度存在一定的关系，可是并不意味着时钟主频越高 MPU 的运算速度就越快。MPU 的时钟主频不代表 MPU 的速度，但提高时钟主频对于提高 MPU 运算速度却是至关重要的。

图 1.15　Intel Core i7 微处理器

二、存储器

存储器是微机存储程序和数据的部件。通常人们把处理器能直接访问的存储器称为内部存储器，简称内存；把处理器不能直接访问的存储器称为外部存储器，简称外存。

1. 内存

内存（图 1.16）按其性能特点又可以分为随机存储器、只读存储器和高速缓冲存储器。

1）随机存储器

随机存储器一般作为计算机内存，即主存。随机存储器的主要特点是随机读写，速度很快，但这种存储器在断电后数据会丢失，因此只能临时存放数据和程序。随机存储器又分为静态随机存储器（Static RAM，SRAM）和动态随机存储器（Dynamic RAM，DRAM）。

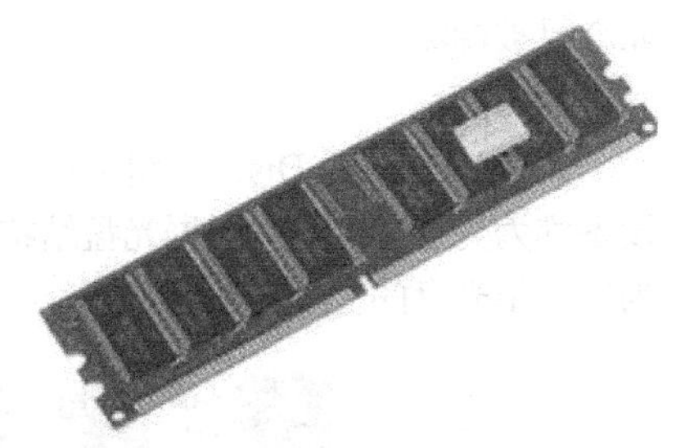

图 1.16　常见的内存（DRAM）

2. 只读存储器

只读存储器（图 1.17）的特点是处理器对它只能读不能写。只读存储器中存放的信息一般由厂商在制造的时候写入并封闭，一般情况下不能修改。它所存数据稳定，断电后所存数据也不会丢失。由于人们在实际应用中发现有时候需要自己改写 ROM 中的数据，所以后来又发展出可编程只读存储器（PROM）、可擦可编程序只读存储器（EPROM）和电可擦可编程只读存储器（EEPROM）。PROM 内部有行列式的熔丝，在需要写入数据时利用电流将其烧断便可写入数据，但仅能写录一次。

图 1.17　只读存储器

EPORM 可利用高电压将资料编程写入，擦除时将线路曝光于紫外线下，资料可被清空，并且可重复使用。EPROM 需用紫外光擦除，使用不方便也不稳定，EEPROM 改进了 EPROM 的擦除方式，使用高电场来擦除，更方便、更稳定。

2）高速缓冲存储器

由于计算机的处理器速度比内存的速度快很多，这就使得处理器的性能得不到很好的发挥，影响整个计算机系统的效率。人们在处理器和内存的中间放置了高速缓冲存储器，高速缓冲存储器速度与处理器差不多，但容量比内存少很多。开始时高速缓冲存储器集成在处理器内部，是处理器的一部分，这种高速缓冲存储器称为内部高速缓冲存储器，也称为一级高速缓冲存储器。由于一级高速缓冲存储器容量小，为了提高计算机性能，出现了二级高速缓冲存储器，有些二级高速缓冲存储器集成在主板上，独立于处理器之外，所以也称为外部高速缓冲存储器。

3）内存的性能指标

内存的性能指标主要有两个：容量和速度。容量越大、速度越快的内存性能越强。内存的速度一般用存储周期来表示。存储周期指两次访问（读出或写入）存储器之间的最小时间间隔。

3．外部存储器

外部存储器是相对于内部存储器来说的，指的是除内存和缓存外计算机的存储器，也称为外存或辅助存储器。由于处理器只能访问内存，所以处理器要访问外存的数据时，必须先把外存的数据调入内存才能访问。常见的外存有硬盘、软盘、光盘、USB 闪存盘等。

1）软盘

软盘（Floppy Disk）（图 1.18）是最早使用的可移动存储硬件。软盘通过一张带有磁性物料的柔软的盘片来记录数据。能读写软盘的设备称为软盘驱动器。软盘在使用之前必须格式化，完成这一过程后，盘片被分成若干个磁道，每个磁道又分为若干个扇区，每个扇区存储 512 个字节。磁道是一组同心圆，数据存储在磁道上，每条磁道存储的数据密度相同。一个 3.5in 的软盘有 80 个磁道，每个磁道有 18 个扇区，两面都可以存储数据。可以这样计算它的容量：80×18×2×512B≈1440KB≈1.44MB。软盘在 20 世纪八九十年代盛行，直至 2000 年以前，3.5 英寸软盘仍是常用设备之一，如今已被淘汰。

2）光盘

光盘（Optical Disc）（图 1.19）是一种利用光信息作为存储技术的存储介质。能够读写光盘的设备称为光盘驱动器。根据光盘结构，光盘可以分为 CD、DVD、蓝光光盘等几种类型，下面以 CD 为例介绍光盘的分类和读写原理。

图 1.18　软盘

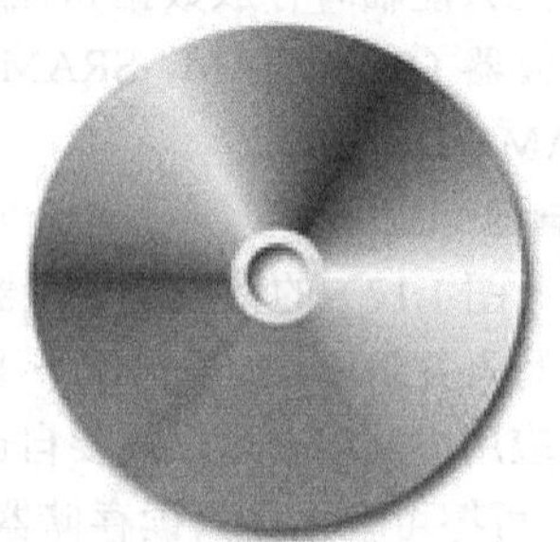

图 1.19　光盘

光盘可以分为以下 3 种类型：只读型光盘（CD-ROM），该类光盘的数据由厂家预先写入，用户只能读取而无法修改；一次写入型光盘（CD-R），该类光盘数据可以让用户写入一次，写入一次后再也无法写入；擦除型光盘（CD-RW），该类光盘可以重复地进行读写操作。

光盘利用激光束在记录表面存储信息，根据激光束和反射光的强弱不同，可以实现信息的读写。对于只读型或一次写入型的光盘而言，写入数据时将高能激光束照射在光盘表面，让光盘的记录介质层发生物理变化，形成极小的“坑”，从而存储信息。在读取信息的时候有坑的地方记录“1”，反之记录“0”。可擦写光盘的表面有一层磁性薄膜，写入数据时利用激光在磁性薄膜上产生热磁效应使照射的位置极化从而存储信息。擦除数据时也是利用激光使极化的地方还原。读取数据时，被极化的位置记录“1”，反之记录“0”。

相对于软盘，光盘的存储容量大，120mm 光盘的容量至少达到 650MB，也有 700MB 的。其存取速度快，单倍速率可达到 150KB/s，50 倍速的 CD 的读写速度可达到 7.5MB/s。光盘的结构决定了光盘不受电磁干扰，稳定性高。

3）DVD 和蓝光光盘

DVD 和蓝光光盘是新一代的光盘，它们的外表规格与 CD 基本一样，其中蓝光光盘是最新的光盘技术，根据向下兼容原则，能读取蓝光光盘的蓝光驱动器一般能读取 DVD 和 CD。DVD 和蓝光光盘取用了分层技术，DVD 最多有 4 层存储空间，单面单层的 DVD 的存储容量达到 4.7GB。BD 最多有 16 层存储空间，由于可以读取的密度高，单层的蓝光光盘的存储容量达到了 25GB。

4）硬盘

根据存储介质的不同，硬盘可以分为以磁盘盘片为存储介质的传统硬盘和以电子芯片为存储介质的固态硬盘。

（1）传统硬盘：一般来说，传统硬盘（图 1.20）由盘片、磁头、控制电动机、主控芯片、缓存等部件构成。一个硬盘通常有多张盘片，这些盘片被固定在一个轴上，每个盘片上面都有一个磁头。当硬盘工作时，主电动机带动盘片旋转，副电动机带动磁头到相应的盘片上，画出一个与盘片同心的圆形轨道，这个轨道称为磁道。在读取数据时，磁头上的感应线圈感应盘片上的磁性粒子的极性，将磁粒子的不同极性转换成不同的电脉冲信号，再利用数据转换器将这些原始信号变成计算机可以使用的数据，写数据正好与此相反。硬盘工作时，盘片的转速极快，达到 5400r/min 或者 7200r/min，服务器级别的甚至达到 15000r/min，盘片之间的距离非常小，所以为了保护硬盘，必须减少硬盘的振动和使硬盘内部保持无尘状态。硬盘的容量比内存大得多，如今常见的硬盘单个容量可达 500GB，甚至 1TB。

图 1.20　传统硬盘内部

（2）固态硬盘：固态硬盘（图 1.21）是用固态电子存储芯片阵列而制成的硬盘，尽管在产品外形、尺寸上可以和传统硬盘基本一样，在接口的规范和定义、功能及使用方法上可以与传统硬盘完全相同，可是固态硬盘没有传统硬盘的盘片，而采用了闪存或者 DRAM。

相比传统硬盘，固态硬盘读写速度快，最高达到 500MB/s，特别是随机读写速度比传统硬盘快上百倍。由于没有磁头和盘片，所以固态硬盘寻址时间基本为 0，而且抗震性能好、无噪声。由于技术和成本原因，相同价位的固态硬盘容量一般比传统硬盘小，使用时间也有一定的限制。

买硬盘时所谓的容量是 500GB，但实际容量比 500GB 小。因为厂家是按 1MB＝1000KB 来换算的，而计算机计算的时候 1MB＝1024KB，所以买到的新硬盘在计算机上显示出来的容量要比厂家宣传的少。

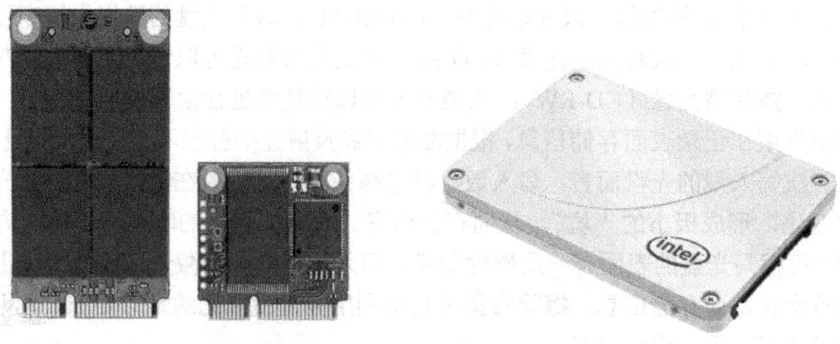

图 1.21　固态硬盘芯片的外形

5）USB 闪存盘

USB 闪存盘（图 1.22）是一种大容量移动存储设备，由于采用了 USB 接口，所以无需物理驱动器也可以直接与计算机连接存取数据，实现“即插即用”。USB 闪存盘采用闪存芯片作为存储介质，不仅容量较大（目前 USB 闪存盘的容量一般有 4GB、8GB、16GB、32GB 等，最大的可以达到 1TB），还小巧便携。USB 闪存盘还有另外一个优点，即存取数据快，USB2.0 接口的 USB 闪存盘理论上可以达到 480MB/s 的传输速度，而最新的 USB3.0 接口理论上可以达到 10GB/s。当然，实际传输速度会受到其他软硬件的影响而有所削弱。其使用寿命与其他使用 FLASH 芯片的设备一样受读写次数的限制，不同质量的 FLASH 芯片可读写次数不同，一般的 FLASH 芯片能读写数十万次。

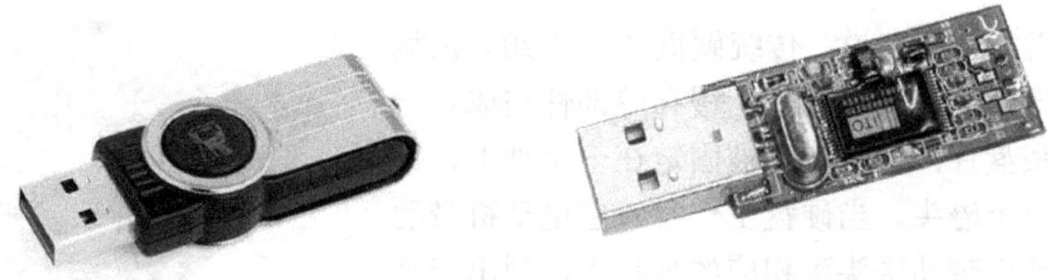

图 1.22　USB 闪存盘的外形和内部结构

扩展知识

USB 闪存盘的名称最早来源于中国朗科科技生产的一种新型存储设备，即“优盘”，使用 USB 接口进行连接。USB 闪存盘连接到计算机的 USB 接口后，USB 闪存盘的资料可与计算机交换。而之后生产的类似技术的设备由于朗科已进行专利注册，而不能再称之为“优盘”，而改称为“U 盘”。

三、主板

微机上的主板（图 1.23）是一块能让计算机各部件（如处理器、显卡、声卡、硬盘、存储器、I/O 设备）连接在一起工作的电路板。上面安装了组成计算机的主要电路系统，一般有 BIOS 芯片、I/O 控制芯片、键盘和面板控制开关接口、指示灯插接件、扩充插槽等元器件。

一块主板的性能由主板的芯片组性能决定。按照在主板上的排列位置的不同，通常分为北桥芯片和南桥芯片。北桥芯片提供对 CPU 的类型和主频、内存的类型和最大容量、ISA/PCI/AGP 插槽、ECC 纠错等的支持。南桥芯片则提供对 KBC（键盘控制器）、RTC（实时时钟控制器）、USB（通用串行总线）、Ultra DMA/33（66）EIDE 数据传输方式和 ACPI（高级能源管理）等的支持。其中，北桥芯片起着主导性的作用，也称为主桥。

图 1.23 微机主板外形

一块主板的扩展性能由主板支持的外设接口、扩展槽的种类和多少有很大关系。支持的种类和接口的数量越多，主板的扩展性能就越好。

1．总线

现代计算机不管是大型机还是微机，普遍会采用总线结构，总线是一组连接各个部件的公共通信线，按照传递的信号又可以分为以下 3 种。

数据总线（Data Bus）：一组在计算机各部件之间传递数据信号的公共通道。数据总线是双向总线，一方面用于 CPU 向内存或外设传递数据，另一方面用于内存或外设向 CPU 传递数据。

地址总线（Address Bus）：一组用于 CPU 向内存或外设传递地址信号的公共通道。地址总线是单向总线，只能用于由 CPU 向外传输信息。

控制总线（Control Bus）：一组在计算机各部件之间传递控制信号的公共通道。控制总线也是双向总线，一方面用于 CPU 向内存或外设传递控制信号，另一方面用于内存或外设向 CPU 传递控制信号。

微机的总线传输主要通过主板实现。为了便于计算机扩充新设备，使不同厂家生产的不同设备通用，总线也形成了标准。常见的总线标准有 IBM 公司的 ISA（Industrial Standard Architecture）总线标准，EISA（Extended Industrial Standard Architecture）总线标准，Intel 公司的 PCI（Peripheral Component Interconnect）总线标准。

2．常见的外设接口

串行接口：简称串口，大多数主板提供了两个串口，如 COM1、COM2 等，主要用来连接串行鼠标、键盘等设备。

并行接口：简称并口，如 LPT1、LPT2 等，主要用来连接旧式打印机、扫描仪等设备。

PS/2 接口：PS/2 接口的功能比较单一，仅能用于连接键盘和鼠标。一般情况下，鼠标的接口为绿色、键盘的接口为紫色。

USB 接口：通用串行总线接口，一个 USB 接口可以连接多个设备，并且可以独立供电，传输速度快，可以为几乎所有支持 USB 工作的设备（如鼠标、键盘、打印机、移动硬盘、USB 闪存盘等）提供即插即用的连接。

IDE 接口：IDE 接口主要为光盘驱动器和 IDE 硬盘提供连接，一般旧款的主板会提供两个 IDE 接口，如今已比较少用。

SATA/SATA2 接口：一种基于行业标准的串行硬件驱动器接口，同样可以连接光盘驱动器和硬盘，性能比 IDE 接口好。SATA2 是 SATA 的加强版，速度是 SATA 的两倍。

板载显卡输出接口：常见的有 VGA、DIV、HDMI 三种，VGA 接口传输的是模拟信号，分辨率低，图像效果差；DIV 是一种高速传输数字信号接口，可以传输数字信号，有些也可以传输模拟信号，但已经比较少用；HDMI 接口是一种高清晰度数字化视频接口，简称高清接口，传输带宽大，输出分辨率高，图像效果好，连接方便。

3．常见的扩展槽

PCI 插槽：主板上最重要、最常用的扩展槽，基于 PCI 总线布置，可支持 32 位或 64 位设备，一般为乳白色，可以插接声卡、网卡、内置 Modem、IEEE 1394 卡、IDE 接口卡、RAID 卡、电视卡、视频采集卡及其他种类繁多的扩展卡。一般主板会提供 2～6 个 PCI 插槽。

AGP 插槽：专门用于插接显卡的插槽，可支持 32 位或 64 位显卡，一般为棕色，主板会提供 1 或 2 个 AGP 插槽。

四、输入设备

输入设备是向计算机输入数据和信息的设备，是人控制计算机的关键设备。随着科技的发展输入设备的各类也越来越多，主要包括鼠标、键盘、扫描仪、摄像头、手写板、麦克风等。

1．鼠标器

鼠标器（图 1.24）简称鼠标，因形状像老鼠而得名，是一种重要的屏幕定位和输入工具。第一只鼠标是美国科学家道格拉斯・恩格尔巴特于 1968 年发明的。鼠标按是否有线，可分为有线鼠标和无线鼠标；按定位方式，可以分为机械鼠标和光电鼠标；按接口类型，可以分为 PS/2 接口鼠标和 USB 接口鼠标；按按键数量，可分为两键、三键、多键鼠标；按鼠标功能，可以分为标准鼠标、办公鼠标、演示鼠标和游戏鼠标等。

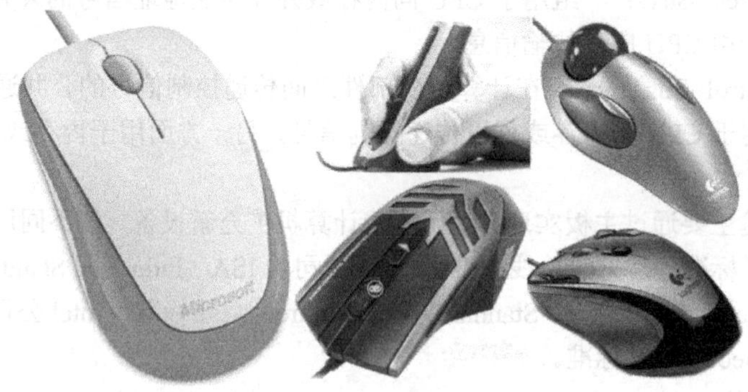

图 1.24　各种鼠标

2．键盘

键盘（图 1.25）是计算机最常用的输入设备，用户可以通过键盘向计算机输入数据和命令。键盘上的键的数量最初标准是 101 个，Windows 键盘是 104 个，Apple 键盘是 79 个，后来又发展到 130 个甚至更多。越来越多的功能键增加到键盘上，如打开网页浏览器、收发邮件、音量控制等。根据功能和布局，键盘可以分为以下几个区域。

图 1.25　键盘各区域

主键盘区：主键盘也称标准打字键盘，此键区除包含 26 个英文字母、10 个数字符号、各种标点符号、数学符号、特殊符号等 47 个字符键外，还有若干个基本的功能控制键。

功能键区：功能键区也称专用键区，包含【F1】～【F12】共 12 个功能键，主要用于扩展键盘的输入控制功能。各个功能键的作用在不同的软件中通常有不同的定义。

光标控制键区：也称编辑区，主要用于对屏幕的光标进行控制，如上下左右移动、跳转到文档的开始或结尾等。

小键盘区：也称数字键区，当 Num Lock 指示灯亮时，小键盘区主要用于数字符号的快速输入；当 Num Lock 指示灯灭时，小键盘区可以当做光标控制键区来使用。

3．摄像头

摄像头（图 1.26）是一种视频输入设备，可用来把视频信号输入到计算机中。摄像头可以分为数字摄像头和模拟摄像头两大类，由于模拟摄像头的模拟信号要转换成数字信号才能让计算机识别，而数字摄像头则不用，所以现在流行的主要是数字摄像头。衡量一个摄像头的优劣主要看它的分辨率和成像效果。分辨率是指摄像头拍摄的视频像素大小，通常分辨率越高成像越清晰；成像效果通常由多种因素决定，如摄像头使用的镜头、分辨率、后期处理软件质量等。

图 1.26　摄像头

五、输出设备

输出设备指把计算机中的数据传送到外部介质上，常见的有显示器、打印机、音箱等。

1．显示器

显示器是最常见的输出设备，计算机可以把文字、图像、视频等输出到显示器上。常见的显示器可以分为阴极射线管（CRT）显示器、液晶显示器（LCD）、发光二极管（LED）显示器等，如图 1.27 所示。CRT 显示器的优点是可视角度大、无坏点、色彩还原度高、色度均匀、可调节的多分辨率模式、响应时间短，缺点是能耗高、体积大；LCD 的优点是机身薄、体积小、时尚、有科技感，缺点是少数屏幕会出现坏点，响应时间比较长；LED 显示器与 LCD 类似，可是 LED 显示器的功耗会更低，亮度更高。

显示器的主要性能指标有以下几个。

分辨率：单位面积显示像素的数量。像素可以理解为屏幕上的一个点，显示器支持的分辨率越高，显示效果会越好。

点距：屏幕上两点像素之间的距离，通常点距越小证明屏幕的像素越紧密，显示效果会越好。

（a）CRT 显示器

（b）LED 显示器

图 1.27　显示器

响应时间：响应时间是专门针对 LCD、LED 显示器的，指的是屏幕对输入信号的反应时间，越短越好，响应时间长容易出现图像拖动的问题，影响观看效果。

2．打印机

打印机是一种可以将计算机内数据永久地输出到纸张或者透明胶片上的设备。按其工作原理可分为击打式打印机和非击打式打印机两大类，击打式打印机包括针式打印机等，非击打式打印机包括激光打印机、喷墨打印机、静电打印机和热敏感打印机等，如图 1.28 所示。

（a）针式打印机

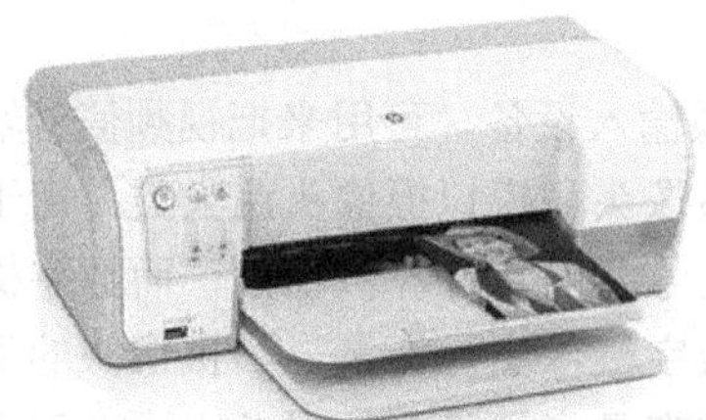

（b）喷墨打印机

（c）激光打印机

图 1.28　打印机

1）针式打印机

该类打印机是通过打印机和纸张的物理接触来打印的，打印的时候针头接触色带并击打纸面以完成着色，通常针头有 9～24 根针，针越多打印效果越好。尽管针式打印机打印成本低，但打印质量一般，打印噪声大，适用于银行、超市等打印票据的地方。针式打印机的耗材主要是色带。

2）喷墨打印机

该类打印机直接通过喷嘴把墨水喷涂在打印介质上来实现打印。喷墨打印机因价格不高、打印质量好、噪声小而广受欢迎。喷墨打印机打印消耗的墨水是由墨盒提供的，因此墨水消耗完后需要添加墨水或更换墨盒。

3）激光打印机

该类打印机主要由光栅图像处理器、感光鼓和激光发射器等组成，打印时利用光栅图像处理器所合成的打印图像引导激光发射器有规律地发射激光，激光投射到感光鼓上使感光鼓感光，当纸张经过感光鼓时，鼓上的着色剂就会转移到纸上，打印成了页面。激光打印机打印分辨率高、速度快、噪声低，是将来打印机发展的趋势。激光打印机的耗材主要是墨粉。

技能练习

观察自己家使用的PC由哪些部分构成，列举它们的品牌和型号。

知识巩固

1．下列设备组中，完全属于输入设备的一组是（　　）。

A．CD-ROM驱动器，键盘，显示器　　B．绘图仪，键盘，鼠标器

C．键盘，鼠标器，扫描仪　　D．打印机，硬盘，条码阅读器

2．运算器的完整功能是进行（　　）。

A．逻辑运算　　B．算术运算和逻辑运算

C．算术运算　　D．逻辑运算和微积分运算

3．构成CPU的主要部件是（　　）。

A．内存和控制器　　B．内存和运算器

C．控制器和运算器　　D．内存、控制器和运算器

4．能直接与CPU交换信息的存储器是（　　）。

A．硬盘存储器　　B．CD-ROM

C．内存储器　　D．USB闪存盘存储器

5．在微机的配置中常看到“i72.6G”字样，其中数字“2.4G”表示（　　）。

A．处理器的时钟频率是2.6GHz

B．处理器的运算速度是2.6GIPS

C．处理器是i7第2.6代

D．处理器与内存间的数据交换速率是2.6GB/s

6．当电源关闭后，下列关于存储器的说法中，正确的是（　　）。

A．存储在RAM中的数据不会丢失

B．存储在ROM中的数据不会丢失

C．存储在USB闪存盘中的数据会全部丢失

D．存储在硬盘中的数据会丢失

7．度量计算机运算速度常用的单位是（　　）。

A．MIPS　　B．MHz　　C．MB/s　　D．Mb/s

8．下列设备组中，完全属于计算机输出设备的一组是（　　）。

A．喷墨打印机，显示器，键盘　　B．激光打印机，键盘，鼠标器

C．键盘，鼠标器，扫描仪　　D．打印机，绘图仪，显示器

9．ROM中的信息是（　　）。

A．由计算机制造厂预先写入的　　B．在系统安装时写入的

C．根据用户的需求，由用户随时写入的　　D．由程序临时存入的

10．控制器的功能是（　　）。

A．指挥、协调计算机各相关硬件工作　　B．指挥、协调计算机各相关软件工作

C．控制数据的输入和输出　　D．指挥、协调计算机各相关硬件和软件工作

11．下列叙述中，正确的是（　　）。

A．内存中存放的只有程序代码

B．内存中存放的只有数据

C．内存中存放的既有程序代码又有数据

D．外存中存放的是当前正在执行的程序代码和所需的数据

12．下列设备组中，完全属于外部设备的一组是（　　）。

A．CD-ROM 驱动器，CPU，键盘，显示器

B．激光打印机，键盘，CD-ROM 驱动器，鼠标器

C．内存储器，CD-ROM 驱动器，扫描仪，显示器

D．打印机，CPU，内存储器，硬盘

13．CPU 主要技术性能指标有（　　）。

A．字长、主频和运算速度　　B．可靠性和精度

C．耗电量和效率　　D．冷却效率

14．计算机软件的确切含义是（　　）。

A．计算机程序、数据与相应文档的总称

B．系统软件与应用软件的总和

C．操作系统、数据库管理软件与应用软件的总和

D．各类应用软件的总称

15．下列软件中，属于系统软件的是（　　）。

A．航天信息系统　　B．Office 2010

C．Windows 7　　D．决策支持系统

16．计算机系统软件中，最基本、最核心的软件是（　　）。

A．操作系统　　B．数据库管理系统

C．程序语言处理系统　　D．系统维护工具

17．下列各组软件中，全部属于应用软件的是（　　）。

A．程序语言处理程序、数据库管理系统、财务处理软件

B．文字处理程序、编辑程序、UNIX 操作系统

C．管理信息系统、办公自动化系统、电子商务软件

D．Word 2010、Windows 8、指挥信息系统

18．计算机的技术性能指标主要是指（　　）。

A．计算机所配备的程序设计语言、操作系统、外部设备

B．计算机的可靠性、可维护性和可用性

C．显示器的分辨率、打印机的性能等配置

D．字长、主频、运算速度、内/外存容量

19．计算机操作系统的主要功能是（　　）。

A．管理计算机系统的软硬件资源，以充分发挥计算机资源的效率，并为其他软件提供良好的运行环境

B．把高级程序设计语言和汇编语言编写的程序翻译到计算机硬件可以直接执行的目标程序中，为用户提供良好的软件开发环境

C．对各类计算机文件进行有效的管理，并提交计算机硬件高效处理

D．使用户方便地操作和使用计算机

20．操作系统将 CPU 的时间资源划分成极短的时间片，轮流分配给各终端用户，使终端用户单独分享 CPU 的时间片，有独占计算机的感觉，这种操作系统称为（　　）。

A．实时操作系统　　B．批处理操作系统

C．分时操作系统　　D．分布式操作系统

21．组成计算机指令的两部分是（　　）。
A．数据和字符　　B．操作码和地址码
C．运算符和运算数　　D．运算符和运算结果

22．编译程序的最终目标是（　　）。
A．发现源程序中的语法错误
B．改正源程序中的语法错误
C．将源程序编译成目标程序
D．将某一高级语言程序翻译成另一高级语言程序

23．用高级程序设计语言编写的程序（　　）。
A．计算机能直接执行　　B．具有良好的可读性和可移植性
C．执行效率高　　D．依赖于具体机器

24．下列叙述中，错误的是（　　）。
A．计算机系统由硬件系统和软件系统组成
B．计算机软件由各类应用软件组成
C．CPU 主要由运算器和控制器组成
D．计算机主机由 CPU 和内存储器组成

25．计算机的系统总线是计算机各部件间传递信息的公共通道，它分为（　　）。
A．数据总线和控制总线　　B．地址总线和数据总线
C．地址总线和控制总线　　D．数据总线、控制总线和地址总线

26．计算机指令主要存放在（　　）中。
A．CPU　　B．内存　　C．硬盘　　D．键盘

27．计算机硬件能直接识别、执行的语言是（　　）。
A．汇编语言　　B．机器语言　　C．高级程序语言　　D．C++语言

28．把用高级程序设计语言编写的程序转换成等价的可执行程序，必须经过（　　）。
A．汇编和解释　　B．编辑和链接　　C．编译和链接　　D．解释和编译

项目四　信息安全技术

项目指引

如今，计算机已经成为人们日常生活中必不可少的一部分，人们可以通过计算机进行工作，还可以通过计算机查询银行账户、购物、娱乐等，为了保护好存储在计算机中重要的信息，必须对信息安全做出足够的重视。

信息安全概念很广，包括的内容也很多、很广，例如，防范商业企业机密泄露、防范青少年对不良信息的浏览、个人信息的泄露、病毒防治等。网络环境下的信息安全体系是保证信息安全的关键，包括计算机安全操作系统、各种安全协议、安全机制（数字签名、消息认证、数据加密等），直至安全系统。其中任何一个安全漏洞都会威胁全局安全。信息安全服务至少应该包括支持信息网络安全服务的基本理论，以及基于新一代信息网络体系结构的网络安全服务体系结构。

知识目标

了解信息安全的内涵，了解知识产权的概念，树立知识产权意识。

掌握计算机病毒的概念、分类及防治方法。

技能目标

安装并使用常用杀毒软件扫描自己的计算机。

任务一　信息安全与知识产权保护

任务说明

随着信息技术的不断发展，信息安全问题也日显突出。人们越来越依赖计算机等各种电子设备，各种攻击和信息泄露事件也越来越多，威胁到人们的信息安全。我们应了解信息安全的概念和内容，如何确保信息系统的安全已成为全社会关注的问题。另外，互联网的发展使人们获取软件和数据非常便捷，包括软件、歌曲、电影等，可能在无意中侵犯了别人的知识产权而不自知。因此我们应当了解计算机知识产权保护的基本知识，学会保护知识产权，树立不随意使用和传播盗版软件的正确观念。

相关知识

一、信息安全

信息安全指的是保护计算机软硬件数据不被未经授权地读取、破坏、更改和泄露。信息安全针对的对象包括国家政府机关、企事业单位、各类型的组织机构及个人用户等，可以说，无论是个人还是集体，无论使用或不使用计算机，都直接或间接涉及信息安全。具体来说，信息安全主要包括以下 5 方面的内容，即需保证信息的保密性、真实性、完整性、未授权拷贝和所寄生系统的安全性。

（1）保密性：保证机密信息不被窃听、盗用和泄露，维护信息的安全。

（2）真实性：对信息的来源进行判断，鉴别出假信息。

（3）完整性：保证数据完整一致，防止数据被非法篡改。

（4）未授权拷贝：信息未经授权，一律不能拷贝，保证信息拥有者的合法权益。

（5）寄生系统的安全性：寄生系统的安全包括两方面的内容，一是系统的硬件系统要安全，能够安全可靠地运行；二是系统的软件系统要安全，没有安全漏洞，出现问题能及时完整地恢复信息。

信息安全是一项巨大的工程，要实现信息安全需要制定一系列的安全策略，这些策略是为了保证提供一定级别的安全保护所必须遵守的规则，不仅要从技术上，还要从法律法规的制定和执行上下功夫，营造一个安全、公平的信息社会。

二、计算机知识产权保护

知识产权就是人们对自己的智力劳动成果依法享有的权利，是一种无形财产。既然知识产权是财产，那么就必须保护好它，不能随意被人侵犯或侵犯他人的知识产权。通常，计算机知识产权可以分为硬件知识产权和软件知识产权。对于硬件知识产权，人们会对其设计、外观、材料等进行专利申请，从而获得法律的保护；对于软件知识产权，大多数国家还没有专门针对的法律法规，而是通过著作权法或版权法来保护。

进入网络时代，获得信息变得轻松方便，很多新的计算机产品信息能从网络等渠道上轻松获得，特别是软件信息。如今，各种盗版软件层出不穷，很多人为了方便和省钱而使用盗版软件，这不但大大地损害了软件所有人的利益，而且侵犯了软件所有人的知识产权，是违法行为。盗版软件的大规模使用大大打击了软件所有人的积极性，甚至对整个软件行业造成恶劣的影响。所以对待软件的正确态度应该是保护好软件的知识产权，自觉使用正版软件，不使用、不传播盗版软件。

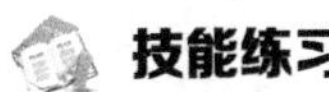

技能练习

通过互联网了解信息安全的相关知识，了解知识产权方面的相关法律、法规。列举常见的信息安全威胁，常见的侵权行为。

任务二 计算机病毒及防治

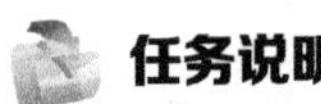

任务说明

计算机病毒实质上是一种特殊的计算机程序，它有寄生性、破坏性、传染性、潜伏性和隐蔽性等特征。计算机病毒可以分为网络病毒、文件病毒、引导型病毒、混合型病毒和宏病毒等。预防计算机病毒的方法有为系统弥补漏洞、安装杀毒软件、专机专用等。

相关知识

一、计算机病毒的概念

计算机病毒根据《中华人民共和国计算机信息系统安全保护条例》的定义，病毒指“编制者在计算机程序中插入的破坏计算机功能或者破坏数据，影响计算机使用并且能够自我复制的一组计算机指令或者程序代码”。很显然，计算机病毒实质上是一种特殊的计算机程序。这种程序具有自我复制能力，能够通过网络、磁盘等媒体向其他计算机传播，有些甚至能破坏计算机的软硬件信息和数据，有些能窃取计算机使用者的机密信息。

二、计算机病毒的特征

计算机病毒具有以下特征。

寄生性：一些计算机病毒不是一个完整独立的程序，它需要借助被感染系统的正常程序才能发挥力量，就像寄生在正常程序上一样，当正常程序启动时病毒的破坏作用就会显现，而程序启动之前病毒是隐藏的。

破坏性：指病毒会破坏计算机的数据，占用计算机的资源，某些威力强大的病毒，运行后可以直接格式化用户的硬盘，甚至破坏引导扇区及 BIOS，给硬件系统造成相当大的破坏。

传染性：计算机病毒能够自我复制并传染给其他计算机，这是计算机病毒的基本特征。计算机病毒一旦得到执行，它就会自动寻找可以被感染的计算机，把自身的代码插入其中，达到自我复制的目的。计算机病毒的传染途径有软盘、USB 闪存盘、网络等。

潜伏性：病毒一旦进入了计算机系统，它不会马上发作，只有当条件满足它的要求时才会被执行，如果条件不满足，它可能长期潜伏在系统里。

隐蔽性：一般来说，大部分计算机病毒是非常小的一段程序，它们有时伪装成正常文件，有时隐藏在系统里，所以在被执行之前都是难以被发现的。

三、计算机病毒的分类

病毒的分类方法有很多种，例如，按照计算机病毒攻击的系统分类，可分为攻击 DOS 系统的病毒，攻击 Windows 系统的病毒，攻击 UNIX 系统的病毒，攻击 OS/2 系统的病毒；按照病毒的攻击机型分类，可分为攻击微型计算机的病毒，攻击小型机的计算机病毒，攻击工作站的计算机病毒；按照计算机病毒的连接方式分类，可分为源码型病毒、嵌入型病毒、外壳型病毒、操作系统型病毒等。

但更多的是根据病毒感染方式来分类，可分为如下几种。

网络病毒：网络病毒主要依靠网络传播并感染网络中的可执行文件。

文件病毒：文件病毒通常感染系统的可执行文件（扩展名为.exe 或.com），当被感染的文件被运行时，病毒便开始破坏计算机。

引导型病毒：感染启动扇区（Boot）和硬盘的系统引导扇区（MBR），这类病毒常常先于系统文件装入内存，它们可以获得系统很大的控制权而进行传染和破坏。

混合型病毒：混合型病毒指的是至少拥有以上病毒特征中两种特征的病毒，这类病毒毒性更强也更难防范。

宏病毒：现在的办公软件很多会提供宏功能，如 Word 和 Excel，宏是一段用 BASIC 语言编写的程序代码，用户可以利用宏自动执行一些常用的操作。宏病毒就是一段具有破坏性的宏程序，它寄生在文档中，当文件被打开时，病毒就会被激活并进行破坏和传染。

四、计算机感染病毒的征兆

计算机感染了不同类型的病毒会出现不同的征兆，如果经常出现以下情况，那么计算机很可能受到了病毒的入侵，如图 1.29 所示，它分别显示了计算机中了“熊猫烧香”和“冲击波”病毒后的征兆。

图 1.29　熊猫烧香病毒

（1）操作系统无法正常启动，经常自动重启。

（2）进入操作系统后弹出警告报告缺少必要的启动文件，或启动文件被破坏。

（3）经常无缘无故地死机。

（4）可用内存或硬盘空间突然变小。

（5）硬盘文件或文件夹图标被更改为其他样式，出现一些不知名的文件或文件夹。

（6）硬盘数据突然大量丢失。

（7）计算机运行速度明显变慢，CPU 占用率一直维持在高水平。

（8）平时能正常运行的软件，运行时却提示内存不足。

（9）打印机的通信发生异常，无法进行打印操作，或打印出来的是乱码。

（10）系统自动运行了一些莫名的进程，无法手动关掉。

五、计算机病毒的清除

计算机感染病毒后，最好马上重启计算机然后用最新的杀毒软件进行杀毒，现在很多免费的杀毒软件非常方便可靠，如 360 杀毒等。有些病毒在正常启动的 Windows 中是无法杀干净的，那么可以尝试在安全模式（图 1.30）下启动 Windows（按开机键后马上不断地按 F8 键，在弹出的菜单中选择“安全模式”），再用最新的杀毒软件进行杀毒。或者尝试用启动盘启动计算机，在 PE 系统或 DOS 系统下进行杀毒。

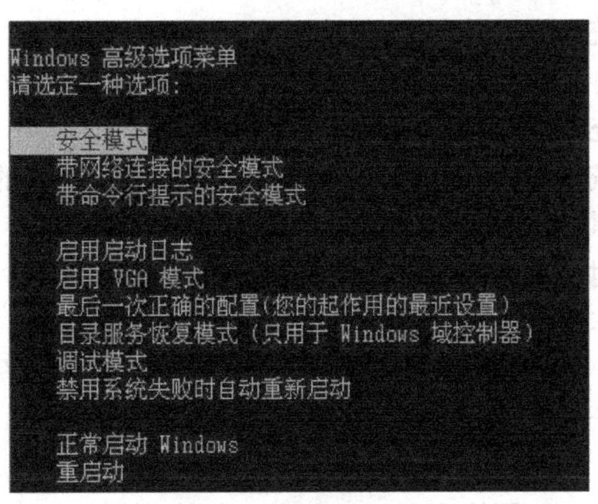

图 1.30　安全模式

六、计算机病毒的预防

我们常说预防胜于治疗，当计算机感染病毒后再清除是很困难的，有些被破坏的数据也很难恢复，所以对于计算机病毒还是要以预防为主。预防计算机感染病毒时，可以采取以下措施。

（1）定期更新操作系统，为系统弥补漏洞。几乎所有程序都有漏洞，操作系统也不例外，很多病毒是通过操作系统的漏洞进入系统的，所以操作系统的发行商会定期发布最新的补丁，定期更新系统弥补漏洞，会减少操作系统中毒的机会。

（2）安装杀毒软件并定期更新病毒库。杀毒软件不仅可以查杀病毒还可以预防病毒，一般杀毒软件会有防火墙功能，能检测进入系统的程序是否安全。病毒库是病毒的特征库，杀毒软件就是利用这些特征来查杀病毒的，所以为了系统安全，要定期更新。

（3）不使用来历不明的程序或数据。如果发现来历不明的程序或数据最好不要马上打开，而要先用杀毒软件检查，没有问题了才可以考虑打开。在网络环境下不要轻易地下载不明的文件，不轻易打开不明的邮件。

（4）专机专用。制定科学的管理制度，对有重要资料的计算机采取专用制，禁止无关人员接触，必要时禁止该计算机连接网络和使用移动存储设备。

（5）利用写保护。写保护功能在很多移动存储设备上有，打开写保护后不能向该设备写数据，以达到预防病毒的目的。

（6）预防病毒只能够减少病毒的入侵机会，不能完全避免病毒，所以除了做好预防措施外，还要定期备份重要的数据，把中毒后的损失减至最少。也要加强法律法规的建设，加强教育，让人们自觉地不制造和传播病毒。

技能练习

更新系统，安装重要系统补丁，安装常用杀毒软件，并使用杀毒软件扫描计算机。

知识巩固

1．下列关于计算机病毒的叙述中，错误的是（　　）。

A．计算机病毒具有潜伏性

B．计算机病毒具有传染性

C．感染过计算机病毒的计算机具有对该病毒的免疫性

D．计算机病毒是一个特殊的寄生程序

2．计算机安全是指计算机资产安全，即（　　）。

A．计算机信息系统资源不受自然有害因素的威胁和危害

B．信息资源不受自然和人为有害因素的威胁和危害

C．计算机硬件系统不受人为有害因素的威胁和危害

D．计算机信息系统资源和信息资源不受自然、人为有害因素的威胁及危害

3．下列关于计算机病毒的说法中，正确的是（　　）。

A．计算机病毒是对计算机操作人员身体有害的生物病毒

B．计算机病毒发作后，将造成计算机硬件永久性的物理损坏

C．计算机病毒是一种通过自我复制进行传染的、破坏计算机程序和数据的小程序

D．计算机病毒是一种有逻辑错误的程序

4．蠕虫病毒属于（　　）。

A．宏病毒　　B．网络病毒　　C．混合型病毒　　D．文件型病毒

5．下列关于计算机病毒的叙述中，正确的是（　　）。

A．反病毒软件可以查杀任何种类的病毒

B．计算机病毒发作后，将对计算机硬件造成永久性的物理损坏

C．反病毒软件必须随着新病毒的出现而升级，增强查杀病毒的功能

D．感染过计算机病毒的计算机具有对该病毒的免疫性

6．造成计算机中存储数据丢失的原因主要是（　　）。

A．病毒侵蚀、人为窃取　　B．计算机电磁辐射

C．计算机存储器硬件损坏　　D．以上全部

7．下列选项属于“计算机安全设置”的是（　　）。

A．定期备份重要数据　　B．不下载来路不明的软件及程序

C．停掉 Guest 账号　　D．安装杀（防）毒软件

8．计算机感染病毒的可能途径之一是（　　）。

A．从键盘上输入数据

B．随意运行外来的、未经杀毒软件严格审查的软盘上的软件

C．所使用的软盘表面不清洁

D．电源不稳定

9．防火墙是指（　　）。

A．一个特定软件　　B．一个特定硬件

C．执行访问控制策略的一组系统　　D．一批硬件的总称

使用 Windows 7

Windows 是微软公司制作和研发的一套桌面操作系统，它问世于 1985 年，起初仅仅是 MS-DOS 模拟环境，后续的系统版本由于微软不断地更新升级，Windows 采用了图形化模式，由于其良好的人机交互界面，逐渐成为世界上最流行的操作系统之一。

随着计算机硬件和软件的不断升级，Windows 也在不断升级，从架构的 16 位、32 位再到 64 位，系统版本从最初的 Windows 1.0 到大家熟知的 Windows 95、Windows 98、Windows 2000、Windows XP、Windows Vista、Windows 7、Windows 8，Windows 8.1 和一系列的企业级 Server（服务器）版操作系统，它一直在不断更新。相信在未来很长一段时间内，Windows 仍将是 PC 的主流操作系统，掌握 Windows 的操作和使用，对于学习其他基于 Windows 开发的软件有很大好处。根据全国计算机等级考试一级 MS Office 考试大纲，通过本部分的学习应掌握以下知识点。

❖ Windows 操作系统的基本概念和常用术语，文件、文件夹、库等。

❖ Windows 操作系统的基本操作和应用。
  - ✧ 桌面外观的设置，基本的网络配置。
  - ✧ 熟练掌握资源管理器的操作与应用。
  - ✧ 掌握文件、磁盘、显示属性的查看、设置等操作方法。
  - ✧ 中文输入法的安装、删除和选用。
  - ✧ 掌握检索文件、查询程序的方法。
  - ✧ 了解软、硬件的基本系统工具。

项目一　认识 Windows 7 操作系统

项目指引

Windows 7 操作系统性能优秀、兼容性强、界面美观、安全性强、功能强大、用户操作简单、容易上手，既适用于家庭用户也适用于商业用户，是目前应用最为广泛的微型计算机操作系统。本项目将介绍一些常见的操作系统，重点介绍 Windows 7 操作系统。

知识目标

了解常见的操作系统，掌握 Windows 操作系统的发展。

技能目标

了解 Windows7 的安装，掌握 Windows 7 的启动及退出。

任务一　常见操作系统

任务说明

在第一部分项目三的任务二中详细介绍了操作系统的概念、作用及分类，那么到底现在常用的操作系统有哪些呢？下面对常见的操作系统做简要的介绍。

相关知识

操作系统（Operating System，OS）是管理和控制计算机硬件与软件资源的计算机程序，是直接运行在“裸机”上的最基本的系统软件，任何其他软件必须在操作系统的支持下才能运行。作为普通用户，离开操作系统会寸步难行。常见操作系统有如下几种。

一、UNIX

UNIX 是一个强大的多用户、多任务操作系统，支持多种处理器架构，按照操作系统的分类，属于分时操作系统。UNIX 最早于 1969 年在美国的贝尔实验室开发。

类 UNIX（UNIX-like）操作系统指各种传统的 UNIX（如 BSD、FreeBSD、OpenBSD、SUN 公司的 Solaris）及各种与传统 UNIX 类似的系统（如 Minix、Linux 等）。它们虽然有的是自由软件，有的是商业软件，但都相当程度地继承了原始 UNIX 的特性，有许多相似之处。

二、Linux

Linux 操作系统是 1991 年推出的一个多用户、多任务的操作系统。它与 UNIX 完全兼容。Linux 最初是由芬兰人 Linus Torvalds 在基于 UNIX 的基础上开发的一个操作系统的内核程序，后来以 GNU 通用公共许可证发布，成为自由软件 UNIX 变种。它的最大特点在于它是一个自由及开放源码的操作系统，其内核源代码可以自由传播。

Linux 发行版众多，如 Debian、Ubuntu、Fedora、openSUSE 等。Linux 发行版既可作为个人计算机桌面操作系统又可作为服务器操作系统，由于开源和安全性，Linux 已逐渐成为主流服务器操作系统。另外，Linux 在嵌入式方面也得到了广泛应用，基于 Linux 内核的 Android 操作系统已经成为当今全球最流行的智能手机操作系统。

三、Mac OS X

Mac OS X 是 Apple（苹果）麦金塔电脑的操作系统软件的 Mac OS 最新版本。Mac OS 是一套运行于苹果 Macintosh 系列计算机上的操作系统。Mac OS 是首个在商用领域成功的图形用户界面。Mac OS X 包含两个主要的部分：Darwin 和 Aqua。Darwin 是以 BSD 原始代码为基础，由苹果公司和独立开发者共同开发的操作系统内核；Aqua 则是由苹果公司开发的图形用户界面。

四、Windows

Windows 是由微软公司成功开发的操作系统。Windows 是一个多任务的操作系统，它采用了图形用户界面，用户对计算机的各种复杂操作只需通过鼠标即可实现。

五、iOS

iOS 操作系统是由苹果公司开发的手持设备操作系统。苹果公司于 2007 年 1 月公布该系统，最初是设计给 iPhone 使用的，后来陆续使用到 iPod Touch、iPad 以及 Apple TV 等苹果产品上。

六、Android

Android 是一种以 Linux 为基础的开放源代码操作系统，主要使用于便携设备。尚未有统一中文名称，中国大陆地区较多人使用“安卓”或“安致”。

七、Windows Phone

Windows Phone 是微软发布的一款手机操作系统，它与 Windows 8 使用同一内核，即 Windows NT 内核，它将微软旗下的 Xbox Live（游戏）、Xbox Music（音乐）与独特的视频体验集成至手机中。微软收购 Nokia 之后，该系统广泛应用于 Nokia 手机。

八、国产操作系统

国产操作系统是以 Linux 为基础二次开发的操作系统。国内暂时还没有独立开发系统。国产操作系统主要有红旗 Linux 和银河麒麟等。

红旗 Linux 是由北京中科红旗软件技术有限公司开发的一系列 Linux 发行版，红旗 Linux 包括桌面版、工作站版、数据中心服务器版、HA 集群版和红旗嵌入式 Linux 等。但由于各方面原因，该公司已于 2013 年 12 月解散。

银河麒麟是由国防科技大学、中软公司、联想公司、浪潮集团和民族恒星公司合作研制的闭源服务器操作系统。银河麒麟完全版共包括实时版、安全版、服务器版 3 个版本，简化版是基于服务器版简化而成的。

虽然国产操作系统在市场占有率方面有待提高，但是国产操作系统在打破国外垄断，保护国家信息安全战略方面有很大的意义。

技能练习

了解自己周围的家人、朋友的计算机、智能手机等设备分别使用的是什么操作系统、什么版本。

任务二　Windows 7 操作系统

任务说明

Windows 操作系统经过长时间的发展及技术的更新升级，从 16 位、32 位发展到今天的 64 位，从 Windows 1.0 发展到 Windows 98、Windows 2000、Windows XP、Windows Vista、Windows 7 等。每一种都有其相应的特点，作为 Windows XP 和 Vista 系统的后继者，Windows 7 一问世就吸引了使用者的目光。下面来认识 Windows 7 操作系统。

相关知识

Windows 7 是微软公司开发的 Windows 操作系统，相比 Windows XP 和 Vista 系统，Windows 7 有更加华丽的视觉效果、更加快捷的操作、更加强大的功能、更高的安全性等。

一、Windows7 系统版本

Windows 7 Starter（初级版）：不支持 64 位，没有 Windows 媒体中心和移动中心，缺乏 Aero 特效功能，对桌面更换背景有限制，主要应用于上网本等特殊的低端计算机。

Windows 7 Home Basic（家庭普通版）：简化了的家庭版，支持多显示器，有移动中心，限制部分 Aero 特效，同样没有 Windows 媒体中心，缺乏 Tablet 支持，没有远程桌面，只能加入但不能创建家庭网络组等。

Windows 7 Home Premium（家庭高级版）：面向家庭用户，能够满足家庭的娱乐需求，增强桌面和多媒体功能，包括 Aero 特效、多点触控功能、媒体中心、建立家庭网络组、手写识别等，但是该版本不支持 Windows XP 模式、多语言等。

Windows 7 Professional（专业版）：加强了网络功能，包括活动目录、“域”支持和远程桌面等，也增加了网络备份、位置感知打印、文件加密系统、掩饰模式、Windows XP 模式等功能，专业版的 64 位系统可以支持更大容量的内存，主要面向计算机爱好者和小企业用户，满足办公开发需求。

Windows 7 Enterprise（企业版）：主要面向企业市场的高级版本，功能比较强大，特别是包含了多语言包、UNIX 应用支持、BitLocker 驱动器加密、分支缓存等，同时满足了企业数据共享、管理、安全等需求。该版本通过与微软公司的软件保证合同才能进行许可出售，不在零售市场发售。

Windows 7 Ultimate（旗舰版）：旗舰版和企业版基本相同，只是在授权方式及相关应用、服务上有所区别，它具有新操作系统的所有功能，面向高端用户和软件爱好者。专业版和家庭高级版用户可以付费升级到旗舰版。

 **扩展知识**

32 位版本和 64 位版本没有外观和功能的区别，只是在支持内存最大容量上有区别，32 位版本最大只能支持 4GB 内存，64 位版本支持 16GB 内存。

二、Windows 7 新特性

Windows 7 操作系统让用户使用计算机变得更加简单，人性化的新功能、丰富的个性化选项带给用户全新的体验，其新的性能主要有如下几个。

1．全新的任务栏

Windows 7 系统全新设计的任务栏，可以将来自同一个程序的多个窗口集中在一起并使用一个图标来显示，使任务栏有更大空间。

2．可简化的日常任务

Windows 7 使计算机的基本操作变得简单，用户可以借助家庭组，与家里其他运行 Windows 7 的计算机进行音乐、文档、打印机等的共享。Windows 7 可以更快速地搜索到更多内容，只要在“开始”菜单“搜索”框内输入查找的内容，就可以找到相关资料。同时，资源管理器中缩略图预览更加完善，使用户可以通过图标查看更加详细的内容。

3．全新的库

库是 Windows 7 的新特性之一，它是指一个专用的虚拟文件集合，用户可以将硬盘中不同位置的文件夹添加到库中，并在库中统一浏览和修改不同文件夹的内容，使用户操作方便。Windows 7 中初始包含了视频、文档、图片、音乐 4 个库，用户可以根据实际需求来添加新的库。

4．小工具随意设置

Windows 7 系统自带了小工具库，用户可以自己为桌面设置小工具，包括信息预览、头条新闻、天气预报、照片、时钟等，小工具的位置和大小可以调整。

5．触控技术手势

用户的计算机如果带有触摸屏，用户使用手势可以对计算机进行控制，使用手势回避鼠标和键盘等更轻松、更便捷，如果用户计算机触摸屏可以识别至少两个以上的触点，则可以使用 Windows 触控技术手势。

技能练习

了解自己周围的家人、朋友的计算机上有多少在使用 Windows 7 操作系统，分别是什么版本，让他们谈谈使用感受。

任务三　Windows 7 的安装、启动与退出

任务说明

Windows 7 功能强大、界面华丽，那么如何安装 Windows 7 操作系统，安装完成后如何启动和退出呢？本任务将对此进行详细的说明。

相关知识

一、安装 Windows 7 操作系统

Windows 7 操作系统的安装一般是通过光盘来完成的，关键步骤如下。

（1）把 Windows 7 的光盘放入光驱，启动计算机，如果是裸机，系统会自动启动安装程序，如图 2.1 所示。

（2）单击“下一步”按钮，单击“现在安装”按钮，如图 2.2 所示，开始安装。

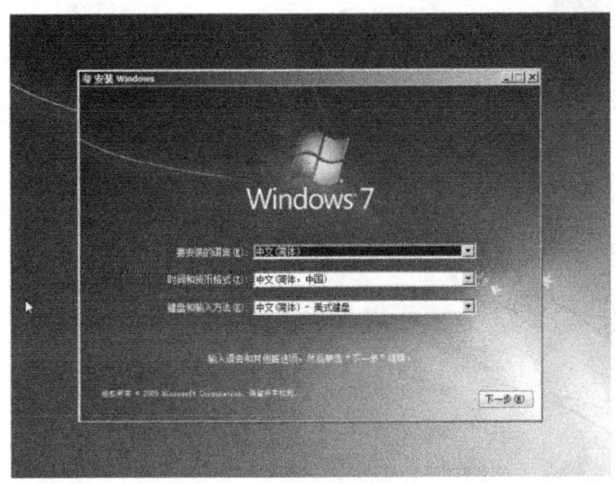

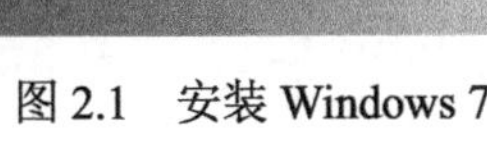

图 2.1　安装 Windows 7

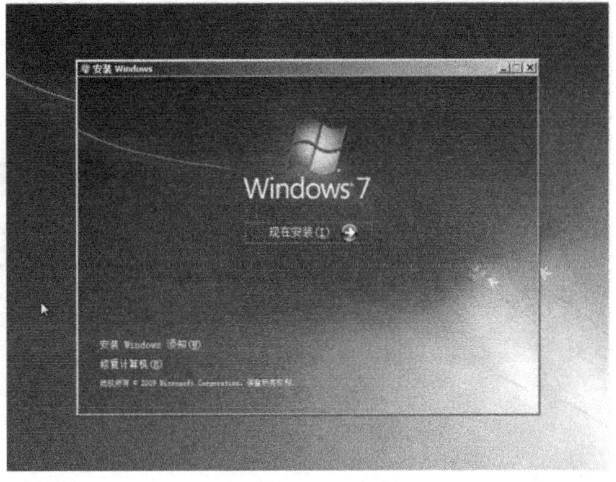

图 2.2　开始安装

（3）勾选“我接受许可条款”复选框，单击“下一步”按钮，如图 2.3 所示。

（4）选择自定义安装，如图 2.4 所示。

（5）选择安装操作系统的磁盘分区，并单击“下一步”按钮，如图 2.5 所示。

（6）系统自动进入安装进程，如图 2.6 所示，其间系统会自动重启两次。

（7）系统安装完成后，会进入设置 Windows 界面，为初次使用 Windows 做好配置，首先是设置用户名和计算机名称，如图 2.7 所示，输入完成后单击“下一步”按钮。

（8）为刚刚添加的账户设置密码，并可以输入密码提示信息。当然，密码可以为空，直接单击“下一步”按钮，但这样很不安全，不推荐使用这种方法。

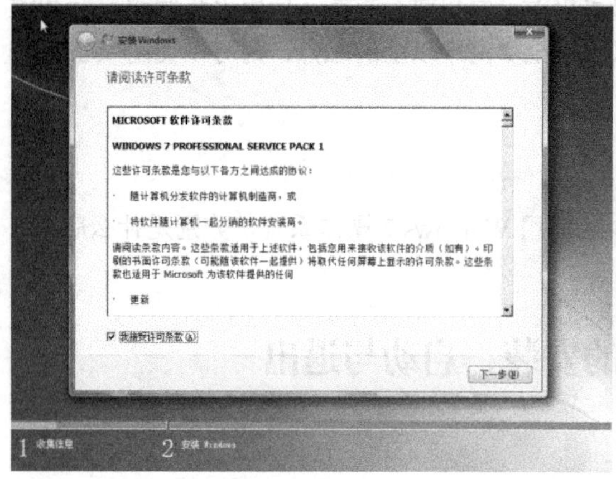
图 2.3　许可条款

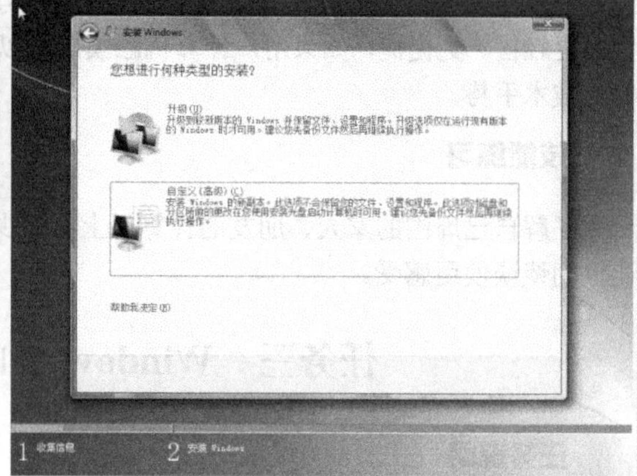
图 2.4　自定义安装

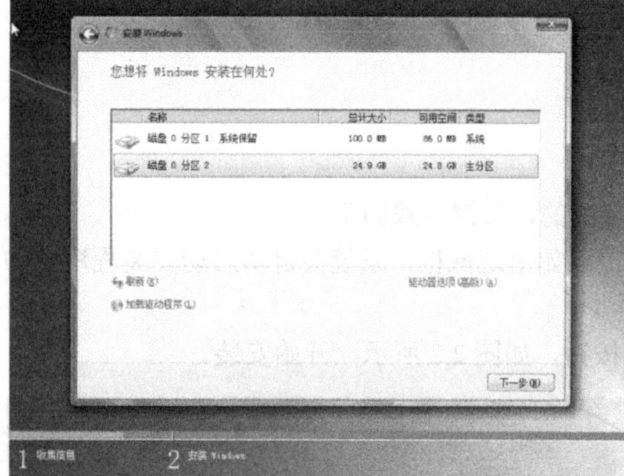
图 2.5　选择安装的磁盘分区

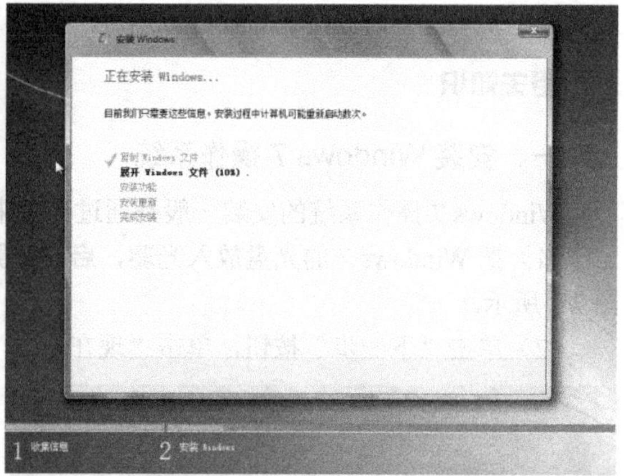
图 2.6　安装进程

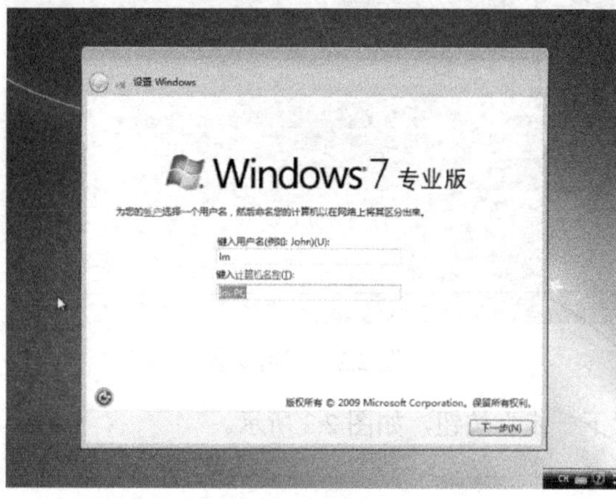
图 2.7　设置用户名和计算机名

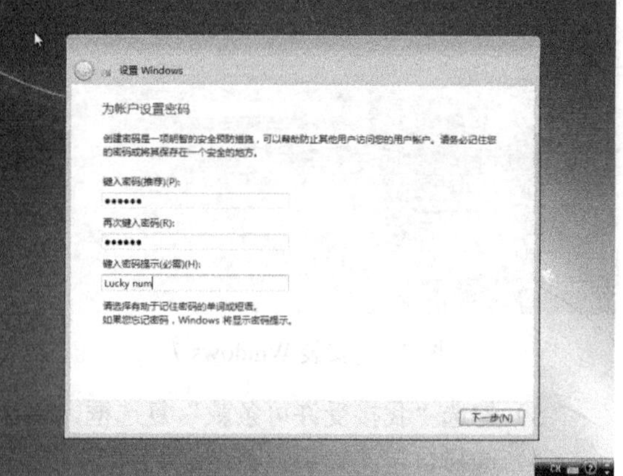
图 2.8　设置账号和密码

（9）设置系统更新方式，这里选择默认的“使用推荐设置”即可，如图 2.9 所示。

（10）设置系统时间，如图 2.10 所示。

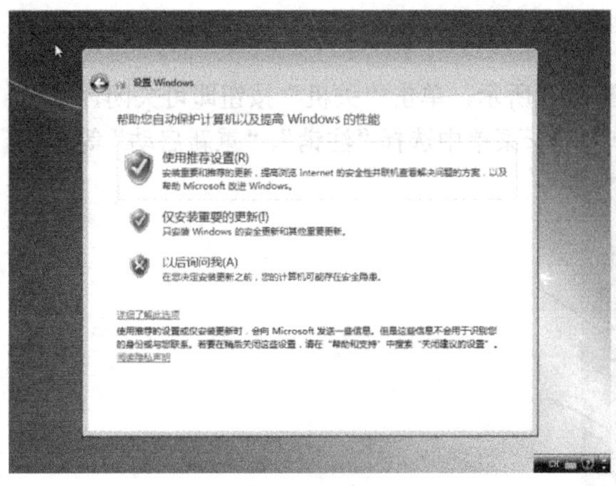

图 2.9　设置系统更新方式

图 2.10　设置系统时间

（11）设置计算机位置，可以选择家庭网络、工作网络，或者公用网络。选择不同，计算机会处在不同的网络，文件默认共享等会有所不同，可根据自身具体情况合理选择。

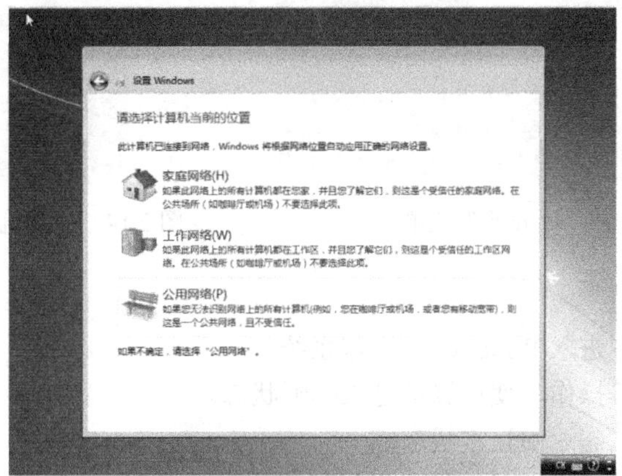

图 2.11　选择计算机的位置

二、Windows 7 的启动

（1）首次安装启动时，在以上设置完成后系统会自动重启，使用刚刚的用户名和密码即可进入操作系统，如图 2.12 所示。

（2）启动已有系统，则只需按下主机电源按钮，计算机会自动启动操作系统。

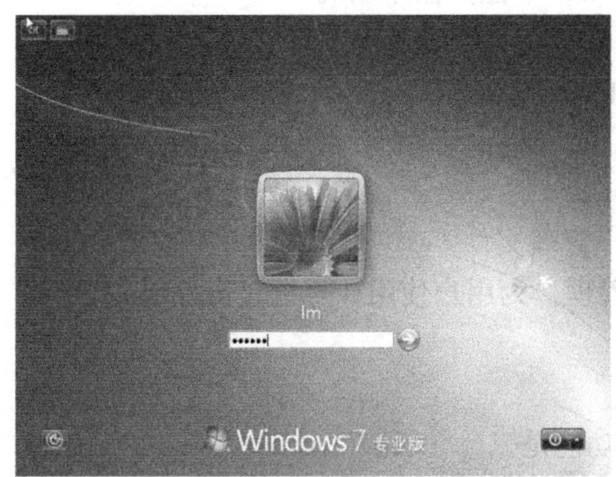

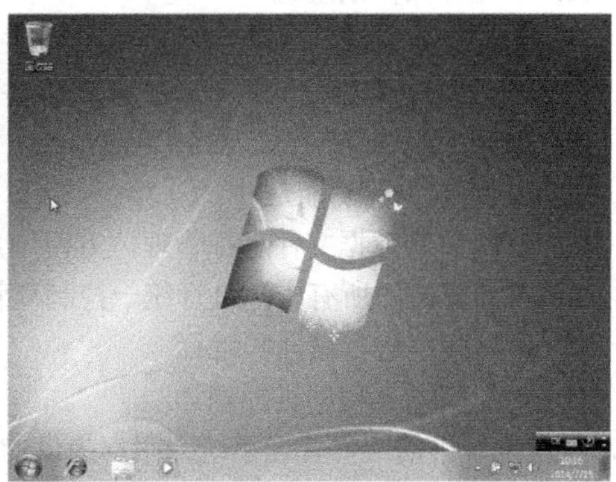

图 2.12　登录系统

三、Windows 7 的退出

单击按钮，系统会弹出“开始”菜单，如图 2.13 所示，单击“关机”按钮即可关闭计算机，也可以单击“关机”按钮右侧的子菜单按钮，在弹出的子菜单中选择“注销”、“重新启动”等选项。

图 2.13　“开始”菜单

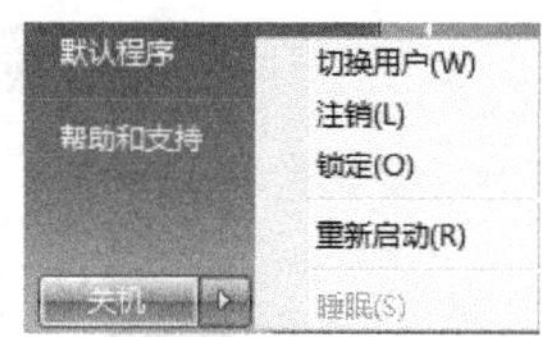

图 2.14　“关机”按钮及其子菜单

技能练习

1. 打开计算机电源，进入 Windows 7 操作系统。
2. 尝试注销、锁定等操作，使计算机进入睡眠状态。
3. 使计算机从睡眠状态返回正常状态。
4. 关闭或重新启动计算机。
5. 找一个 Windows 7 系统光盘，为自己家的计算机安装 Windows 7 操作系统或将 Windows XP 升级为 Windows 7 操作系统（慎重，可以在老师或较为熟练的同学的指导下进行操作）。

知识巩固

1. 微机上广泛使用的 Windows 是（　　）。

　A. 多任务操作系统　　B. 单任务操作系统

　C. 实时操作系统　　D. 批处理操作系统

2. 以下是手机中的常用软件，属于系统软件的是（　　）。

　A. QQ　　B. iOS、Android　　C. Skype　　D. 微信

3. 操作系统的主要功能是（　　）。

　A. 对用户的数据文件进行管理，方便用户管理文件

　B. 对计算机的所有资源进行统一控制和管理，为用户使用计算机提供方便

　C. 对源程序进行编译和运行

　D. 对汇编语言程序进行翻译

4. 操作系统中的文件管理系统为用户提供的功能是（　　）。

　A. 按文件作者存取文件　　B. 按文件名管理文件

C．按文件创建日期存取文件　　D．按文件大小存取文件

5．操作系统是计算机的软件系统中（　　）。

A．最常用的应用软件　　B．最核心的系统软件

C．最通用的专用软件　　D．最流行的通用软件

6．下列软件中，不是操作系统的是（　　）。

A．Linux　　B．UNIX　　C．MS-DOS　　D．MS-Office

7．下列软件中，属于应用软件的是（　　）。

A．Windows 7　　B．PowerPoint 2010　　C．UNIX　　D．Linux

8．下列关于操作系统的描述中，正确的是（　　）。

A．操作系统中只有程序没有数据

B．操作系统提供的人机交互接口其他软件无法使用

C．操作系统是一种最重要的应用软件

D．一台计算机可以安装多个操作系统

9．为了保证 Windows 7 安装后能正常使用，最好采用的安装方法是（　　）。

A．升级安装　　B．卸载安装　　C．覆盖安装　　D．全新安装

10．Windows 操作系统是根据文件的（　　）来区分文件类型的。

A．打开方式　　B．名称　　C．建立方式　　D．文件扩展名

项目二　Windows 7 常用操作

项目指引

本项目包含认识和使用资源管理器、文件与文件夹的管理、Windows 常用附件工具等的使用。

知识目标

认识资源管理器，理解文件、文件夹、文件的命名规则及路径，文件属性等。

技能目标

学会有关文件、文件夹的各项操作，如选中、新建、重命名、复制、剪切、粘贴、修改属性等。掌握记事本、计算机、截图工具、画图等附件工具的使用方法。

任务一　计算机及资源管理器

任务说明

资源管理器是 Windows 操作系统提供的对计算机中存储的资源进行管理的工具，它以树形的文件系统结构，让用户能够直观清楚地查阅计算机中所有的文件资源，对计算机中的各种数据资源进行新建、打开、复制、移动等管理操作。

通过对本任务的学习，同学们要掌握资源管理中一些常用基本术语，熟练地使用“计算机”、“资源管理器”和“库”。

相关知识

1．文件

这里的文件是指在计算机领域中狭义的文件，即磁盘文件。

2．文件夹

文件夹是 Windows 系统在磁盘上管理文件的组织形式。文件夹中除存放文件外，还可以存放其他文件夹，即子文件夹。

3．文件和文件夹的命名规则

（1）文件命名形式为<主名>.<扩展名>，<主名>说明文件的主题，<扩展名>说明文件的类型。

（2）文件名及文件夹名最长为 255 个字符，可以使用汉字命名文件和文件夹，一个汉字相当于两个英文字符。

（3）文件的主名和扩展名之间必须用分隔符“.”分开，文件名中可以使用多个分隔符，如“dglg.rj.1.txt”。Windows 7 取文件扩展名最后的部分来区分文件类型。

（4）Windows 7 不区分英文大小写，但可以保留输入的大小写格式，如“Abc.txt”和“ABC.txt”是同一文件。同一文件夹内文件、文件夹不能同名。

（5）文件名及文件夹名中允许使用空格符，但不允许使用以下字符：“？”、“*”、“"”、“<”、“>”、“|”、“/”、“\”、“:”。

4．文件类型

根据文件包含的不同信息，可将文件分成不同的类型。而文件的扩展名就是区别文件类型的标志。常见的文件类型有如下几种。

（1）可执行文件：一般有可执行文件（扩展名为.exe），批处理文件（扩展名为.bat），可执行文件（扩展名为 com），可以直接通过双击执行。

（2）系统文件：一般有系统配置文件（扩展名为.sys），硬件驱动程序（扩展名为.drv），Windows 动态链接库文件（扩展名为.dll），系统支持文件由系统或应用程序调用。

（3）文档文件：文档文件是由应用程序生成的文件，一般有文本文件（扩展名为.txt），Word 文档（扩展名为.doc），写字板文档（扩展名为.rtf、.wri）等。

（4）图像文件：图像文件是专用于存储图像的文件，常见图像文件的扩展名为.bmp、.gif、jpg、.jpeg、.tif 等。

（5）声音文件：声音文件是以数字形式存储的音频文件。常见的声音文件的扩展名为.wav、.mid、.mp3、.wma 等。

（6）视频文件：视频文件是包含影视或动画等动态信息的文件。常见的视频文件扩展名为.avi、.rmvb、.mpeg、.mp4、.mkv 等。

扩展知识

Windows 中默认不显示已知类型文件扩展名，但可通过设置显示已知类型文件扩展名。在资源管理器中，选择“组织”→“文件夹和搜索选项”选项，打开“文件夹选项”对话框，在“查看”选项卡中，取消勾选“隐藏已知文件类型的扩展名”复选框，依次单击“应用”和“确定”按钮即可。

5．文件属性

文件属性定义了文件的使用范围、显示方式及受保护的权限。文件的属性有只读属性、隐藏属性、压缩或加密属性等。只读属性设定文件在打开时不能被更改和删除。隐藏属性将隐藏指定的文件夹或文件。

6．路径

路径是指文件和文件夹在计算机系统中的具体存放位置，如“C:\Windows\Fonts”。

7．驱动器

在 Windows 中，驱动器都用字母表示。因为软盘驱动器一般用字母 A、B 表示，所以硬盘驱动器从字母 C 开始表示。

8．“计算机”图标

“计算机”是 Windows 7 的一个系统文件夹。Windows 7 通过“计算机”图标提供一种快速访问计算机资源的途径，用户可以通过它实现对本地资源的管理。

9．资源管理器

资源管理器窗口是一个典型的 Windows 窗口，如图 2.15 所示，左窗格为目录列表，分类列出了计算机内的全部资源。树形结构里有“▷”和“◢”按钮，可以很方便地展开或折叠文件夹。单击选中左窗格中的一个对象，其内容会在右窗格中显示出来。

图 2.15 资源管理器

在资源管理器“地址栏”内输入一个正确的路径，资源管理器会在右窗格中显示对应路径的内容，如果输入的是一个网址，则可以浏览对应网站。在搜索栏中可以直接输入要搜索的文件名来搜索文件。

10．库

Windows 7 中，系统引入了一个“库”功能。库是一个强大的文件管理器，库可以浏览、组织、管理和搜索具备共同特性的文件，而不管这些文件存储在不同硬盘分区、不同文件夹或多台计算机或设备中。库能够自动地为文档、音乐、图片及视频等项目创建库，也可以轻松地创建自己的库。“库”可以帮助避免保存同一文件的多个副本。右击某个文件夹，在弹出的快捷菜单中选择包含到库中，就可以将该文件夹加入到某个已有的“库”中或为其创建一个新的“库”。

任务实战

一、打开资源管理器

打开资源管理器有如下两种方法。

（1）右击“开始”按钮，在弹出的快捷菜单中选择“打开 Windows 资源管理器”选项，如图 2.16 所示。

（2）单击“开始”按钮，选择“所有程序”→“附件”→“Windows 资源管理器”选项，如图 2.17 所示。

图 2.16　右键快捷菜单

图 2.17　附件中的“Windows 资源管理器”

二、资源管理器的组成

（1）标题栏：在窗口的顶部边缘，显示应用程序或文档名，如图 2.18 所示。拖动标题栏可以在桌面上任意移动窗口。活动窗口的标题栏突出显示。双击窗口的标题栏可以使窗口占满整个屏幕或由占满整个屏幕状态恢复到原来的大小。

图 2.18　标题栏

最大化按钮：单击该按钮，当前窗口将占满整个屏幕。

最小化按钮：单击该按钮，当前窗口将变为任务栏上的一个按钮。

向下还原：当窗口最大时，此按钮取代最大化按钮，单击该按钮，窗口恢复到原来的大小。

（2）地址栏：可以显示出当前所在的地址路径，也可直接在此输入地址路径来转到目标地址；或在此输入网址，以访问互联网，如图 2.19 所示。

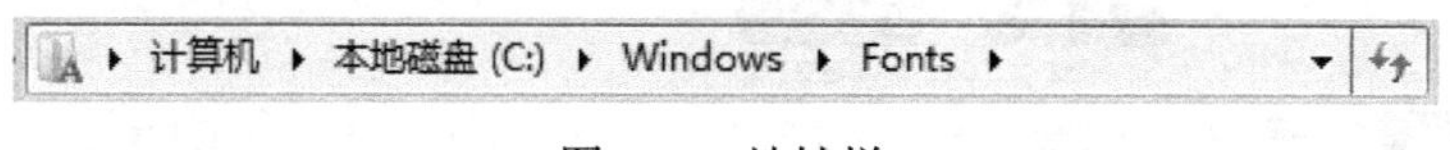

图 2.19　地址栏

（3）搜索栏：位于地址栏的右边，输入想要搜索的文件或文件夹名，系统会自动在当前位置及以下的所有子文件夹内搜索具有相似名称的文件或文件夹，还可添加搜索筛选器，如图 2.20 所示。

（4）窗口边框：窗口的 4 条边可以改变窗口水平或垂直方向的大小，窗口的 4 个角可以同时加长或缩短各边框，如图 2.21 所示。

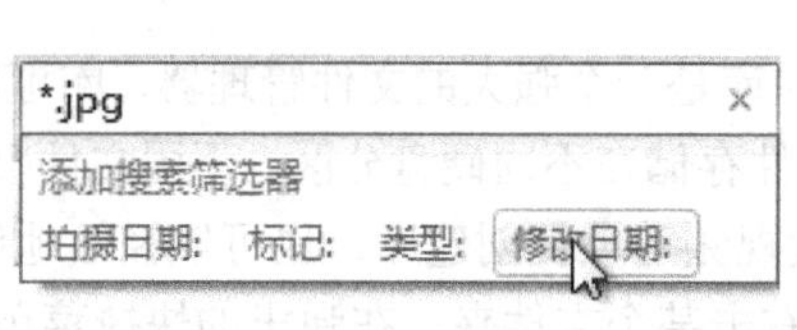

图 2.20　搜索栏

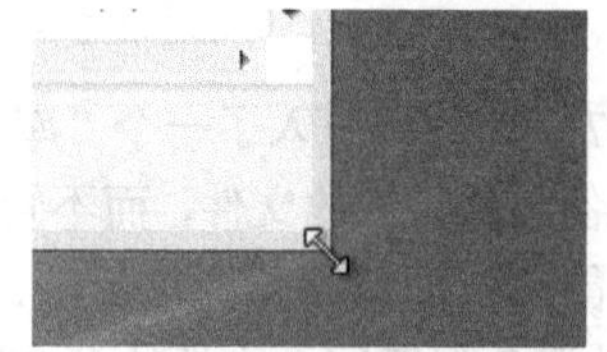

图 2.21　窗口边框和调节光标

（5）内容显示窗格和滚动条：内容显示窗格用于显示当前文件夹中的内容，是整个资源管理器最重要的组成部分，如果在窗口内不能将内容完整地显示出来，Windows 会在窗口的右边或底部添加滚动条。水平滚动条位于窗口的底端，垂直滚动条位于窗口的右端，在滚动条的两端各有一个箭头，按动它们可以使文件的内容在水平或垂直方向上移动，如图 2.22 所示。

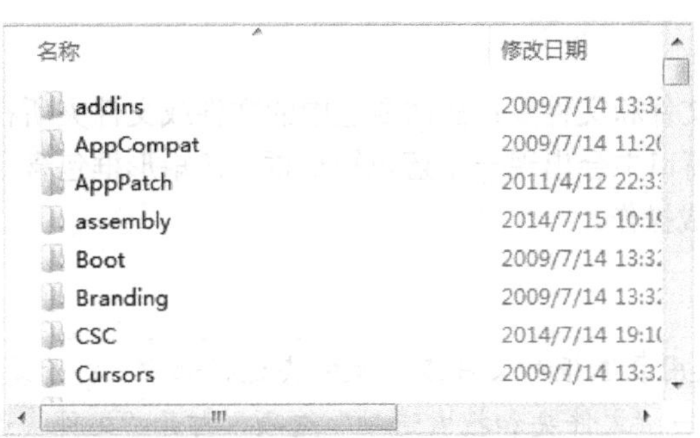

图 2.22　内容显示窗格和滚动条

（6）导航窗格：资源管理器窗口最左侧是导航窗格，如图 2.15 所示，从上至下依次是“收藏夹”、“库”、“计算机及网络”。Windows 7 导航窗格的改变能让用户更好地组织、管理及应用资源，提高了用户的操作效率。

（7）预览窗格：预览窗格位于资源管理器窗口最右侧，如图 2.15 所示，用来显示当前选中文件和文件夹的内容。对于常用的文本文件、图片文件，可以直接在这里显示文件内容。预览窗格打开方法：选择“组织”→“布局”→“预览窗格”选项。如要关闭预览窗格，则只需要重复以上步骤再次选择“预览窗格”选项即可。

（8）状态栏：系统在其中显示操作过程中的状态信息或者选定文件或文件夹的详细信息，一般位于窗口的最下方，如图 2.15 所示。

技能练习

1．开机，进入 Windows 7 操作系统，启动资源管理器。

2．观察“资源管理器”的构成，是否与图 2.15 相同，如果不同，则指出有何不同，应如何设置。

3．将资源管理器窗口“最小化”、“最大化”、“还原”。

4．设置窗口显示预览窗格、不显示预览窗格。

5．关闭资源管理器。

任务二　文件与文件夹的管理

任务说明

用户使用计算机过程中，文件与文件夹的管理非常重要，涵盖了文件或文件夹排序、显示、选中、移动、复制、删除、重命名、搜索等操作。

相关知识

一、文件的选中

（1）选中单个文件或文件夹：单击文件或者文件夹图标即可选中。

（2）选中多个不连续的文件或文件夹：选中第一个文件或文件夹后，按住“Ctrl”键，依次单击要选择的文件或者文件夹。

（3）选中多个连续的文件或文件夹：选中第一个文件或文件夹后，按住“Shift”键，单击最后一个文件或文件夹。

（4）选中所有文件或文件夹：按住“Ctrl+A”组合键即可选中当前窗口中所有文件或文件夹（不

包含隐藏文件）。

（5）选中某一区域的文件和文件夹：在需要选中的文件或文件夹所在区域的起始位置按住鼠标左键，然后拖动鼠标，在窗口中会出现一个蓝色矩形框，该矩形框包含了需要选择的文件或文件夹后，松开鼠标左键即可完成操作。

扩展知识

Windows 7 中可以使用复选框对文件或者文件夹进行选中，打开复选框的方法：在资源管理器窗口中，选择“组织”→“文件夹和搜索选项”选项，打开“文件夹选项”对话框，在“查看”选项卡中，勾选“使用复选框以选择项”复选框，依次单击“应用”和“确定”按钮即可。

二、回收站

回收站是硬盘上的一块区域，暂存用户已删除的文件、文件夹等。在未清空“回收站”之前，这些已删除的文件、文件夹等并未从硬盘上删除，可以在需要的时候使用“回收站”恢复误删除的文件，也可以清空“回收站”实现真正的删除，释放更多的磁盘空间。

三、剪贴板

剪贴板是 Windows 系统中一段可连续的、可随存放信息的大小而变化的内存空间，用来临时存放交换信息。它内置在 Windows 中，使用系统的内部资源 RAM，或虚拟内存来临时保存剪切和复制的信息，可以存放的信息种类是多种多样的。剪切或复制时保存在剪贴板上的信息，只有再次剪贴或复制其他信息，或停电，或退出 Windows，或有意地清除时，才可能更新或清除其内容，即剪贴或复制一次，可以粘贴多次。

四、通配符

通配符有星号（*）和问号（?）。当查找文件夹时，不知道真正字符或者不想键入完整名称时，可以使用它来代替一个或多个真正字符。

1．星号（*）

可以使用星号代替 0 个或多个字符。例如，要查找以 A 开头的文本文件，可以使用“A*.txt”，如果是以 A 开头的所有文件，则可以使用“A*.*”，而“*.*”可以代表所有文件。

2．问号（？）

可以使用问号代替一个字符。例如，查找第二个字母是 A 的文本文件，可以使用“?A*.txt”。

任务实战

一、文件和文件夹的排序和显示

为了便于进行文件操作管理，在 Windows 7 中可以对其进行排序和显示方式的改变。文件和文件夹的排序的具体方法：在窗口空白处右击，在弹出的快捷菜单中选择“排序方式”子菜单中相应的选项即可。在 Windows 7 中，文件和文件夹的排序方式有名称、修改日期、类型、大小等，如图 2.23 所示。

查看文件和文件夹时，用户可以根据自己的喜好选择显示“详细信息”、“列表”、“小图标”、“大图标”和“超大图标”等模式。用户只需要在工具栏右侧单击按钮，弹出的快捷菜单如图 2.24 所示，这与快捷菜单中“查看”子菜单的作用一样，但采用滑块条方式使得操作更为简便，而且在滑块滑动的过程中可以看到文件显示的变化。

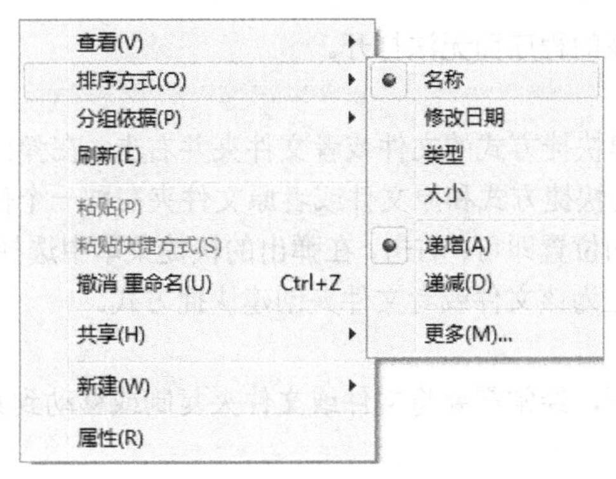

图 2.23 文件和文件夹排序方式

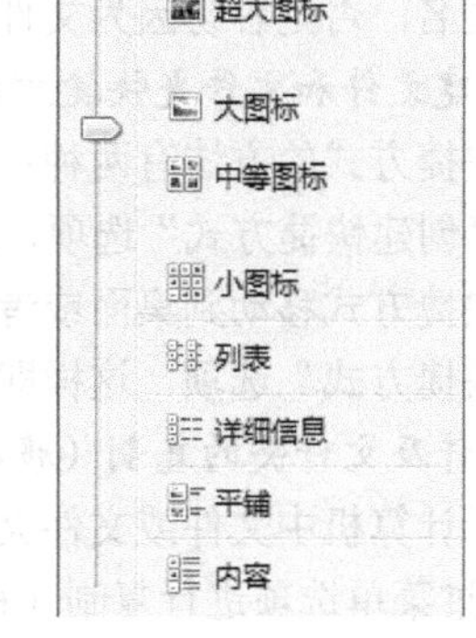

图 2.24 文件和文件夹显示方式

二、文件及文件夹操作

为了方便管理，在 Windows 7 中可以对文件和文件夹进行新建、选定、删除、重命名、搜索等操作。

1. 文件及文件夹的创建和保存

Windows 7 中有多种新建文件夹和文件的方法，这里主要介绍通过右键快捷菜单和应用程序创建两种方法。

1）右键快捷菜单新建文件或文件夹

在桌面的空白处右击，在弹出的快捷菜单中选择“新建”选项，弹出如图 2.25 所示的快捷菜单，根据实际需要选择相应选项，可以选择“文件夹”选项建立新的文件夹，也可选择“文本文档”、“RTF 文档”等建立各种类型的文件。

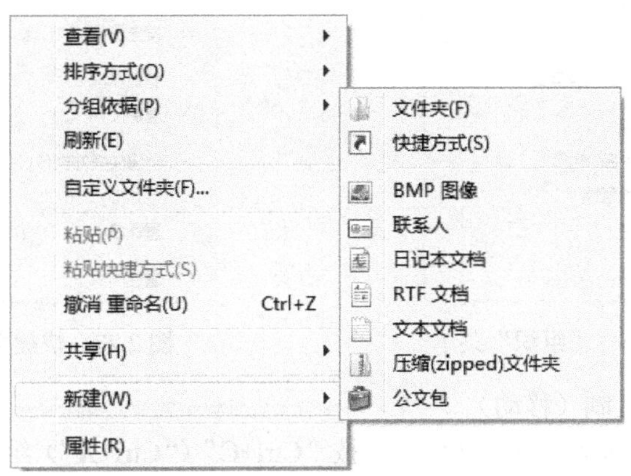

图 2.25 “新建”子菜单

2）在应用程序中新建文件

在“开始”菜单中选择相应的应用程序即可创建新文件，一般来说，选择“文件”→“保存”选项，保存到指定的位置即可新建文件。

打开已经保存过的文档，会自动调用相应的应用程序，如果应用程序的“文件”菜单内有“新建”选项，则也可以创建新的文件。

对已存在的文件执行“另存为”操作，选择新的位置或者名称，也可创建新文件。

2. 重命名文件和文件夹

对文件或文件夹进行重命名的方法非常简单，右击文件或文件夹，弹出快捷菜单，选择“重命名”选项，使文件夹名称处于反黑的编辑状态，输入新的名称即可。给文件重命名时注意不要修改文件的扩展名，否则容易因为文件找不到关联的程序而无法打开。

3．创建文件和文件夹快捷方式

创建快捷方式的方法有两种：选中要创建快捷方式的文件或者文件夹并右击，在弹出的快捷菜单中选择“创建快捷方式”选项，这样创建的快捷方式和原文件或者原文件夹在同一个位置，只要把创建的快捷方式移动到桌面或者便于访问的位置即可；右击，在弹出的快捷菜单中选择“发送到”→“桌面快捷方式”选项，这样即可在桌面上为该文件或者文件夹创建快捷方式。

4．文件及文件夹的复制（移动）

为便于计算机中文件或文件夹的操作管理，经常需要将文件或文件夹复制或移动到其他位置。

1）通过菜单选项进行复制（移动）

选中要复制（移动）的文件或者文件夹，在资源管理器窗口的菜单栏中选择“组织”→“复制”（“剪切”）选项，如图 2.26 所示。打开要存储的目标位置，选择“组织”→“粘贴”选项。

2）通过右键快捷菜单复制（移动）

选中要复制（移动）的文件或者文件夹并右击，在弹出的快捷菜单中选择“复制”（“剪切”）选项，打开要存放该文件或文件夹的目标位置并右击，在弹出的快捷菜单中选择“粘贴”选项完成复制（移动），如图 2.27 所示。

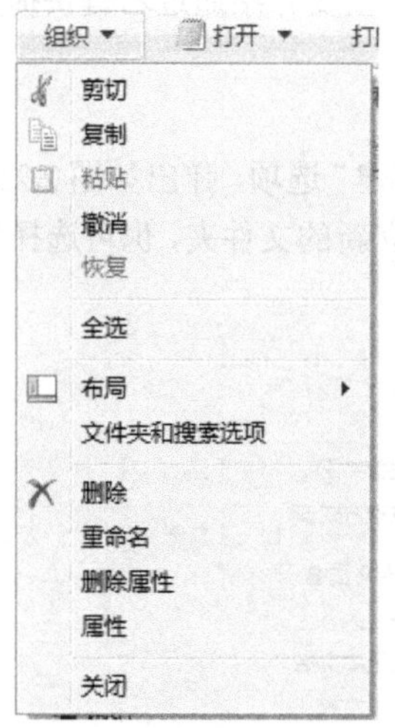

图 2.26　“组织”菜单

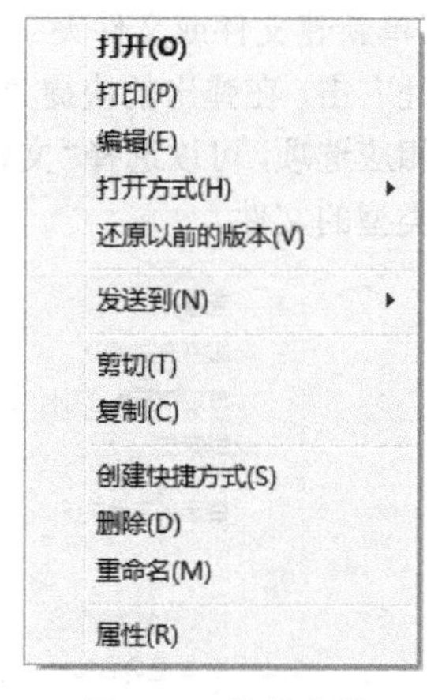

图 2.27　快捷菜单

3）通过快捷键进行复制（移动）

选中要复制（移动）的文件或者文件夹，按“Ctrl+C”（“Ctrl+X”）组合键进行复制，打开要存放该文件或文件夹的目标位置，按“Ctrl+V”组合键进行粘贴，完成复制（移动）。

4）通过鼠标拖动进行复制（移动）

在同一个窗口中进行文件或文件夹复制：选中要复制的文件或文件夹，在按住“Ctrl”键的同时拖动鼠标即可对该文件或文件夹进行复制。在不同窗口中复制文件或文件夹，首先要打开文件或文件夹所在窗口和目标位置窗口，然后选中要复制的文件或文件夹，直接拖动鼠标到目标窗口即可完成复制。

在同一个窗口中进行文件或文件夹移动：选中要移动的文件或文件夹，拖动鼠标移动到目标文件夹上方，屏幕自动显示“移动到……”，松开鼠标左键，就完成了文件或者文件夹的移动；在不同窗口中移动文件或文件夹，首先要打开文件或文件夹所在窗口和目标位置窗口，然后选中要移动的文件或文件夹，按住“Shift”键的同时拖动鼠标到目标窗口即可完成移动。

5．文件和文件夹的删除

为了便于计算机资源管理，在使用过程中可以将一些多余的文件或者文件夹删除，删除时如果误操作，则在没有清空回收站之前，可以对删除的文件或者文件夹进行还原。

1）使用 Delete 键删除

选中要删除的文件或者文件夹，按“Delete”键，打开如图 2.28 所示的对话框，单击“是”按钮可以删除该文件或者文件夹。

2）通过右键快捷菜单进行删除

选中要删除的文件或者文件夹并右击，弹出快捷菜单，选择菜单中的“删除”选项，完成删除操作。

3）通过菜单选项进行删除

在资源管理器窗口中，选中要删除的文件或者文件夹，选择“文件”→“删除”选项，完成删除操作。

4）彻底删除文件或者文件夹

以上删除操作都是将被删除的文件放在回收站中，如果要从计算机中彻底删除文件或者文件夹，在选中文件后，可以按“Shift+Delete”组合键，或者按住“Shift”键将目标文件或者文件夹拖入回收站，即可永久删除，此时会打开如图 2.29 所示的对话框。

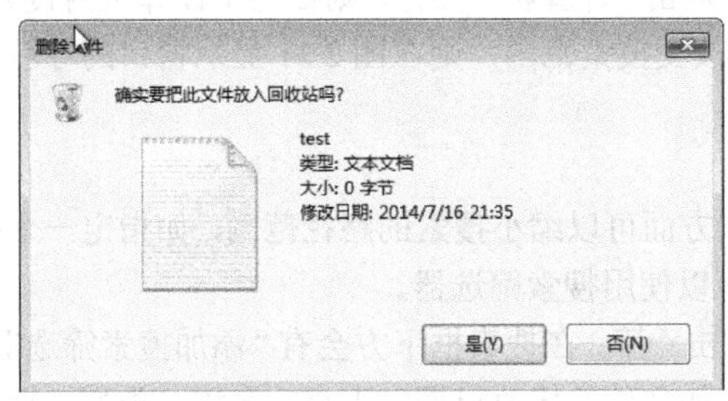

图 2.28　删除文件

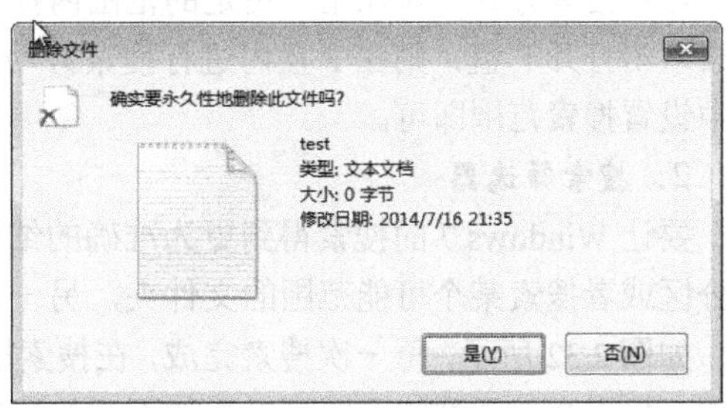

图 2.29　永久性删除文件

6．使用回收站

回收站是硬盘上一个临时存放用户删除文件的空间，一般的删除操作并没有真正从计算机上把文件删除，而是将其暂时放在回收站内。

右击“回收站”图标，在弹出的快捷菜单中选择“清空回收站”选项，则“回收站”中所有内容都将被彻底删除。打开“回收站”，选中要还原的文件或文件夹，单击工具栏中的“还原此项目”按钮，或者右击回收站中的文件或文件夹，选择快捷菜单中的“还原”选项，这样被删除的文件或者文件夹就恢复到原来的位置。

回收站工具栏上面的还原按钮根据选择对象不同而变化，如果没有选择任何对象，则是“还原所有项目”按钮；若选择了多个对象，则是“还原选定项目”；若选择了一个对象，则是“还原此项目”按钮，如图 2.30 所示。

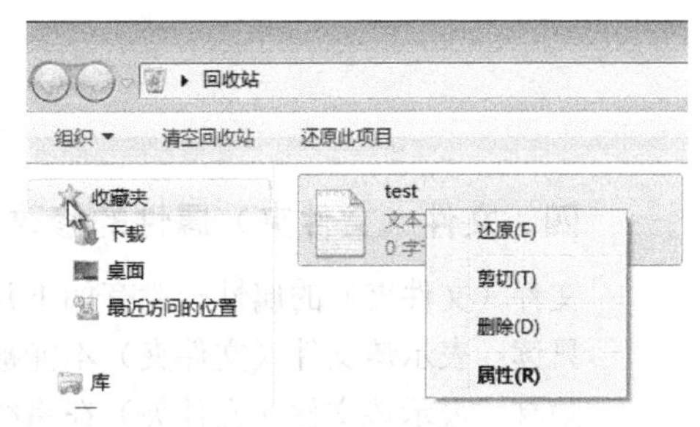

图 2.30　回收站

三、文件搜索

Windows 7 内置的搜索功能是非常强大的，可以在比较短的时间内搜索到想要的应用程序、文件或文件夹。

1．在资源管理器中搜索

在 Windows 7 中打开计算机或者任何一个文件夹，

都可以看到资源管理器中右上角的搜索框。在搜索框内输入想要搜索的内容后，系统立即开始搜索，并在下方显示搜索结果。例如，在左侧导航窗格中选择库，在搜索框中输入“*.jpg”，搜索结果如图 2.31 所示。

图 2.31　搜索结果

这种搜索方式默认在用户指定的范围内搜索（如双击“计算机”图标，则在整个计算机内搜索；如果双击打开 F 盘，则在 F 盘内进行搜索），如果要改变搜索范围，则在图 2.31 显示窗口的导航窗格中设置搜索范围即可。

2．搜索筛选器

要让 Windows 7 的搜索得到更为准确的结果，一方面可以缩小搜索的路径范围，如指定一个硬盘分区或者搜索某个可能范围的文件夹，另一方面可以使用搜索筛选器。

如图 2.32 所示，每一次搜索完成，在搜索框内单击一下，在搜索框下方会有“添加搜索筛选器”选项，根据文件类型的不同可以添加不同的筛选器，如文件的修改日期、大小、名称、类型、标记和作者等，搜索的条件越多，文件定位越精确。

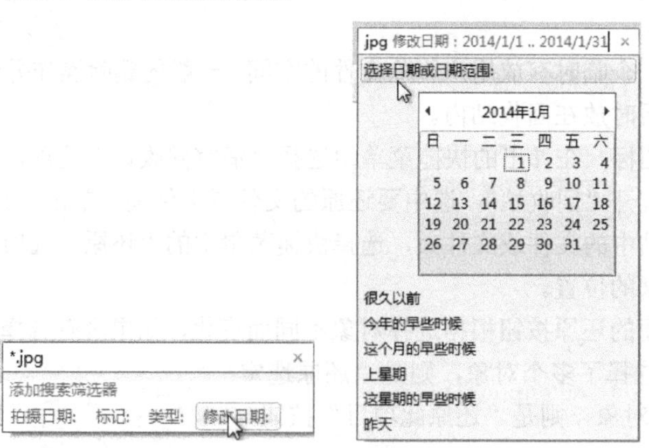

图 2.32　搜索筛选器

四、文件（文件夹）属性的修改

文件（文件夹）的属性一般有如下几种。

只读：表示该文件（文件夹）不能被修改，在文件被删除时会打开提示对话框。

隐藏：表示该文件（文件夹）在系统中是隐藏的，默认情况下用户不能看见这些文件。

系统：表示该文件是操作系统的一部分，用户一般无法修改该属性。

存档：表示该文件每次打开时会自动存档，以控制突然断电或者误操作带来的损失，该属性只对文件有效。

压缩：压缩文件可以节约存储空间，但读写时速度会变慢。启用压缩属性以后的文件显示为蓝色。

加密：针对多用户设计，保护用户的隐私，其他非管理员用户无法打开该文件，启用加密属性的文件显示为绿色。

修改文件（文件夹）属性的操作很简单，右击需要修改属性的文件（文件夹），在弹出的快捷菜单中选择“属性”选项，打开属性对话框如图 2.33（a）所示。单击“高级”按钮，则可以打开“高级属性”对话框，如图 2.33（b）所示，可以看到存档、压缩及加密属性。需要将文件设置为何种属性时，直接勾选相应复选框即可。

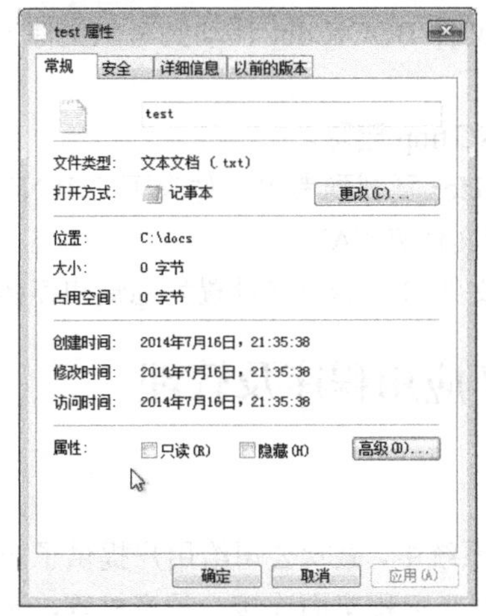

（a）属性对话框

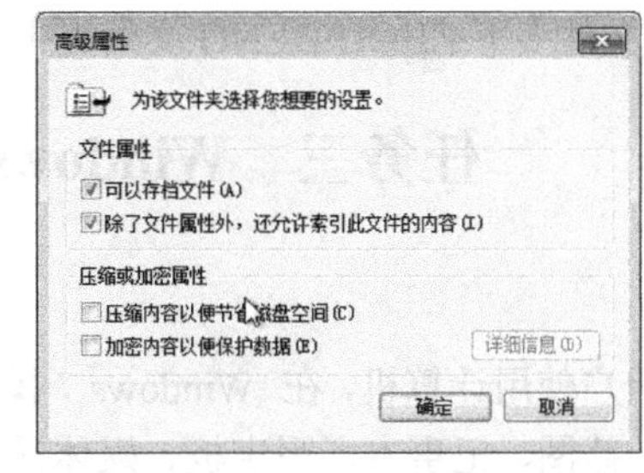

（b）“高级属性”对话框

图 2.33　文件属性和高级属性

Windows 中默认不显示隐藏文件和文件夹，如果要查看隐藏文件、文件夹，则可使用如下设置方法：在资源管理器窗口中，选择“组织”→“文件夹和搜索选项”选项，打开“文件夹选项”对话框，在“查看”选项卡中，选中“显示隐藏的文件、文件夹和驱动器”单选按钮，单击“确定”按钮，如图 2.34 所示。

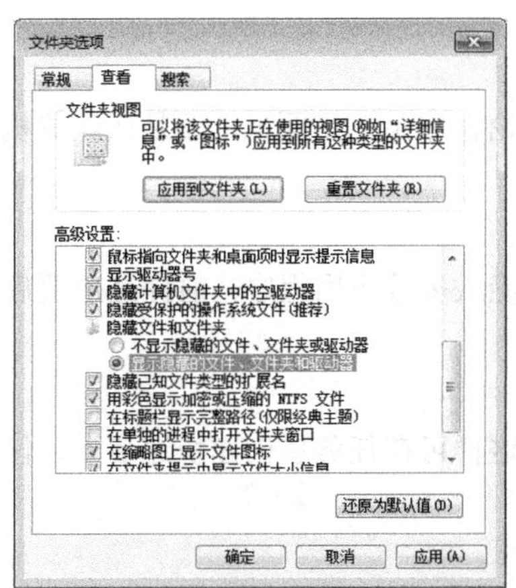

图 2.34　查看隐藏文件、文件夹

 **扩展知识**

压缩和加密属性无法同时选择。

在重装系统前应将文件加密属性去掉或者备份加密证书。因为 Windows 的 EFS 加密是基于账户 ID 的，如果更换账户，则无法打开加密的文件。重装系统后，即使新建的账户名与原来的相同，但是在系统里仍然是不同的账户 ID（账户 ID 是创建用户账户时随机生成的代码），所以无法打开原来加密的文件。因此要求使用 EFS 加密时一定要备份加密证书到安全的位置。备份证书的方法：单击“详细信息”按钮，在打开的用户访问对话框中选择需要备份的用户证书，再单击“备份密钥”按钮，打开“证书导出向导”对话框，按指示操作即可。

技能练习

1．将考生文件夹下 FENG\WANG 文件夹中的文件 BOOK.dbt 移动到考生文件夹下的 CHANG 文件夹中，并将该文件改名为 TEXT.prg。

2．将考生文件夹下 CHU 文件夹中的文件 JIANG.tmp 删除。

3．将考生文件夹下 REI 文件夹中的文件 SONG.for 复制到考生文件夹下 CHENG 文件夹中。

4．在考生文件夹下 MAO 文件夹中建立一个新文件夹 YANG。

5．将考生文件夹下 ZHOU\DENG 文件夹中的文件 OWER.dbf 设置为隐藏和存档属性。

任务三　Windows 7 应用程序及管理

任务说明

为了方便用户使用计算机，在 Windows 7 操作系统中，微软公司给用户提供了一些基本的工具软件，如画图、截图、记事本、写字板、媒体播放器、远程桌面连接、录音机等，这些工具软件为用户操作和使用计算机带来了方便。

本任务将介绍 Windows 7 提供的常用应用程序的使用，包括记事本、画图、截图工具、计算器、命令提示符等的使用。

任务实战

一、应用程序的启动、退出及切换

1．启动应用程序

1）双击图标

双击需启动的程序图标。不论程序是在桌面上，还是在计算机中的某个文件夹内，双击可以启动此程序或打开该文件。

2）“开始”菜单

使用“开始”菜单可以启动绝大多数应用程序，前提是想要启动的应用程序在安装时选择了安装到“开始”菜单。

3）任务栏上创建快速启动

把常用程序锁定到任务栏，这样可在任务栏创建快速启动，任何时候直接单击快速启动按钮即可启动。

2．退出应用程序

程序的退出和窗口的关闭一样，退出程序的途径有以下几种。

（1）单击窗口右上角的“关闭”按钮。

（2）打开窗口控制菜单，选择“关闭”选项。

（3）双击控制图标。

（4）按“Alt＋F4”组合键。

（5）选择“文件”→“退出”或“关闭”选项。

（6）右击任务栏上的窗口图标，在弹出的快捷菜单中选择“关闭”选项。

（7）在“任务管理器”中直接结束。

3．程序的切换

程序间的切换和窗口间的切换一样，可采用如下方法。

（1）单击任务栏中的相应程序窗口按钮。

（2）单击应用程序窗口的任意位置。

（3）通过“ Alt＋Tab ”组合键实现切换。

扩展知识

Windows 是一个多任务系统，可同时运行多个程序窗口，这些窗口中有一个窗口的标题栏颜色是高亮的，可以直接对其进行操作，这个窗口称为“当前窗口”，对应的程序称为前台程序，其他运行的程序称为后台程序。

二、应用程序管理

程序和功能是用户通过计算机系统对应用程序进行管理的，可以给计算机添加必要的应用软件和删除无用的应用软件。单击“控制面板”窗口中的“程序和功能”图标，打开“程序和功能”窗口，如图 2.35 所示。

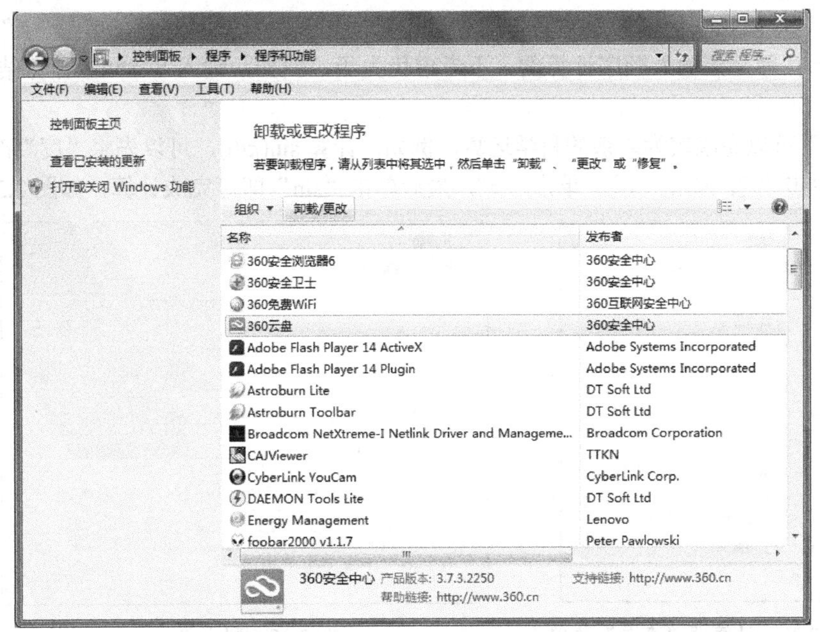

图 2.35 “程序和功能”窗口

（1）删除程序。选中要删除的程序，单击“卸载/更改”按钮，打开程序卸载向导，按卸载向导提示操作即可卸载程序。

（2）在图 2.35 中单击“打开或关闭 Windows 功能”链接，在打开的“Windows 功能”对话框

图 2.36 “Windows 功能”对话框

中，勾选或清除勾选复选框，以添加或删除功能，如安装“Internet 信息服务”，如图 2.36 所示。

三、Windows 常用工具

1．记事本

记事本是一种基本的文本输入、编辑工具，文本文件通常以.txt 扩展名作为标识。但是记事本也可以打开和编辑如.html、.c、.bat、.log、.ini 等为扩展名的纯文本文件，使用非常快捷、方便。下面介绍记事本打开、编辑等操作。

启动方法：选择“开始”→“所有程序”→“附件”→“记事本”选项，或者直接双击某个文本文件，计算机会自动启动记事本程序。如果不是以.txt 为扩展名的文本文件，则可以通过“打开方式”选择记事本应用程序将其打开即可。

记事本的编辑：启动记事本程序后，在窗口空白处有光标的位置可以输入文字信息，并进行排版编辑。

记事本的保存：在记事本程序窗口标题栏中，选择“文件”→“保存”选项。

2．计算器

计算器可以帮助用户完成数据的运算，它有“标准型”、“科学型”、“程序员”、“统计信息”4 种。图 2.37 所示为“查看”菜单。计算器的使用方法与日常生活中使用计算器的方法一样，可以通过单击计算器上的按钮来取值，也可以通过从键盘上输入来操作。

“标准型”可以完成日常工作中简单的算术运算，如依次输入“8*3”，单击“=”即可得到结果。注意，计算器是按输入顺序计算的，不考虑优先级，例如，输入 8+8*2，计算结果是 32，而不是 24。

“科学型”可以完成较为复杂的科学运算，例如，计算 sin(π/6)，可以先将“度”改为弧度，再单击“π”，单击“/”，单击“6”，单击“=”，最后单击“sin”即可完成计算，如图 2.38 所示。

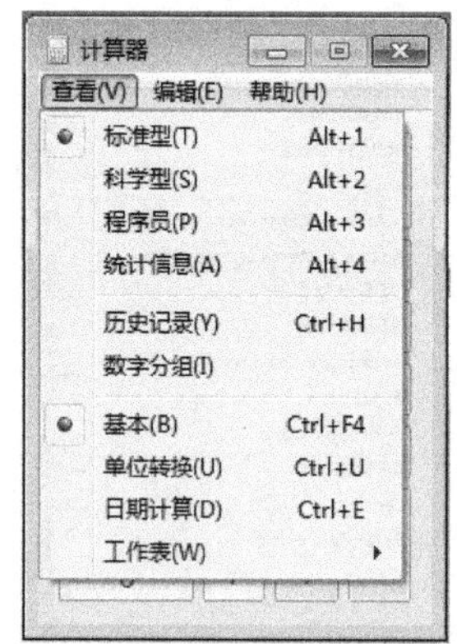

图 2.37 计算器“查看”菜单

图 2.38 科学型

“程序员”计算器则可以完成进制的转换等，在进行进制运算和转换时非常方便。例如，将十进制 78 转换为二进制数，可以先输入数字“78”，然后选中“二进制”单选按钮，即可得到结果“1001110”；二进制数“101010”和“110001”进行或运算，先选中“二进制”单选按钮，然后输入“101010”，单击“Or”按钮，再输入“110001”即可得到结果“111011”，如图 2.39 所示。

计算器还提供了各种实用的转换和计算功能，包括单位转换、日期计算、抵押计算、汽车租赁计算等。例如，将 1 “盎司” 转化成 “克”，可先将其更改成 “标准型” 计算器，其次选中 “单位转换”，在右侧的单位转换窗口中，先选择单位类型 “重量/质量”，然后在 “从” 文本框中输入 “1”，在单位下拉列表中选择 “盎司”，在右下方的单位类型中选择 “克”，即可完成转换，如图 2.40 所示。

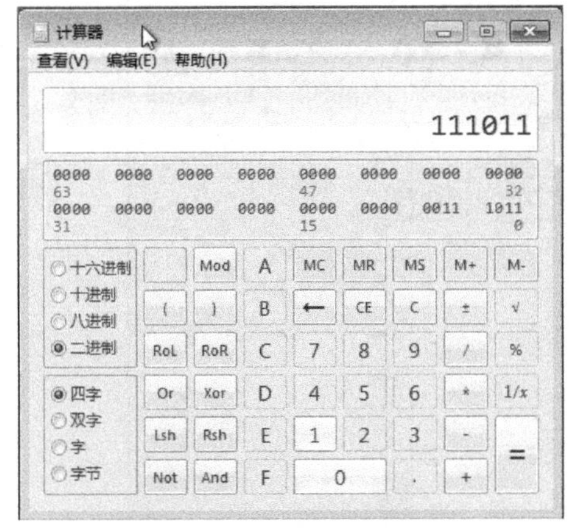

图 2.39 程序员计算器

图 2.40 单位转换

3．截图工具

截图工具是 Windows 7 在日常工作中可能会经常用到的一种新的附件工具，捕捉屏幕非常方便。

启动方法：选择 “开始” → “所有程序” → “附件” → “截图工具”选项，截图工具可以捕获以下任何类型的截图，如图 2.41 所示。

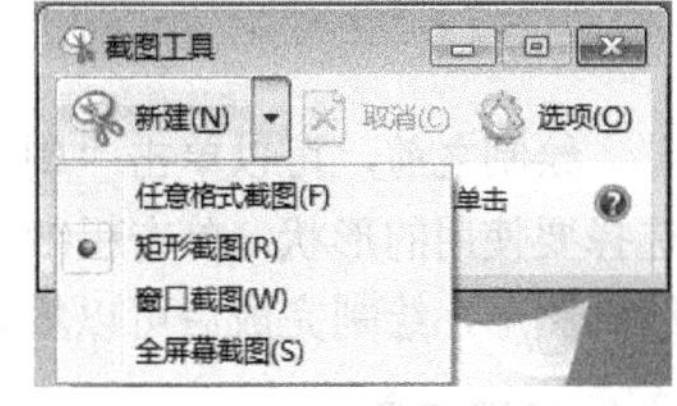

图 2.41 使用 “截图工具” 截图前

“任意格式截图”：围绕对象绘制任意格式的形状。

“矩形截图”：在对象的周围拖动光标构成一个矩形。

“窗口截图”：选择一个窗口，如希望捕获的浏览器窗口或对话框。

“全屏幕截图”：捕获整个屏幕。

捕获截图后，程序会自动将其复制到剪贴板和标记窗口中。用户可在标记窗口中添加注释、保存或共享该截图，如图 2.42 所示，工具栏中从左到右依次是 “新建截图”、“保存截图”、“复制”、“发送截图”、“笔”、“荧光笔”、“橡皮擦” 等工具。

图 2.42 使用 “截图工具” 截图后

4．画图

Windows 7 自带的画图工具，能够帮助用户解决常见的图片处理问题，简单易用，裁剪、旋转、调整图像比 Photoshop 等专业工具更加方便。画图工具引入了类似于新版 Office 的风格界面，默认

设置中并不显示菜单栏，所有功能按钮都分类集中在相应的功能组中。

启动方法：选择“开始”→“所有程序”→“附件”→“画图”选项。

画图程序的界面分为“画图”按钮、功能区、快速访问工具栏和绘图区域，如图 2.43 所示。

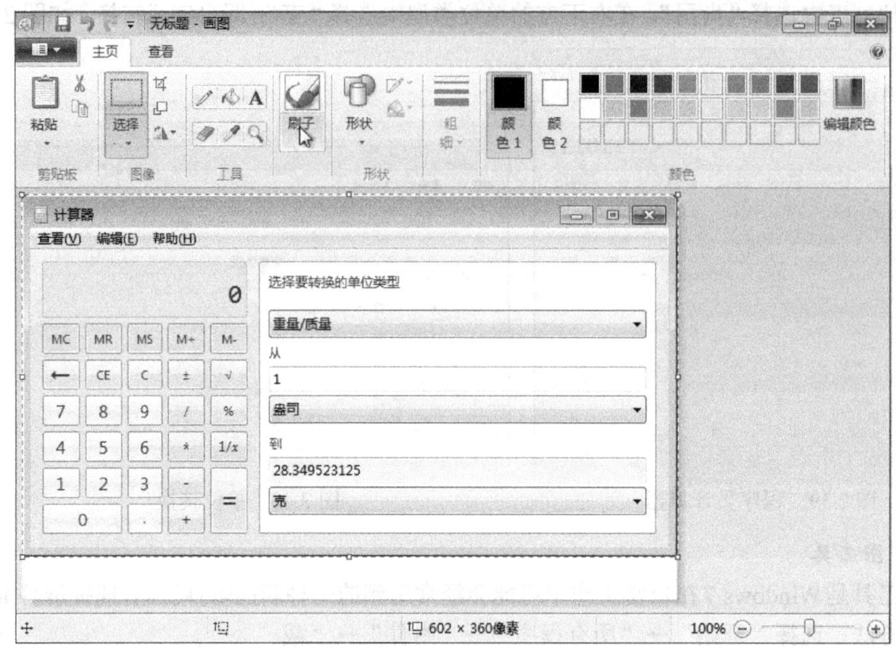

图 2.43　画图

绘制之前，可以单击“刷子”按钮，然后在弹出的浮动框中选择一种刷子的形状，单击形状，选择要使用的形状，单击粗细，选择画笔的粗细，再单击颜色，选择画笔的颜色，即可在绘图区域绘制图形，绘制完成后可以填充颜色。

扩展知识

画图工具最方便的作用是把当前屏幕或者当前工作窗口直接保存为图片，把当前屏幕信息保存到剪贴板中可以使用“PrintScreen”（在有的键盘上叫做“PrtSc”）键、把当前工作窗口信息保存至剪贴板中可以使用“Alt+PrintScreen”组合键。打开画图工具，选择粘贴，保存，即可将当前屏幕或者当前工作窗口保存为图片。画图支持的图片格式非常丰富，有 JPEG、PNG、BMP、GIF、TIFF 等。

5. 命令提示符

命令提示符是 Window 7 自带的一个功能，提供了输入 MS-DOS 命令及其他计算机命令的窗口。在命令提示符窗口中输入命令，可以在计算机上执行任务，而无需使用 Windows 图形界面。通常只有高级用户才能使用命令提示符。

启动方式：选择“开始”→“所有程序”→“附件”→“命令提示符”选项；或者在“开始”菜单的“搜索程序和文件”文本框中输入“cmd”，都可以启动命令提示符，如图 2.44 所示。

在该窗口中可以执行 Windows 内部命令和一些 DOS 命令，有兴趣的读者可以通过互联网学习这些命令的用法。

这里执行了“dir”命令，作用是显示当前目录的内容。

```
C:\Windows\system32\cmd.exe
Microsoft Windows [版本 6.1.7601]
版权所有 (c) 2009 Microsoft Corporation。保留所有权利。

C:\Users\lm>dir
 驱动器 C 中的卷没有标签。
 卷的序列号是 B0EF-7AB8

 C:\Users\lm 的目录

2014/07/16  21:04    <DIR>          .
2014/07/16  21:04    <DIR>          ..
2014/07/16  21:04    <DIR>          Contacts
2014/07/16  21:04    <DIR>          Desktop
2014/07/16  21:04    <DIR>          Documents
2014/07/16  21:04    <DIR>          Downloads
2014/07/16  21:04    <DIR>          Favorites
2014/07/16  21:04    <DIR>          Links
2014/07/16  21:04    <DIR>          Music
2014/07/16  21:04    <DIR>          Pictures
2014/07/16  21:04    <DIR>          Saved Games
2014/07/16  21:04    <DIR>          Searches
2014/07/16  21:04    <DIR>          Videos
               0 个文件              0 字节
              13 个目录 14,205,427,712 可用字节
```

图 2.44 命令提示符

技能练习

1．启动资源管理器：开机，进入 Windows 7 操作系统。

2．创建文件夹：在桌面上创建文件夹，并以自己的学号（两位）加姓名来重命名该文件夹，如“01 张三”。

3．在自己的文件夹中，新建一个文本文件，命名为“计算机基础课程的任务.txt”，并在其中输入以下内容。

学习计算机基础课程，掌握计算机信息应用技术，参加全国计算机等级考试（一级）及人力资源和社会保障部的全国计算机信息高新技术考试。其中，全国计算机等级考试证书可用于“3+证书”的高职高考，全国计算机信息高新技术考试的证书分“初级操作员级、操作员级、高级操作员级、操作师级和高级操作师级”五个级别，该类证书是广东省的计算机类的中高职三二分段及自主招生考试的必备条件，同时，取得该类证书后，还可以申请人力资源局设立的岗位成才奖。

4．为“附件”菜单中的“计算器”创建桌面快捷方式。

使用计算器计算第一部分项目二中任务二、任务三的技能练习。

知识巩固

1．在中英文输入法之间切换使用的键盘命令是（　　）。

A．Alt+Space　　C．Ctrl+Shift　　B．Ctrl+Space　　D．Shift+Space

2．下面文件中，（　　）是应用程序。

A．WORD.doc　　B．Notepad.exe　　C．WINDOWS.txt　　D．SETUP.bmp

3．Windows 7 窗口的标题栏上没有的按钮是（　　）。

A．最小化　　B．帮助　　C．最大化　　D．关闭

4．在下面的文件名中不正确的是（　　）。

A．File?abc.doc　　B．文件 File.doc　　C．File_.doc　　D．File Name.doc\

5．在同一驱动器内复制文件或文件夹，需在按住（　　）键的同时将文件或文件夹拖动到目标位置上。

A．Alt　　B．Shift　　C．Ctrl　　D．Esc

6．Windows 7 中，右击文件，选择“剪切”选项，则会将文件存放到（　　）。

A．目标位置中　　B．粘贴板中　　C．剪贴板中　　D．复制板中

7．选择连续文件，先单击第一个文件名后再按住（　　）键单击最后一个文件名。

A．Alt　　B．Ctrl　　C．Shift　　D．Tab

8．当前窗口是 D 盘窗口，对文件重命名的方法不正确的是（　　）。

A．选择“组织”→“重命名”选项

C．连续两次单击“文件”的名称区域

D．“文件”→右键快捷菜单→“重命名”

D．“文件”→“重命名”

9．回收站的正确解释是（　　）。

A．Windows 7 中的一个组件

B．可存在于各逻辑硬盘上的系统文件夹

C．Windows 7 下的应用程序

D．是应用程序的快捷方式

10．Windows 7 中计算器的不正确的功能是（　　）

A．计算器可以进行常规四则运算

C．计算器可以进行进制转换

B．计算器可以进行单位转换

D．计算器可以进行字数统计

11．要删除已选择的对象时，可按（　　）键。

A．Enter　　B．Delete　　C．Esc　　D．Alt

12．要打开已选择的对象时，可按（　　）键。

A．Enter　　B．Delete　　C．Esc　　D．Alt

13．将文件拖动到“回收站”中时，要使文件从计算机中删除，而不保存到“回收站”中，则在拖动文件的同时需按住（　　）键。

A．Alt　　B．Shift　　C．Ctrl　　D．Esc

14．要选择非连续的若干个文件或文件夹，按住（　　）键，再单击要选择的文件或文件夹。

A．Alt　　B．Shift　　C．Enter　　D．Ctrl

15．通常把硬盘中的一个文件拖动到回收站中，则（　　）。

A．复制该文件到回收站　　B．删除该文件，且不能恢复

C．删除该文件，但可恢复　　D．系统提示“执行非法操作”

16．若要将当前屏幕抓图放入剪贴板，则应（　　）键。

A．Win+D　　B．PrintScreen　　C．Win+P　　D．Alt+ PrintScreen

17．在 Windows 7 操作系统中，显示 3D 桌面效果的快捷键是（　　）。

A．Win+D　　B．Win+P　　C．Win+Tab　　D．Alt+Tab

18．双击“回收站”中的文件图标，则（　　）。

A．系统会打开“回收站”的窗口　　B．该文件将被彻底删除

C．打开该文件的属性对话框　　D．该文件会被还原到原来位置

19．在 Windows 中，“MS-DOS 方式”是（　　）。

A．另一个操作系统　　B．以 Windows 为基础的操作系统

C．一个模拟 DOS 环境的应用程序　　D．一个查看文件目录的窗口

20．要打开一个与应用程序没有建立关联的文档，应（　　）。

A．把该文档的扩展名更改为“txt”，再双击该文档

B．双击该文档，在“打开方式”对话框的列表框中选择合适的应用程序

C．在“开始”菜单中选择“运行”选项，然后输入该文档名称

D．在“记事本”程序窗口中选择“文件”→“打开”选项并输入该文档的名称

项目三　Windows 7 常用设置

项目指引

在使用 Windows 的过程中，为了让 Windows 更加符合自己的使用习惯，用户可以对系统进行管理和设置，如设置自己喜欢的桌面主题、图标、窗口外观、分辨率等；设置"开始"菜单、任务栏使 PC 使用起来更加方便。添加新的字体、设置鼠标、键盘、输入法等以符合自己的使用习惯。

知识目标

了解控制面板的作用、通过控制面板能够进行哪些常用设置。

技能目标

掌握桌面背景、图标，"开始"菜单、任务栏的设置方法；掌握任务管理器的使用方法；掌握鼠标、键盘、字体、输入法的设置。

任务一　Windows 操作界面设置

任务说明

Windows 7 操作系统正常启动后，首先看到屏幕上显示的图形界面就是 Windows 7 的桌面。通过桌面，用户可以有效地管理自己的计算机，与以往任何版本的 Windows 相比，中文版 Windows 7 桌面有着更加漂亮的画面、更富个性的设置和更为强大的管理功能。

桌面由图标、桌面背景和任务栏组成。它是用户和计算机进行交流的窗口，上面可以存放用户经常用到的应用程序和文件夹图标，用户可以根据自己的需要在桌面上添加各种快捷图标，用户可以非常方便地操作桌面上的图标和按钮，来进行各项日常工作。

相关知识

一、控制面板

控制面板是 Windows 7 对计算机的软、硬件系统进行配置、管理的工具组。选择“开始”→“控制面板”选项，即可打开“控制面板”窗口。控制面板默认查看方式是按“类别”，也可按“大图标”、“小图标”方式查看，控制面板可以调整的计算机设置项目很多，一般以“小图标”方式查看更为方便，如图 2.45 所示。用户可通过“控制面板”窗口设置计算机内部环境。根据自己的需要和应用程序的特点，通过修改或设置控制面板中的某个组件，来改变 Windows 7 的桌面及软件设置、系统设备设置、通信和网络设置等。

图 2.45 “控制面板”窗口

二、图标

图标是具有明确指代含义的计算机图形。其中，桌面图标是软件标识，界面中的图标是功能标识。它源自于生活中的各种图形标识，是计算机应用图形化的重要组成部分。它采用各种形象的小图形并在下面配以说明文字来表示磁盘驱动器、文件夹、文件及应用程序等操作对象，每个操作对象都有各自的默认图标。在默认的状态下，Windows 7 安装之后桌面上仅保留了“回收站”的图标。下面对常用图标介绍如下：

计算机：它是计算机的“总管”，可以查看和管理计算机上的所有资源，包括存储的文件、数据、硬盘驱动器、可移动存储设备、控制面板等。

回收站：硬盘上的一块区域，暂存用户已删除的文件、文件夹等。

个人文件夹：所有应用程序保存文件的默认文件夹，这样使得每个用户保存和查找文件有了统一的位置，以便用户快速打开、修改或使用自己的文档。

快捷方式图标：指向文件或者文件夹的一个链接，可以在桌面或者其他便于访问的位置为文件或者文件夹创建快捷方式。

三、桌面背景

桌面背景是桌面上显示的图像，常被称为壁纸，起到美化屏幕的作用。桌面背景是可以随意更换的，既可使用系统提供的图片，又可以使用个人收集的图片。可以是静态的图像，也可以是动态的画面，还可以选多张图片以幻灯片形式显示。

Windows 7 操作系统中的 Aero 特效就是从 Vista 时代加入的华丽用户界面效果，能够带给用户全新的感观，其透明效果更是让人耳目一新。Aero 的两项新功能是 Windows Flip 和 Windows Flip 3D，使用户能够轻松地在桌面上以视觉鲜明的便利方式管理窗口。除了新的图形和视觉改进外，Windows Aero 的桌面性能同外观一样流畅和专业，为用户带来了简单和高品质的体验。

扩展知识

使用 Aero 特效会花费部分系统资源，如果对系统的响应速度要求高过外观的表现，那么可以关掉 Aero 特效。在桌面上右击，在弹出的快捷菜单中选择“个性化”选项，然后选择个性化窗口中的“窗口颜色”选项，在打开的窗口中去掉 Windows 7 默认勾选的“启动透明效果”复选框，即可关闭 Aero 特效。

四、桌面小工具

Windows 7 中包含了称为“小工具”的小程序，这些小程序可以提供即时信息以及使用这些工具实现某种功能。例如，用户可以使用日历和时钟查看当前时间，也可以使用天气查询所在城市的天气，使用 CPU 仪表盘显示当前 CPU 和内存使用率等。Windows 7 随附的一些小工具，包括日历、时钟、天气、提要标题、幻灯片放映和图片拼图板。

任务实战

一、外观和个性化设置

外观和个性化设置基本都在“控制面板”的“外观和个性化”类别下进行，“外观和个性化”界面如图 2.46 所示。

图 2.46 外观和个性化

1．设置桌面背景

依次打开“控制面板”→“外观和个性化”→“个性化”窗口，在“个性化”窗口中设置整个计算机的视觉效果和声音，如图 2.47 所示。

重要链接介绍如下。

在“个性化”窗口中选择“主题”选项。

在“窗口颜色”中，可以启用透明效果，拖动滑块，可以调整颜色浓度。

在“声音”中，可以选定声音效果。

在“屏幕保护程序”中，可以选定要执行的屏幕保护程序。

Windows 7 操作系统已经预设了基本和高对比度主题，若不满意，则可以在“窗口颜色和外观”

中进行调整。

图 2.47　个性化

在“个性化”中单击“更改桌面背景”链接，打开如图 2.48 所示的桌面背景设置窗口。

图 2.48　桌面背景的设置

系统自带了很多 Aero 主题，如“风景”、“建筑”、“人物”、“中国”等主题，本例选择“中国”主题，并选中第一张图片“黄昏的漓江，中国桂林”作为桌面背景，图片位置选择“填充”，如果选择了多张图片，则可以通过设置“更改图片时间间隔”来选择更换壁纸的时间间隔，选择播放顺序等，最后单击“保存修改”按钮。

如果需要使用自己收集的图片、照片等作为背景，则可以单击“图片位置”右侧的“浏览”按钮，以选择自己喜欢的图片。

2．设置桌面图标

在图 2.47 所示的“个性化”窗口中单击“更改桌面图标”链接，打开如图 2.49 所示的“桌面图标设置”对话框，默认仅勾选了“回收站”复选框，可以将需要放在桌面的图标逐一一勾选。另外，还可以更改默认的图标，首先选中要更改的图标，如“计算机”，单击“更改图标”按钮，打开更改图标对话框，在列表中选择合适的图标，或者通过单击“浏览”按钮，添加自己收集、设计的图标。

3．设置桌面小工具

在图 2.47 所示的“外观和个性化”窗口中单击“桌面小工具”链接，打开如图 2.50 所示的小工具库窗口。在小工具库中双击需要添加到桌面的小工具，小工具即可添加到桌面上。

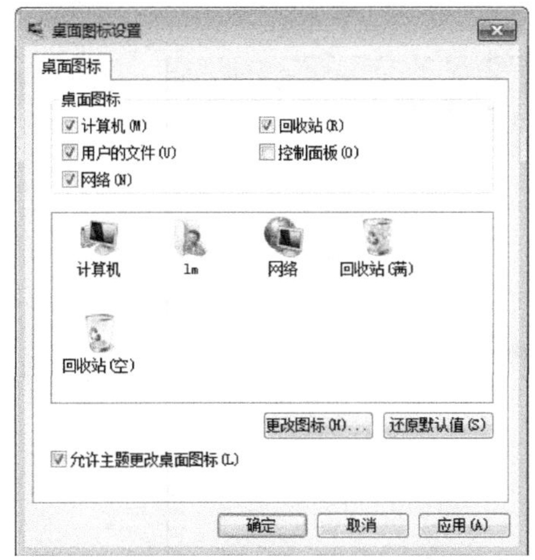

图 2.49 “桌面图标设置”对话框

图 2.50 小工具库

右击小工具，弹出快捷菜单，其中“不透明度”和“选项”选项可以设置小工具的显示效果，“前端显示”可以让小工具显示在所有窗口的前面，“添加小工具”可以继续添加其他小工具，“移动”可以改变小工具的位置，“关闭小工具”可以将添加到桌面上的小工具关闭，设置了图标和小工具之后的桌面如图 2.51 所示。

图 2.51 设置了图标和小工具之后的桌面

4．分辨率和颜色质量设置

屏幕分辨率是指屏幕的水平和垂直方向最多能显示的像素点，以水平显示的像素数乘以垂直扫描线数表示。例如，1920×1080 指图像由水平 1920 个像素、垂直 1080 个像素组成。分辨率越高，屏幕像素点越多，可显示的内容就越多。比较常见的屏幕分辨率有 1024×768、1280×800、1920×1080 等。选用哪种分辨率主要取决于用户的硬件配置和需求。

在“控制面板”窗口中依次单击“外观和个性化”→“显示”→“调整分辨率”链接，打开“屏幕分辨率”窗口，如图 2.52 所示。此外，在“显示”链接下还有“调整亮度”、“校准颜色”等选项，用户可以选择适合自己的显示方式。

图 2.52　设置屏幕分辨率

扩展知识

现在的显示器多为液晶显示器，不管是 LCD 还是 LED 显示器，它们都有一个最佳分辨率，即设计的默认分辨率，一般按照默认分辨率设置，否则显示效果反而不佳。

技能练习

1．使用“画图”程序制作一张图片并保存为“背景.bmp”，将“背景.bmp”设置为桌面背景。

2．改变桌面分辨率为“1280×800”，颜色为 32 位。

3．在“控制面板”中将系统的“日期和时间”更改为“2014 年 8 月 1 日 10:50:30”。

4．在“控制面板”中向桌面添加小工具“日历”，并设置显示较大尺寸。

5．在资源管理器中打开“本地磁盘 C”，设置所有文件及文件夹的视图方式为“中等图标”，并“显示预览窗格”。

任务二　任务栏、“开始”菜单、任务管理器

任务说明

Windows 是一个多任务操作系统，任务管理就显得非常重要，如任务如何切换，如何方便、快捷地管理任务，如何设置任务栏让 Windows 7 的使用更加方便、直观，如何管理“开始”菜单，如何通过任务管理器来查看、结束任务。

相关知识

一、任务栏

任务栏是 Windows 7 桌面的一个重要组成部分，任务栏默认是位于屏幕底部的水平长条（可更改位置）。其主要作用是提示正在执行或已执行的任务，任务栏的最左侧是“开始”按钮，依次是“快速启动栏”和当前已经打开的程序、文件，右侧是通知区域，主要包括了时钟、输入法、网络及声音等图标，用户可以根据自己的使用习惯自定义任务栏，如图 2.53 所示。

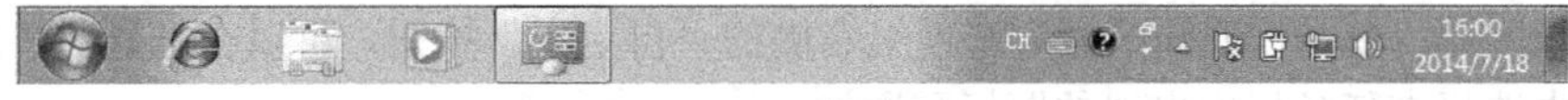

图 2.53　任务栏

使用 Windows 7 的“任务栏”可以轻松、便捷地管理、切换和执行各类应用。所有正在使用的文件或程序在“任务栏”中都会以缩略图的形式表示；将鼠标指针悬停在缩略图上时，窗口展开为全屏预览，可以直接从缩略图上关闭窗口，任务栏图标可以显示当前程序的工作状态。

Windows 7 的跳转列表功能：拖动程序或目标文件夹图标到任务栏区域，系统自动将其设定到资源管理器的跳转列表里，固定在任务栏上。单击任务栏图标，即可快速打开该文件；右击该图标，可以选择解锁等操作。

二、“开始”菜单

任务栏的最左端是“开始”按钮，单击它会弹出“开始”菜单，可以执行很多功能。“开始”菜单中集成了用户可能用到的各种操作，包括应用程序的启动文件快捷方式、设置、搜索等。“所有程序”菜单中列出了用户安装应用程序后的启动文件快捷方式，单击该文件即可启动程序。将鼠标指针移动到“所有程序”选项上即可显示程序列表。

三、任务管理器

Windows 任务管理器提供了有关计算机性能的信息，并显示了计算机上运行的程序和进程的详细信息；如果连接到网络，则可以查看网络状态并迅速了解网络是如何工作的。它的用户界面中提供了文件、选项、查看、窗口、关机、帮助等六大菜单，其下还有应用程序、进程、性能、联网、用户等 5 个选项卡，窗口底部则是状态栏，从这里可以查看到当前系统的进程数、CPU 使用率、更改的内存容量等数据，默认设置下系统每隔两秒对数据进行 1 次自动更新，也可以选择“查看”→“更新速度”选项重新设置。

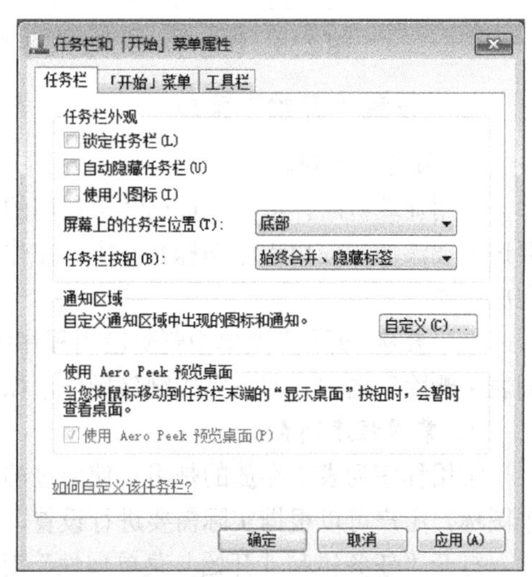

图 2.54　“任务栏和「开始」菜单属性”对话框

任务实战

一、设置任务栏

1. 设置任务栏属性

通过“任务栏和「开始」菜单属性”对话框，可以设置任务栏的显示方式。右击“任务栏”空白处，弹出快捷菜单，选择“属性”选项，则可打开“任务栏和「开始」菜单属性”对话框，如图 2.54 所示。

2. 设置任务栏的显示方式

（1）锁定任务栏：勾选“锁定任务栏”复选框

或者在任务栏空白处右击，在弹出的快捷菜单中选择“锁定任务栏”选项，这样任务栏就被固定在此位置，不能通过鼠标拖动的方法改变任务栏的大小和位置等，但是可以在其属性对话框“屏幕上的任务栏位置”下拉列表中设置任务栏在屏幕上的位置。

（2）自动隐藏任务栏：勾选此复选框，“任务栏”显示为屏幕边缘的一条细线。当鼠标指针指向“任务栏”时，“任务栏”恢复显示；当鼠标指针移开时，“任务栏”消失。

（3）使用小图标：勾选此复选框，任务栏上的图标会缩小显示，这样可以留出更多的任务栏空白，也可以显示更多的应用程序按钮。

（4）通知区域：单击“通知区域”选项组右侧的“自定义”按钮，可以在打开的“通知区域图标”对话框中选择在任务栏中出现的图标和通知。

（5）任务栏按钮：任务栏按钮为用户提供了 3 种排列方式，分别为始终合并、隐藏标签，当任务栏被占满时合并，从不合并。用户可以根据实际使用情况设置。

3．改变任务栏位置

在任务栏没有锁定的情况下，可以把鼠标指针指向任务栏空白处，按住鼠标左键拖动到目标位置，松开鼠标左键，则任务栏会自动移动到目标位置。同时，也可以在图 2.54 中单击“屏幕上的任务栏位置”右侧的下拉按钮，下拉列表中有“底部”、“左侧”、“右侧”、“顶部”可以选择。

4．任务栏图标的锁定和解锁

用户可以将经常使用的程序图标锁定在任务栏，使用时只需要单击任务栏上对应的图标即可，也可以将锁定在任务栏的图标解锁。

如果要将应用程序图标锁定到任务栏，则只需将图标（未运行的程序）用鼠标拖动到任务栏即可，当图标拖动到任务栏时会显示“附到任务栏”字样，松开鼠标左键，该程序图标即可锁定到任务栏。对于已经打开的程序，要锁定在任务栏，右击任务栏中相应的图标，选择“将此程序锁定到任务栏”选项即可完成锁定。如果要将一个程序图标从任务栏中删除，则只需要对其进行解锁即可，右击锁定在任务栏的图标，在弹出的快捷菜单中选择“将此程序从任务栏解锁”选项，即可完成解锁，如图 2.55 和图 2.56 所示。

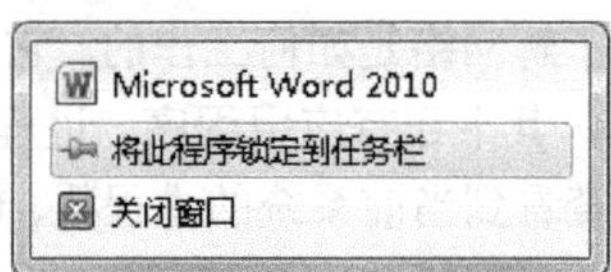

图 2.55　锁定程序图标到任务栏

图 2.56　程序图标从任务栏解锁

二、设置“开始”菜单

1．固定程序列表

使用计算机时，可以把自己经常使用的某些程序添加到“开始”菜单的“固定列表”中，只需要选中要添加的应用程序图标并右击，在弹出的快捷菜单中选择“附到「开始」菜单”选项，即可完成操作。

如果要从“开始”菜单中删除应用程序图标，选中程序图标右击，在弹出的快捷菜单中选择“从列表中删除”选项，即可完成删除操作，如图 2.57 所示。

2．常用程序列表

常用程序列表中存放的是用户使用过的程序图标，默认情况下，在常用列表中可以最多显示 10 个图标。用户可以根据实际需要进行设置，以便日常操作。

打开“任务栏和「开始」菜单属性”对话框，选择“「开始」菜单”选项卡，单击“自定义”按钮，打开“自定义「开始」菜单”对话框，如图 2.58 和图 2.59 所示。

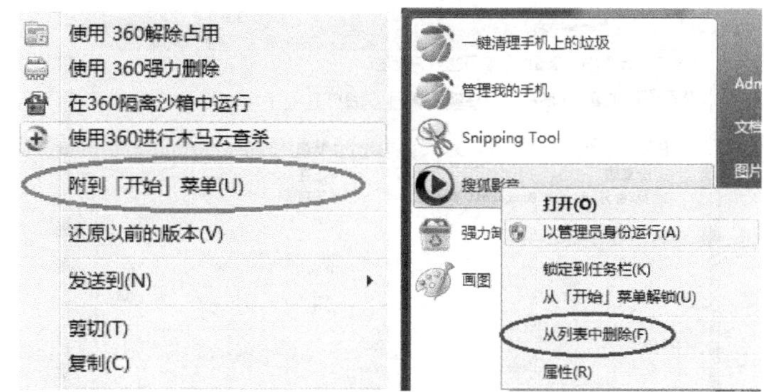

图 2.57 添加和删除应用程序图标

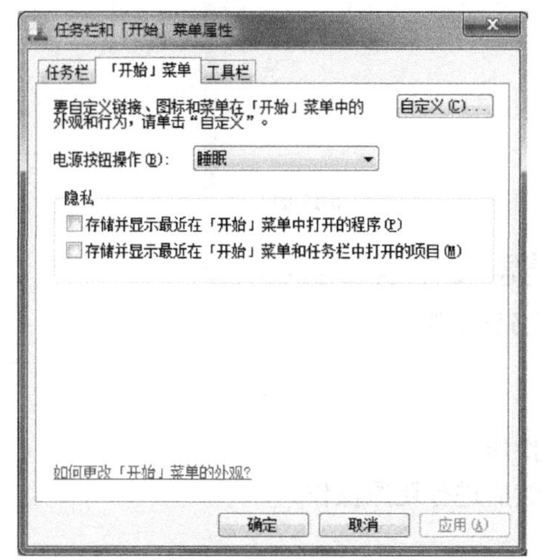

图 2.58 “「开始」菜单”选项卡

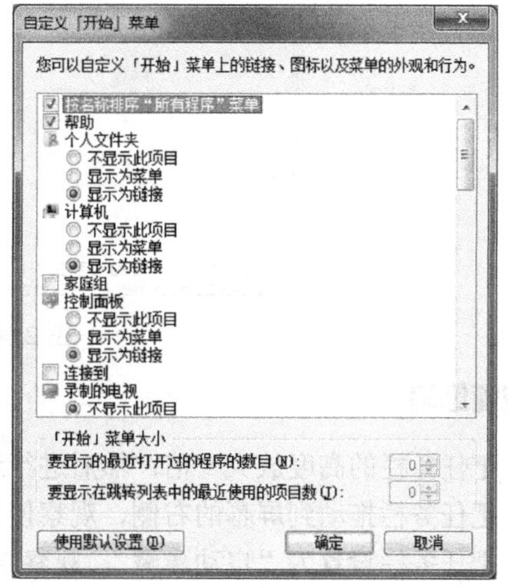

图 2.59 “自定义「开始」菜单”对话框

若勾选了“存储并显示最近在「开始」菜单中打开的程序”和“存储并显示最近在「开始」菜单和任务栏中打开的项目”复选框，那么最近打开的程序或者文件会在常用程序列表中有图标显示，如果要清除列表中的应用程序图标，选中相应程序图标并右击，选择“从列表中删除”选项即可完成删除操作。也可以取消勾选图中两个复选框，如此可以清除全部常用程序列表中的图标，且在以后的使用过程中，使用过的程序图标也不会显示在常用程序列表中。

三、任务管理器

Windows 7 通过“Ctrl+Shift+Esc”组合键可以打开任务管理器。此外，在任务栏空白处右击，在弹出的快捷菜单中选择“启动任务管理器”选项也可以打开。Windows 7 之前的版本多数是通过组合键“Ctrl+Alt+Delete”启动任务管理器，Windows 7 中使用“Ctrl+Alt+Delete”组合键也可以启动，但要在锁定界面中选择“启动任务管理器”选项。图 2.60 所示为典型的任务管理器窗口。

任务管理器上主要显示了计算机正在运行的程序和进程的相关信息，用户可以查看正在运行的程序的状态，还可终止已停止响应的程序(选择需要终止的进程，单击“结束任务”按钮)，“进程”选项卡中列出了当前在后台运行的程序；在“服务”选项卡中可以对系统服务选择启用还是停止；在“性能”选项卡中可以查看 CPU 和内存使用情况；在“联网”选项卡中可以查看网络适配器的使用状态、速率等；“用户”选项卡针对有多个用户接入计算机的状况，可查看用户相关信息，并可发送信息，断开对方的连接等。

图 2.60　任务管理器

技能练习

1．把任务栏的高度放大一倍，然后进行还原操作。

2．把任务栏拖动到屏幕的右侧，观察使用，然后进行还原操作。

3．把任务栏设置为“自动隐藏”，观察结果。

4．设置“开始”菜单显示“最近使用的项目”。

5．设置“开始”菜单，将电源按钮操作改为“重新启动”。

6．把“记事本”的快捷方式放入到“开始”菜单的“启动”栏内。

7．启动“Windows 任务管理器”，查看正在执行的“应用程序”和“进程”，观察有哪些应用程序和进程，并尝试结束一些“进程”。

任务三　鼠标、键盘、字体、输入法的设置

任务说明

鼠标和键盘是用户使用计算机时的主要输入设备，用户可以设置其属性，使其更符合个人操作习惯，也可以对字体和输入法进行添加、删除操作。

任务实战

一、鼠标

鼠标是使用频率最高的输入设备，鼠标的出现大大简化了计算机的操作，目前多数鼠标有左键、右键及滚轮。每个人对鼠标的操作习惯不同，体验要求也不同，因此应根据用户自己的使用习惯进行设置。

在“个性化”窗口左侧单击“更改鼠标指针”链接，或者在“控制面板”窗口中将查看方式的类别设为“小图标”，单击“鼠标”链接，即可打开“鼠标属性”对话框，如图 2.61 所示。

1. 鼠标键设置

左右手习惯：在“鼠标属性”对话框中勾选“切换主要和次要的按钮”复选框，实现鼠标左键和右键的功能互换，默认左键是主键。

双击速度：在“速度”滑块上通过左右拖动来设置双击鼠标的速度，设置的越快，要求两次单击间隔时间越短，设置完成后可以在右侧文件夹上测试。

单击锁定：在“鼠标属性”对话框勾选“启用单击锁定”复选框，选中一个对象，左键选中文件停留一段时间，则会进入锁定状态。松开鼠标左键，直接拖动鼠标移动对象到目标位置，再次单击左键即可解除锁定。

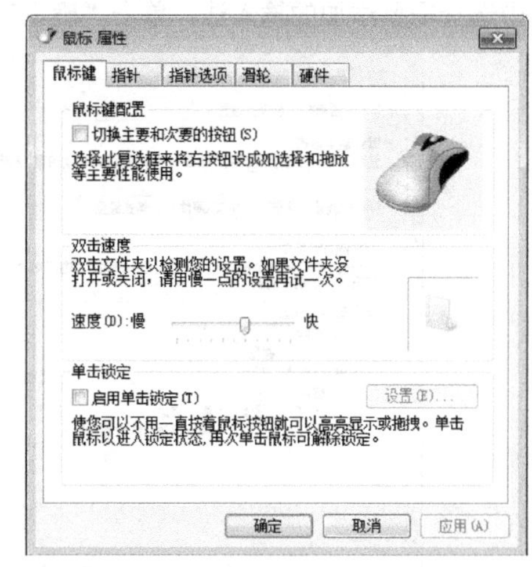

图 2.61 “鼠标属性”对话框

2. 指针设置

“指针”选项卡可以改变各种系统状态下鼠标的指针状态，如需改变，可以在“方案”下拉列表中选择，如果仅对当前方案下的某个指针样式不满意，则可以选中后单击“浏览”按钮，在打开的对话框内重新指定，可以是系统自带的指针方案，也可以是用户自己收集的指针方案。

3. 指针选项设置

在“指针选项”选项卡中，用户可以根据自己的需求设置指针移动速度、指针运动轨迹显示、打字隐藏指针等个性化需求。例如，勾选“自动将指针移动到对话框中的默认按钮”复选框，打开一个新的窗口时，系统会自动将鼠标指针定位到默认的按钮上。

4. 滑轮设置

在“滑轮”选项卡中，用户可以设置鼠标滑轮垂直滚动时一次滚动的行数和水平滚动一次滚动显示字的数量。

二、键盘

键盘是另外一个重要的输入设备，用户可以在“键盘属性”对话框中拖动重复延迟、重复速度和光标闪烁速度滑块，这样即可完成对键盘字符的重复和光标闪烁速度的设置。

在“控制面板”窗口中，查看方式的类别选为“小图标”，单击“键盘”链接，打开“键盘属性”对话框，如图 2.62 所示。

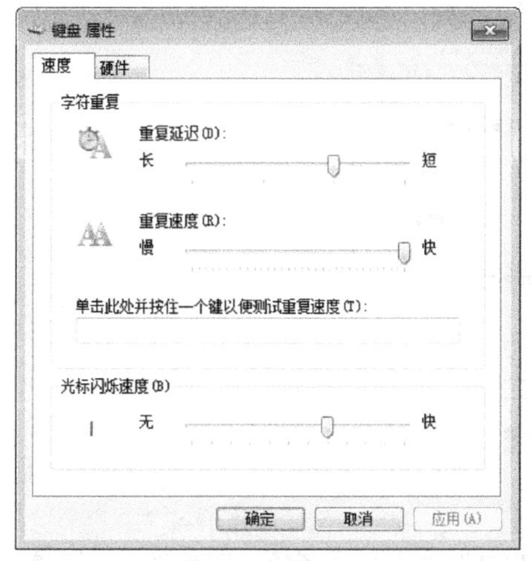

图 2.62 “键盘属性”对话框

三、输入法

在用户使用计算机时，若系统提供的输入法不能满足用户需求，那么用户可以对输入法进行添加和删除设置。

打开“控制面板”窗口，单击“更改键盘或其他输入法”链接，如果以小图标显示，则单击“区域和语言”链接，打开“区域和语言”对话框，单击“更改键盘”按钮，打开“文本服务和输入语言”对话框。或者右击任务栏中的语言栏，在弹出的快捷菜单中选择“设置”选项，也可以打开“文本服务和输入语言”对话框，如图 2.63 所示。

在“文本服务和输入语言”对话框中单击“添加”按钮，打开“添加输入语言”对话框，在对话框语言列表框中选择需要添加的输入法，单击“确定”按钮完成操作，如图 2.64 所示。

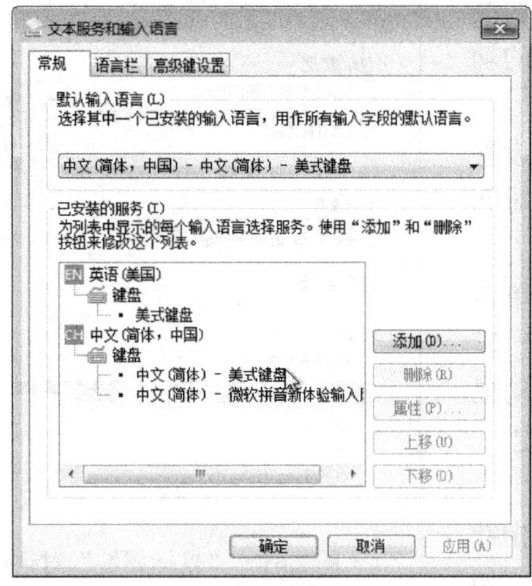

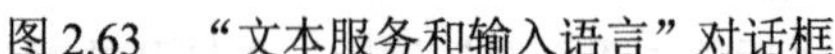
图 2.63 “文本服务和输入语言”对话框

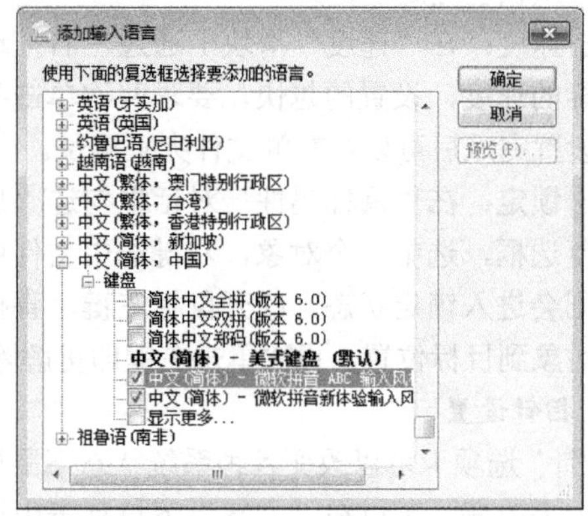

图 2.64 “添加输入语言”对话框

另外，可以在“高级键设置”选项卡中为输入法设置快捷键，如图 2.65 所示。例如，这里选择一个输入法，单击“更改按键顺序”按钮，在打开的“更改按键顺序”对话框中，勾选“启用按键顺序”复选框，按“Ctrl+Shift+1”组合键可切换至该输入法。从图上还可看出，默认的中文输入法/非输入法之间使用“Ctrl+Space”组合键切换，在输入法之间切换使用“Alt+Shift”组合键。

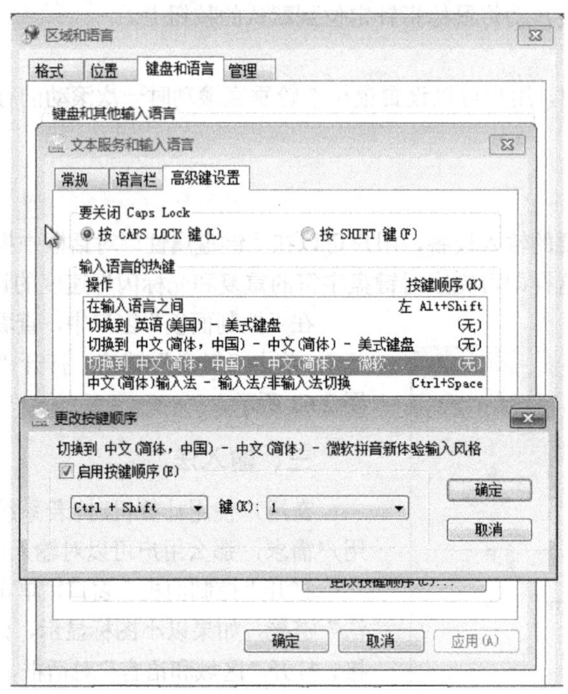

图 2.65 更改输入法组合键

四、字体

用户使用计算机时，往往需要一些特殊字体，如做广告设计时需要广告字体，而系统自带字体库中没有，则需要用户自己添加字体。同时，对于不需要的字体也可以进行删除操作。

1．添加字体

Windows 7 中添加字体很方便，如安装“长城广告体繁”字体，用户选择要安装的字体并右击，在弹出的快捷菜单中选择“安装”选项即可，如图 2.66 所示。

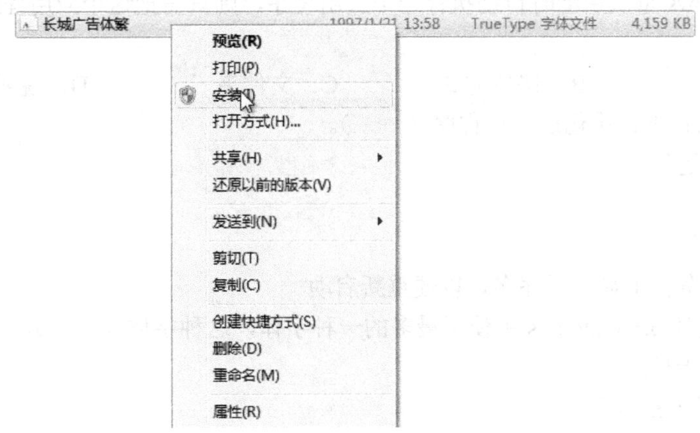

图 2.66　安装字体

2．删除字体

打开“控制面板”窗口，查看方式选择“小图标”，单击“字体”链接，打开“字体”窗口。在“字体”窗口中，选择要删除的字体图标并右击，在弹出的快捷菜单中选择“删除”选项，打开“删除字体”确认对话框，单击“是”按钮，即可删除字体。例如，删除“长城广告体繁”如图 2.67 所示。

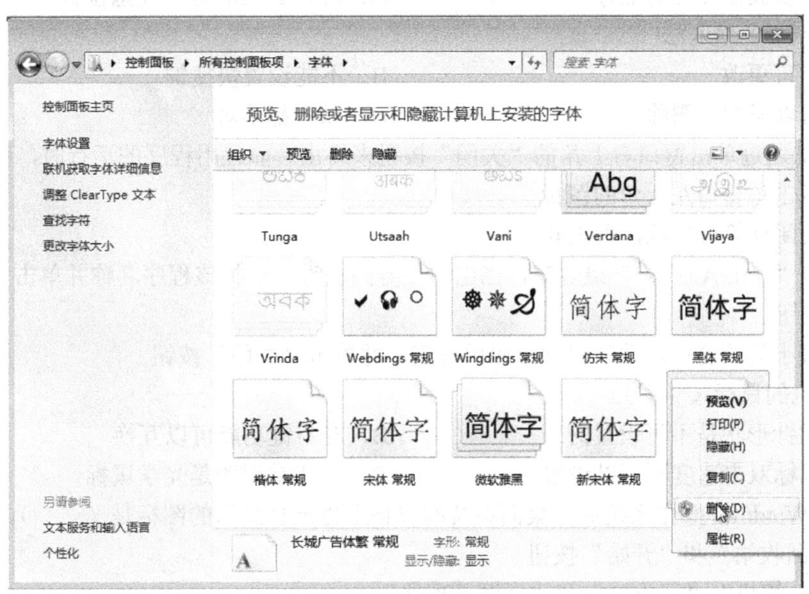

图 2.67　删除字体

技能练习

1．添加中文双拼输入法，并设置快捷键“Ctrl+Shift+2”。

2．添加字体“长城广告体繁”。

3．设置鼠标的双击速度为慢，并进行测试。

4．设置键盘的光标闪烁速度为“快”，并进行测试。

知识巩固

1．要使 Windows 每次启动时自动执行一个应用程序，则只需把这个应用程序的（　　）放在“启动”文件夹中。

A．程序名　　B．快捷方式　　C．文件夹　　D．说明文件

2．应用程序窗口被最小化后，该程序（　　）。

A．在后台运行

B．被关闭

C．暂停运行

D．仅在任务栏上显示程序名，以便重新启动

3．True Type 字体是 Windows 中使用最多的一种字体，这种字体（　　）。

A．只可用于显示

B．不占用磁盘空间

C．屏幕显示的大小与打印结果相同

D．屏幕显示的效果与打印的效果相同

4．按（　　）键可以快速关闭应用程序窗口。

A．Ctrl+Space　　B．Alt+Esc　　C．Alt+Tab　　D．Alt+F4

5．Windows 的任务栏（　　）。

A．不可改变大小　　B．只能放在屏幕底部

C．可以放在屏幕的上方　　D．可以放在屏幕的任意位置

6．Windows 的输入法（　　）。

A．不可更改　　B．不能设置快捷键

C．可以添加、删除　　D．以上都不对

7．当无法通过单击窗口右上角的“关闭”按钮来终止当前应用程序的运行时，可以（　　）。

A．双击该窗口左上角的图标

B．关闭计算机电源，再重新开机

C．按“Ctrl+Alt+Esc”组合键，当出现任务列表时，选择该程序名称并单击“结束任务”按钮

D．最小化该窗口，重新启动该应用程序，并单击“关闭”按钮

8．计算机的鼠标（　　）。

A．指针形状是不可设置的　　B．左右键功能可以互换

C．鼠标双击速度不可以设置　　D．现在常用的是光学鼠标

9．启动 Windows 操作系统后，桌面系统的屏幕上肯定会显示的图标是（　　）。

A．“回收站”和“开始”按钮

B．“计算机”、“回收站”和“资源管理器”

C．“计算机”、“回收站”、和“Office 2010”

D．“计算机”、“开始”按钮和“Internet 浏览器”

10．Windows 的任务栏可用于（　　）。

A．启动应用程序　　B．切换当前应用程序

C．修改程序项的属性　　D．修改程序组的属性

项目四 Windows 7 系统维护

项目指引

操作系统在计算机系统中地位非常重要，但是系统使用久了用户会感觉其性能越来越差，因此为了使系统保持刚安装好的状态，要定期维护系统。其中，包括按照需要添加新的用户，并为这些用户设置合理的权限，需要定时地清理磁盘、整理碎片；为了防止系统意外崩溃，还要学会设置系统还原点。

知识目标

掌握 Windows 用户账户相关知识，掌握磁盘分区相关知识。

技能目标

掌握添加用户和管理用户的操作；掌握系统的清理与优化操作；掌握磁盘的格式化、磁盘清理和碎片整理的操作；学会备份还原操作系统。

任务一 用户账户管理

任务说明

Windows 7 是一个多任务、多用户操作系统，具有强大的用户账户管理功能，在一台计算机中可以创建多个用户账户，而且各个用户账户之间互不影响。同时，可以对用户账户权限进行管理，限制用户更改系统设置，确保计算机使用安全。

相关知识

根据用户使用计算机需求的不同，Windows 7 中将用户账户分为 3 类，每个不同的账户类型都有不同的计算机控制级别。

管理员账户：计算机的管理员账户是系统内权限最高的账户，在系统内可以进行任何操作，能改变系统设置，可以安装和删除软件、硬件，能访问计算机上的所有文件，还能够更改其他用户账户。Windows 7 中至少要有一个计算机管理员账户。

标准用户账户：标准用户账户是受到一定权限限制的账户，此类型账户可以访问计算机上已经安装的软件，使用计算机上大多数功能，可以设置自己账户的密码，但是无权更改计算机安全设置，不能安装和删除程序等。

来宾账户：来宾账户是为临时用户设立的账户类型，可以供任何人使用，默认情况下处于禁用状态，需管理员启用后，才能使用来宾账户登录计算机，来宾账户权限很低，没有密码，无法对系统做出任何修改和设置，无法访问其他用户账户的个人资料，只能查看计算机中的资料。

任务实战

一、创建新账户

以管理员账户登录系统，打开“控制面板”窗口（按“类别”查看），单击“用户账户和家庭安全”链接，单击“添加或删除用户账户”链接。在“管理账户”窗口中单击“创建一个新账户”

链接，如图 2.68 所示。

图 2.68　“管理账户”窗口

在“创建新账户”窗口中，在新账户名文本框内输入创建的新账户名称，本例输入“dglg”，根据需求选择账户类型为“标准用户”或“管理员”，单击“创建账户”按钮，完成新账户的创建，如图 2.69 所示。

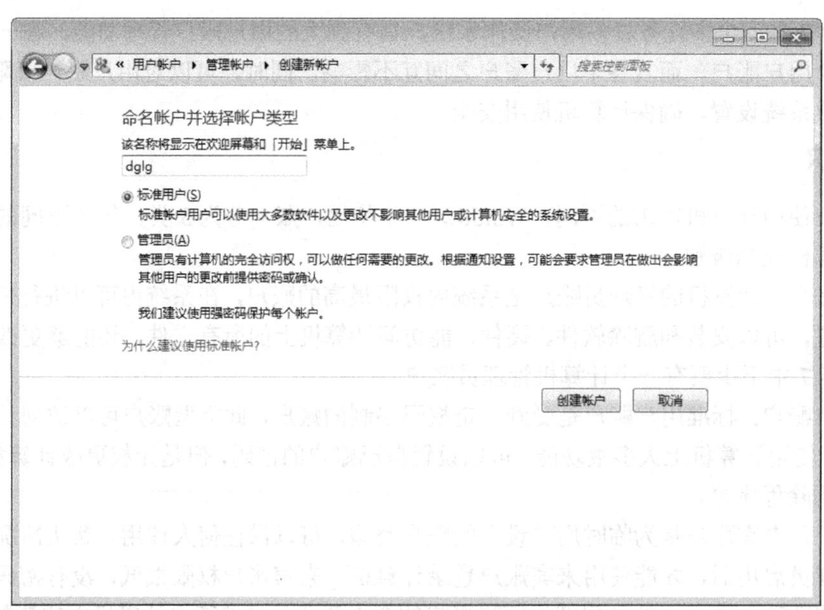

图 2.69　“创建新账户”窗口

二、账户设置

用户可以根据需要对用户账户进行管理和设置，包括设置账户类型、账户名称、图片、密码等操作。

打开“用户账户”窗口，单击“管理其他账户”链接，打开“管理账户”窗口，单击“dglg”

标准用户按钮，打开“更改账户”窗口，如图 2.70 所示

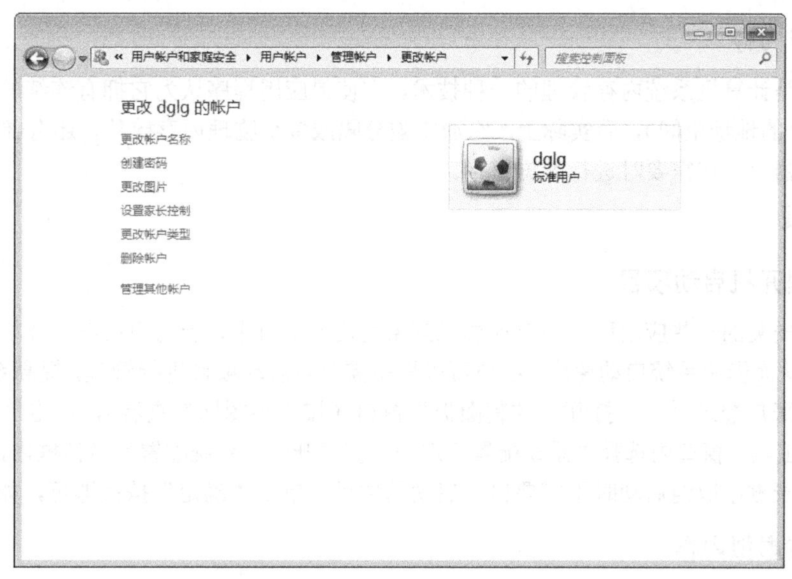

图 2.70 “更改账户”窗口

在该窗口内可以看到如下链接：“更改账户名称”、“创建密码”、“更改图片”、“设置家长控制”、“更改账户类型”、“删除账户”、“管理其他账户”。其功能简介如下。

更改账户名称：可为原账户更改名称，新的账户将显示在欢迎屏幕上。

创建密码：为无密码账户创建密码，如果账户已有密码，则可以“修改密码”或“删除密码”。

更改图片：为账户更改图片，可在“开始”菜单和欢迎屏幕上体现。

更改账户类型：实现“标准用户”和“管理员”之间的相互转换。

删除账户：将账户相关信息删除，删除账户的同时，可以选择是否保留该账户的文件。

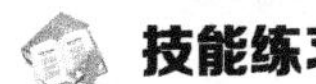

技能练习

1．添加标准用户 student，密码自定。
2．设置计算机 Administrator 账户密码为“dglgedu20!%”
3．注销当前用户，使用 student 用户账户，输入密码并登录系统，取消密码。

*任务二　系统优化

任务说明

用户在使用计算机的过程中，可以通过管理开机启动项、设置虚拟内存等方法对计算机进行合理的优化，这样能帮助用户提升计算机运行速度。

相关知识

一、启动项目

启动项目也称启动项，即开机的时候系统会在前台或者后台运行的程序。当 Windows 完成登录过程后，细心的用户会发现进程表中出现了很多进程。事实上，Windows 在启动的时候，自动加载了很多程序，这些自动加载的程序和进程，给用户带来了很多方便，但它降低了启动速度，且不是

每个自启动的程序对用户都有用，更有甚者，也许有病毒或木马在自启动行列中。

二、虚拟内存

虚拟内存是计算机系统内存管理的一种技术。它使得应用程序认为它拥有连续的、可用的内存（一个连续完整的地址空间），而实际上，它通常被分隔成多个物理内存碎片，还有部分暂时存储在外部磁盘存储器上，在需要时进行数据交换。

 任务实战

一、管理开机启动项目

由于用户安装的一些应用程序会自动加载到系统启动项目中，当用户启动计算机时，这些项目会自动运行，从而影响系统启动速度，用户可以根据需要对启动项目进行管理，提高系统启动速度。

以管理员账户登录系统，打开“控制面板”窗口（按“小图标”查看），单击“管理工具”链接，在“管理工具”窗口内选择“系统配置”选项，在打开的“系统配置”对话框内，选择“启动”选项卡，在列表框中取消启动时不需要自动启动的项目，单击“确定”按钮即可，如图 2.71 所示。

二、设置虚拟内存

以管理员账户登录系统，打开“控制面板”窗口（按“小图标”查看），单击“系统”链接，也可以直接右击桌面上的“计算机”图标，在弹出的快捷菜单中选择“属性”选项，打开“系统”窗口。在“系统”窗口中单击“高级系统设置”链接，打开“系统属性”对话框，选择“高级”选项卡，在“性能”选项组中单击“设置”按钮，如图 2.72 所示。

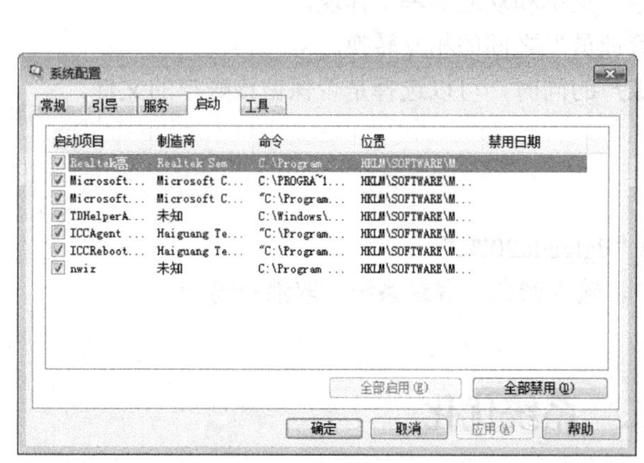

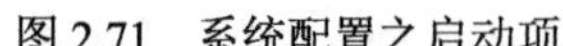
图 2.71　系统配置之启动项

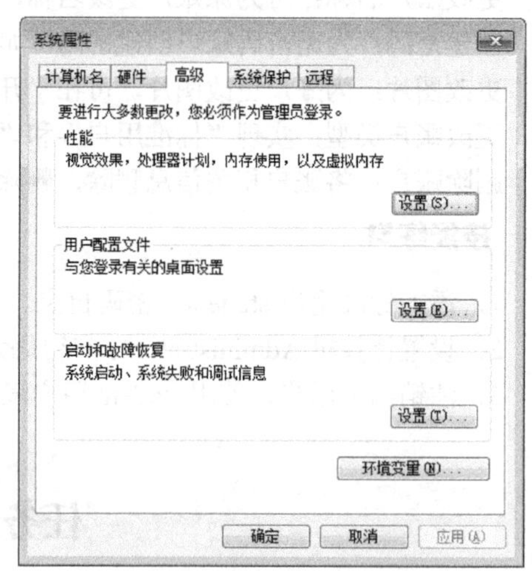

图 2.72　“系统属性”对话框

打开“性能选项”对话框，选择“高级”选项卡，在“虚拟内存”选项组中单击“更改”按钮，打开“虚拟内存”对话框，取消勾选“自动管理所有驱动器的分页文件大小”复选框，在驱动器列表中选择一个磁盘分区作为设置虚拟内存的磁盘分区，选中“自定义大小”单选按钮，设置“初始大小”和“最大值”，依次单击“设置”和“确定”按钮，如图 2.73 所示。

虚拟内存设置完成后，会打开“系统属性”对话框，提示“要使改动生效，需要重新启动计算机”，单击“确定”按钮，重启计算机，设置的虚拟内存即可生效。

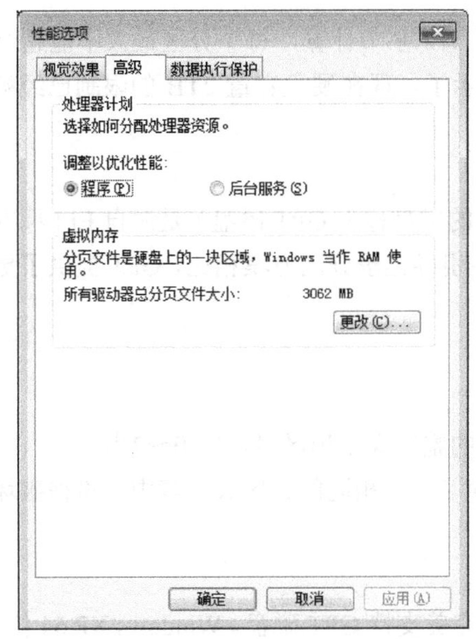

(a)“性能选项”对话框

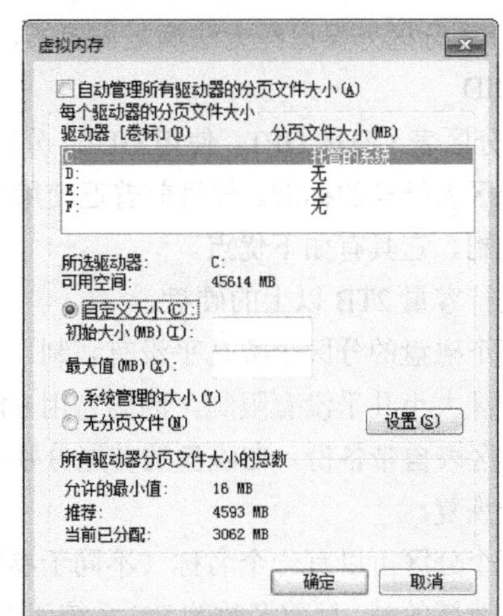

(b)“虚拟内存”对话框

图 2.73　设置虚拟内存大小

技能练习

1．查看当前系统开机时自动启动的项目。

2．设定虚拟内存的大小为物理内存大小的两倍。

*任务三　磁盘管理、清理和碎片整理

任务说明

新磁盘在使用前要经历分区和格式化操作，用户掌握相关的知识是有必要的。用户在使用计算机的过程中，数据存储在计算机的各个磁盘中，由于数据碎片残留、产生临时文件等，用户必须定期对磁盘进行维护，以提高磁盘性能并保障数据安全。

相关知识

一、磁盘分区类型

1．MBR

MBR（Master Boot Record，主引导记录）是对 IBM 兼容机的硬盘或者可移动磁盘分区时，在驱动器最前端的一段引导扇区。MBR 描述了逻辑分区的信息，包含文件系统及组织方式。

MBR 分区方案将分区信息保存到磁盘的第一个扇区（MBR 扇区）的 64 个字节中，每个分区项占用 16 个字节，这 16 个字节中存有活动状态标志、文件系统标识、起止柱面号、磁头号、扇区号、隐含扇区数目（4 个字节）、分区总扇区数目（4 个字节）等。由于 MBR 扇区只有 64 个字节用于分区表，所以只能记录 4 个分区的信息。这就是硬盘主分区数目不能超过 4 个的原因。后来为了支持更多的分区，引入了扩展分区及逻辑分区的概念。但每个分区项仍用 16 个字节空间。

MBR 分区有很多限制，如主分区数目不能超过 4 个，很多时候，4 个主分区并不能满足需要。另外，最关键的是 MBR 分区方案无法支持超过 2TB 容量的磁盘。因为这一方案用 4 个字节存储分区的总扇区数，最大能表示 2^{32} 个扇区，按每扇区 512 字节计算，每个分区最大不能超过 2TB。磁盘容量超过 2TB 以后，分区的起始位置就无法表示了。现在硬盘容量 2TB 的限制已经被突破。由此可见，MBR 分区方案已经无法满足需要了。

2．GUID

GUID 分区表（简称 GPT，使用 GUID 分区表的磁盘称为 GPT 磁盘）是源自 EFI 标准的一种较新的磁盘分区表结构的标准。与目前普遍使用的主引导记录分区方案相比，GPT 提供了更加灵活的磁盘分区机制。它具有如下优点。

（1）支持容量 2TB 以上的硬盘。

（2）每个磁盘的分区个数几乎没有限制。

（3）分区大小几乎没有限制。因为它用 64 位的整数表示扇区号，即 $0\sim2^{64}$。

（4）分区表自带备份。在磁盘的首尾分别保存了一份相同的分区表。其中一份被破坏后，可以通过另一份恢复。

（5）每个分区可以有一个名称（不同于卷标）。

但令人遗憾的是，目前多数的 PC 系统还无法完美支持 GPT 磁盘。Windows XP 64 位、Windows Server 2003 只有基于 Itanium 的系统才能从 GPT 磁盘启动；Windows Server 2008、Windows 7 和 Windows 8 只有基于 EFI 的系统支持从 GPT 磁盘启动。但硬件的发展速度总是惊人的，2TB 以上容量的硬盘很快会普及，基于 EFI 的主板也正在销售。GUID 分区方案终将成为主流。

二、Windows 分区类型

计算机中存放信息的主要的存储设备是硬盘，但是硬盘不能直接使用，必须对硬盘进行分割，分割成的一块一块的硬盘区域就是磁盘分区。在传统的磁盘管理中，将一个硬盘分为两大类分区：主分区和扩展分区。主分区是能够安装操作系统，能够进行计算机启动的分区，这样的分区可以直接格式化，并安装系统，直接存放文件。

磁盘分区后，必须经过格式化才能够正式使用，格式化后常见的磁盘格式有 FAT(FAT16)、FAT32、NTFS、Ext2、Ext3 等。

1．FAT32

采用 32 位的文件分配表，使其对磁盘的管理能力大大增强，突破了 FAT16 对每一个分区的容量只有 2GB 的限制。由于硬盘生产成本下降，其容量越来越大，运用 FAT32 分区格式后，可以将一个大硬盘定义成一个分区而不必分为几个分区使用，大大方便了对磁盘的管理。采用 FAT32 格式分区的磁盘，由于文件分配表的扩大，运行速度比采用 FAT16 格式分区的磁盘慢。

2．NTFS

NTFS 的优点是安全性和稳定性极其出色，在使用中不易产生文件碎片。它能对用户的操作进行记录，通过对用户权限进行非常严格的限制，使每个用户只能按照系统赋予的权限进行操作，充分保护了系统与数据的安全。支持这种分区格式的操作系统已经有很多，从 Windows NT 和 Windows 2000 直至 Windows Vista、Windows 7、Windows 8。

三、文件碎片

文件碎片是因为文件被分散保存到整个磁盘的不同地方，而不是连续地保存在磁盘连续的簇中形成的。

当应用程序所需的物理内存不足时，一般操作系统会在硬盘中产生临时交换文件，用该文件所占用的硬盘空间虚拟成内存。虚拟内存管理程序会对硬盘频繁读写，产生大量的碎片，这是产生硬盘碎片的主要原因。

其他如 IE 浏览器浏览信息时生成的临时文件或临时文件目录的设置也会造成系统中形成大量的碎片。此外，下载的电影之类的大文件，通常被迫分割成若干个碎片存储于硬盘中。因此下载是产生碎片的一个重要源头。

文件碎片一般不会在系统中引起问题，但文件碎片过多会使系统在读文件的时候来回寻找，引起系统性能下降，严重的还会缩短硬盘的使用寿命。另外，过多的文件碎片有可能导致存储文件的丢失。

任务实战

一、磁盘管理

添加新硬盘后，右击“计算机”图标，在弹出的快捷菜单中选择“管理”选项，打开如图 2.74 所示的“初始化磁盘”对话框。

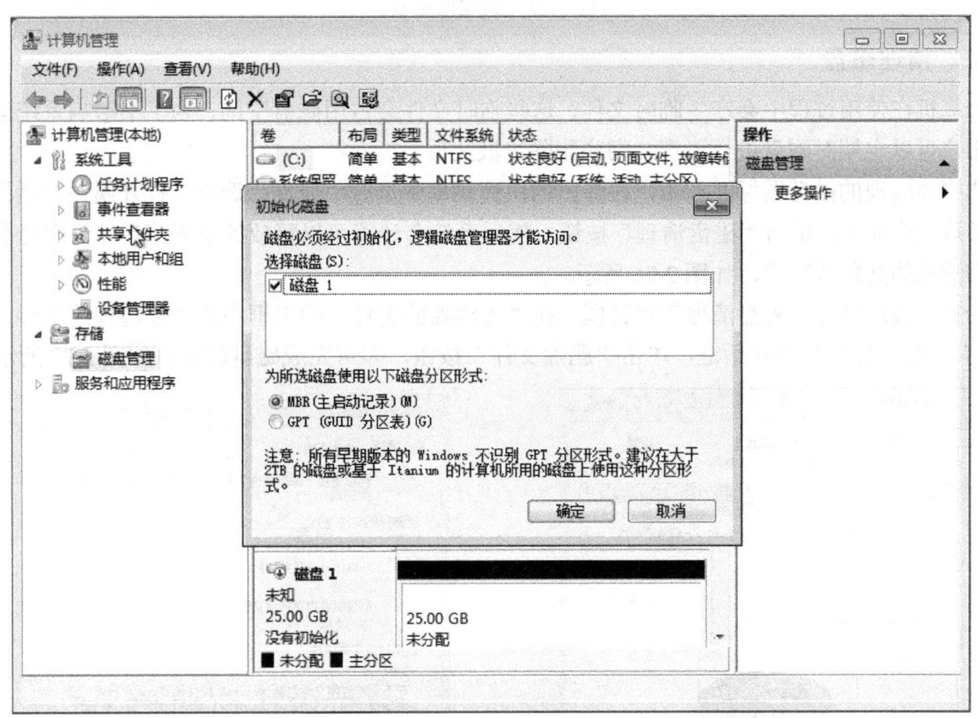

图 2.74　磁盘管理

本任务选择默认的磁盘分区形式“MBR”，单击“确定”按钮。选中需要管理的磁盘并右击，在弹出的快捷菜单中选择“新建简单卷”选项，弹出“新建简单卷”向导，依次设置“指定卷大小”，本例选择将所有空间分配给新卷；设置“分配驱动器号和路径”，本例选择驱动器号为“E”；设置“格式化分区”，本例选择格式化成 NTFS 分区，并执行快速格式化；之后显示“完成”并显示摘要信息。创建完成新加卷之后的效果如图 2.75 所示。

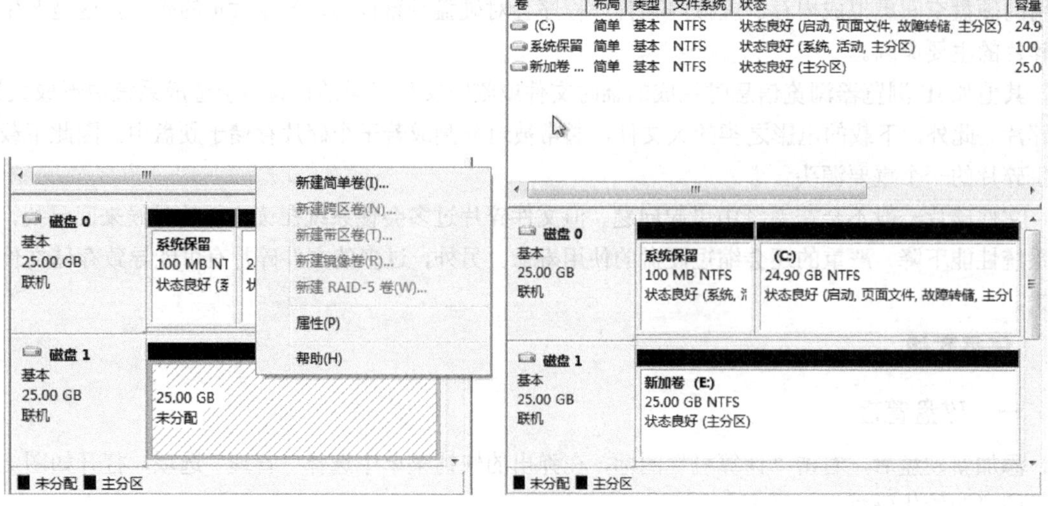

图 2.75　新建简单卷

二、清理磁盘

计算机在使用过程中会产生临时文件，这些临时文件会占用磁盘空间，为了不影响系统运行速度，用户可以定期对磁盘进行清理，彻底删除垃圾文件。

选中要清理的磁盘图标并右击，在弹出的快捷菜单中选择“属性”选项，打开属性对话框，选择“常规”选项卡，单击“磁盘清理”按钮，随后系统会计算可以释放的空间，计算时间受磁盘大小和需清理的文件数影响，如图 2.76 所示。

计算完成后打开“磁盘清理”对话框，在“要删除的文件”列表框中选择要清理的文件，单击“确定”按钮，打开提示对话框，单击“删除文件”按钮，即可完成磁盘清理，如图 2.77 所示。

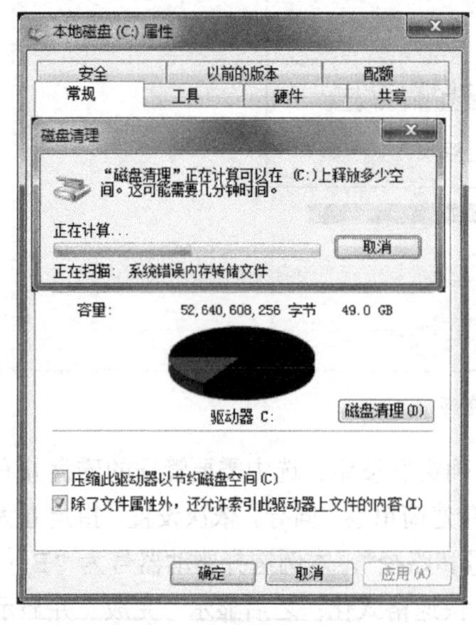

图 2.76　磁盘属性对话框

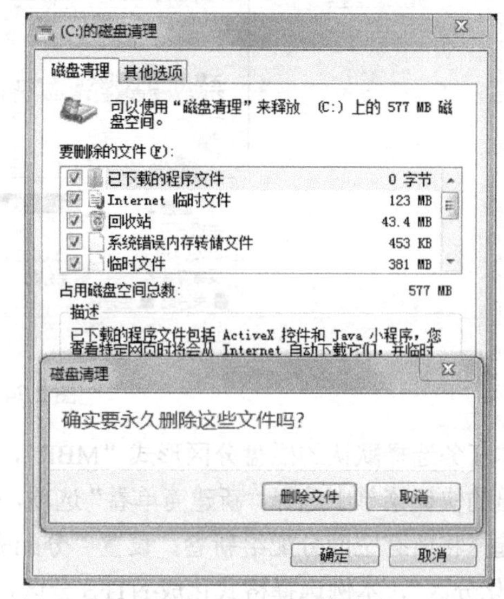

图 2.77　清理磁盘

三、磁盘碎片整理

用户在使用计算机时，程序的卸载和安装，特别是频繁地使用下载工具，尤其是 BT 下载，会产生大量文件碎片，而文件碎片会影响文件的读写速度，因此用户可以定期对计算机磁盘碎片进行整理。

右击需要进行碎片整理的磁盘，在弹出的快捷菜单中选择“属性”选项，打开属性对话框，选择“工具”选项卡，单击“立即进行碎片整理”按钮，如图 2.78 所示。

打开“磁盘碎片整理程序”窗口，在“当前状态”列表框中选择要整理的磁盘项，单击“分析磁盘”按钮，系统开始对磁盘进行碎片分析，分析完毕之后，在磁盘信息的右侧显示磁盘碎片比例，单击“磁盘碎片整理”按钮，即可进行碎片整理，图 2.79 所示为正在进行磁盘碎片整理。磁盘碎片的整理需要一段时间，在整理碎片的时候尽量避免使用磁盘中的文件，使整理更加彻底，整理完毕后单击“关闭”按钮即可。

图 2.78 “工具”选项卡

图 2.79 碎片整理

技能练习

1. 对 D 盘进行清理磁盘的操作。
2. 对 D 盘进行整理磁盘碎片的操作。

*任务四 系统还原点和还原

任务说明

“系统还原”的目的是在不需要重新安装操作系统，也不会破坏数据文件的前提下使系统回到工作状态。“系统还原”在早期的 Windows Me 中就已有，并且一直使用至今。

可能需要创建还原点的时刻，包括应用程序安装、Auto Update 安装、Microsoft 备份应用程序恢复、未经签名的驱动程序安装。有时候，安装程序或驱动程序会对计算机造成未预期的变更，甚至导致 Windows 不稳定，发生不正常的行为。通常，解除安装程序或驱动程序可修正此问题。但是如果无法恢复到正常状态，用户最好通过还原点，在不影响个人文件（如文件、电子邮件或相片）的情况下撤销计算机系统变更。

任务实战

一、创建系统还原点

创建系统还原点即建立一个还原位置，系统出现问题后，可以把系统还原到创建还原点时的状态。

在“所有控制面板项”（小图标模式）窗口中单击“系统”链接，打开“系统”窗口，单击窗口左侧的“系统保护”链接，如图 2.80 所示。

图 2.80 “系统”窗口

打开“系统属性”对话框，单击“创建”按钮，打开“系统保护”对话框，在对话框中输入还原点名称，单击“创建”按钮即可，等待系统还原点创建完成后，单击“系统保护”对话框中的“关闭”按钮，完成还原点的创建，如图 2.81 所示。

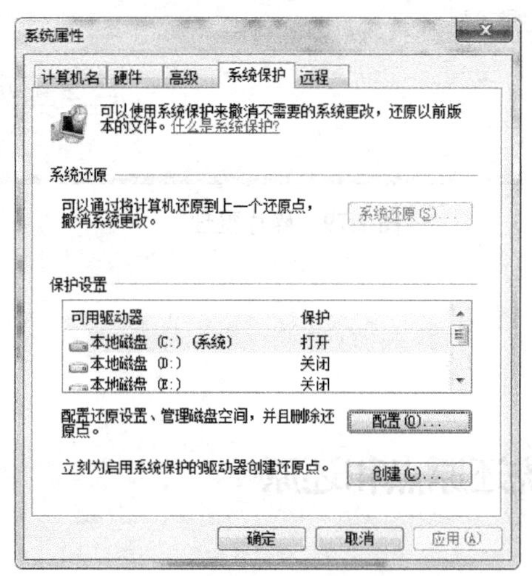

(a)“系统属性”对话框

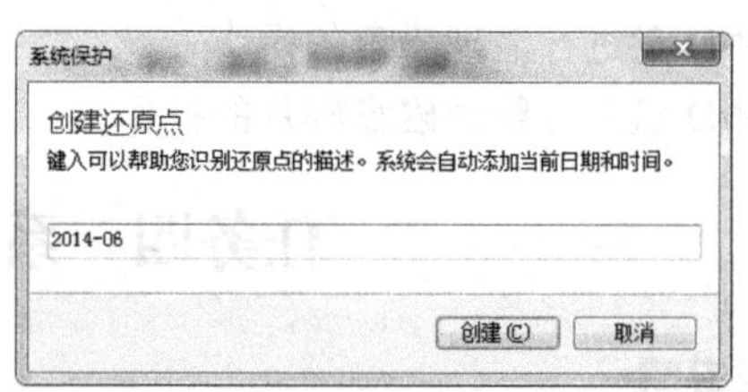

(b)“系统保护”对话框

图 2.81 创建还原点

二、使用还原点还原系统

当计算机由于各种原因出现异常错误或故障之后，系统还原即可发挥作用。依次选择“开始”→“所有程序”→“附件”→“系统工具”→“系统还原”选项，打开“系统还原”对话框，单击“下一步”按钮。在“系统还原”对话框中选择还原点，如图 2.82 所示。继续单击“下一步”按钮，在打开的对话框中，确认还原点，单击“完成”按钮，即可开始系统还原，如图 2.82 所示。

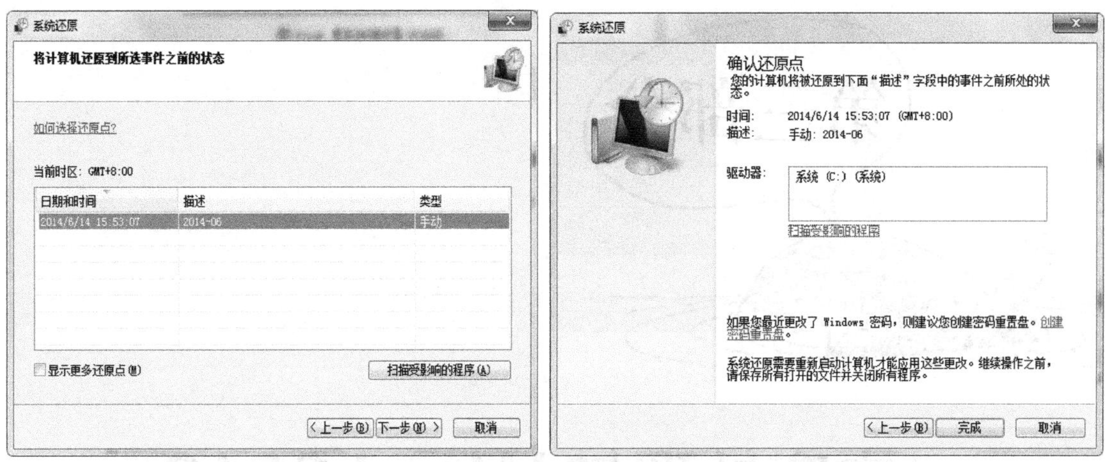

图 2.82 使用还原点还原系统

技能练习

为家里的计算机设置一个还原点，当系统崩溃时能够使用还原点还原操作系统。

知识巩固

略。

文字处理与 Word 2010

在 OA（办公自动化）广泛普及的现代社会，无论是学习还是工作，都离不开文字处理和文字处理软件。Word 2010 是一款应用广泛的、非常优秀的文字处理软件。作为 Microsoft Office 2010 办公软件中重要的组件，Word 2010 除了具有非常强大的文字处理和排版功能、快捷的操作方式、良好的用户图形界面外，还提供了简洁的制作工具，便捷的文档格式化工具，使用 Word 2010 可以更轻松、更高效地组织和编写文档，新增和改进的图片编辑工具可以微调文档的各个图片，使其效果看起来更佳。因此掌握该软件的使用，也成为企事业单位职员工作和学习的必备技能。下面以 Word 2010 为蓝本，以任务引领的方式，通过具体案例的完成，使用户掌握 Word 2010 中的文字编辑处理、表格制作、图文混排、打印输出等功能，具备基本的现代化办公应用能力。根据全国计算机等级考试一级 MS Office 考试大纲，通过本部分的学习应掌握以下知识点。

Word 的基本概念，Word 的基本功能和运行环境，Word 的启动和退出。

- ❖ 文档的创建、打开、输入、保存等基本操作。
- ❖ 文本的选定、插入与删除、复制与移动、查找与替换等基本编辑技术；多窗口和多文档的编辑。
- ❖ 字体格式设置、段落格式设置、文档页面设置、文档背景设置和文档分栏等基本排版技术。
- ❖ 表格的创建、修改；表格的修饰；表格中数据的输入与编辑；数据的排序和计算。
- ❖ 图形和图片的插入；图形的建立和编辑；文本框、艺术字的使用和编辑。
- ❖ 文档的保护和打印。

项目一　Word 2010 初探

项目指引

Office 2010 作为一个与以往 Office 版本大不相同的办公软件，改善了人机交互界面，与以往的菜单式管理方式相比，Office 2010 默认设置并不显示菜单栏，所有功能按钮都分类集中在相应的功能组中。Word 2010 是 Office 2010 办公套件的一部分，通过本项目的学习应掌握 Office 2010

办公软件的基本功能、Office 各个组件的基本功能，以及 Office 2010 的新特性，从而更好地学习 Office 2010。

知识目标

通过本项目的学习，能对 Office 2010 有较全面的认识，能了解 Office 2010 中各个软件的功能和应用，以及 Office 2010 新增的特性和功能。通过对 Word 2010 界面和窗口的介绍，了解 Office 2010 办公套件的操作界面和风格，掌握 Office 按钮、快速访问工具栏、功能区、文档编辑区及状态栏等基本界面元素及其作用。

技能目标

熟悉 Word 2010 的界面、窗口，以及 Word 2010 的基本操作，文档的基本操作，如新建、保存、打开和文档保护等。

任务一　Office 2010 概述

任务说明

在当今信息社会，不管各行各业，Office 都是计算机应用中最为常用和广泛的软件之一。对于一般的个人和家庭用户，可以用 Office 完成日常生活中的各项需要，如生活开销管理、文本处理和输出等。而对于企业办公，Office 更是不可或缺的。Office 能真正实现企业的办公自动化和无纸办公，使得全体员工协同工作，提高工作效率和降低企业成本，更是企业招收员工要求的基本技能之一。Office 2010 功能较之前的版本有了一些改进，但相比 Office 2007 总体来说变化不大，几乎不影响由 Office 2007 平台转过来的用户，如果是由 Office 2003 平台转过来的用户，则要花些时间适应。

相关知识

图 3.1　微软公司

Microsoft Office 是一套由微软公司（图 3.1）开发的办公软件，出现于 20 世纪 90 年代早期，最初是一个推广名称，指一些以前曾单独发售的软件的合集。当时主要的推广重点是购买合集比单独购买要节省很多钱。最初的 Office 版本包含 Word、Excel 和 PowerPoint。另外，一个专业版包含 Microsoft Access。Microsoft Outlook 当时尚未开发。随着计算机的发展和普及，Office 现在已经进入了千家万户，更是企业不可或缺的必备软件之一。

一、Office 组件

Office 的组件包括 Word、Excel、PowerPoint、OneNote、Access、Outlook Express、InfoPath Designer、InfoPath Filler、Publisher、SharePoint Workspace 等。其中，Word、Excel、PowerPoint 是最常用的 Office 组件。下面对这 3 个常用办公软件进行简单介绍。

1．Word

Word 是 Office 组件中的文字处理软件，是 Office 的主要程序，也是目前 Windows 环境下最受用户欢迎的文字处理软件，它在文字处理软件市场上拥有大部分份额。它私有的 DOC 格式被尊为一个行业的标准。Word 主要用来进行文本的输入、编辑、排版、打印等工作。Word 2010 操作界面如图 3.2 所示。

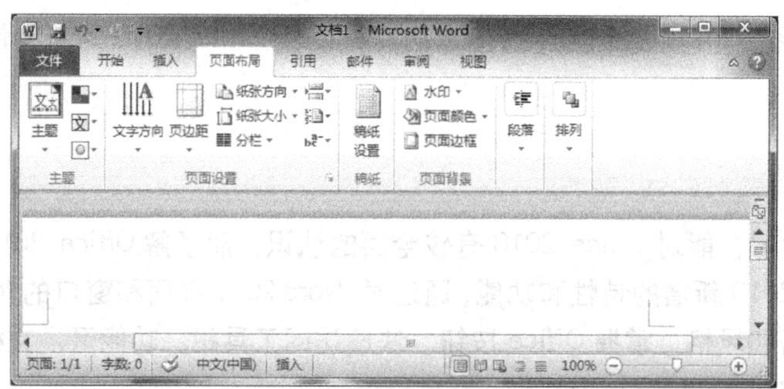

图 3.2　Word 2010 操作界面

2．Excel

Excel 是 Office 组件中的电子数据表程序〔进行数字和预算运算的软件程序〕。它凭借自己的优势最终成为实际标准，像 Microsoft Word 一样，在市场也拥有大部分份额。Excel 主要用直观的界面和简单的操作方法来进行繁重计算任务的预算、财务、数据汇总等工作。Excel 2010 操作界面如图 3.3 所示。

3．PowerPoint

PowerPoint 是 Office 组件中的演示文稿程序，它使用户可以快速创建极具感染力的动态演示文稿，用户不仅可以在投影仪或者计算机上进行演示，也可以将演示文稿打印出来，制作成胶片，以便应用到更广泛的领域中。利用 PowerPoint 不仅可以创建演示文稿，还可以在互联网上召开面对面会议、远程会议或在网上给观众展示演示文稿。PowerPoint 2010 操作界面如图 3.4 所示。

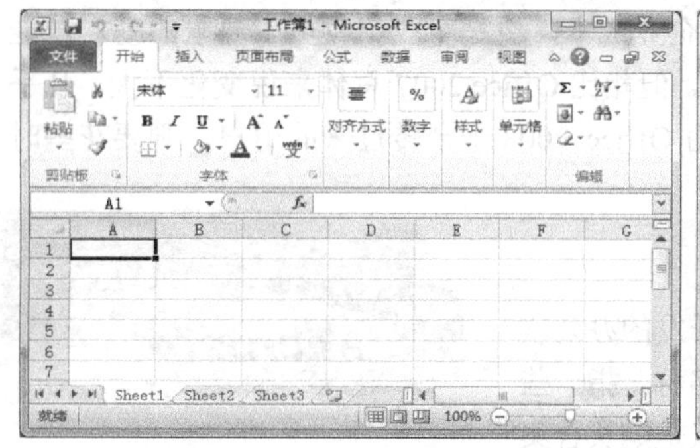

图 3.3　Excel 2010 操作界面

图 3.4　PowerPoint 2010 操作界面

二、Office 2010 新特性

Office 2010 之前的 Office 版本是 Office 2007，美国微软公司于 2010 年 5 月 13 日在全球范围内面向企业客户发布了包括 Office 2010 在内的新一代商业平台软件。除了在功能上的改进外，首次推出了 Office 2010 线上应用。Office 2010 更为强大的协作平台让企业“如虎添翼”，全新的协同工具可使团队成员同时工作于同一文档，从而免去了版本管理和同步冲突。

以下简要介绍 Office 2010 中最常用组件 Word、Excel、PowerPoint 的新特性。

1．Word 2010

Microsoft Word 2010 提供了世界上最出色的文档处理功能，其增强后的功能可创建专业水准的文档，用户可以更加轻松地与他人协同工作并可在任何地点访问文件。Word 2010 提供了上乘的文档格式设置工具，利用它还可更轻松、高效地组织和编写文档，并使这些文档无论何时何地都可进行文档处理。Word 2010 新增的文本视觉效果能让文档中的文本视觉更具冲击力，而在协同工作中，Word 2010 几乎可从任何位置访问和共享文档，而且不必排队等候。

2．Excel 2010

Excel 2010 提供了非常强大的新功能和工具，可帮助用户从数据中发现模式或趋势，从而做出更明智的决策并提高用户分析大型数据集的能力。新增的单元格内嵌的迷你图及带有新迷你图的文本数据功能可以让用户获得数据的直观汇总。新增的切片器功能可以快速、直观地帮用户筛选大量信息。增强的数据透视表和数据透视图的可视化分析，能让数据分析更加可视化和简单化。和 Word 2010 一样，Excel 2010 在协同工作方面也非常突出。

3．PowerPoint 2010

Microsoft PowerPoint 2010 可以让用户使用比以往更多的方式创建动态演示文稿并与观众共享。而且 PowerPoint 2010 新增了音频和可视化功能，甚至可以帮助用户讲述一个简洁的电影故事，而且故事既易于创建又极具观赏性。此外，PowerPoint 2010 可使用户与其他人员同时工作或联机发布演示文稿，PowerPoint 2010 可以让用户从几乎任何位置访问。

4．Ribbon 工具条的引入

Office 2010 中最大的亮点是 Ribbon 工具条的引入，以下称为选项卡和功能区，Ribbon 工具条让操作变得更加直观。

任务实战

Office 2010 现在基本是企业招收员工要求的基本技能之一，重要性和实用性显而易见。但如何学习好 Office 2010 呢？如果有 Office 以前的版本，如 Office 2003 或 Office 2007 的基础和学习经验，Office 2010 根本不用怎么学习，在实际应用中会很快地熟悉 Office 2010 操作界面和功能，就能很快地掌握 Office 2010 的使用方法。但相对于没有 Office 基础和学习经验的初学者而言，也不用担心。软件的友好界面和易用性一直是 Office 的特色之一，它能让初学者快速入门和掌握其基本功能，并在实际的工作和应用中逐步提高 Office 的熟练程度和应用能力。

初学者可以结合本书的讲解和例子进行学习，也可以参照其他 Office 教程或者通过互联网来学习，这样能快速地掌握好基本功能——多学。在学习的基础上，选用有针对性的操作问题进行练习，这样能更好地反馈和巩固——多练。在有了一定的 Office 基础时，可以用 Office 来解决实际问题——多用。在解决实际问题的过程中，是对学习的一个巩固，更是一个考验。从中可以考察自己的学习效果和操作应用能力，反馈回来的信息是别人无法给予的，这样的心得体会是自己的无价之宝，也是难以忘记的，它能直接指导人们今后的学习，提高学习兴趣和学习效率，尤其在解决了实际问题后的满足感是难以形容的。

技能练习

1．在家里的计算机上安装 Office 2010 并体验 Office 2010 的各个应用程序，并与自己以前使用的 Office 进行比较，看看有什么不同。

2．问问身边的朋友、家人在办公的时候使用什么软件来协助办公。

3．上网搜索，看看现代企业招聘的时候对办公软件应用有什么需求。

任务二 Word 2010 基本操作

任务说明

本任务是 Word 2010 学习的基础部分。本任务中，将真正接触到 Word 2010，并用 Word 2010 创建和保存自己的文档。读者应熟悉 Word 2010 的界面、窗口，以及 Word 2010 基本操作，包括文档的基本操作，如新建、保存、打开等。此时可发现 Word 2010 的界面非常友好、简洁，操作也非

常简便、人性化。

相关知识

一、Word 2010 窗口的构成

Word 2010 工作窗口的设计有了很大的变化，它用简单明了的功能区代替了大家熟悉的97-2003 版本中的菜单栏和工具栏，更加人性化，更加方便操作者使用，除功能区外，还包括 Word 按钮、快速访问工具栏、文档编辑区和状态栏等基本部分。标准 Word 2010 的操作界面如图 3.5 所示。

（1）标题栏：显示本窗口所打开文档的文件名及应用程序的名称。当启动 Word 2010 时，当前的工作窗口内容为空，Word 自动命名为“文档 1”，在存盘时可以由用户输入自定义的文件名。

（2）快速访问工具栏：该工具栏中主要存放一些常用的工具，默认包含“保存”、“撤销”和“恢复”3 个最频繁使用的选项，这些选项在任何选项卡中都能访问，可以向其中添加其他常用选项，以提高操作效率，该工具栏可自己自由定义，如图 3.6 所示。

（3）选项卡：Word 2010 用选项卡替代了以前的菜单，让操作更加直观和方便。图 3.5 打开的是“开始”选项卡，还有“插入”选项卡、“页面布局”选项卡等，每个选项卡包含若干个围绕特定方案或对象进行组织的命令组，如“开始”选项卡包含剪贴板、字体、段落等命令组，组中包含若干个图形化设计的命令按钮，如字体组中有字体、字号、粗体、倾斜等命令按钮。

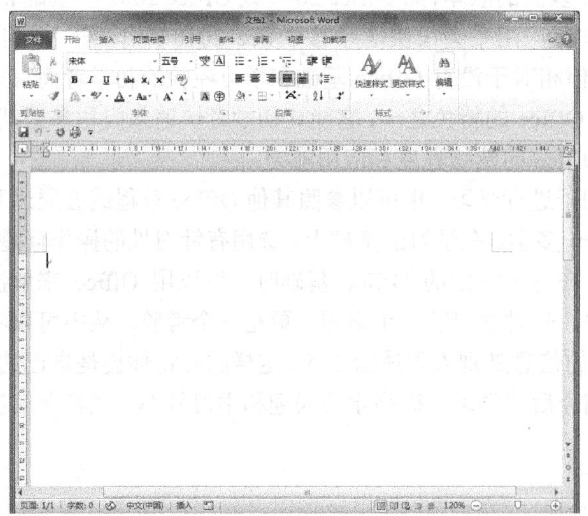

图 3.5　标准 Word 2010 操作界面

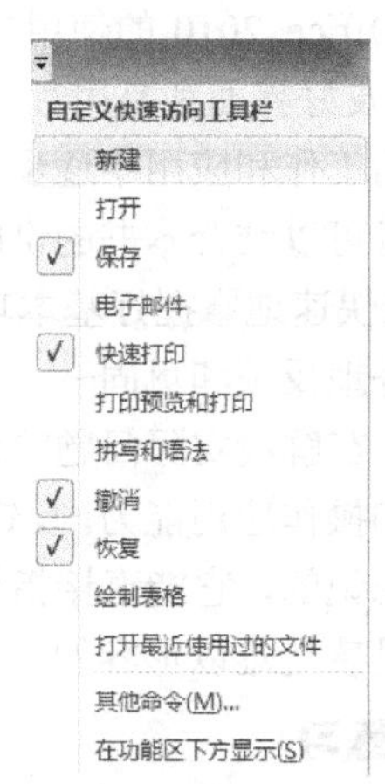

图 3.6　自定义快速访问工具栏

（4）功能区：功能区是各个选项卡中的功能选择部分，非常直观、方便。图 3.7 所示为“开始”选项卡的功能区。

图 3.7　“开始”选项卡及功能区

（5）滚动条：滚动条可用来滚动文档，将文档窗口之外的文本，移到窗口可视区域中。在每个文档窗口的右边和下边各有一个滚动条，需要时可显示。滚动条上的标尺标记可用来显示或隐藏标尺。

（6）标尺：分为水平标尺和垂直标尺。它可以调整文本段落的缩进，在左、右两边分别有左缩进标志和右缩进标志，文本的内容被限制在左、右缩进标志之间。随着左、右缩进标志的移动，文本可自动地做相应的调整。

（7）工作区：又称编辑区。它占据屏幕的大部分空间。在该区除了可输入文本外，还可以输入表格和图形。编辑和排版也在文本区中进行。文本区中闪烁的“|”，称为“插入点”，表示当前输入文字将要出现的位置。当鼠标在文本区操作时，鼠标指针变成“I”的形状，其可快速地重新定位插入点。将鼠标指针移动到所需的位置并单击，插入点将在该位置闪烁。文本区左边包含一个文本选定区。在文本选定区，鼠标指针会改变形状（由指向左上角变为指向右上角），用户可以在文本选定区选定所需的文本。

（8）状态栏：状态栏位于屏幕的底部，显示文档的有关信息，左边显示的是页面、字数、中（英）文信息、插入/改写状态，右边显示的是各种视图和显示比例，可单击查看。

扩展知识

状态栏中的信息会随着光标定位的改变而改变，可以从状态栏中得到相应的信息。

页面信息：格式为“页面 a/b”，a 为光标所在的页面，会随着光标定位在不同的页面而改变，即第几页，b 为文档的总页数。

编辑状态：Word 中的编辑状态有两种，分别是插入和改写状态，可按“Insert”键进行切换。两者的区别：插入状态指插入文本，不会影响后面的文本；而改写状态也指插入文本，但会替换插入后的文本。

二、关于窗口的一些约定

如果命令按钮旁边有小三角下拉按钮“▼”符号，则表示还有下一级命令。例如，单击“文本效果”按钮旁边的下拉按钮，则会弹出更加详细的下一级命令。将鼠标指针悬停在某个命令或者选项上一段时间后，会弹出该项的详细信息，如图 3.8 中所示的“填充-茶色，文本 2，轮廓-背景 2”。

在每个命令分组的右下角有一个“ ”按钮，该按钮名为“对话框启动器”，单击该按钮可以打开对应的对话框，在对话框中可以进行更加详细的设置。例如，单击“开始”选项卡“字体”命令组右下角的“对话框启动器”按钮，则会打开“字体”对话框，如图 3.9 所示。

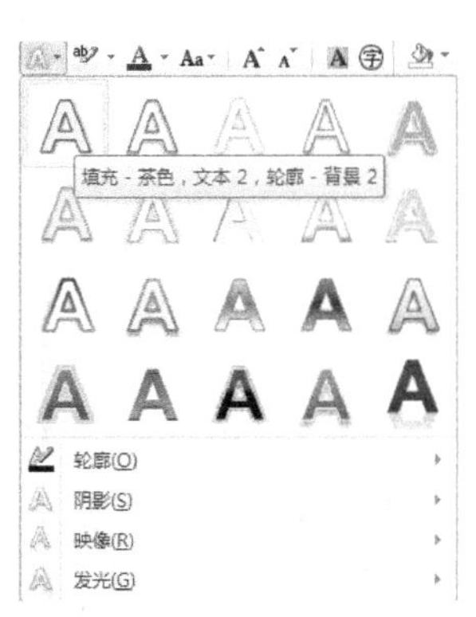

图 3.8 文本效果的下一级命令

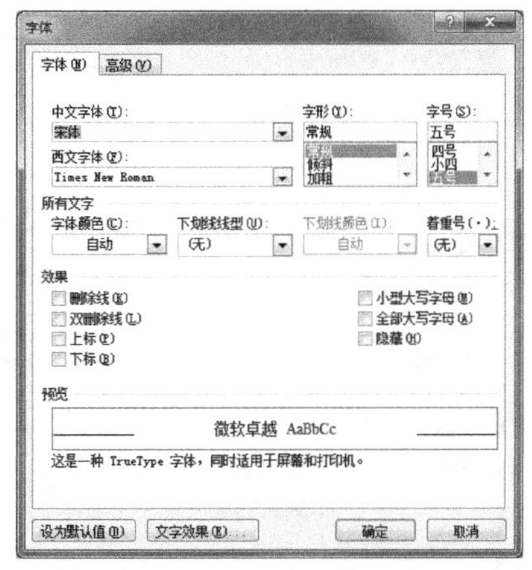

图 3.9 “字体”对话框

三、Word 2010 五大视图

Word 2010 中提供了 5 种不同的版式视图，即页面视图、阅读版式视图、Web 版式视图、大纲视图和草稿。单击“视图”选项卡“文档视图”命令组中的5个命令按钮，可以切换到相应的视图方式。

（1）页面视图是文档编辑中默认的视图方式，在该视图中可以看到各种排版的格式，如页脚页眉、文本框、分栏等，其显示效果与最终打印输出的效果相同。

（2）阅读版式视图可使用户方便地进行阅读文档，在该视图下，功能区被隐藏，相邻的两页显示在一个窗口，并显示了前后翻页按钮，便于阅读。

（3）Web版式视图可以模拟浏览器显示文档内容，文档被显示为没有分页的长文档，自动适应窗口的大小，文档中的背景、图像都可以显示出来。

（4）大纲视图中可以方便地显示出文档大纲结构，可以折叠显示一定级别的标题，也可以显示文档所有的标题和正文，大纲视图不显示页脚页眉、文本框、页边距、图片及背景等。

（5）草稿是一种简化的页面视图，在该视图下可以显示字体格式和段落格式，但不能显示页边距、页脚页眉及没有设置为嵌入式的图片，用一条虚线表示分页符。

任务实战

一、启动Word 2010

启动Word的过程与启动其他Windows应用程序是一样的，主要有以下方法。

1．双击图标

桌面上如果有Word应用程序的图标，则双击该图标即可启动Word 2010。

2．“开始”菜单

选择“开始”→“所有程序”→“Microsoft Office”→“Microsoft Word 2010”选项。

采用以上两种方式启动Word 2010，系统会自动创建一个名为“文档1.docx”的Word文档。也可以打开已存在的Word文档（扩展名为.docx或.doc），系统也会自动启动Word 2010。

二、新建文档

在使用以上两种方法启动Word 2010后，系统会自动创建Word新文档，这里特别指的是在Word 2010已启动情况下新建文档，可以单击“文件”选项卡中的“新建”按钮，在图3.10中单击“空白文档”按钮后，单击“创建”按钮即可建立一个新的空白文档。

图3.10　新建空白文档

三、编辑文档

编辑文档即在工作区中输入文本。启动 Word 2010 后，工作区中闪烁的就是光标，即可在光标处输入文本。在输入文档时注意以下几点。

插入点：在窗口工作区的左上角有一个闪烁着的黑色竖条“|”，称为插入点，它表明输入字符将出现的位置。输入文本时，插入点自动后移。

删除字符：可按“Backspace”键删除插入点前面的字符，按“Delete”键删除插入点后面的字符。

自动换行：Word 有自动换行的功能，当输入到每行的末尾时不必按“Enter”键，Word 即可自动换行，只有开始一个新段落时才按“Enter”键。按“Enter”键表示一个段落的结束，新段落的开始。

四、文档的保存

1．保存新建文档

文档编辑完成后一定要保存，若文档较长，则应该输入一部分内容后即刻保存，防止意外造成文件丢失，以后可以根据需要随时打开并使用。单击快速访问工具栏中的“保存”按钮，因为是初次保存文档，Word 将打开“另存为”对话框。

Word 文档默认保存到用户个人文件夹中，可以通过“地址栏”或者“导航窗格”更改保存位置，选定保存位置后，在“文件名”文本框中输入文件名。保存类型选择 Word 文档(Word 2010 文件的扩展名为.docx)。也可以选择保存为“Word 97-2003 文档”，以便未安装 Office 2010 的用户打开使用，扩展名自动为.doc，Word 2010 是较高的版本，可以将文档保存为较低版本，也可以打开低于本版本的文档，如图 3.11 所示。

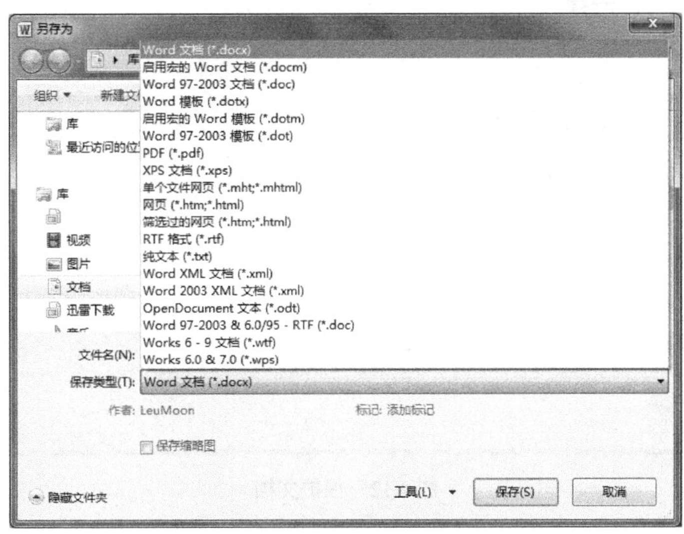

图 3.11 “另存为”对话框

保存方法：单击快速访问工具栏中的“保存”按钮；单击“文件”选项卡中的“保存”按钮；按“Ctrl +S”组合键。

2．保存已有文档

对已有的文件打开和修改后，同样可用上述方法将修改后的文档以原来的文件名保存在原来的文件夹中。

3．文档的另存

该操作主要是将对文档的改动另存为新的文档，原文档不受影响。单击“文件”选项卡中的“另存为”按钮，这样可以把一个正在编辑的文档以另一个不同的名称保存起来（如果名称相同，则保存位置必须不同），而原来的文件依然存在，且没有变化。

五、文件的打开

文件保存后，可以随时查看、调用该文件。常规打开文件的方法如下。

（1）在本地或者网络中直接找到需要打开的文件，双击打开即可。

（2）单击“文件”选项卡中的“打开”按钮，打开“打开”对话框，在其中根据文件的路径找到并单击“打开”按钮即可。

（3）按“Ctrl+O”组合键，打开“打开”对话框，在其中根据文件的路径找到并打开即可。

六、文档的保护

对一些不愿意其他人看到和编辑内容的文档，如一些私人信息的文档等，可以用密码的形式或使用限制编辑对文档进行保护。打开需要保护的文档。单击“文件”选项卡中的“权限”按钮，选择“保护文档”选项，如图 3.12 所示，可以按实际情况选择保护的类型，可以选择设置文件。

图 3.12　保护文档

技能练习

1．启动 Word 2010 并熟悉操作界面。

2．保存文档到 D 盘，命名为“wd1-2-1.docx”，类型选择默认“Word 文档”类型。

3．将“wd1-2-1.docx”另存为“Word 97-2003 文档”类型，名称不变。

4．保护文档，打开密码为“aqon1@8”。

项目二　制作“水调歌头赏析”文档

项目指引

前面学习了 Word 2010 的基本操作，认识了 Word 2010 的操作界面，下面通过一个具体的文档制作，来学习 Word 2010 的编辑技巧，并掌握字符格式和段落格式的设置。

知识目标

掌握 Word 的基本编辑技能，如光标的移动，文本、段落的选定，文本的插入和删除，文本的复制、移动等相关知识。

技能目标

掌握关于文字输入、符号插入、文本的选中、复制粘贴、移动删除、查找替换等基本编辑方法，以及字体格式、颜色、间距和段落格式、行间距等设置方法。

任务一　文本的输入、编辑

任务说明

在进行文字的输入和排版时，经常输入完文本后要进行修改，或者增加文本，或者删除文本，或者改变文本的位置，或者复制文本等。通过本任务的学习可以掌握好这些基本编辑技术。

相关知识

一、插入点的移动

在插入文本时，要时常改变插入点的位置，掌握了各种插入点移动的方法，可以大大地提高工作效率。

鼠标移动：最直观和简洁的方法是移动鼠标，确定插入点位置后，将鼠标指针移动到该处并单击，插入点即可移动到鼠标单击处。

键盘移动：可以用键盘辅助鼠标来移动插入点，对插入点进行快速移动。表 3.1 列出了常用的移动插入点的按键（单键和组合键）。

表 3.1　常用的移动插入点按键

键　名	说　明
←	移动光标到前字符键
→	移动光标到后一个字符键
↑	移动光标到前一行
↓	移动光标到后一行
Page Up	移动光标到前一页当前光标处
Page Down	移动光标到后一页当前光标处
Home	移动光标到行首
End	移动光标到行尾

续表

键　名	说　明
Ctrl + Page Up	移动光标到上页的顶端
Ctrl + Page Down	移动光标到下页的顶端
Ctrl + Home	移动光标到文档首
Ctrl + End	移动光标到文档尾
Alt + Ctrl + Page Up	移动光标到当前页的开始
Alt + Ctrl + Page Down	移动光标到当前页的结尾
Shift + F5	移动光标到最近曾经修改过的 3 个位置

二、文本的编辑

1．文本的插入与删除

在文本的某一位置插入新的文本的操作非常简单：将插入点定位到要插入文本的位置，之后输入文本即可。唯一要注意的是，确认当前文档是“插入”方式还是“改写”方式，按“Insert”键可在“插入”和“改写”方式中切换，并可在 Word 底部的状态栏中查看当前文本的插入方式是哪一种。

文本的删除主要是使用键盘上的“Backspace”键和“Delete”键。“Backspace”键删除插入点前边的字符，“Delete”键删除插入点后边的字符。

2．输入特殊符号

文本输入的时候通常会遇到各种各样的符号，如标点符号、数学公式等。有些标点符号可以通过键盘直接输入，如逗号、句号、顿号、分号、省略号等。但对于键盘上没有的符号，可通过插入的方式来完成输入。

插入符号：打开“插入”选项卡，单击右端的“符号”下拉按钮，如图 3.13 所示。此时将列出常用的一些符号，如“，”、“。”、“、”等，可以直接单击插入。

插入其他符号：如果要插入其他特殊符号，则可选择图 3.13 中的“其他符号”选项，打开如图 3.14 所示的“符号”对话框，在“子集”下拉列表中选择相应的子集，选择好后，下面的列表将列出相应的字符，可以选择所需的符号，单击“插入”按钮即可，也可直接双击该字符插入指定位置。如果要插入特殊字符，则可在“特殊字符”选项卡中选择和插入字符。

图 3.13　插入符号

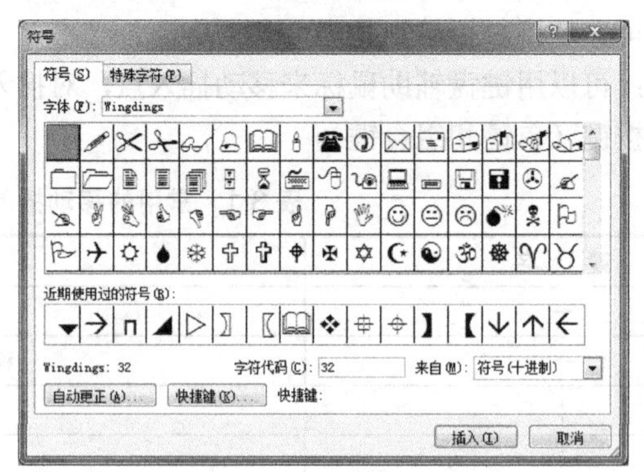

图 3.14　“符号”对话框

3．移动与复制

文本的移动和复制是文档的基本编辑技术。

复制文本的方法有以下几种。

（1）使用命令按钮：选中需复制的文本，单击“剪贴板”组中的“复制”按钮，将鼠标指针移到目标位置，再单击“剪贴板”组中的“粘贴”按钮。

（2）使用快捷键：选中需复制的文本，按“Ctrl+C”组合键（复制），再将鼠标指针移到目标位置，按“Ctrl+V”组合键（粘贴）即可。

（3）使用快捷菜单：在选中的文本上右击，在弹出的快捷菜单中选择“复制”选项，再将鼠标指针移到目标位置并右击，在弹出的快捷菜单中选择“粘贴”选项即可。

（4）使用鼠标拖动：选中需复制的文本，按住“Ctrl”键将其拖动到目标位置，松开鼠标左键即可。

移动文本的方法：移动文本的方法与复制文本的前 3 种方法类似，只是将所有的“复制”选项改为“剪切”选项（组合键为“Ctrl+X”）。使用鼠标移动时，选中要移动的文本，直接将其拖动到目标位置即可。

扩展知识

粘贴选项的含义如下。

保留原格式：文本移动后，继续保留原有文本格式。

合并格式：文本移动后，原有格式消失，插入文本处的文本格式将替代原有文本格式。

只保留文本：文本移动后，没有任何文本格式，只保留文本。

4．撤销与恢复

在操作过程中，如果发现进行了错误的操作，则可以进行“撤销”，也可以恢复已“撤销”的操作。撤销和恢复是相对应的，执行了撤销操作之后，才可以进行恢复操作，撤销和恢复的操作方法有以下两种。

使用快捷键：按“Ctrl+Z”组合键，可撤销上一步操作，多按几次，则可按顺序撤销多步操作；按“Ctrl+Y”组合键，可恢复刚才撤销的操作，多按几次，则可按顺序恢复多步操作。

使用命令按钮：可以使用快速访问工具栏中的“撤销”及“恢复”按钮，单击“撤销”右侧的下拉按钮，弹出下拉菜单，在下拉菜单中可选择撤销几步操作。

5．查找与替换

使用查找和替换功能，可以很方便地找到文档中的文本、符号或格式，也可以对多个相同的文本、符号或格式进行统一的替换。

1）查找文本的操作

第一种方法：单击“开始”选项卡“编辑”组中的“替换”按钮，打开“查找和替换”对话框，如图 3.15 所示。

在“查找内容”文本框中输入要查找的内容，单击“查找下一处”按钮开始查找，当找到所需内容时，将突出显示。

多次单击“查找下一处”按钮，Word 会逐一查找文档中的其他相同的内容。

第二种方法：单击“开始”选项卡“编辑”组中的“查找”按钮，在窗口左侧的导航栏中输入要查找的内容，单击“搜索”按钮即可，如图 3.16 所示。

2）替换文本的操作

在“查找和替换”对话框中，选择“替换”选项卡。

在“查找内容”文本框中输入要查找的内容，在“替换为”文本框中输入要替换的文本，单击“查找下一处”按钮开始查找，找到所需内容后以反黑显示，单击“替换”按钮，则将查到的内容替换为指定的新内容。再单击“替换”按钮，则将找到的下一处；如果单击“全部替换”按钮，则会自动将文档中所有查找内容替换为指定的新内容。

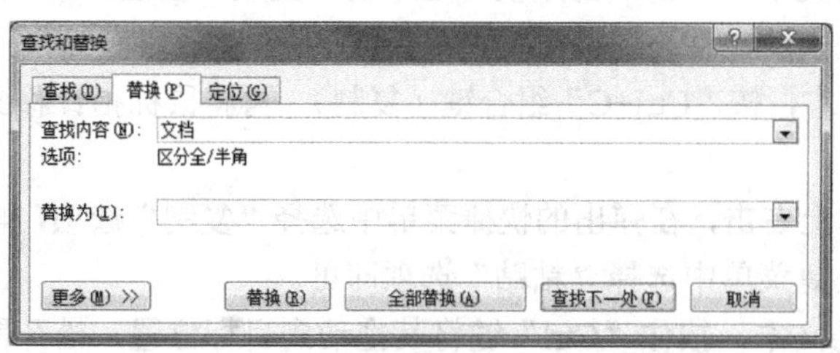

图 3.15 “查找和替换”对话框

图 3.16 导航栏

三、文本的选中

在进行格式设置时，无论是字符格式还是段落格式，基本原则都是先选中再操作。因此准确、快速地选中需要的文本，就显得非常必要。下面将详细介绍这些选中方法。

1. 鼠标选中

最直观、最简洁的方式就是用鼠标选中文本。

选中任意大小的文本区：首先将“I”形鼠标指针移动到所要选中文本区的开始处，然后按住鼠标左键的同时，拖动鼠标直到所选中的文本区的最后一个文字并松开鼠标左键，这样，鼠标拖动过的区域被选中，并以反黑形式显示出来。

用鼠标左键双击：鼠标指针移动到某处双击选中一个词、或光标右侧一个字（如果光标处前后不是一个词）、或左侧一个字（如果光标后没有字）。将光标移动到文档左侧的“文本选定区”并双击，选中鼠标指针位置所在自然段。

用鼠标左键三击：在某段任意处三击左键，选中该段。将光标移动到文档左侧的“文本选定区”，三击鼠标左键，可快速对整个文档进行选中。

2. 键盘选中文本

用键盘选中文本时，首先将插入点移到所选文本区的开始处，然后按相关的组合键对文本进行选中。常用选中文本功能组合键如表 3.2 所示。

表 3.2 常用选中文本功能组合键

组 合 键	选 中 功 能
Shift + →	选中当前光标右边的一个字符或汉字
Shift + ←	选中当前光标左边的一个字符或汉字
Shift + ↑	选中到上一行同一位置之间的所有字符或汉字
Shift + ↓	选中到下一行同一位置之间的所有字符或汉字
Shift + Home	从插入点选中到它所在行的开头
Shift + End	从插入点选中到它所在行的末尾
Shift + Page Up	选中上一屏
Shift + Page Down	选中下一屏
Ctrl + Shift + Home	选中从当前光标到文档首
Ctrl + Shift + End	选中从当前光标到文档尾
Ctrl + A	选中整个文档

3. 鼠标、键盘结合

选中连续或大块文本：首先将插入点移动到选定区域开始处，按住“Shift”键，再单击选中区域的末尾，此方法通常用于连续或大块文本的选中。

不连续文本的选中：用鼠标选中一段文本后，按住“Ctrl”键不放，再对第二段文本进行选中，这样可以对不连续文本进行选中。

选中矩形区域中的文本：单击选中区域开始处，先按住“Alt”键，再拖动鼠标直到区域的右下角，松开鼠标左键即可。

4．扩展模式选中文本

可以连续按“F8”键扩大选中范围。如果先将插入点移到某一段落的任意一个中文词（英文单词）中，那么，第一次按“F8”键，将打开扩张选区方式；第二次按“F8”键，选中插入点所在位置的中文词/字（或英文单词）；第三次按“F8”键，选中插入点所在位置的一个句子；第四次按“F8”键，选中插入点所在位置的段落；第五次按“F8”键，选中整个文档。也就是说，每按一次“F8”键，选中范围扩大一级。通过按“Shift+F8”组合键可以逐级缩小选中范围。如果需要退出扩展模式，则只要按“Esc”键即可。

5．取消选中的文本

要取消选中的文本，只需在文档工作区的空白处单击即可。

任务实战

1．新建 Word 文档，以“水调歌头赏析.docx”为文件名保存至“D:\mydocs”中。

2．按样文输入文本，如图 3.17 所示，注意分段和随时保存文档。在编辑文档过程中，应熟练应用以上编辑技巧，如复制、粘贴、光标移动、文本的选等。

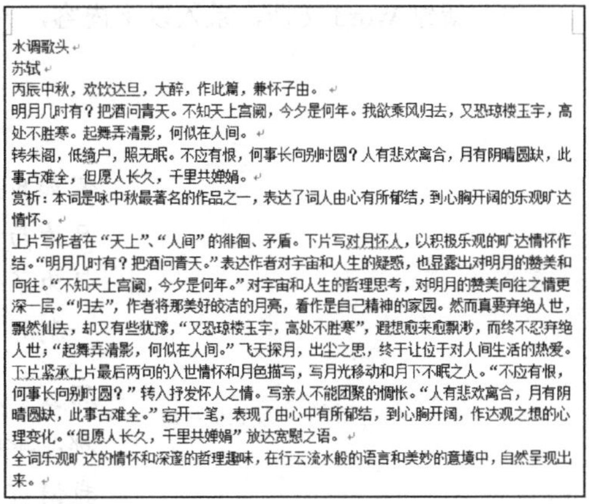

水调歌头
苏轼
丙辰中秋，欢饮达旦，大醉，作此篇，兼怀子由。
明月几时有？把酒问青天。不知天上宫阙，今夕是何年。我欲乘风归去，又恐琼楼玉宇，高处不胜寒。起舞弄清影，何似在人间。
转朱阁，低绮户，照无眠。不应有恨，何事长向别时圆？人有悲欢离合，月有阴晴圆缺，此事古难全，但愿人长久，千里共婵娟。
赏析：本词是咏中秋最著名的作品之一，表达了词人由心有所郁结，到心胸开阔的乐观旷达情怀。
上片写作者在“天上”、“人间”的徘徊、矛盾。下片写对月怀人，以积极乐观的旷达情怀作结。“明月几时有？把酒问青天。”表达作者对宇宙和人生的疑惑，也显露出对明月的赞美和向往。“不知天上宫阙，今夕是何年。”对宇宙和人生的哲理思考，对明月的赞美向往之情更深一层。“归去”，作者将那美好皎洁的月亮，看作是自己精神的家园。然而真要弃绝人世，飘然仙去，却又有些犹豫，“又恐琼楼玉宇，高处不胜寒”，遐想愈来愈飘渺，而终不忍弃绝人世；“起舞弄清影，何似在人间。”飞天探月，出尘之思，终于让位于对人间生活的热爱。
下片紧承上片最后两句的入世情怀和月色描写，写月光移动和月下不眠之人。“不应有恨，何事长向别时圆？”转入抒发怀人之情。写亲人不能团聚的惆怅。“人有悲欢离合，月有阴晴圆缺，此事古难全。”宕开一笔，表现了由心中有所郁结，到心胸开阔，作达观之想的心理变化。“但愿人长久，千里共婵娟”放达宽慰之语。
全词乐观旷达的情怀和深邃的哲理趣味，在行云流水般的语言和美妙的意境中，自然呈现出来。

图 3.17 “水调歌头赏析.docx”样文

3．校对：文本输入完成后，要确认输入的文本是否无误。如果有错误，则将插入点插入至错误文本处，删除错误文本后，再重新输入即可。

4．保存文档，在以后的学习中仍然需要使用该文档。

技能练习

1．新建 Word 文档，录入以下内容，并保存为 wd2-1-1.docx。

沁园春·长沙

毛泽东

独立寒秋，湘江北去，橘子洲头。
看万山红遍，层林尽染；漫江碧透，百舸争流。
鹰击长空，鱼翔浅底，万类霜天竞自由。
怅寥廓，问苍茫大地，谁主沉浮？
携来百侣曾游，忆往昔峥嵘岁月稠。
恰同学少年，风华正茂；书生意气，挥斥方遒。
指点江山，激扬文字，粪土当年万户侯。
曾记否，到中流击水，浪遏飞舟？

注释译文

在深秋一个秋高气爽的日子里，我独自伫立在橘子洲头，眺望着湘江碧水缓缓北流。

看万千山峰全都变成了红色，一层层树林好像染过颜色一样，江水清澈澄碧，一艘艘大船乘风破浪、争先恐后。

广阔的天空里鹰在矫健有力地飞，鱼在清澈的水里轻快地游着，万物都在秋光中争着过自由自在的生活。

面对着无边无际的宇宙，（千万种思绪一齐涌上心头）我要问：这苍茫大地的盛衰兴废，由谁主宰呢？

回到过去，我和我的同学，经常携手结伴来到这里游玩。在一起商讨国家大事，那无数不平凡的岁月至今还萦绕在我的心头。

同学们正值青春年少，风华正茂；大家踌躇满志，意气奔放，正强劲有力。

评论国家大事，写出这些激浊扬清的文章，把当时那些军阀官僚看得如同粪土。

可曾记得，当年我们在江水激流中游泳，用力拍起的浪花阻挡住了飞奔而来的船舟？

2．新建 Word 文档，录入以下内容，并保存为 wd2-1-2.docx。

抉择

席慕容

假如我来世上一遭
只为与你相聚一次
只为了亿万光年里的那一刹那
一刹那里所有的甜蜜与悲凄

那么 就让一切该发生的
都在瞬间出现吧
我俯首感谢所有星球的相助
让我与你相遇
与你别离
完成了上帝所作的一首诗
然后再缓缓地老去

作者简介

席慕容，女，著名诗人、散文家、画家。祖籍内蒙古察哈尔盟明安旗，是蒙古族王族之后，外婆是王族公主，后随家定居台湾。13 岁起在日记中写诗，14 岁入台北师范艺术科，后又入台湾师范大学艺术系。1964 年入比利时布鲁塞尔皇家艺术学院专攻油画。毕业后任台湾新竹师专美术科副教授。她举办过数十次个人画展，出过画集，多次获多种绘画奖。她于 1981 年出版第一本新诗集《七里香》，在台湾刮起一阵旋风，其销售成绩也十分惊人。1982 年，她出版了第一本散文集《成长的痕迹》，表现了她另一种创作的形式，延续新诗温柔淡泊的风格。

席慕容多写爱情、人生、乡愁，写得极美，淡雅剔透，抒情灵动，饱含着对生命的挚爱真情，影响了整整一代人的成长历程。

任务二 设置字符格式和段落格式

任务说明

如果一篇文档从头至尾，都是一种字体、一种颜色、一种缩进方式就会显得非常枯燥，平时接触的较多的文本尤其是街头的一些小广告、宣传单，文本、段落格式很丰富，非常吸引人。Word 2010 提供了丰富的文本格式，而且设置方法简单直观。在前一个任务中，制作了“水调歌头赏析.docx”，在本任务中主要包括字体、字号、字形、颜色、下画线、着重号等，字符的字符间距、字符宽度、位置方面的设置；段落方面包括项目符号和编号、间距段落格式和行间距的设置。

相关知识

一、字符格式

在 Word 中，文档字符格式多种多样，最基本的有字体、字号、字形、颜色等。字符格式的设置方法很多。

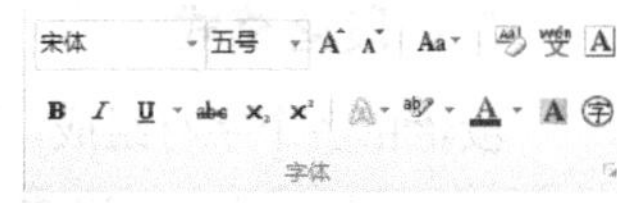

图 3.18 “字体”命令组

(1) 通过“字体”命令组（图 3.18）中的命令按钮设置字符格式。各命令按钮功能介绍如下。

宋体 五号：字体和字号，通过右侧的下拉列表可以选择不同字体和字号。

B I U abc x₂ x²：从左到右依次是加粗、倾斜、下画线、删除线、下标、上标，单击对应按钮即可获得相应效果。

A˄ A˅：增大、缩小字体，单击该按钮，可使选中文本的字号增大、缩小。

Aa：更改大小写，其右侧有下拉按钮，可以根据需要将英文字母设置为句首字母大写、全部大写、全部小写等。

从左到右依次是清除格式（清除选中文本的格式，只留下纯文本）、拼音指南（可为选中的文本加上拼音）、字符边框（可为选中的文本添加边框，再次单击即可取消边框）。

从左到右依次是文本效果（对所选文本应用外观效果，如发光、阴影等）、突出显示文本（看上去像用荧光笔做了标记一样）、字体颜色（更改字体颜色）、字符底纹（为文本添加灰色底纹）和带圈字符（字符周围放置圆圈和边框加以强调）。

(2) 通过“字体”对话框设置字符格式。

还有一些字符格式要通过“字体”对话框来进行设置，如字符间距等，单击“字体”组右下角的对话框启动器，可打开“字体”对话框，如图 3.19 所示。

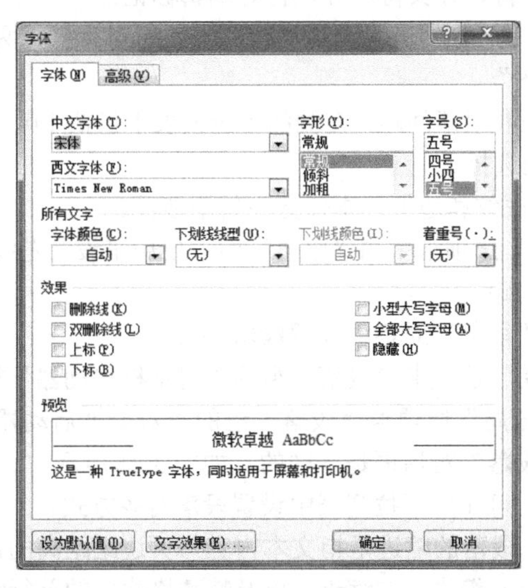

(a) “字体”选项卡

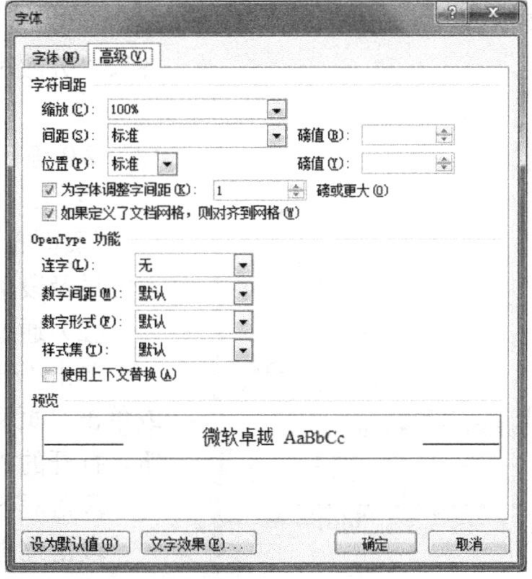

(b) “高级”选项卡

图 3.19 “字体”对话框

在“字体”对话框“字体”选项卡中可以设置中西文的字体、字形、字号、字体颜色、下画线、着重号，以及其他效果，如删除线、双删除线、上标、下标等。可以在预览栏内预览设置的效果。

在“字体”对话框“高级”选项卡中可以设置字符的字符间距、字符宽度和水平位置。

字符间距：设置字符间的距离。

缩放：对字符本身进行缩放，以百分比为单位。

间距：调整字符间的距离。

位置：调整字符的上、下位置。

二、段落格式

段落由多个字符组成，而文档则由多个段落组成。在 Word 中，段落是以回车符标示的一段文字。Word 中的段落标识符，即回车符 ↵ 用来标示段落。段落格式的设置是文档排版和美化的关键点，因此掌握段落格式的设置至关重要。段落格式的设置主要包括设置段落对齐方式、段落缩进、行距、间距等。设置段落的方式也很多。

（1）通过“开始”选项卡“段落”组以及“页面布局”选项卡“段落”组中的相关命令按钮设置段落格式，如图 3.20 所示。

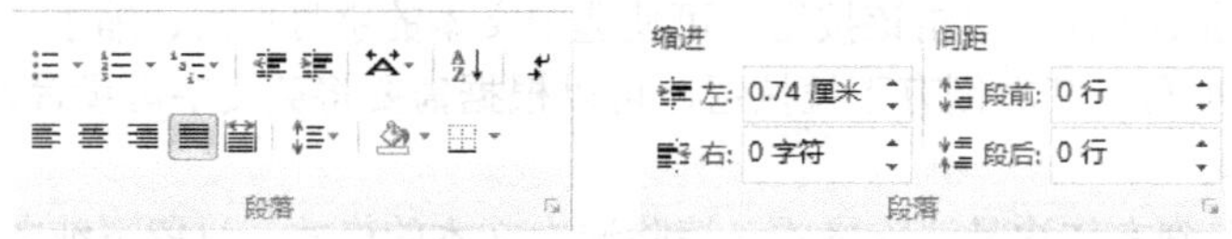

图 3.20　“开始”和“页面布局”选项卡中的“段落”组

各命令按钮功能介绍如下。

：项目符号、编号及多级列表。

：减少、增加选中或光标所在段落的缩进量。

：中文版式右侧的下拉列表中包括纵横混排、合并字符、双行合一、字符缩放等功能。

：对选定的段落进行排序（可以按照字母顺序或数字顺序进行排列）。

：显示或隐藏编辑标记，包括制表符、换行符、分页符、分栏符等编辑标记。

：文本对齐方式，从左到右依次是“左对齐”、“居中对齐”、“右对齐”、“两端对齐”、“分散对齐”。

：行距和段落间距，右侧的下拉列表中包括 1.0、1.15、1.5、2.0 等行距选择。

：底纹和边框，本任务中暂不涉及。

“页面布局”选项卡中的“段落”组主要用来设置左缩进、右缩进及段落间距。

（2）通过“段落”对话框设置段落格式。

单击“开始”选项卡“段落”组的“对话框启动器”按钮，或单击“页面布局”选项卡“段落”组的“对话框启动器”按钮。打开的“段落”对话框是一样的，如图 3.21 所示。

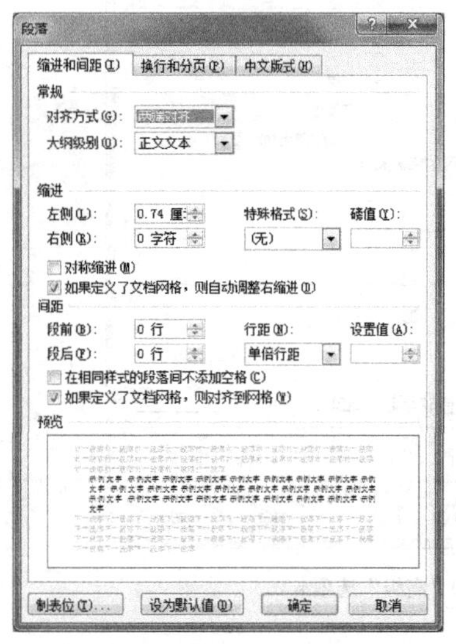

图 3.21　段落对话框

段落对齐：可在此下拉列表中设置段落对齐方式。

段落缩进：段落的缩进是指文本内容与页边距距离的设置。段落的缩进包括左缩进、右缩进，以及特殊格式中的首行缩进、悬挂缩进等。

段落间距：段落间距是指段与段之间的距离，分为段前间距和段后间距。

段落行距：段落行距是指段落中各行之间的距离。

效果预览：在预览框中预览段落格式设置效果。

（3）通过标尺来设置缩进。

使用水平标尺设置段落缩进：水平标尺上有相应的滑块可对段落格式的缩进进行相应的设置，如图 3.22 所示，按住“Alt”键拉动滑块可以看到精确的缩进量。图 3.22 中所示滑块从左到右依次是“左缩进”、“首行缩进”和“右缩进”。

设置方法首先对格式设置的段落进行定位，然后根据需要拖动相应的滑块进行缩进设置。

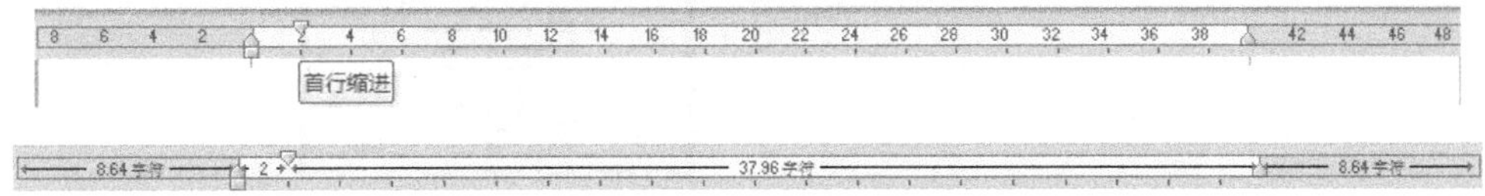

图 3.22　水平标尺及按住“Alt”键显示的标尺

三、项目符号和编号

项目符号和编号可使文档条理清楚、重点突出，提高文档的可读性和编辑速度。项目符号就是在项目的前面添加一些小的图形效果，如图 3.23 所示；项目编号则是在项目的前面添加数字序号或字母，如图 3.24 所示。如果项目信息与顺序无关，则可以使用项目符号；如果项目信息有前后顺序之分，则使用项目编号更合适。

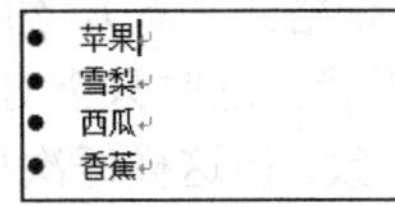

图 3.23　项目符号

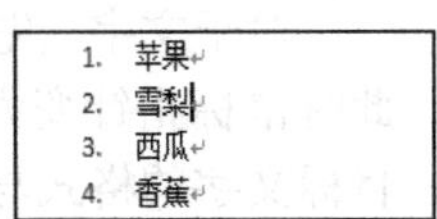

图 3.24　项目编号

设置步骤和方法如下。

选中文本，单击“开始”选项卡“段落”组中的“项目符号”按钮，会添加默认的“●”项目符号，也可以单击其右侧的下拉按钮，在下拉列表中选择如果没有想要的项目符号，则可以选择“定义新项目符号”选项，在打开的对话框中添加项目符号库中的其他项目符号，如图 3.25 和图 3.26 所示。

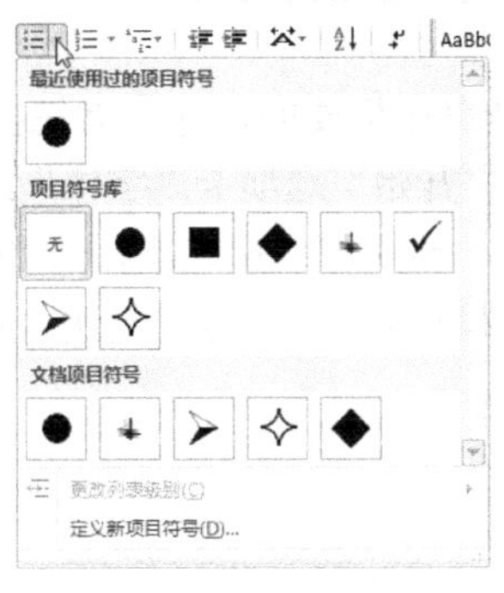

图 3.25　项目符号

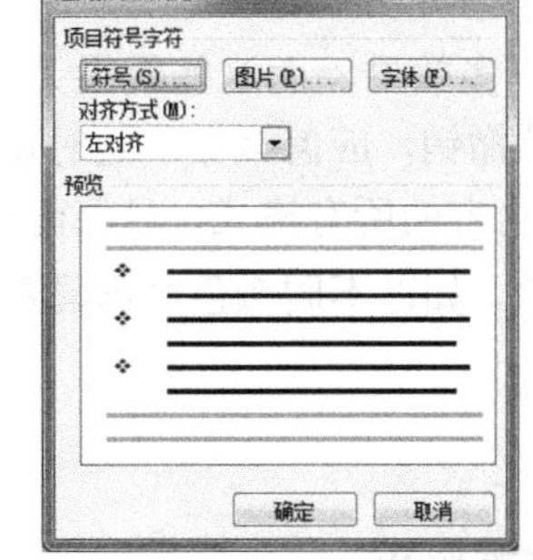

图 3.26　“定义新项目符号”对话框

“定义新项目符号”对话框中有“符号”、“图片”按钮，可以用来选择新的符号、图片作为自己定义的项目符号。如果选择的是符号，则可以通过“字体”按钮来设置颜色、大小等，还可以设置对齐方式。

如果要设置编号，则选中文本，单击“开始”选项卡“段落”组中的“项目编号”按钮，也可以定义新的项目编号，如图 3.27 和图 3.28 所示。图 3.28 中自定义了“步骤一、步骤二……”的编号形式。

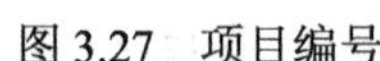
图 3.27　项目编号

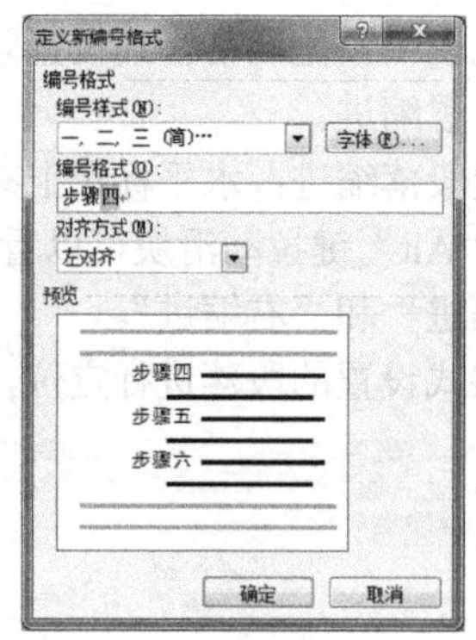

图 3.28　“定义新编号格式”对话框

四、格式的复制和清除

1．使用格式刷进行格式的复制

在 Word“开始”选项卡“剪贴板”组中有“格式刷”按钮，如图 3.29 所示。其功能就是将某一段落和文字的排版格式复制给另一段落和文字。因此通过格式刷可以实现以某一段落或某几个文字的排版格式为蓝本，将其他段落或文字均设置为此格式。

图 3.29　“格式刷”按钮

对于文字，先选中源文字（带格式文本），然后单击“格式刷”按钮，此时鼠标指针变为一把刷子的形状，这时只需对目标文字进行选中，则目标文字的格式与源文字变为一致。但这样每次只能刷一次，若双击“格式刷”按钮，使其处于被按下的状态，则可以连续刷若干次（要取消格式光标时，只需按“Esc”键或再次单击“格式刷”按钮），这在要将多个格式比较复杂、位置比较分散的段落或文字的格式设为一致时，效率很高，免去了重复为每一个对象设置格式的麻烦。

对于段落，先将光标停在源段落，然后单击“格式刷”按钮，此时鼠标指针变为一把小刷子的形状，这时只需在目标段落上单击，目标段落格式便与源段落格式一致。

2．清除格式

如果文字设置了很多效果，而这些效果又不是自己想要的，除了撤销操作还有其他清除方式吗？如果已经保存无法撤销，应怎么做？这时使用“开始”选项卡“字体”组中的“清除格式”按钮，即可清除所选内容的所有格式，只保留文本。也可以选中文本，按“Ctrl+Shift+Z”组合键，注意有些格式无法清除，如以不同颜色突出显示文本无法清除，对于无法清除的文本格式，可手动清除。

任务实战

一、字符格式设置要求

对文档“水调歌头.docx”进行以下字符格式设置。

（1）文档标题：仿宋、二号、加粗、字符间距加宽 2 磅。

（2）将作者“苏轼”设置为宋体、三号、加粗。

（3）正文为宋体、小四；

（4）“水调歌头”中的词句部分（“明月几时有”至“千里共婵娟”），格式为加粗，颜色为标准色蓝色。

（5）对“赏析”和在“赏析”中引用的水调歌头词句设置加粗和下画线。

（6）效果如图 3.30 所示。

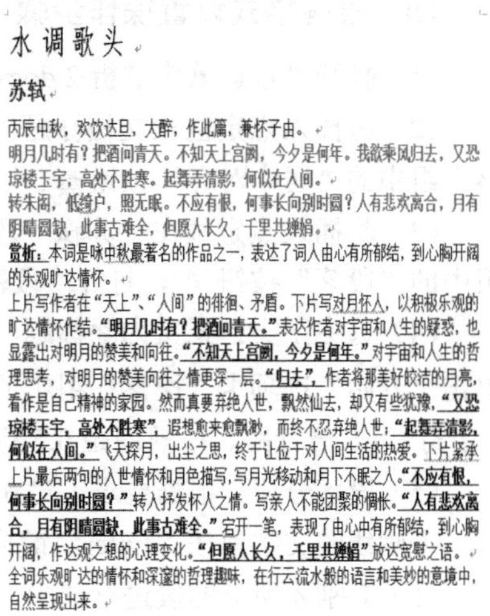

水调歌头

苏轼

丙辰中秋，欢饮达旦，大醉，作此篇，兼怀子由。

明月几时有？把酒问青天。不知天上宫阙，今夕是何年。我欲乘风归去，又恐琼楼玉宇，高处不胜寒。起舞弄清影，何似在人间。

转朱阁，低绮户，照无眠。不应有恨，何事长向别时圆？人有悲欢离合，月有阴晴圆缺，此事古难全，但愿人长久，千里共婵娟。

赏析：本词是咏中秋最著名的作品之一，表达了词人由心有所郁结，到心胸开阔的乐观旷达情怀。

上片写作者在“天上”、“人间”的徘徊、矛盾。下片写对月怀人，以积极乐观的旷达情怀作结。**“明月几时有？把酒问青天。”**表达作者对宇宙和人生的疑惑，也显露出对明月的赞美和向往。**“不知天上宫阙，今夕是何年。”**对宇宙和人生的哲理思考，对明月的赞美向往之情更深一层。**“归去”，**作者将那美好皎洁的月亮，看作是自己精神的家园。然而真要弃绝人世，飘然仙去，却又有些犹豫，**“又恐琼楼玉宇，高处不胜寒”，**遐想愈来愈飘渺，而终不忍弃绝人世；**“起舞弄清影，何似在人间。”**飞天探月，出尘之思，终于让位于对人间生活的热爱。下片紧承上片最后两句的入世情怀和月色描写，写月光移动和月下不眠之人。**“不应有恨，何事长向别时圆？”**转入抒发怀人之情。写亲人不能团聚的惆怅。**“人有悲欢离合，月有阴晴圆缺，此事古难全。”**宕开一笔，表现了由心中有所郁结，到心胸开阔，作达观之想的心理变化。**“但愿人长久，千里共婵娟”**放达宽慰之语。

全词乐观旷达的情怀和深邃的哲理趣味，在行云流水般的语言和美妙的意境中，自然呈现出来。

图 3.30 “水调歌头赏析”字符格式效果

二、字符格式设置操作步骤

（1）选中文本：选中文档标题“水调歌头”。

（2）格式设置：在“开始”选项卡“字体”组的“字体”下拉列表中选择“仿宋”，在“字号”下拉列表中选择“二号”，单击“加粗”按钮。

（3）字符加宽设置：单击“开始”选项卡“字体”组中的“字体”按钮，打开“字体”对话框，选择“高级”选项卡，选择“字符间距”中的间距为“加宽”，磅值为“2 磅”，设置完成后单击“确定”按钮。

（4）选中文本：选中“苏轼”。

（5）在“开始”选项卡“字体”组的“字体”下拉列表中选择“宋体”，在“字号”下拉列表中选择“三号”，单击“加粗”按钮。

（6）选中文本：选中正文部分。

（7）格式设置：在“开始”选项卡“字体”组的“字体”下拉列表中选择“宋体”，在“字号”下拉列表中选择“小四”。

（8）选中文本：选中“水调歌头”中的词部分。

（9）格式设置：单击“开始”选项卡“字体”组中的“加粗”按钮，设置加粗。单击“字体颜色”下拉按钮，选择字体颜色为标准色，蓝色。

（10）选中文本：选中“赏析”二字。

（11）格式设置：单击“开始”选项卡“字体”组中的“加粗”按钮和“下画线”按钮。

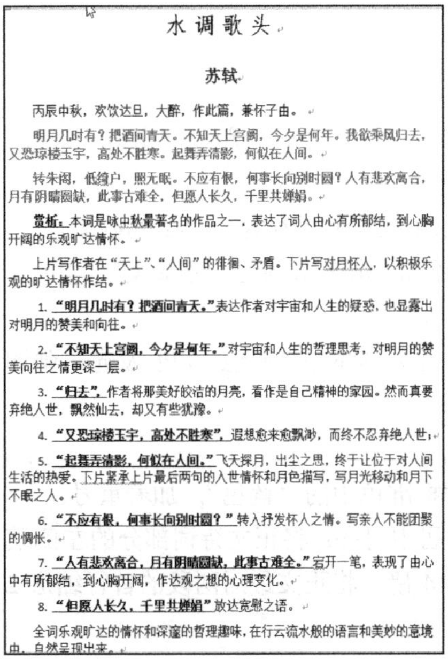

（12）使用格式刷：保持“赏析”二字的选中状态不变，双击“格式刷”按钮，使其处于被按下的状态，此时鼠标指针将改变为，依次选中“赏析”中提到的水调歌头句子，如“明月几时有？把酒问青天”、“不知天上宫阙，今夕是何年”等，应用格式。

（13）保存文档。文档名为“水调歌头赏析 2.docx”。

三、段落格式设置要求

对文档“水调歌头.docx”进行以下段落格式设置。

（1）文档标题：居中对齐。

（2）对作者“苏轼”设置段落格式：居中对齐、段前 1 行。

（3）正文：首行缩进 2 字符、1.5 倍行距、段前间距 0.5 行、段后间距 0.5 行。

（4）其他格式设置：对在“赏析”中提到的“水调歌头”部分提到的句子分段，并添加项目编号“1、2…”。

（5）效果如图 3.31 所示。

水调歌头

苏轼

丙辰中秋，欢饮达旦，大醉，作此篇，兼怀子由。

明月几时有？把酒问青天。不知天上宫阙，今夕是何年。我欲乘风归去，又恐琼楼玉宇，高处不胜寒。起舞弄清影，何似在人间。

转朱阁，低绮户，照无眠。不应有恨，何事长向别时圆？人有悲欢离合，月有阴晴圆缺，此事古难全，但愿人长久，千里共婵娟。

赏析：本词是咏中秋最著名的作品之一，表达了词人由心有所郁结，到心胸开阔的乐观旷达情怀。

上片写作者在“天上”、“人间”的徘徊、矛盾。下片写对月怀人，以积极乐观的旷达情怀作结。

1. **“明月几时有？把酒问青天。”**表达作者对宇宙和人生的疑惑，也显露出对明月的赞美和向往。
2. **“不知天上宫阙，今夕是何年。”**对宇宙和人生的哲理思考，对明月的赞美向往之情更深一层。
3. **“归去”，**作者将那美好皎洁的月亮，看作是自己精神的家园。然而真要弃绝人世，飘然仙去，却又有些犹豫。
4. **“又恐琼楼玉宇，高处不胜寒”，**遐想愈来愈飘渺，而终不忍弃绝人世；
5. **“起舞弄清影，何似在人间。”**飞天探月，出尘之思，终于让位于对人间生活的热爱。下片紧承上片最后两句的入世情怀和月色描写，写月光移动和月下不眠之人。
6. **“不应有恨，何事长向别时圆？”**转入抒发怀人之情。写亲人不能团聚的惆怅。
7. **“人有悲欢离合，月有阴晴圆缺，此事古难全。”**宕开一笔，表现了由心中有所郁结，到心胸开阔，作达观之想的心理变化。
8. **“但愿人长久，千里共婵娟”**放达宽慰之语。

全词乐观旷达的情怀和深邃的哲理趣味，在行云流水般的语言和美妙的意境中，自然呈现出来。

图 3.31 “水调歌头赏析”段落格式效果

四、段落格式设置操作步骤

（1）打开“水调歌头赏析 2.docx”。

（2）将插入点定位在文档标题段，或者选中文档标题“水调歌头”，单击“开始”选项卡“段落”组中的“居中对齐”按钮。

（3）将插入点定位在“苏轼”段落，或者选中“苏轼”段落，单击“开始”选项卡 “段落”组中的“段落”按钮，打开“段落”对话框，并设置为居中对齐、段前 1 行。

（4）选中正文：正文为除标题、作者以外的内容。因此，选中“丙辰中秋”至“呈现出来”，单击“开始”选项卡“段落”组中的“段落”按钮，打开“段落”对话框，并设置为首行缩进 2 字符、1.5 倍行距、段前间距 0.5 行、段后间距 0.5 行。

（5）段落分段：根据要求，对在“赏析”中提到的“水调歌头”部分的句子进行分段，即带粗体、下画线的文字前按“Enter”键换行分段。

（6）对刚才所分的段进行选中，单击“开始”选项卡“段落”组中的“段落编号”按钮，按要求选择所要的编号。

（7）格式设置后保存为“水调歌头赏析 3.docx”。

技能练习

1．打开本项目任务一中编辑保存的 wd2-1-1.docx，完成以下操作并另存为 wd2-2-1.docx。

1）设置字体格式。

（1）将文档标题行的字体设置为华文行楷，字号为一号，并为其添加“填充-蓝色，透明强调文字颜色 1，轮廓-蓝色，强调文字颜色 1”的文本效果。

（2）将文档副标题的字体设置为华文新魏，字号为四号，颜色为标准色中的“深红”。

（3）将正文诗词部分的字体设置为方正姚体，字号为小四号，字形为倾斜。

（4）将文本“注释译文”的字体设置为微软雅黑，字号为小四号，并为其添加“双波浪线”下画线。

2）设置段落格式。

（1）将正文的标题和副标题设置为居中对齐。

（2）将正文诗词部分左缩进 10 个字符，段落间距为段前段后各 0.5 行，行距为固定值 18 磅。

（3）将译文部分的首行缩进 2 个字符，并设置行距为 1.5 倍行距。

2．打开本项目任务一中编辑保存的 wd2-1-2.docx，完成以下操作并另存为 wd2-2-2.docx。

（1）将文档标题行的字体设置为华文新魏、一号，并为其添加“填充-橄榄色，强调文字颜色 3，轮廓-文本 2”的文本效果。

（2）将文档副标题的字体设置为华文仿宋、四号、倾斜，并为其添加“蓝色，8Pt 发光，强调文字颜色 1”的发光文本效果。

（3）将正文诗词部分的字体设置为华文楷体、四号。

（4）将文本“作者简介”的字体设置为黑体、小四，使用标准色中的“蓝色”，加着重号。

（5）设置段落格式：将文档的标题行和副标题行均设置为居中对齐；将正文诗词部分的左侧缩进 11 个字符，段落间距为段前段后各 0.5 行，行距为固定值 14 磅；将正文最后两段的首行缩进 2 个字符，并设置行距为固定值 20 磅。

任务三 边框、底纹、首字下沉和分栏

任务说明

在前两个任务中学习了文本的录入和编辑，字符格式和段落格式的设置。设置完成后，整篇文档在层次结构上有了很大的变化，也较为美观。本任务将继续学习其他常用设置，对文档进行进一步的排版和美化，以达到更好的排版效果。

相关知识

一、边框和底纹

在 Word 中，边框和底纹的运用对象包括文字和段落，实际的效果也有所不同，图 3.32 所示为文字底纹效果，图 3.33 所示为段落底纹效果，从中可以看出不同：应用的范围不同，一为文字，另一个为段落，段落边框和文字边框的具体效果差别也不一样。

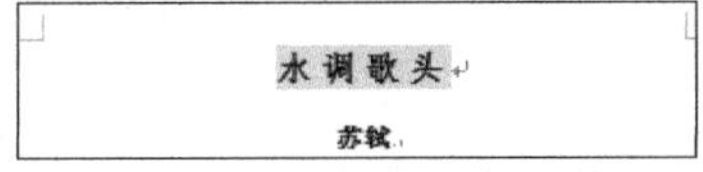

图 3.32 文字底纹效果

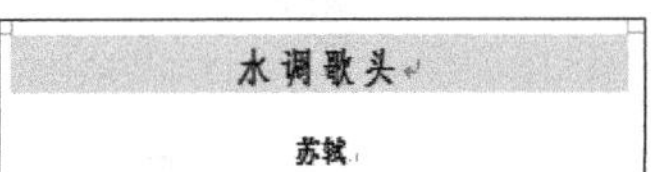

图 3.33 段落底纹效果

添加边框和底纹的步骤及方法如下。

1．利用“开始”选项卡“段落”组中的相关按钮

（1）添加底纹：单击“开始”选项卡“段落”组中的“底纹”按钮，可直接添加底纹，单击下拉按钮，可在“主题颜色”、“标准色”、“其他颜色”中选择底纹的颜色，如图 3.34 所示。鼠标指针停留在各颜色块上时，会提示该颜色块的颜色信息，可根据该提示信息对颜色进行选取。

（2）添加边框：单击“开始”选项卡“段落”组中的“边框”按钮，如图 3.35 所示，可按与添加底纹相似的步骤进行“边框”的添加。

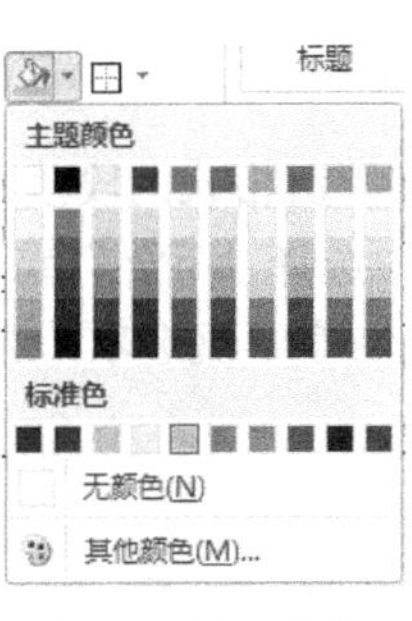

图 3.34 底纹颜色

图 3.35 添加边框

2．利用“边框和底纹”对话框

（1）选中要添加边框和底纹效果的文字或段落，在图 3.35 所示的菜单中选择“边框和底纹”选项，打开如图 3.36 所示的“边框和底纹”对话框。

（2）设置边框：可单击“边框和底纹”对话框中的“边框”选项卡来设置边框。

① 边框类型：可在“设置”选项组中选择边框类型，有“无”、“方框”、“阴影”、“三维”及“自定义”等选项。

② 边框样式：可在“样式”选项组中选择边框样式，可选择“线型、“颜色”、“宽度”。

③ 应用范围：可设置“应用于”选项组中边框样式的应用范围，分为“文字”、“段落”。

（3）设置底纹：可选择“边框和底纹”对话框中的“底纹”选项卡来设置底纹，如图 3.37 所示。

边框和底纹
边框(B)
页面边框(P)
底纹(S)
设置:
无(N)
方框(X)
阴影(A)
三维(D)
自定义(U)
样式(Y):
颜色(C):
自动
宽度(W):
0.5 磅
预览
单击下方图示或使用按钮可应用边框
微软卓越 A
应用于(L):
文字
选项(O)...
横线(H)...
确定
取消

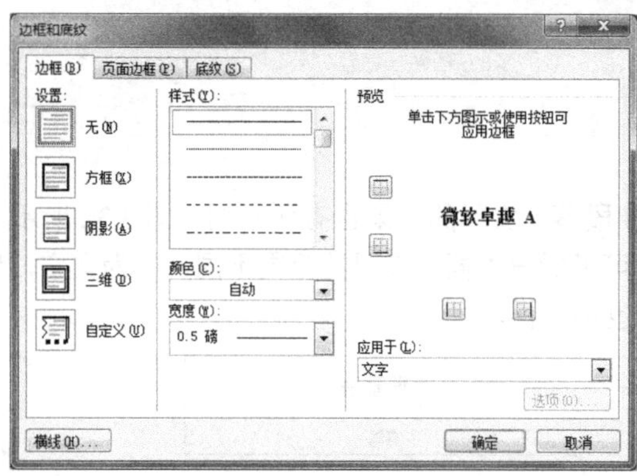

图 3.36　“边框和底纹”对话框之“边框”选项卡

边框和底纹
边框(B)
页面边框(P)
底纹(S)
填充
图案
样式(Y):
5%
颜色(C):
预览
微软卓越 AaB
应用于(L):
文字
横线(H)...
确定
取消

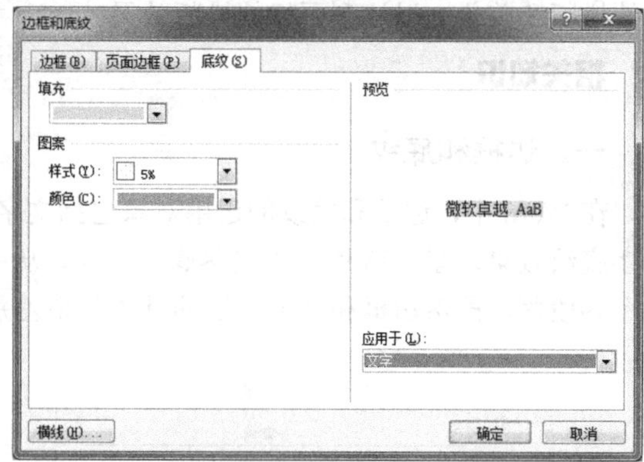

图 3.37　“边框和底纹”对话框之“底纹”选项卡

① 颜色填充：可在“填充”下拉列表中选择填充的颜色类型以进行底纹为颜色的填充，如“深蓝，文字 2，淡色 80%”。

② 图案填充：可在“图案”选项组中选择图案样式及颜色以进行底纹为图案的填充，在“样式”中选择图案的样式，然后选择图案的颜色，如“5%”、“深色横线”等图案。

③ 应用范围：可设置“应用于”选项组中边框样式的应用范围，分为“文字”、“段落”。

二、首字下沉

首字下沉是经常在报纸或杂志上看到的一种文本效果，实际效果是对段首的一个文字进行放大，并进行下沉或悬挂设置，以凸显段落或整篇文档的开始位置，如图 3.38 所示。

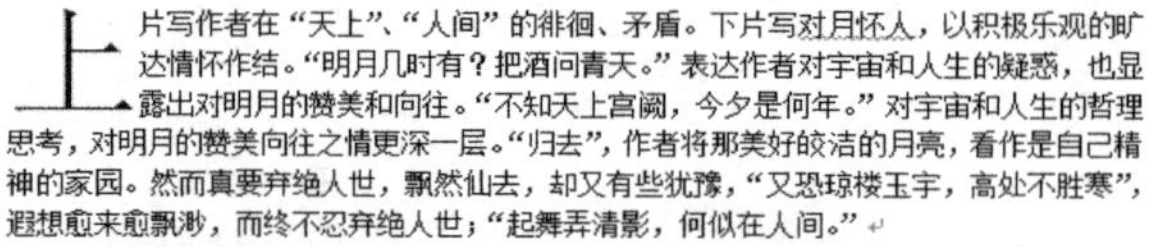

上片写作者在“天上”、“人间”的徘徊、矛盾。下片写对月怀人，以积极乐观的旷达情怀作结。“明月几时有？把酒问青天。”表达作者对宇宙和人生的疑惑，也显露出对明月的赞美和向往。“不知天上宫阙，今夕是何年。”对宇宙和人生的哲理思考，对明月的赞美向往之情更深一层。“归去”，作者将那美好皎洁的月亮，看作是自己精神的家园。然而真要弃绝人世，飘然仙去，却又有些犹豫，“又恐琼楼玉宇，高处不胜寒”，遐想愈来愈飘渺，而终不忍弃绝人世；“起舞弄清影，何似在人间。”

图 3.38　首字下沉效果

首字下沉设定方法：选中或将光标定位在要设置首字下沉格式的段落，单击“插入”选项卡“文本”组中的“首字下沉”按钮，如图 3.39 所示，可在其中选择“下沉”或“悬挂”选项以下沉或悬挂下沉。选择“无”选项，表示取消下沉或悬挂；选择“首字下沉选项”选项，可打开“首字下沉”对话框，如图 3.40 所示。

“首字下沉”对话框各选项说明如下。

（1）位置：有“无”、“下沉”、“悬挂”3 种。

（2）字体：对首字（设置首字下沉段落的第一个字符）的字体设置。

（3）下沉行数：首字下沉的行数，单位为行。

（4）距正文：首字离正文的距离，单位为厘米。

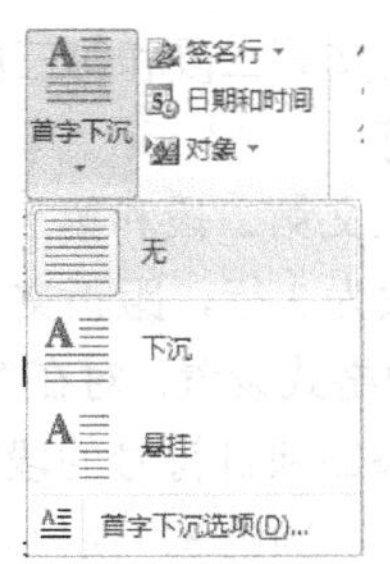

图 3.39 “首字下沉”按钮

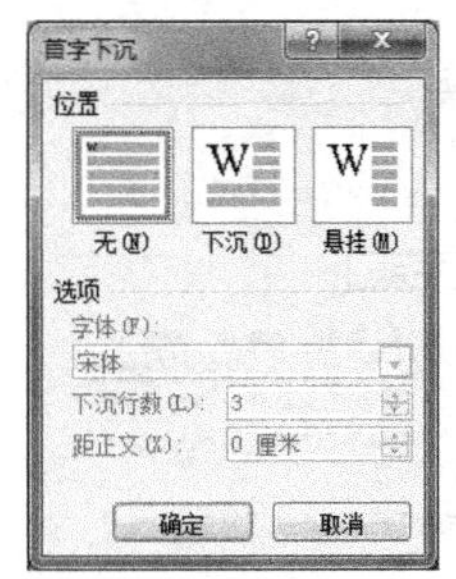

图 3.40 “首字下沉”对话框

三、分栏

分栏也是经常在报纸或杂志上看到的一种文本效果，它是将一段文字以 2 栏或多栏的形式显示出来，以利用版面和吸引读者的注意力，效果如图 3.41 所示。

片写作者在“天上”、“人间”的徘徊、矛盾。下片写对月怀人，以积极乐观的旷达情怀作结。“明月几时有？把酒问青天。”表达作者对宇宙和人生的疑惑，也显露出对明月的赞美和向往。“不知天上宫阙，今夕是何年。”对宇宙和人生的哲理思考，对明月的赞美向往之情更深一层。“归去”，作者将那美好皎洁的月亮，看作是自己精神的家园。然而真要弃绝人世，飘然仙去，却又有些犹豫，“又恐琼楼玉宇，高处不胜寒”，遐想愈来愈飘渺，而终不忍弃绝人世；“起舞弄清影，何似在人间。”

图 3.41 “分栏”效果（两栏）

（1）分栏设定方法：选中要分栏的段落，单击“页面布局”选项卡“页面设置”组中的“分栏”按钮，如图 3.42 所示，单击后可以选择相应的项目以进行分栏，可选择“两栏”、“三栏”、“偏左”、“偏右”以进行快速分栏，可选择“更多分栏”选项，以打开如图 3.43 所示的“分栏”对话框。

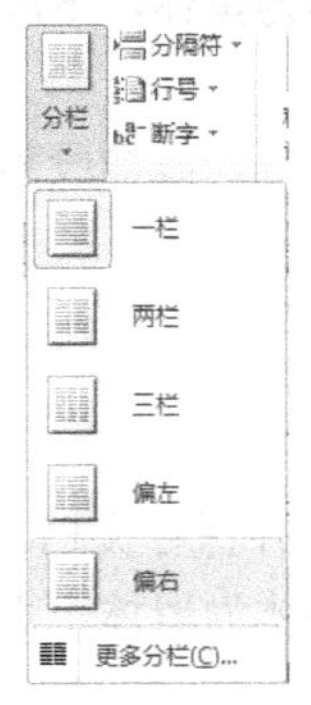

图 3.42 分栏

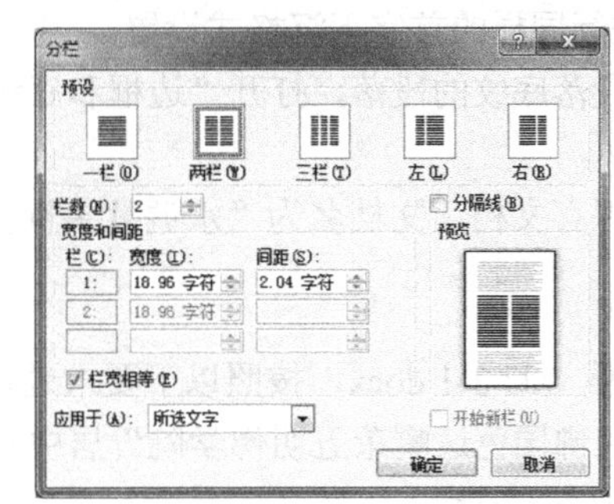

图 3.43 “分栏”对话框

（2）“分栏”对话框中各选项说明如下。

① 预设：可选择“两栏”、“三栏”、“偏左”、“偏右”，一栏表示将分栏恢复原状。

② 栏数：可设置分栏的栏数。

③ 宽度和间距：当分栏数大于 1 时，可对每个栏目的宽度和间距进行设置，单位为字符。

④ 应用于：分栏的范围，可选择“所选文字”或“整篇文档”。

⑤ 预览：可在此预览分栏效果。

任务实战

一、设置要求

（1）文档标题：文字底纹为橄榄色，强调文字颜色 3，淡色 60%。

（2）为正文第一段加文字边框。

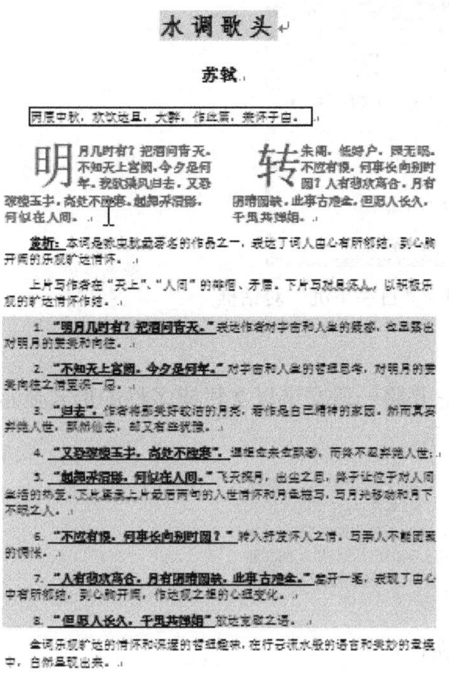

水调歌头

苏轼

丙辰中秋，欢饮达旦，大醉，作此篇，兼怀子由。

明月几时有？把酒问青天。不知天上宫阙，今夕是何年。我欲乘风归去，又恐琼楼玉宇，高处不胜寒。起舞弄清影，何似在人间。

转朱阁，低绮户，照无眠。不应有恨，何事长向别时圆？人有悲欢离合，月有阴晴圆缺，此事古难全。但愿人长久，千里共婵娟。

赏析： 本词是苏东坡最著名的作品之一，表达了词人由心有所郁结，到心胸开阔的乐观旷达情怀。

上片写作者在“天上”、“人间”的徘徊、矛盾。下片写就是怀人，以积极乐观的旷达情怀作结。

1. **“明月几时有？把酒问青天。”** 表达作者对宇宙和人生的疑惑，也显露出对明月的赞美和向往。

2. **“不知天上宫阙，今夕是何年。”** 对宇宙和人生的哲理思考，对明月的赞美向往之情更深一层。

3. **“归去”，** 作者将那美好皎洁的月亮，看作是自己精神的家园。然而真要弃绝人世，飘然仙去，却又有些犹豫。

4. **“又恐琼楼玉宇，高处不胜寒”，** [illegible]，而终不忍弃绝人世；

5. **“起舞弄清影，何似在人间。”** 飞天揽月，出尘之思，终于让位于对人间生活的热爱。下片紧承上片最后两句的入世情怀和月色描写，写月光移动和月下不眠之人。

6. **“不应有恨，何事长向别时圆？”** 转入抒发怀人之情，写亲人不能团聚的惆怅。

7. **“人有悲欢离合，月有阴晴圆缺，此事古难全。”** 宕开一笔，表现了由心中有所郁结，到心胸开阔，作达观之想的心理变化。

8. **“但愿人长久，千里共婵娟”** [illegible]。

全词乐观旷达的情怀和深邃的哲理思考，在行云流水般的语言和美妙的意境中，自然呈现出来。

图 3.44 效果图

（3）将正文第二段和第三段分为等宽的 2 栏，栏间距为 2 字符。

（4）将正文第二段和第三段首字下沉：字体为黑体，下沉行数为 3 行，距正文 0.1 厘米。

（5）其他格式设置：对在“赏析”部分提到的“水调歌头”已添加项目符号的段落，添加段落底纹：橄榄色，强调文字颜色 3，淡色 40%。

（6）效果如图 3.44 所示。

二、操作步骤

（1）选中文档标题，单击“开始”选项卡“段落”组中的“底纹”按钮，选择“橄榄色，强调文字颜色 3，淡色 60%”颜色块。

（2）选中正文第一段，依照“边框和底纹”处的讲解，打开“边框和底纹”对话框，选择“方框”，应用于“文字”。

（3）选中正文第二、三段，单击“页面布局”选项卡“页面设置”组中的“分栏”按钮，选择“更多分栏选项”选项，分为 2 栏，设置栏宽为 2 字符。

（4）选中正文第二段，单击“插入”选项卡“文本”组中的“首字下沉”按钮，选择“首字下沉选项”选项，打开“首字下沉”对话框，在对话框中选择字体为黑体，下沉行数为 3 行，距正文 0.1 厘米；对第三段进行同样的首字下沉格式设置。

（5）选中要添加段落底纹的段落，打开“边框和底纹”对话框，添加段落底纹：橄榄色，强调文字颜色 3，淡色 40%。

（6）制作完成，保存文档，文档名为“水调歌头赏析 4.docx”。

技能练习

1．打开 Word 文档 wd2-3-1.docx，按照以下要求进行设置，并保存文档。

（1）将标题“红色佛国色达喇荣五明佛学院”居中对齐，字体为黑体，小二号，并添加橙色段落底纹，图案样式为 10%，红色。

（2）将正文第一段设置为首字下沉，下沉行数为 2，距正文 0.1 厘米。

（3）为文档添加页眉文字“四川旅游”，居中显示，在页脚处添加页码，靠右。

（4）将正文第 2～4 段设置为栏宽相等的三栏格式，不显示分隔线。

（5）为正文第一段添加 1.5 磅、深绿色（RGB 分别为 100、120、50）、双实线边框，并为其填充绿色（RGB 分别为 160、200、120）底纹。

（6）为正文第 2 段中的出现的第一个“喇嘛”插入脚注“喇嘛：藏传佛教中的男性修行者。”，为第一个“觉姆”插入脚注“觉姆：藏传佛教中的女性修行者。”

2．打开 Word 文档 wd2-3-2.docx，按照以下要求进行设置，并保存文档。

（1）将文档标题的字体设置为幼圆、一号，并为其添加“填充-蓝色，强调文字颜色 1，内部阴影-强调文字颜色 1”的文本效果，居中对齐。

（2）为文档页眉左边添加页眉文字“中国传统节日”，页码“第 1 页”靠右显示。

（3）将正文的第 1～3 段设置为栏宽相等的三栏格式，不显示分隔线。

（4）为正文第 4 段文字添加 1.5 磅、浅蓝色、双实线边框；并为正文第 5 段和第 6 段填充浅绿色（RGB 分别为 214、227、188）的底纹。

（5）为正文第 2 段中的第一个“畲族”插入尾注“畲族：或称为畲客、山客、客家人。”

项目三　图文混排与打印

项目指引

以上两个项目对文档中的各种格式做了详细的说明和介绍，通过学习相信读者已经可以对大多数的文档进行排版和格式化。然而一篇吸引人的文档必然是图文并茂的，通过本项目的学习，掌握艺术字、图片、剪贴画、文本框等的插入和编辑。

文档建立和修改后，有时需要将文档打印出来，打印是 Word 处理文档的最后阶段，打印前需要进行页面设置，如纸张大小、方向、页眉页脚等。

知识目标

掌握艺术字、图片、剪贴画、文本框等元素的概念和用途；掌握页面布局需要设置的内容、项目及其作用。

技能目标

熟练掌握艺术字、图片、剪贴画、文本框等插入和编辑方法；能够在文档中通过恰当地使用这些元素使文档更加生动，更能够吸引读者的注意力；熟练掌握文档的页面布局，使文档在打印时更加规范。

任务一　图文混排

任务说明

在本任务中将主要介绍 Word 中的图文混排，包括艺术字、自选图形及图片的操作，并以“苏轼词赏析.docx”文档的制作作为范例，掌握图文混排的方法。

相关知识

一、艺术字

在 Word 2010 中，艺术字是一种包含特殊文本效果的绘图对象。用户可以利用这种修饰性文字，任意旋转角度、着色、拉伸或调整字间距，以达到最佳效果。

1．插入艺术字

将光标定位到要插入艺术字的位置上，单击“插入”选项卡“文本”组中的“艺术字”按钮，如图 3.45 所示，选择一种用户喜欢的 Word 2010 内置的艺术字样式，如图 3.46 所示。文档中将自动插入含有所选样式的艺术字默认文字“请在此放置您的文字”，如图 3.47 所示，此时功能区将自动显示“绘图工具”的“格式”子选项卡，如图 3.48 所示。

在图 3.48 中的“绘图工具”选项卡的“格式”子选项卡，各个组功能如下。

“插入形状”组：可以插入文本框及各种自选图形。

“形状样式”组：可以修改整个艺术字的样式，并设置艺术字形状的填充、轮廓及形状效果。

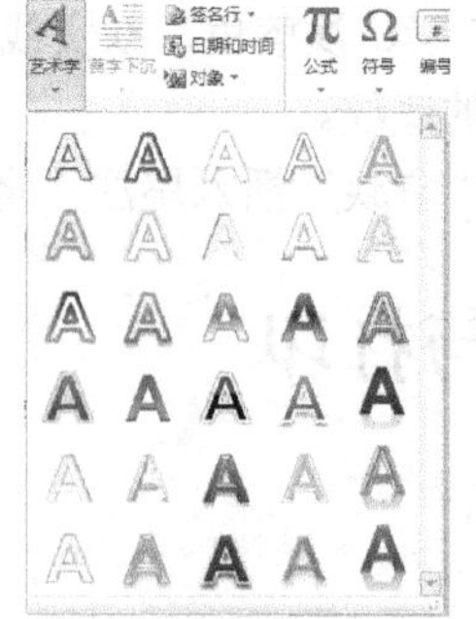

图 3.45　插入艺术字　　图 3.46　选择艺术字样式　　图 3.47　输入艺术字文字

图 3.48　“格式”子选项卡

“艺术字样式”组：可以对艺术字中的文字设置填充、轮廓及文字效果。

“文本”组：可以对艺术字文字设置链接、文字方向、对齐文本等。

“排列”组：可以修改艺术字的排列次序、环绕方式、旋转及组合。

“大小”组：可以设置艺术字的宽度和高度。

二、文本框

Word 中的文本框是一个容器，可用来存放文本和图片，它可放置在页面的任意位置，其大小也可以由用户指定，所以在排版中经常用到。文本框可以作为单独的对象，游离于方框之外，可以位于绘图层，也可以位于文本层的下层，灵活运用文本框会使版面紧凑，更加出色、美观。

将光标定位到要插入艺术字的位置上，单击“插入”选项卡“文本”组中的“文本框”下拉按钮，如图 3.49 所示，可以创建内置文本框、绘制文本框、绘制竖排文本框等。

图 3.49　文本框

内置文本框：可选择“简单文本框”（无样式）及其他文本框（带样式）。

Office.com 中的其他文本框：可选择 Office.com 中的文本框，前提是接入互联网。

绘制文本框：可以根据需要绘制文本框，选择该选项后，鼠标指针将变成“十”字形状，按住鼠标左键可绘制文本框。

绘制竖排文本框：竖排文本框与普通文本框的区别是文本的排列方向不同。普通文本框的文字是横向的，而竖排文本框的文字是竖向的，如图 3.50 所示。

图 3.50　普通文本框与竖向文本框

三、图片

1．插入图片

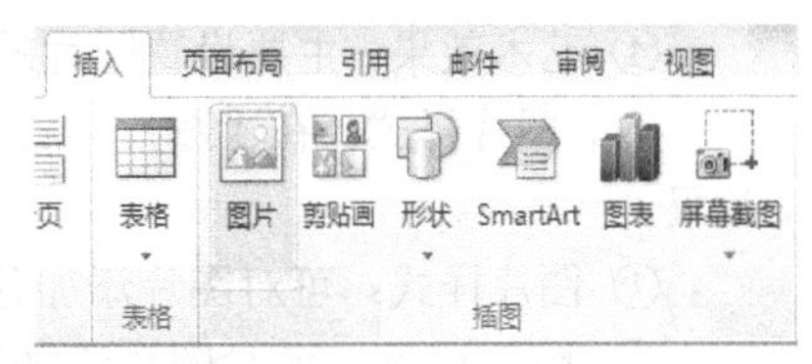

图 3.51　插入图片

在 Word 2010 中，插入图片非常简单。单击“插入”选项卡“插图”组中的“图片”按钮，如图 3.51 所示，将打开“选择图片”对话框，在对话框中选择图片的保存路径和文件名，单击“插入”按钮，即可插入图片。

2．编辑图片

选中要编辑的图片，此时图片周围出现选中框。选中图片后，在功能区自动出现“图片工具”的“格式”子选项卡，如图 3.52 所示，在该选项卡内，可以完成对图片的各项编辑。

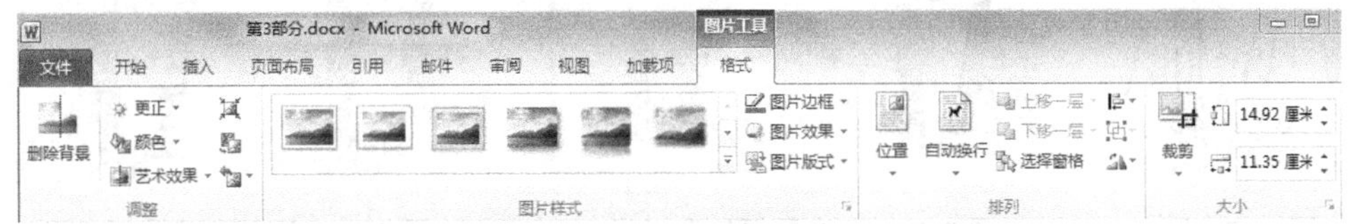

图 3.52　“图片工具”选项卡

该子选项卡由“调整”、“图片样式”、“排列”、“大小”4 个组组成。

（1）调整：在“调整”组中，可对图片进行“删除背景”、“更正”（主要调整图片的柔化和锐化、亮度和对比度等）、“颜色”（主要调整图片的颜色饱和度、色调、重新着色、设置透明色等）、“艺术效果”（设置图片的艺术效果等）。

① 删除背景：可对图片进行背景删除，如图 3.53 所示。单击“删除背景”按钮后的图片将出现一个控制框，可以调整控制框的大小来控制删除背景的大小。图 3.54 所示为设置“删除背景”后的效果对照图。

图 3.53　设置“删除背景”

图 3.54　“删除背景”的效果对照图

② 更正：主要调整图片的柔化和锐化、亮度和对比度等。图 3.55 所示为调整了图片亮度和对比度后的效果图（亮度-20%、对比度-40%）。

③ 颜色：主要调整图片的颜色饱和度、色调、重新着色、设置透明色等。图 3.56 所示为调整了色调（色温为 11200K）后的效果对照图。

图 3.55　调整亮度、对比度效果对照图

图 3.56　调整色调效果对照图

④ 艺术效果：主要设置图片的各种艺术效果。图 3.57 所示为图片添加“影印”艺术后的效果。

（2）图片样式：在“图片样式”组中，可对图片添加各种样式、边框、图片效果及图片版式等效果。

① 图片样式：可对图片添加各种样式。图 3.58 所示为图片添加金属框架后的效果对照。

② 图片边框：可对图片添加图片边框。还可设置图片边框的颜色、粗细、线型等。图 3.59 所示为添加图片边框后的效果。

图 3.57　影印

图 3.58　“金属框架”样式

图 3.59　添加图片边框效果

③ 图片效果：可对图片添加各种效果。图 3.60 所示为对图片添加预设 10 后的效果。

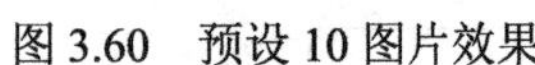

图 3.60　预设 10 图片效果

四、图文混排

1．概念

图文混排的基础是文字环绕方式，它指的是文字和图片一起排版时，文字和图片、自选图形的排版方式，即文字环绕图片或自选图形的方式。文字环绕方式有：嵌入型、四周型环绕、紧密型环绕、衬于文字下方、浮于文字上方、上下型环绕、穿越型环绕。

（1）嵌入型：指图片嵌入文本，效果如图 3.61 所示。

（2）四周型环绕：不管图片是否为矩形图片，文字以矩形方式环绕在图片四周，效果如图 3.62 所示。

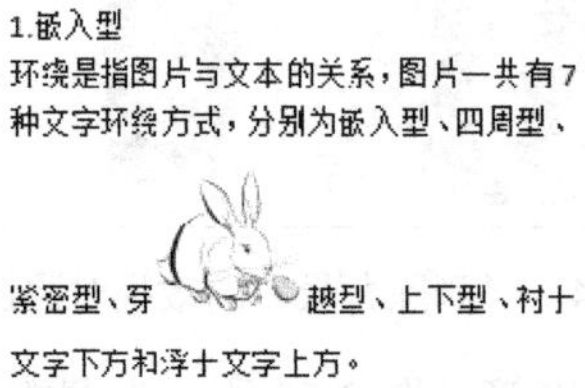

1.嵌入型
环绕是指图片与文本的关系，图片一共有 7 种文字环绕方式，分别为嵌入型、四周型、
紧密型、穿
越型、上下型、衬十文字下方和浮十文字上方。

图 3.61　嵌入型效果图

2. 四周型
环绕是指
图片与文本的
关系，图片
一共有 7 种文字
环绕方式，
分别为嵌入型、
四周型、紧
密型、穿越型、
上下型、衬于文字下方和浮于文字上方。

图 3.62　四周型环绕效果图

（3）紧密型环绕：如果图片是矩形，则文字以矩形方式环绕在图片周围；如果图片是不规则图形，则文字将紧密环绕在图片四周，效果如图 3.63 所示。

（4）穿越型环绕：文字可以穿越不规则图片的空白区域并环绕图片，效果如图 3.64 所示。

3. 紧密型
环绕是指图片
与文本的关系，图
片一共有 7
种文字环绕方式，
分别为嵌
入型、四周型、
紧密型、穿
越型、上下型、
衬于文字下方和浮于文字上方。

图 3.63　紧密型环绕效果图

4. 穿越型
环绕是指图片
与文本的关系，图片
一共有 7 种
文字环绕方式，分
别为嵌入
型、四周型、紧
密型、穿越
型、二下型、衬
于文字下方和浮于文字上方。

图 3.64　穿越型环绕效果图

（5）上下型环绕：文字环绕在图片上方和下方，效果如图 3.65 所示。

（6）衬于文字下方：图片在下、文字在上，分为两层，文字将覆盖图片，效果如图 3.66 所示。

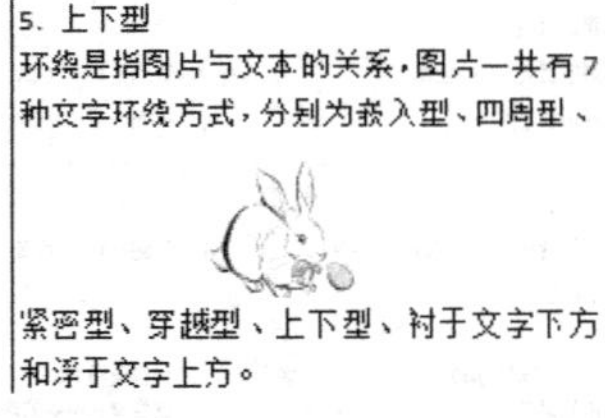

图 3.65 上下型环绕效果图

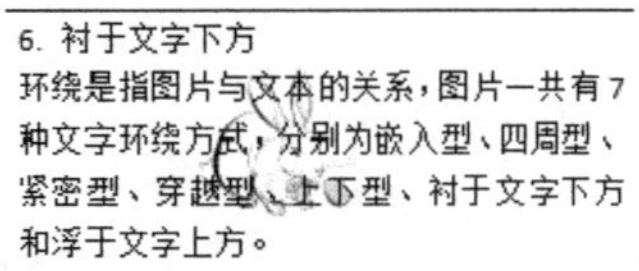

6. 衬于文字下方
环绕是指图片与文本的关系，图片一共有7
种文字环绕方式，分别为嵌入型、四周型、
紧密型、穿越型、上下型、衬于文字下方
和浮于文字上方。

图 3.66 衬于文字下方效果图

（7）浮于文字上方：图片在上、文字在下，分为两层，图片将覆盖文字，效果图刚好与衬于文字下方。

2．文字环绕设置

（1）选中图片，功能区将显示“图片工具”的“格式”子选项卡，单击“排列”组中的“自动换行”下拉按钮，在弹出的下拉菜单中选择一种合适的文字环绕方式即可，如图 3.67 所示。

（2）在图片上右击，在弹出的快捷菜单中选择“自动换行”→“其他布局选项”选项，打开“布局”对话框，在“文字环绕”选项卡中也可以设置文字环绕方式，如图 3.68 所示。

（3）在（2）的基础上，也可在图 3.68 中选择“大小和位置”选项，将打开如图 3.69 所示的“布局”对话框，选择中间的“文字环绕”选项卡即可设置文字环绕方式。

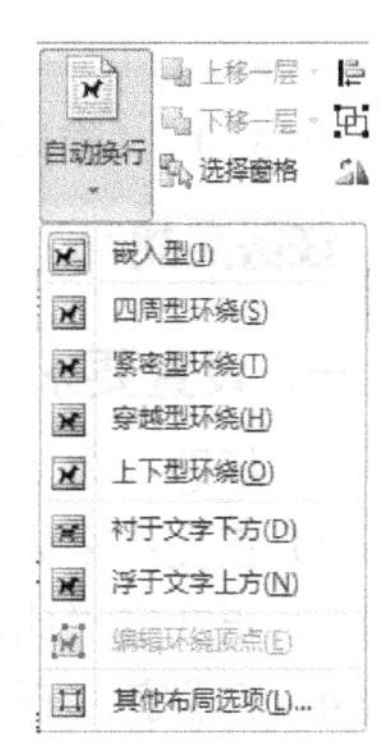

图 3.67 文字环绕方式设置

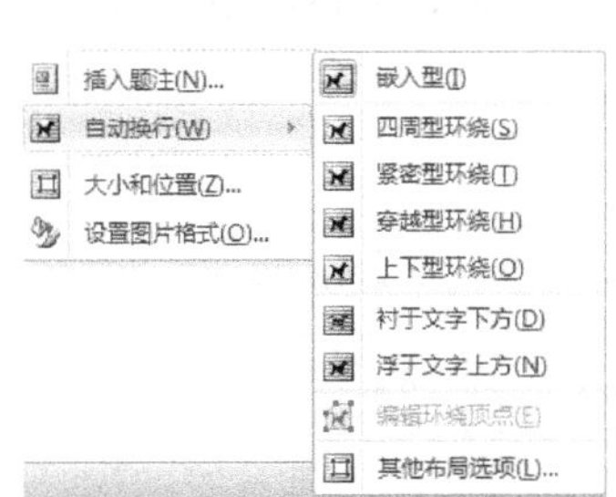

图 3.68 快捷菜单设置

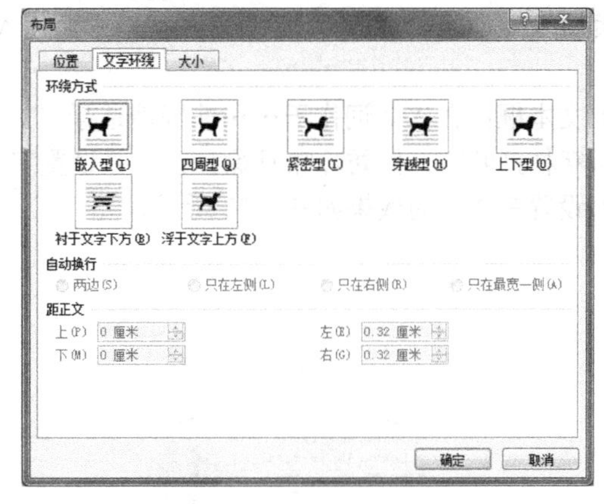

图 3.69 “布局”对话框之“文字环绕”选项卡

3．图片大小和位置

（1）在“布局”对话框中选择“大小”选项卡，可以对图片进行大小设置，比较常见的操作是按比例缩放，如图 3.70 中按比例缩放 68%。

（2）在“布局”对话框中选择“位置”选项卡，可以对图片的位置进行精确设置，如图 3.71 为将图片定位至“页面（8cm，10cm）”处，但是嵌入型文字环绕方式的图片是无法通过该选项卡设置的。

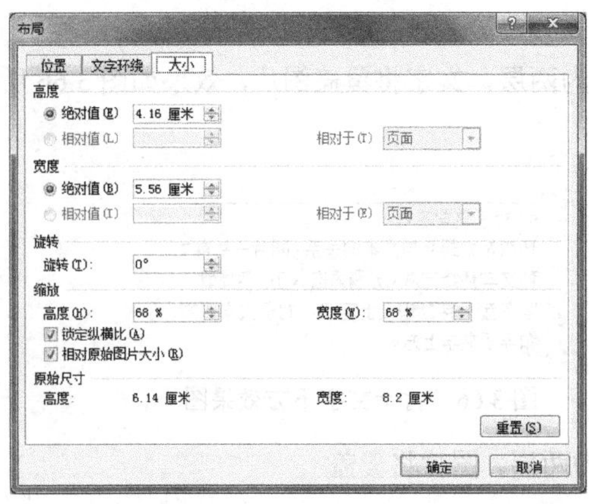

图 3.70 “布局”对话框之“大小”选项卡

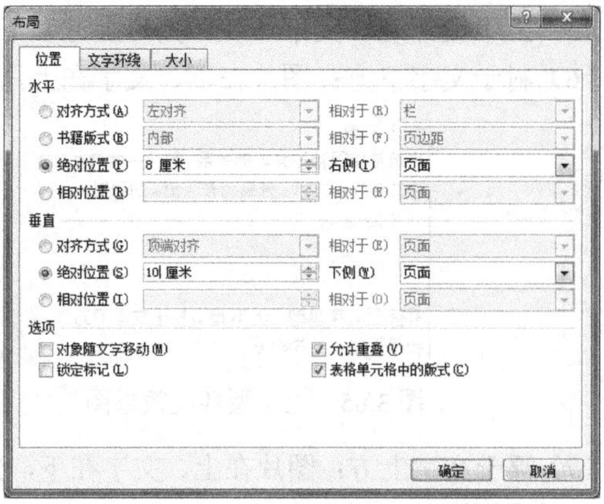

图 3.71 “布局”对话框之“位置”选项卡

 任务实战

一、设置要求

（1）标题：宋体，三号，加粗。

（2）正文：宋体，小四号，1.5 倍行距，首行缩进 2 字符。

（3）正文中“此词作于……非因情造景。”一段，设置首字下沉 2 行。

（4）艺术字：在标题处插入艺术字“苏轼词赏析”，并设置为艺术字，选择第 3 排、第 2 个：“填充-橙色-强调文字颜色 6，渐变轮廓-强调文字颜色 6”。

（5）图片：插入“苏轼 1.jpg”图片，并设置文字环绕方式为“四周型”环绕，图片位于“页面（13.5 厘米，7 厘米）”处。插入“苏轼 2.jpg”图片，图片按比例缩放 33%，“四周型”环绕，图片位于“页面（14 厘米，21 厘米）”处。在文档末尾插入插图“定风波.jpg”，“嵌入型”环绕，“居中”对齐。

（6）文本框：在“此词作于……非因情造景。”一段后，插入横排文本框，在文本框中输入内容“莫听穿林打叶声，何妨吟啸且徐行。”，并设置字体为宋体，小四，加粗，“上下型”环绕。

（7）设置完成后的效果如图 3.72 所示。

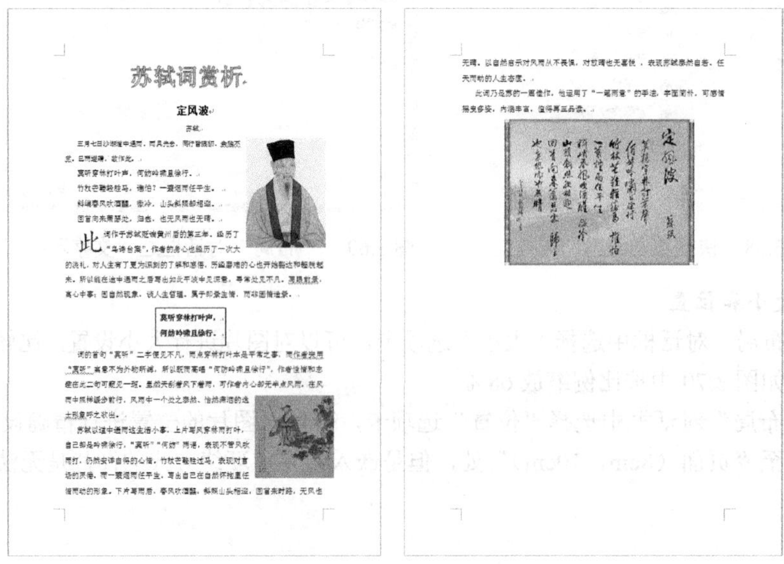

图 3.72 “苏轼词赏析”效果图

二、操作步骤

（1）打开“苏轼词赏析.docx”，按照要求进行文字和段落设置。具体步骤参照第三部分项目三，这不是本项目重点内容，此处不再赘述。由于步骤繁多，请注意保存文档。

（2）选中标题“苏轼词赏析”，单击“插入”选项卡“文本”组中的“艺术字”按钮，选择第 3 排、第 2 个：“填充-橙色-强调文字颜色 6，渐变轮廓-强调文字颜色 6”。

扩展知识

在 Word 中，“艺术字”作为一个比较特殊的对象，难以像文字或图片一样直接居中。艺术字居中采用的方法如下：将艺术字的宽度设置为与文档的宽度相同，单击“居中”按钮，即可实现艺术字居中。

（3）插入“苏轼 1.jpg”图片，图片插入后，右击图片，在弹出的快捷菜单中选择“大小和位置”选项，通过打开的“布局”对话框依次对图片的“位置”、“文字环绕”进行设置。

（4）插入“苏轼 2.jpg”图片，通过“布局”对话框依次对图片的“大小”、“位置”、“文字环绕”进行设置。

（5）将光标定位到末行，插入“定风波.jpg”图片，因为图片默认的文字环绕方式是“嵌入型”，因此不需做任何修改，直接单击“开始”选项卡“段落”组中的“居中”按钮即可。

（6）插入文本框，在“此词作于……非因情造景。”一段后按“Enter”键，产生一个空段落，单击“插入”选项卡“文本”组中的“文本框”下拉按钮，在下拉菜单中选择“内置简单文本框”选项，将文本框内默认内容删除，输入新内容“莫听穿林打叶声，何妨吟啸且徐行。”（注意应分成两段），并设置文本格式。右击文本框，直接在弹出的快捷菜单中选择“自动换行”→“上下型环绕”选项，或者选择“其他布局选项”选项，打开“布局”对话框，在“文字环绕”选项卡中，将环绕方式设为“上下型”。

（7）所有操作完成后，将文件保存为“苏轼词赏析 1.docx”。

技能练习

1．打开 Word 文档 wd3-1-1.docx，按照以下要求进行设置，并保存文档。

（1）将标题“天麻”设置为居中，艺术字样式为“填充-蓝色，强调文字 1，内部阴影-强调文字颜色 1”；字体为华文行楷，字号为 36 磅，文字环绕方式为“顶端靠左，四周型文字环绕”；为艺术字添加“水绿色，8Pt 发光，强调文字颜色 5”文本效果。

（2）将正文字号设置为小四，段前、段后间距各为 0.5 行。

（3）将正文第 2 段到结尾设置为偏右的两栏格式，不显示分隔线。

（4）为正文第 2 段添加 1.5 磅、深红色、点-点-短线的边框，并为其填充“浅色棚架”底纹样式，颜色为淡绿色（RGB 分别为 178、214、155）。

（5）插入图片 p4-1.png，放置在正文第 3 段中，设置图片的缩放比例为 25%，环绕方式为“紧密型环绕”，并为图片添加“金属椭圆”的外观样式 ，更改图片边框颜色为浅绿色（RGB 分别为 195、214、155）。

2．打开 Word 文档 wd3-1-2.docx，按照以下要求进行设置，并保存文档。

（1）在文档开头处插入“前凸带形”星与旗帜形状，将其设置为“彩色轮廓-橙色，强调颜色 6”的形状样式，设置图形的文字环绕方式为“上下型”，位置对齐方式为相对于“栏”，水平居中，为其添加居中文字“微信公众号”，并设为黑色、宋体、二号。

（2）插入图片 p4-2.png，放置在最后一段中靠右，设置图片的缩放比例为 40%，环绕方式为“四周型环绕”，并为图片添加“居中矩形阴影”的外观样式。

（3）在正文第 2 段处插入文本框，为其添加“细微效果-蓝色，强调颜色 1”的形状样式，大小

为高 1.2 厘米、宽 8 厘米，文字环绕方式为“上下型”，位置对齐方式为相对于“栏”，水平居中，添加文字“微信公众平台服务协议”，文字为宋体、三号、居中。

任务二　页面设置和打印

任务说明

很多时候编辑文档是为了出版和印刷，而不同的印刷物有不同的要求、规范，如纸张大小、纸张方向、页边距、页眉、页脚等。通过本任务的学习，要掌握文档的页面布局需要设定的元素及设置方法，并通过打印和打印预览把电子文档打印成纸质文档。

相关知识

一、页面设置

实际上页面设置是文档编辑之前的一个重要环节，页面纸张的大小、页边距的宽窄、文字方向都会直接影响文档的外观和打印效果。不同的文档对纸张大小及页边距等必然有不同的要求，因此，如果有特殊需求的文稿，应在编辑文档之前做好页面设置工作。页面设置可以通过以下两种方法完成。

1．在“页面布局”选项卡“页面设置”组中有不同的按钮，如图 3.73 所示，不同的按钮分别有不同的功能，分别介绍如下。

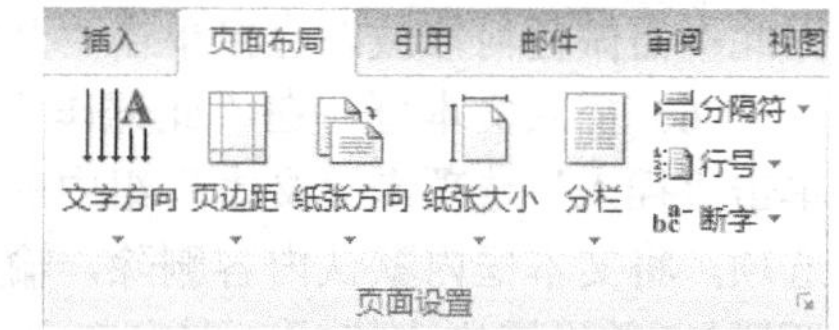

图 3.73　“页面设置”组

① 文字方向：设置文档或所选文本框中文字的方向，水平、垂直及按照不同的角度变换。

② 页边距：在“页边距”中，可以设置文档打印的上、下、左、右的边距、装订线的位置和距离。

③ 纸张大小：设置纸张的大小，如标准的 A4、A3 等，也可以自定义纸张大小。

④ 纸张方向：设置打印文稿的方向，方向有横向或纵向。

⑤ 分隔符：分隔符包括分页符、分栏符、自动换行符和分节符等，单击“页面布局”选项卡“页面设置”组中的“分隔符”按钮，可打开分隔符下拉列表，如图 3.74 所示。

a．分页符：在输入文档内容的过程中，Word 2010 会根据纸张大小和内容多少自动分页，但当需要手动分页时，需要通过插入分页符来实现，可以在文档中的任何位置插入分页符，插入分页符后，分页符后面的文字自动分布到下一页。

b．分栏符：当文档中有分栏设置时，插入分栏符，可以使插入点后的文字移动到下一栏。

c．自动换行符：插入自动换行符可以使插入点后的文字移动到下一行，但换行后的文字仍属于上一个段落。

d．分节符：在同一个文档中，如果需要改变某一个页面或多个页面的版式或格式，可以使用分节符。例如，页面中的分栏，实际上是通过插入分节符实现的，分节符还可以实现同一个文档每一部分的页码编号都从“1”开始，也可以通过插入分节符在同一个文档不同的页中创建不同的页眉或页脚等。可插入的分节符类型有以下几种。

“下一页”：用于插入一个分节符，同时在下一页开始新的节。这种类型的分节符适用于在文档中开始可能有不同格式的新的部分。

“连续”：用于插入一个分节符，同时在同一页上开始新节。连续分节符适用于在一页中实现一种格式的更改，如分栏。

"偶数页"或"奇数页"：用于插入一个分节符并在下一个偶数页或奇数页开始新节。例如，要使文档中的奇数页或偶数页有不同的页眉或页脚等。

（2）单击"页面布局"选项卡"页面设置"组中的"对话框启动器"按钮，在打开的"页面设置"对话框中进行设置即可，如图 3.75 所示。

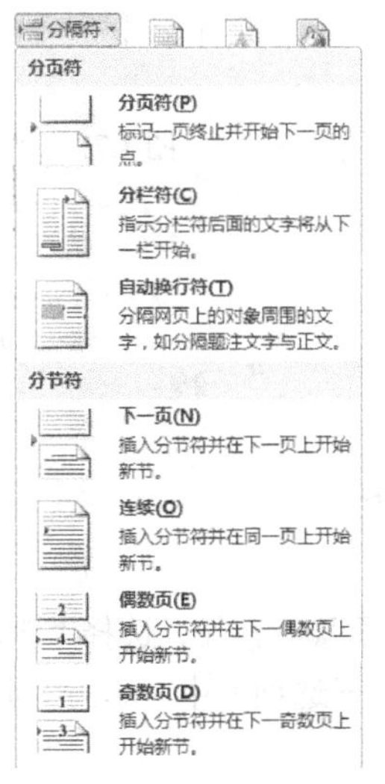

图 3.74 下拉列表

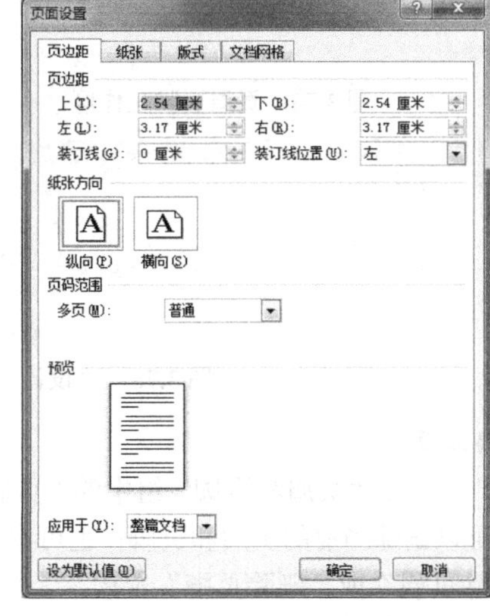

图 3.75 "页面设置"对话框

此对话框中的"页边距"和"纸张"选项卡在此不再赘述。

"版式"选项卡：可以使文档中的不同页显示不同的页眉和页脚，还可以设置文档的打印边框、打印时显示每页的行号等属性。

"文档网格"选项卡：可以在此设置文字排列的方向（水平或垂直），设置网格，设置每页的行数、每行的字符数等。

二、页眉页脚

页眉和页脚是指那些出现在文档顶端和底端的信息，主要包括页码、时间和日期、章节标题、文件名及作者姓名等表示一定含义的内容，也可以包含图形图片，文档中可以始终使用同一个页眉和页脚，也可以在文档的不同部分使用不同的页眉和页脚。页码可以出现在页眉或页脚中，可以放在页的左右页边距的某个位置，也可以插入到文档中。

1．页眉和页脚工作区

页眉和页脚工作区包括文档页面顶端和底端的区域，专门用于输入或修改页眉和页脚内容。插入页眉或页脚后，这些区域将变成活动状态，而且可以进行编辑，系统会以虚线标记这些区域。在页眉和页脚区域添加页码、日期等信息时，它们会显示在所有页面上。添加页码时，页码会自动连贯并在页数更改时自动更新，如图 3.76 所示。

2．修改页眉或页脚

页眉和页脚添加完成后，单击"插入"选项卡"页眉和页脚"组中的"页眉"或"页脚"下拉按钮，选择"编辑页眉"或"编辑页脚"选项，则会进入编辑状态；或双击页眉或页脚位置，直接进入编辑状态，在该状态下可以对文字格式等进行修改或者插入新的内容。

在插入或编辑页眉和页脚时，功能区中会出现"页眉和页脚工具"的"设计"子选项卡，该选项卡中提供了页眉和页脚按钮，以及在页眉和页脚之间进行快速切换的按钮，可以在页眉或者页脚中添加日期和时间、图片、设置奇偶页不同等，如图 3.78 所示。

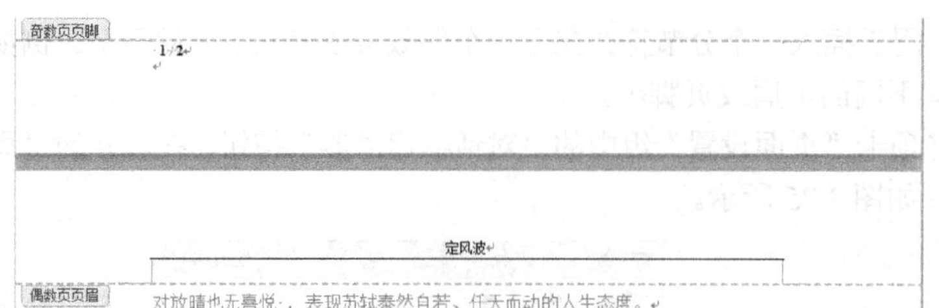

图 3.76 页眉页脚工作区

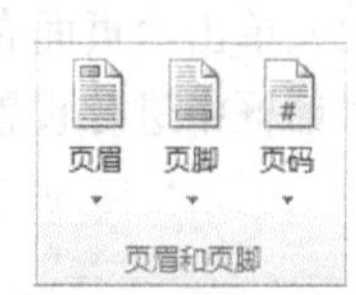

图 3.77 “页眉和页脚”组

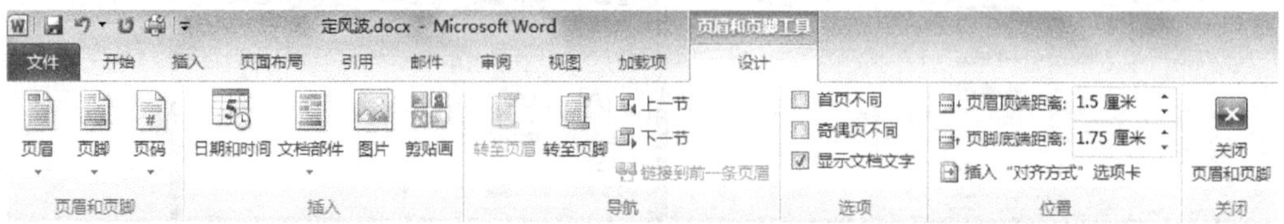

图 3.78 “设计”子选项卡

3．删除页眉或页脚

单击“插入”选项卡“页眉和页脚”组中的“页眉”或“页脚”按钮，选择“删除页眉”或“删除页脚”选项，可以删除当前的页眉和页脚；也可在“设计”子选项卡中，单击“页眉”或“页脚”按钮，选择“删除页眉”或“删除页脚”选项。

4．插入页码

设置页眉/页脚中很重要的一项是插入页码，无论页眉页脚是否处于编辑状态，都可以直接单击“插入”选项卡“页眉和页脚”组中的“页码”下拉按钮，选择“页面顶端”、“页面底端”、“当前位置”等选项，指定插入页码的位置，还可以通过“设置页码格式”来设置“页码编号格式”和“起始页”，如图 3.79 和图 3.80 所示。

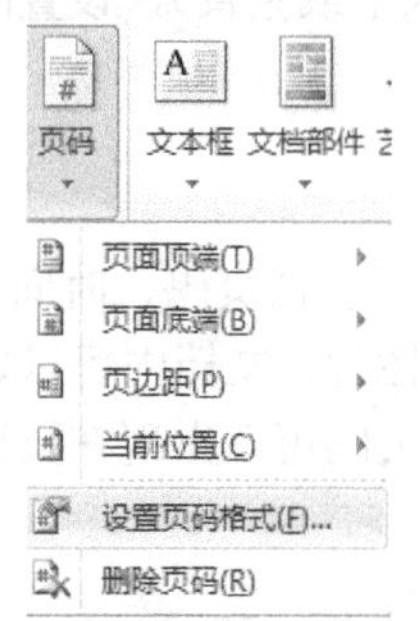

图 3.79 “页码”下拉列表

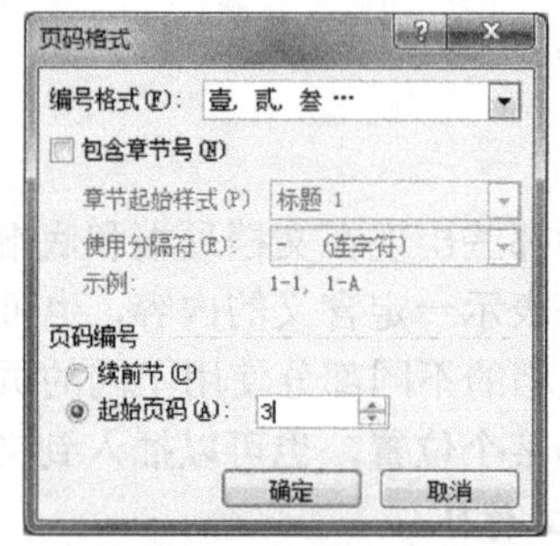

图 3.80 “页码格式”对话框

三、文档打印预览和打印

文档编辑完成后，通常要将其打印出来。在打印之前，应先对其进行打印预览，根据预览情况进行相应的页面设置或者修改。

单击“文件”选项卡中的“打印”按钮，屏幕右侧切换到打印预览界面。可以查看预览效果，设置打印份数，打印机的属性等，如图 3.81 所示。

打印预览后，若确认文档的内容及格式正确无误，即可开始打印。打印前要确认打印机和计算机已正确连接。

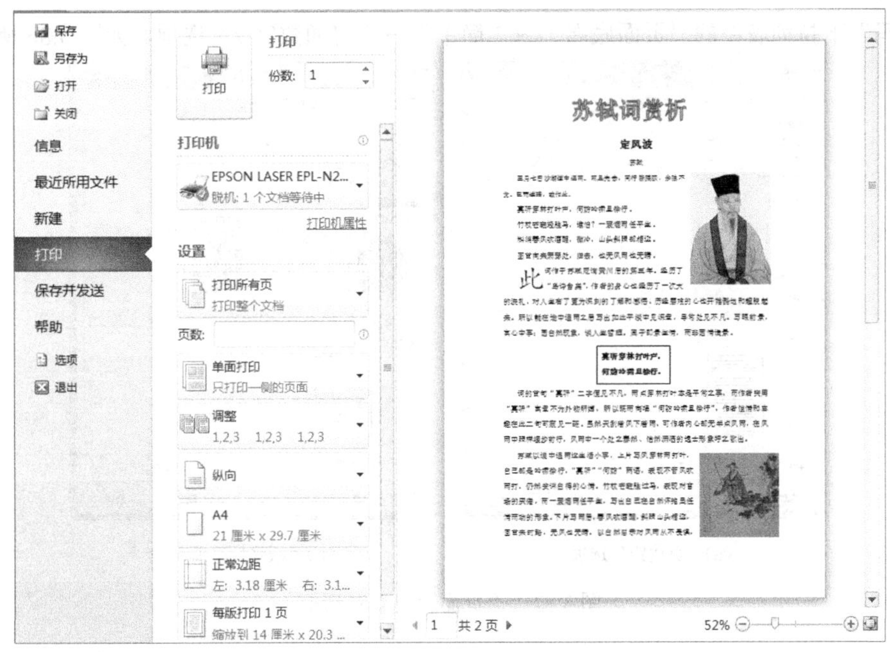

图 3.81 打印和打印预览

任务实战

一、设置要求

（1）打开“苏轼词赏析 1.docx”，按照要求完成设置。

（2）页面设置：页边距为上、下各 2 厘米，左、右各 2.5 厘米，装订线位于左侧，装订线 0.5 厘米，A4 大小，纵向。

（3）添加“内置空白”页眉，奇偶页不同，奇数页页眉内容为“苏轼词赏析”，偶数页页眉内容为“定风波”，在页面底端插入页码“简单，普通数字 2”，并设置页码编号格式为“壹，贰，叁…”，起始页码为“叁”。

（4）为作者“苏轼”添加脚注“苏轼（1037 年——1101 年），字子瞻，号东坡居士，眉州眉山（今四川眉山市）人，中国北宋文豪，唐宋八大家之一。”。

二、操作步骤

（1）打开“苏轼词赏析 1.docx”。

（2）单击“页面布局”选项卡 “页面设置”组中的“对话框启动器”按钮，打开“页面设置”对话框。

在“页面设置”对话框的“页边距”选项卡中设置上、下、左、右页边距，装订线及装订线位置，并设置纸张方向，如图 3.82 所示，在“纸张”选项卡中设置纸张大小。

（3）单击“插入”选项卡“页眉和页脚”组中的“页眉”下拉按钮，选择“内置”→“空白”选项，如图 3.83 所示，随即出现“页眉和页脚工具”的“设计”子选项卡，在该选项卡的“选项”组中勾选“奇偶页不同”复选框，如图 3.84 所示。在页眉编辑区编辑页眉，分别在奇数页页眉中输入“苏轼词赏析”，偶数页页眉中输入“定风波”。

单击“插入”选项卡“页眉和页脚”组中的“页码”下拉按钮，或者单击“页眉和页脚工具”的“设计”子选项卡“页眉和页脚”组中的“页码”下拉按钮，选择“设置页码格式”选项，打开“页码格式”对话框，按照要求设置页码格式和起始页，如图 3.85 所示。分别在奇数页和偶数页，选择“页码”下拉列表中的“页面底端”→“简单”→“普通数字 2”选项，如图 3.86 所示。

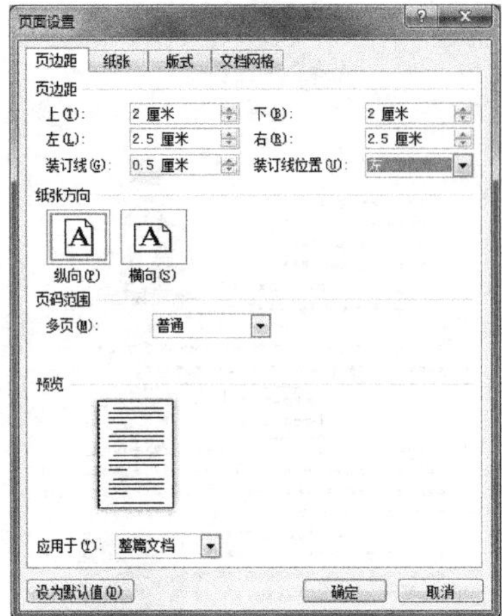

（a）“页边距”选项卡

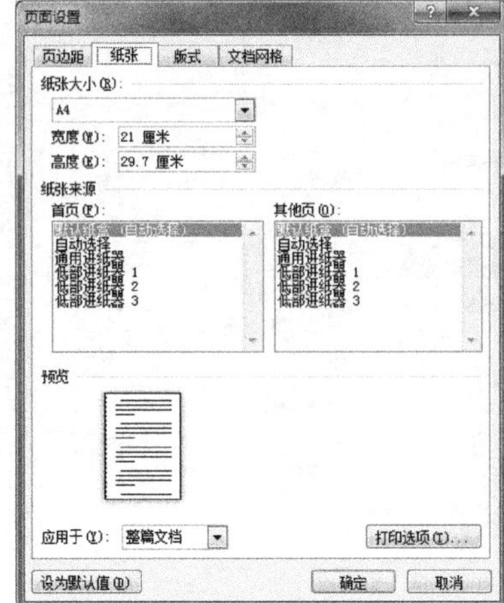

（b）“纸张”选项卡

图 3.82　“页面设置”对话框

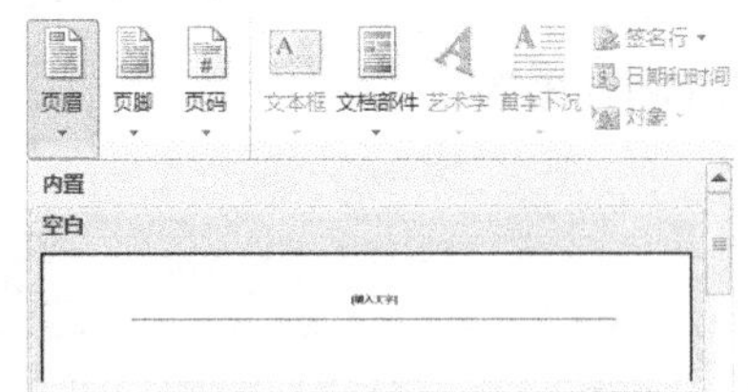

图 3.83　插入页眉

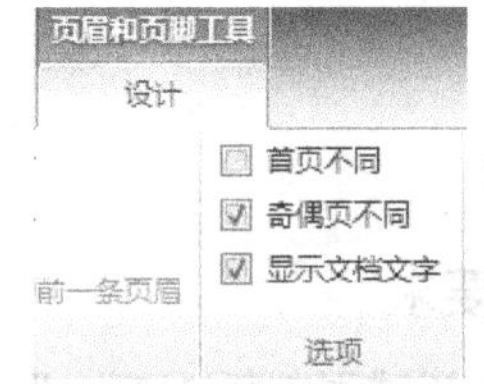

图 3.84　设置奇偶页不同

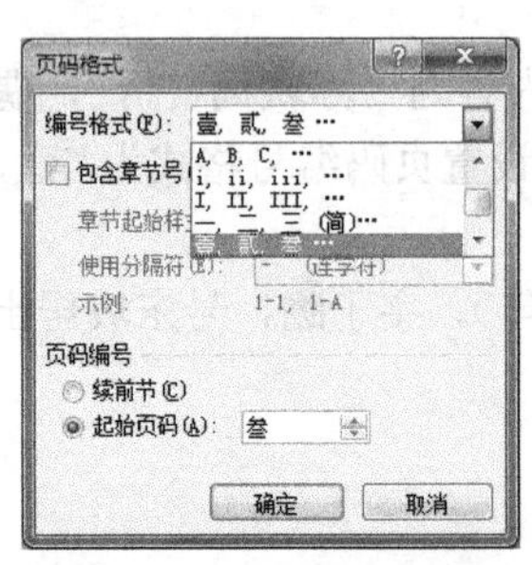

图 3.85　设置页码格式

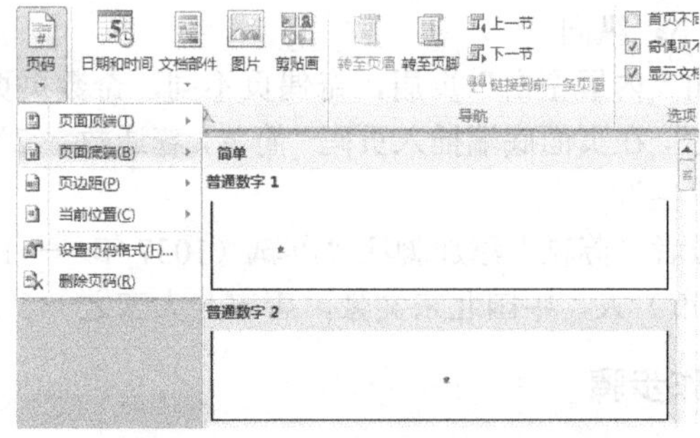

图 3.86　在页面底部插入页码

（4）选中文本“苏轼”或者将插入点定位在文本“苏轼”之后，单击“引用”选项卡“脚注”中的“插入脚注”按钮，如图 3.87 所示。随即文本“苏轼”后会出现上标 1，在页脚中会出现脚注编辑区，输入指定内容即可，效果如图 3.88 所示。

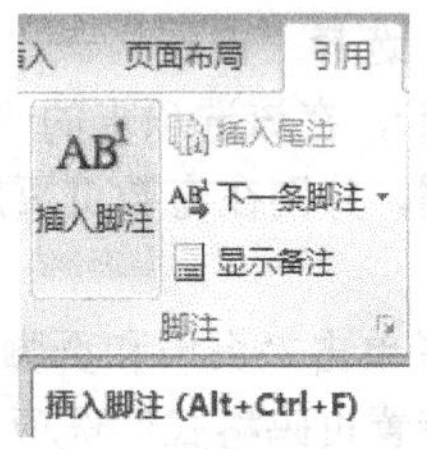

图 3.87　插入脚注

[1]苏轼（1037 年——1101 年），字子瞻，号东坡居士，眉州眉山（今四川眉山市）人，中国北宋文豪，唐宋八大家之一。

叁

图 3.88　插入脚注效果

（5）所有操作完成后，将文件保存为“苏轼词赏析 2.docx”。

技能练习

1．打开 wd2-3-1、docx，按照如下要求设置页面，并另存为 wd3-2-1、docx。

（1）自定义纸张大小为宽 20 厘米、高 27 厘米，设置页边距为预定义页边距“适中”。

（2）在文档的页眉处添加靠左显示的页眉文字“红色佛国”，并插入靠右显示的页码，页码格式为“-1-”。

2．打开 wd2-3-2、docx，按照如下要求设置，并另存为 wd3-2-2、docx。

（1）自定义纸张大小为宽 21.5 厘米、高 27.5 厘米，将页边距设置为上、下各 2 厘米，左、右各 3.5 厘米。

（2）在文档的页眉处添加靠右显示的页眉文字“三月三的由来”，在页脚处居中插入页码，页码格式为“第 X 页”，并设置页眉、页脚的边框为深红色。

3．打开 wd3-1-1、docx，按照如下要求设置页面，并另存为 wd3-2-3、docx。

（1）设置纸张为信纸，将页边距设置为上、下各 3 厘米，左、右各 3.7 厘米。

（2）在文档的页眉处添加居中显示的页眉文字“中国名镇”，在页脚中居中插入页码。

（3）在页面中加入水印“忆江南”，字体为“隶书”，颜色为绿色。

4．打开 wd3-1-2、docx，按照如下要求设置页面，并另存为 wd3-2-4、docx。

（1）自定义纸张大小为宽 20 厘米、高 28 厘米，将页边距设置为上、下各 1.8 厘米，左、右各 3 厘米。

（2）在文档的页眉处添加靠左显示的页眉文字“微信”，靠右插入页码。设置字体为华文琥珀、小四、浅蓝色，边框线为 1.5 磅、虚线。

（3）在页面中加入水印“协议样本”，字体为楷体。

项目四　制作“个人简历”

项目指引

在日常的学习生活中为了直观、清晰、整齐地表达一些文字和数据内容，经常会用到一些表格，如学籍表、个人简历表等。

知识目标

认识表格的元素，行、列、单元格等，掌握表格的选择方法，选中行、列、整个表格等操作，学会表格的格式设定，如对齐方式、边框、底纹等。

技能目标

熟练掌握表格的插入和制作，熟练掌握表格的转化，掌握表格中文字的编辑，掌握表格中数据的对齐设置，掌握表格的格式设置，能通过对边框、底纹的设置来美化表格，并掌握与表格相关的排序和计算操作。

任务　表格及表格格式化

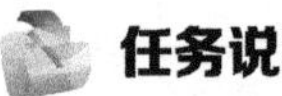

任务说明

张明是今年的毕业生，为了找到一份理想的工作，清楚地表述自己的个人情况，现需要在 Word 2010 中制作一份个人简历。通过本任务的学习，掌握如何创建一个表格并对表格的格式进行设置。

相关知识

一、创建表格

在 Word 2010 中，制表是其主要功能之一。可以利用 Word 2010 创建日程表、课程表、个人简历表等表格。在 Word 中，表格指的是由若干行和若干列组成，行和列交叉的单元格，是表格的基本单位。

在 Word 中创建表格的方法如下。

1．通过表格模型来建立表格

将插入点定位到要插入表格的位置，单击“插入”选项卡中的“表格”按钮，在表格调整模型中，拖动表格模型以选择合适的行和列，已选择的行和列将突出显示，如图 3.89 所示。选择好后松开鼠标左键，即可在插入点处插入一张表格。

2．通过“插入表格”对话框来建立表格

将插入点定位到要插入表格的位置，单击“插入”选项卡中的“表格”按钮，在图 3.89 中选择“插入表格”选项，打开如图 3.90 所示的“插入表格”对话框。

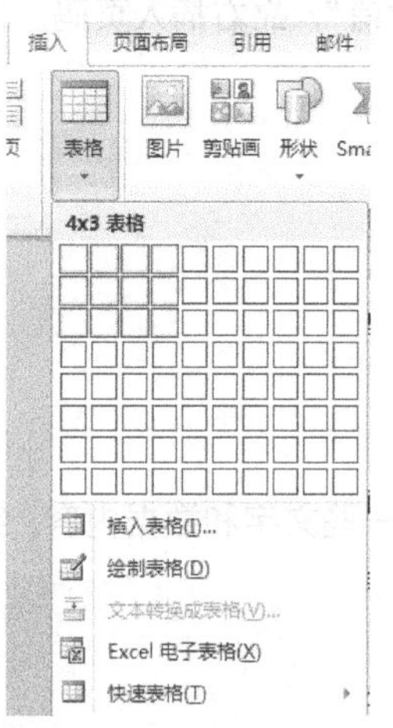

图 3.89　插入表格

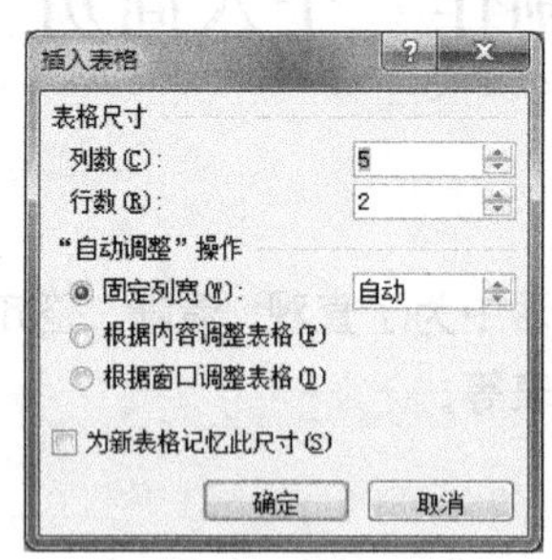

图 3.90　插入表格

在“行数”和“列数”文本框中输入相应的行、列数，也可在该对话框中设定表格的列宽（如无设置，Word 将默认表格的宽度为整个页面），单击“确定”按钮，表格创建完成。

二、编辑表格内容

表格创建完后，可以在表格内输入内容。方法很简单，将插入点定位到要输入内容的单元格内，输入文字即可（切换单元格时，可按“Tab”键对单元格进行快速切换）。如创建如图 3.91 所示的科目成绩表。

姓名	语文	数学	英语
张三	85	75	68
李四	78	69	84
王五	92	85	75

图 3.91　创建表格并输入内容

三、表格的选中和对齐

1．整个表格的选中

将鼠标指针移动到表格中，表格的左上角会出现一个表格移动手柄⊞，单击该手柄即可选中表格。

2．单元格、行、列的选中

选中单元格：将鼠标指针移动到要选中的单元格左侧，鼠标指针将变成↗形状，此时单击，即可选中该单元格，如图 3.92 所示。

选中行：将鼠标指针移动到要选中的行的左侧，鼠标指针将变成↗形状，此时单击，即可选中该行，如图 3.93 所示。

选中列：将鼠标指针移动到要选中的列的上方，鼠标指针将变成⬇形状，此时单击，即可选中该列，如图 3.94 所示。

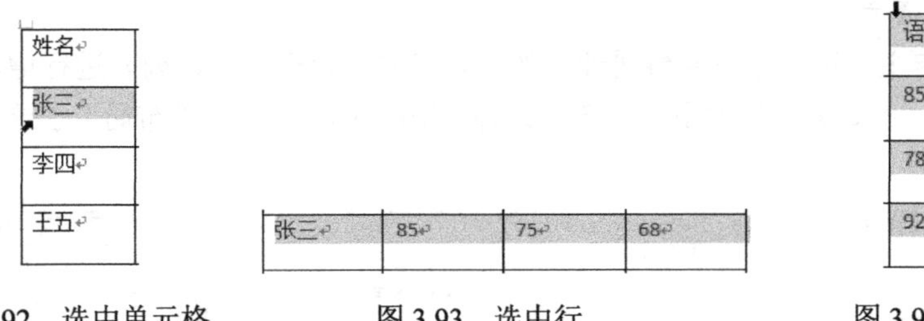

姓名
张三
李四
王五
张三
85
75
68
语文
85
78
92

图 3.92　选中单元格　　图 3.93　选中行　　图 3.94　选中列

3．表格的对齐

表格选中后，可将表格当作对象进行操作。可对选中表格进行对齐操作，如居左、居右、居中等。

四、表格修改

表格创建完成后并不是一成不变的，通常还要根据需要对表格进行修改，如增加、删除行和列等。将鼠标指针移动到表格中，Word 将出现如图 3.95 所示的"表格工具"选项卡。"表格工具"选项卡中有"设计"子选项卡（图 3-96）和"布局"子选项卡。

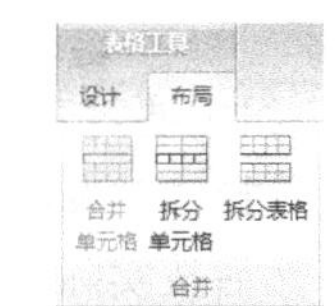

图 3.95　"表格工具"选项卡

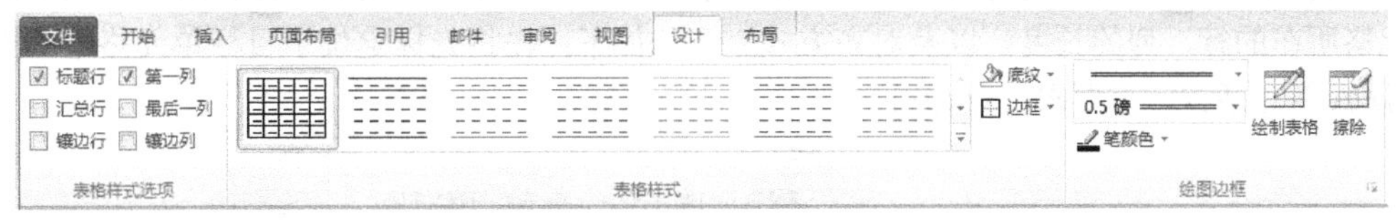

图 3.96　"设计"子选项卡

1．"设计"子选项卡

"设计"子选项卡主要对表格的样式进行修改，如表格的整体样式、表格边框样式等。"设计"子选项卡中各组功能介绍如下。

修改表格样式："表格样式选项"和"表格样式"两组配合修改表格样式。"表格样式选项"组用于设置表格样式范围，如标题行、第一列等，"表格样式"组用于设定样式，如"彩色型 2"。

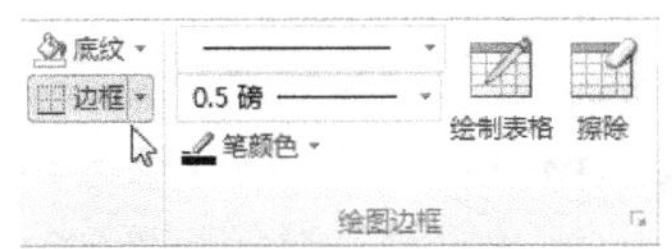

图 3.97　"绘图边框"组

绘图边框：可以在绘图边框中设置表格底纹和边框的线形、颜色等，如图 3.97 所示。

设置表格底纹：选中要设置格式的单元格（行或列），然后单

击“底纹”按钮，选择相应的底纹类型，如图 3.98 所示。

设置表格边框：选中要设置格式的单元格（行或列），设置好“绘图边框”中的线形样式和粗细、颜色，单击要设置的边框范围（如上框线、下框线等），如图 3.99 所示。

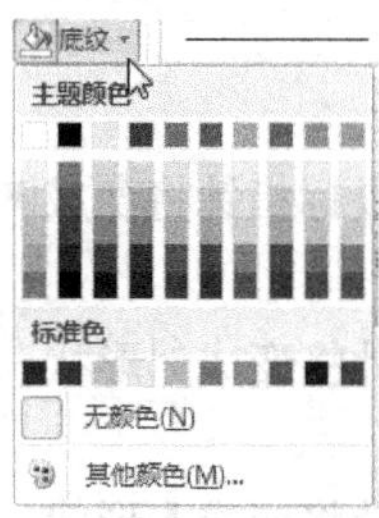

图 3.98　表格底纹

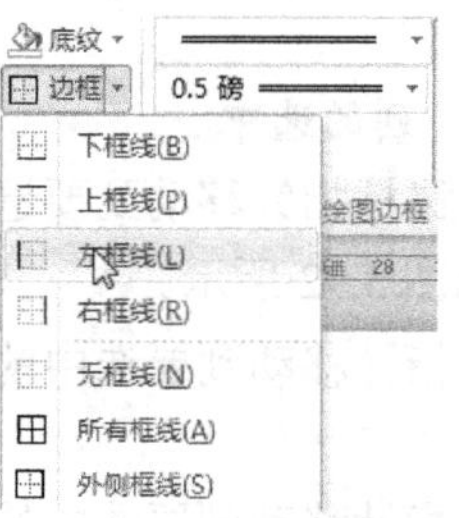

图 3.99　表格边框

2.“布局”子选项卡

“布局”子选项卡主要用于修改表格属性，如对表格的单元格（行、列）进行增加、删除、合并操作，设置单元格（行、列）的大小、对齐方式等，如图 3.100 所示。“布局”子选项卡各组功能如下。

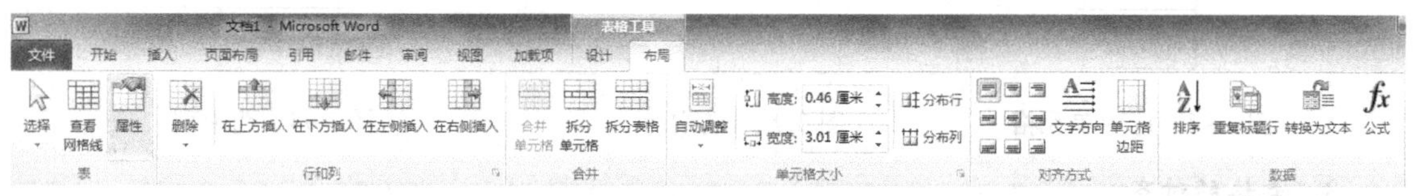

图 3.100　“布局”子选项卡

1）表

“表”组主要对表格进行选中操作，如选中表格的单元格（行、列）等。

（1）选择：对表格的单元格（行、列）进行选择。具体为将单元格定位在要选中的单元格、行或列上，然后按实际选择要求单击选中的项，如图 3.101 所示。

（2）查看网格线：单击此按钮可显示或隐藏文档中的表格网格线。

（3）属性：单击此按钮将打开如图 3.102 所示的“表格属性”对话框。可在该对话框中设定定位单元格所在的行、列的长度，以及对齐方式。方法如下：先将光标定位于目标单元格中，再打开“表格属性”对话框，按要求设置即可。

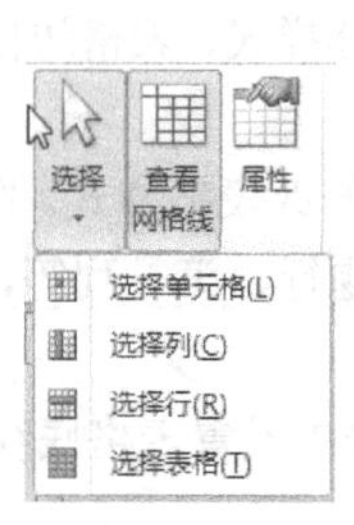

图 3.101　“表”组

图 3.102　“表格属性”对话框

2）行和列

“行和列”组用于对表格的单元格（行、列）进行增加、删除，如图 3.103 所示。

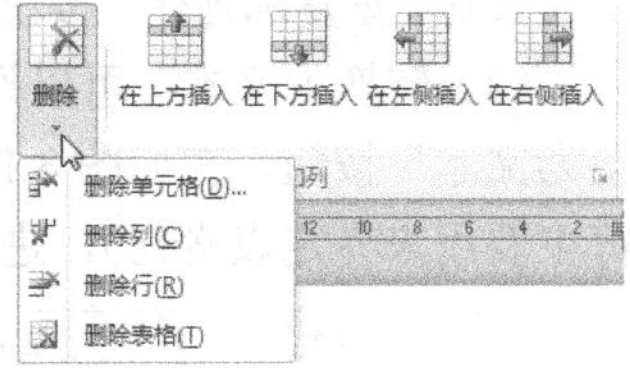

图 3.103 “行和列”组

（1）删除：将光标定位于目标单元格中，单击“删除”按钮，可删除目标单元格或目标单元格所在的行、列、表格。

（2）在上方插入、在下方插入：在光标所在的单元格的上方或下方插入行。

（3）在左侧插入、在右侧插入：在光标所在的单元格的左侧、右侧插入列。

3）合并

“合并”组用于对表格的单元格（行、列）进行合并和拆分，如图 3.104 所示。

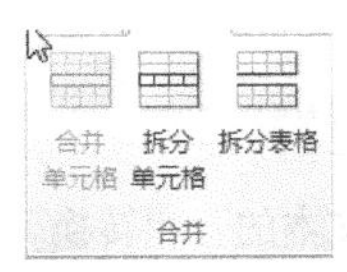

图 3.104 “合并”组

（1）合并单元格：对表格的单元格（行、列）进行合并。方法：选中多个单元格（行、列），单击“合并单元格”按钮进行合并。

（2）拆分单元格：对单元格进行拆分。方法：选中要拆分的一个或多个单元格，单击“拆分单元格”按钮，输入要拆分单元格的行数和列数，并进行拆分。

（3）拆分表格：对表格进行拆分，将表格一分为二。方法：将光标定位于表格拆分处，单击“拆分表格”按钮，表格将从光标处拆分。

4）单元格大小

“单元格大小”组主要用于设置单元格的大小，如行高和列宽等，如图 3.105 所示。

（1）自动调整：自动调整单元格大小。

（2）高度：设置行高。方法：将光标定位目标行所在的任一单元格中，设置行高数值。

（3）宽度：设置列宽。方法：将光标定位目标列所在的任一单元格中，设置列宽数值。

（4）分布行、分布列：在所选的多行和多列间平均分布行高、列宽。

5）对齐

“对齐方式”组用于设置单元格的对齐方式，如图 3.106 所示。

（1）单元格对齐：将光标定位于目标单元格内，选择要设置的对齐方式（如靠上两端对齐，靠下居中对齐等）。

（2）文字方向：可设置单元格内文字的方向，分为横向和纵向。

（3）单元格边距：设置单元格内上、下、左、右的边距。

6）数据

“数据”组可对表格内的数据进行排序、转换及计算等，如图 3.107 所示。

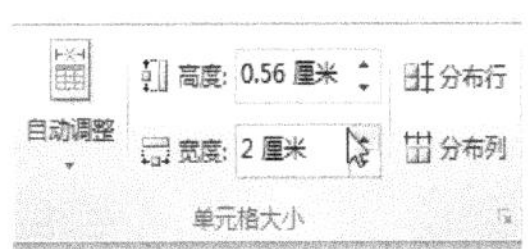

图 3.105 “单元格大小”组

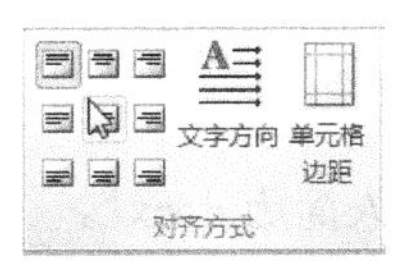

图 3.106 “对齐方式”组

图 3.107 “数据”组

（1）排序：对表格内的数据进行排序。方法：选中表格（如要对特定数据排序，则选中要排序的表格内的数据），单击“排序”按钮，将打开如图 3.108 所示的“排序”对话框，指定对话框中的排序关键字（主要关键字、次要关键字等）、类型（拼音、数字等），以及排序方法（升序、降序等），设置完成后，单击“确定”按钮，完成排序。

（2）重复标题行：当表格跨页时，Word 将在跨页表格中重复标题行。方法：将光标定位在标题行

中（否则“重复标题行”按钮为灰色不可用状态，如图 3.107 所示），单击“重复标题行”按钮即可。

（3）转换为文本：可以设置表格与文本互相转换。方法：选中要转换的表格或文本，单击“转换为文本”按钮，在如图 3.109 所示的“表格转换成文本”对话框中，选择文字分隔符（文字分隔符主要用来界定表格列），进行转换。

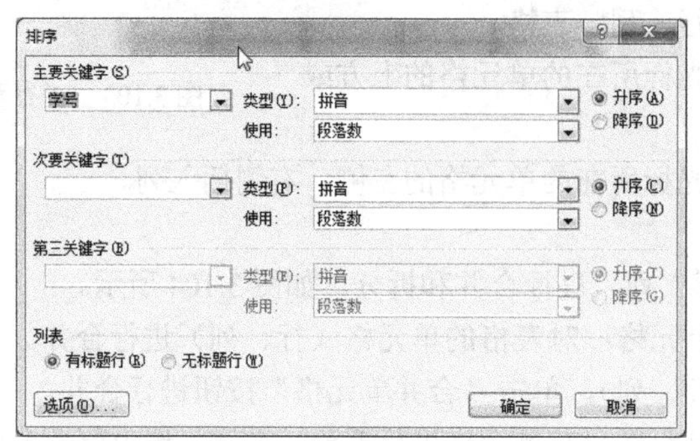

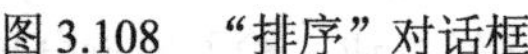
图 3.108 “排序”对话框

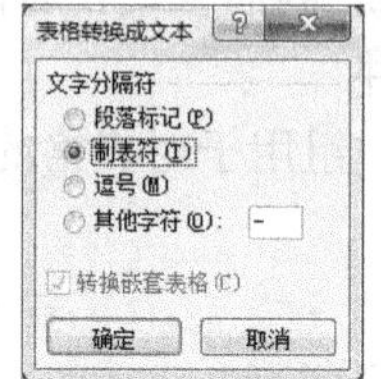

图 3.109 表格和文本的互相转换

（4）公式：对表格内的数据进行计算。如图 3.110 所示的表格中，计算各个学生的各科总分。首先将光标定位于要进行表格计算的单元格中，如图 3.110 中的第 5 列、第 2 行。再输入公式“=sum(left)”，其中“sum”为函数，“left”为左边数据，如图 3.111 所示。

（5）依次对各单元格进行计算，完成表格计算。

学号	姓名	语文	数学	英语	总分
1	张三	78	75	75	
2	李四	75	86	58	
3	王五	89	95	68	

图 3.110 表格计算

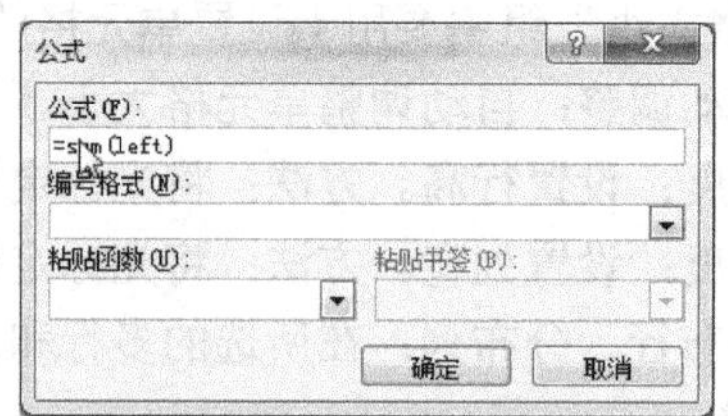

图 3.111 输入公式

任务实战

任何人在参加招聘会时都要准备一份个人简历，简历是很多公司、企业筛选的第一关。因而一份格式完美、内容翔实、重点突出的简历是会得到更多的面试机会的。面试机会是求职的第一步，好的个人简历就是一块“敲门砖”，准备一份优秀的简历是很有必要的。大多数简历以表格的形式呈现，因为表格更加有条理和直观，本书编者不是专业的设计人员，本书设计的简历仅为练习表格的各项操作技能，效果如图 3.112 所示。

一、创建文档

（1）新建 Word 文档，文件名为“个人简历.docx”。

（2）在第一行输入“个人简历”，并设置格式为三号、黑体、加粗、居中，字符间距加宽 3 磅，如图 3.113 所示。

二、创建表格

（1）单击“插入”选项卡“表格”组中的“插入表格”按钮，打开如图 3.101 所示的“插入表格”对话框，输入列数“7”，行数“20”，列宽为 2 厘米，创建一个 20 行 7 列的表格，选中表格，使表格居中，并在“表格工具”选项卡“布局”子选项卡“单元格大小”组中，设置行高为“1 厘米”，效果如图 3.114 所示。

<table>
<tr><th colspan="7">个 人 简 历</th></tr>
<tr><td>姓名</td><td></td><td>性别</td><td></td><td>出生年月</td><td></td><td rowspan="3">照片</td></tr>
<tr><td>民族</td><td></td><td>政治面貌</td><td></td><td>学历</td><td></td></tr>
<tr><td>专业</td><td></td><td>学制</td><td></td><td>毕业时间</td><td></td></tr>
<tr><td>毕业院校</td><td colspan="6"></td></tr>
<tr><td colspan="7">技 能 、 特 长 或 爱 好</td></tr>
<tr><td>外语等级</td><td colspan="2"></td><td>计算机</td><td colspan="3"></td></tr>
<tr><td>其他</td><td colspan="6"></td></tr>
<tr><td colspan="7">个 人 履 历</td></tr>
<tr><td>时间</td><td colspan="6">履历</td></tr>
<tr><td></td><td colspan="6"></td></tr>
<tr><td></td><td colspan="6"></td></tr>
<tr><td></td><td colspan="6"></td></tr>
<tr><td></td><td colspan="6"></td></tr>
<tr><td colspan="7">联 系 方 式</td></tr>
<tr><td>通信地址</td><td colspan="3"></td><td>联系电话</td><td colspan="2"></td></tr>
<tr><td>E-mail</td><td colspan="3"></td><td>QQ/微信</td><td colspan="2"></td></tr>
<tr><td colspan="7">自 我 评 价</td></tr>
<tr><td colspan="7"></td></tr>
</table>

图 3.112 个人简历效果图

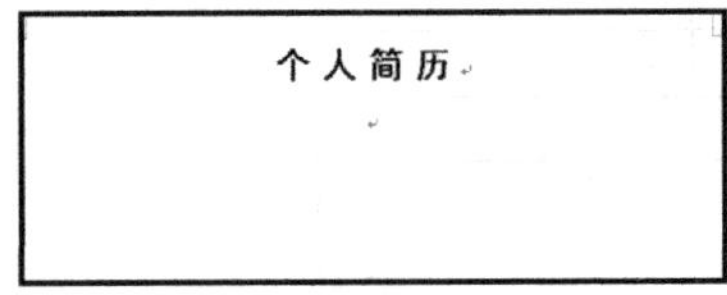

图 3.113 表格标题

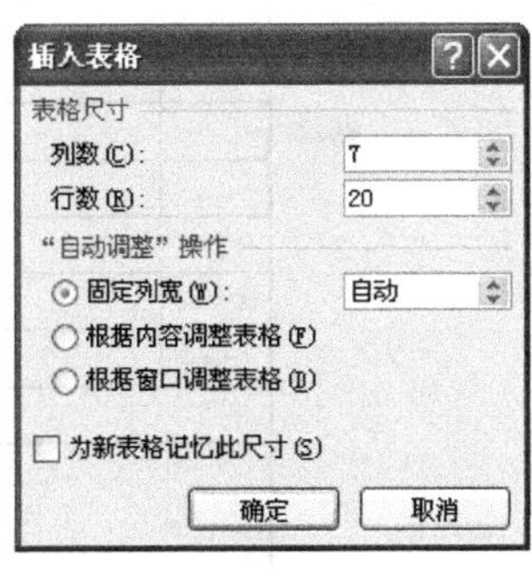

图 3.114 "插入表格"对话框

（2）表格中文本的添加，仿照图 3.115 所示的效果，在制作的表格的相应单元格中，添加相应的文本(如添加的文本较长，则可先添加较少文本，待步骤（6）中对单元格合并后再添加)，效果如图 3.116 所示。

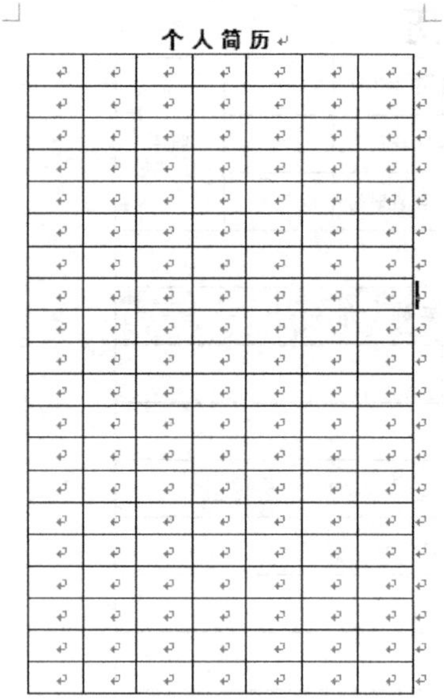

图 3.115　“插入表格”后的效果图 　　　　图 3.116　添加文本后的效果

三、更改表格结构

将多余的单元格进行合并：仿照图 3.117 所示的效果，将多余单元格进行合并。如将“毕业院校”后的单元格全部合并为一个单元格、“个人履历”部分全行合并等。

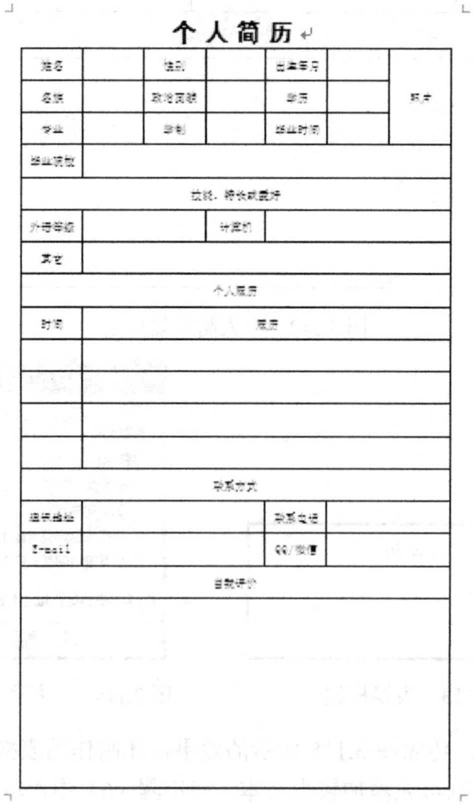

图 3.117　合并单元格

（1）按住鼠标左键不放，选中要合并的单元格，单击“表格工具”选项卡“布局”子选项卡“合并”组中的“合并单元格”按钮。

（2）单元格合并后的效果如图 3.117 所示（单元格合并后，可对步骤（5）中未添加完的文本进行添加）。

四、设置表格格式

设置表格内文本效果和所在单元格底纹：说明字段（如姓名、性别）等的单元格内文本为宋体，五号；底纹为“白色，背景 1，深色 15%”；将“个人履历”等文本设为宋体，五号，字符间距为 2 字符；底纹为“茶色，背景 2，深色 100%”。表格内文本格式的设置方法与普通的文本格式设置方法一样。

底纹设置的方法：将光标定位在要设置底纹的单元格内，在“表格工具”选项卡“设计”子选项卡“表格样式”组的“底纹”下拉列表中选择相应底纹（鼠标指针放到颜色块上会显示该底纹颜色样式名称）。设置好后效果如图 3.118 所示。

个 人 简 历

姓名		性别		出生年月		照片
民族		政治面貌		学历		
专业		学制		毕业时间		
毕业院校						
技能、特长或爱好						
外语等级			计算机			
其它						
个人履历						
时间	履历					
联系方式						
通讯地址				联系电话		
E-mail				QQ/微信		
自我评价						

图 3.118 设置单元格底纹

技能练习

1．打开 Word 文档 wd4-1-1.docx，按照以下要求进行设置，并保存文档。

（1）设置表格列宽为 2.5 厘米、行高为 0.6 厘米、表格居中；设置外框线为红色、1.5 磅双窄线，内框线为红色、1 磅单实线，第 2、3 行间的表格线为红色、1.5 磅单实线。

（2）在第一个单元格中添加一条红色、0.75 磅单实线对角线；合并第 1 行第 2、3、4 列单元格；合并第 6 行第 2、3、4 列单元格，并将合并后的单元格均匀拆分为 2 列；设置表格第 1、2 行为蓝色（自定义标签的红色为 0、绿色为 0、蓝色为 255）底纹。

2．打开 Word 文档 wd4-1-2.docx，按照以下要求进行设置，并保存文档。

（1）将文中后 7 行文字转换成一个 7 行 2 列的表格，并使用表格样式“浅色底纹-强调文字颜色 5”修改表格；设置表格居中、表格中所有文字中部居中；设置表格列宽为 5 厘米、行高为 0.6 厘米，设置表格所有单元格的左、右边距均为 0.3 厘米（使用“表格属性”对话框中的“单元格”选项进行设置）。

（2）在表格最后一行之后添加一行，并在“参数名称”列输入“发动机型号”，在“参数值”列输入“JL474Q2”。

3．打开 Word 文档 wd4-1-3.docx，按照以下要求进行设置，并保存文档。

（1）将文中后 6 行文字转换为一个 6 行 4 列的表格。设置表格居中，表格第 1、2、4 列列宽均为 2 厘米，第 3 列列宽为 2.3 厘米，行高为 0.8 厘米。

（2）在表格的最后一列的右侧增加一列，列宽为 2 厘米，列标题为“总分”，分别计算每人的总分并填入相应的单元格；表格中所有文字中部居中；设置表格外框线为 3 磅蓝色单实线，内框线为 1 磅红色单实线，第一行的底纹设置为灰色（自定义标签的红色为 192，绿色为 192，蓝色为 192）。

4．打开 Word 文档 wd4-1-4.docx，按照以下要求进行设置，并保存文档。

（1）在表格最右边插入一列，输入列标题“实发工资”，并计算出各职工的实发工资。按“实发工资”列升序排列表格内容。

（2）设置表格居中，表格列宽为 2 厘米、行高为 0.6 厘米，表格所有内容水平居中；设置表格所有框线为 1 磅红色单实线。

*项目五　高级应用

项目指引

在实际的应用中，Word 经常要用来处理一些较为复杂的任务，如出版物的目录，数学、化学中的一些公式等，特别是大量的需要重复设定的格式，又如有些项目固定而只是数据不同的文件，如成绩报告单，小区的物业、水电费通知单，请柬等。

通过本项目的学习，掌握宏的录制，邮件合并、样式、目录和公式等的操作。

知识目标

认识宏、样式、邮件合并的概念，认识宏、邮件合并、目录和公式的作用及操作方法。

技能目标

熟练掌握宏的录制和应用，掌握邮件合并的操作步骤，掌握通过样式设定文本和段落格式，掌握目录的插入技巧，掌握公式的输入和修改。

任务一 宏的录制和应用

任务说明

通过前面的学习掌握了很多字符、段落的排版方法和格式，虽然 Office 2010 的界面已经够简洁，使用起来也很方便，但是如果是一篇很长的 Word 文档，涉及的格式又很多，那么只能一一手工设置么？这样不仅麻烦，还很笨拙，显得很不专业。如果经常需要做一些排版工作，则可以使用宏的功能，来实现快速的格式化。

相关知识

一、宏

宏是一个批处理程序命令，正确地运用它可以提高工作效率。微软的 Office 软件运行 VBA 脚本来增加其灵活性，进一步扩充它的功能。

简单来说就是批处理，但是要比批处理功能更强大。例如，某人在一个政府部门上班，经常要发一些文件，这些文件都有统一的格式，如字体、字号、颜色、段落缩进、行距、页面设置等，如果一项项设置就比较麻烦，但是录制一个宏，并设定好快捷键后，以后再做类似的工作只要按设定的快捷键，一切工作就会自动完成。

其实我们经常使用的一些功能也在不知不觉地使用宏，如 Word 的稿纸功能实际上是已经设置好“页眉和页脚”的一个宏，又如以前的“斜线表头”功能，也是宏。宏是一系列 Word 命令和指令，这些命令和指令组合在一起，形成了一个单独的命令，以实现任务执行的自动化。所以如果在 Microsoft Word 中反复执行某项任务，就可以使用宏自动执行该任务。

二、宏典型应用

（1）加速日常编辑和格式设置。

（2）组合多个命令，如插入具有指定尺寸和边框、指定行数和列数的表格。

（3）使对话框中的选项更易于访问。

（4）自动执行一系列复杂的任务。

任务实战

一、录制新宏

在“视图”选项卡的最右侧有“宏”下拉按钮，单击下拉按钮，会弹出对应列表，如图 3.119 所示，选择“录制宏”选项。

打开如图 3.120 所示的“录制宏”对话框，在“宏名”编辑栏内输入宏的名称；在“将宏保存在:”下拉列表中设定宏保存的位置，如果选择所有文档，则所有本机上运行的 Word 都可以使用该宏，如果选择将宏保存在当前文档，则只有当前文档可以使用该宏。

单击“键盘”按钮可以指定快捷键，如图 3.121 所示，本例选择“Ctrl+Alt+0”。同样，快捷键也可以通过“将更改保存在”来指定保存的位置。单击“指定”按钮即可开始录制宏。

录制宏不需要选中文本、段落，直接在工具栏中对应的选项卡上选择需要的命令即可，所有操作完成后，单击“视图”选项卡中的“宏”下拉按钮，选择“停止录制”选项，即可完成录制。选择“查看宏”选项可以看到刚刚录制的宏，如图 3.122 所示。

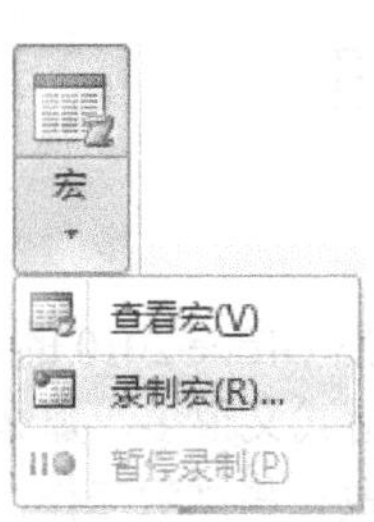

图 3.119　宏下拉列表

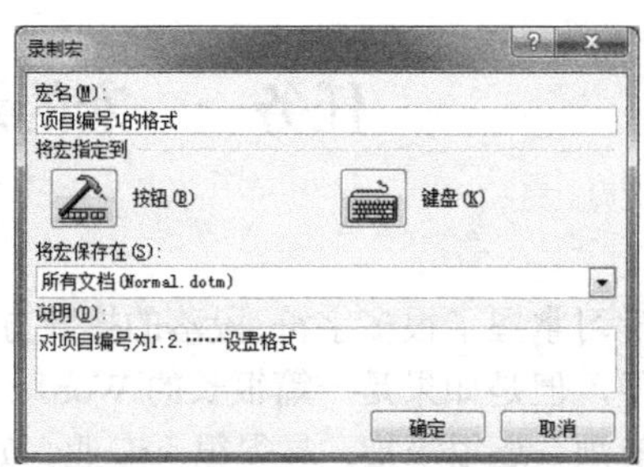

图 3.120　“录制宏”对话框

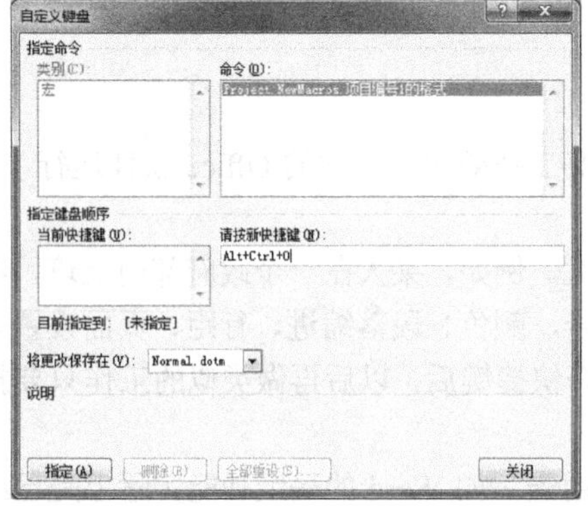

图 3.121　指定宏快捷键

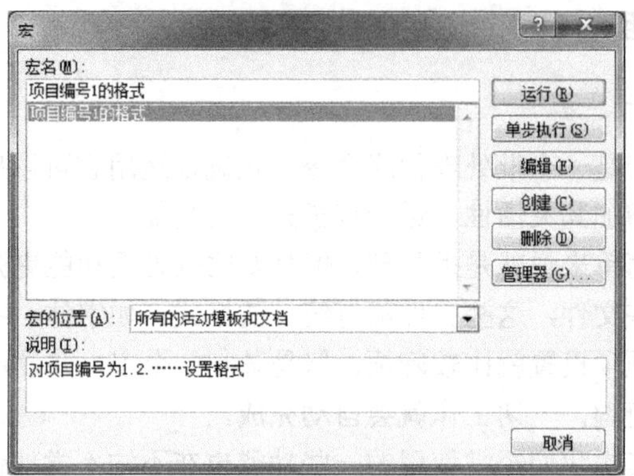

图 3.122　查看宏

二、应用宏

宏的应用是非常简单的，选中需要应用操作的文本，在图 3.122 所示的对话框内，单击“运行”按钮即可。当然，也可以直接按图 3.121 中设置的快捷键，这样也可以应用宏。

三、管理宏

单击图 3.122 中的“编辑”按钮会打开 VBA 窗口，如图 3.123 所示，供宏编程爱好者使用。单击“删除”按钮则可以删除宏。

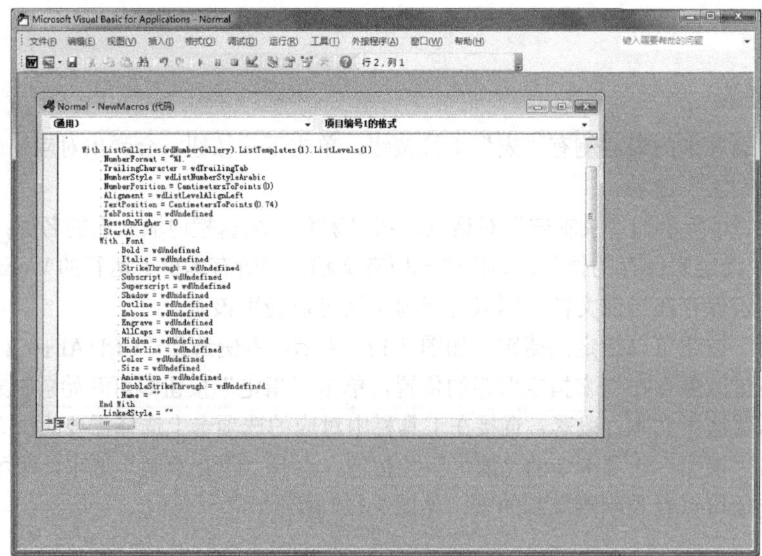

图 3.123　宏的 VBA 窗口

技能练习

1．新建文档 wd5-1-1.docx，在 Word 2010 中新建一个文件，在该文件中创建一个名为 szzt 的宏，将宏保存在当前文档中，用 Ctrl+Shift+F 作为快捷键，功能是更改选中文本的字体为方正姚体，四号，加粗。

2．新建文档 wd5-1-2.docx，在 Word 2010 中新建一个文件，在该文件中创建一个名为 szdl 的宏，将宏保存在当前文档中，用 Ctrl+Shift+J 作为快捷键，功能是更改选中文本的字体为黑体，二号，加粗；段前 1 行，段后 1 行，1.5 倍行间距，居中。

任务二 使用邮件合并制作“工资单”

任务说明

每月下旬，很多企业单位的财务部门就要开始忙碌，要给每位员工结算工资并给每位员工制作发放工资条。使用 Word 的表格功能能加快处理速度，但是一项项地填写数据也是很烦琐的事情。应用 Word 2010 的“邮件合并”功能，可实现工资条的“批处理”，达到事半功倍的效果。

相关知识

在 Office 中，邮件合并需要先建立两个文档：一个 Word 文档，包括所有文件共有内容的主文档（如未填写的信封等）；一个包括变化信息的数据源 Excel（填写的收件人、发件人、邮编等），然后使用邮件合并功能在主文档中插入变化的信息，合成后的文件用户可以保存为 Word 文档，可以打印出来，也可以以邮件形式发送出去。

邮件合并的用途很广，例如：

（1）批量打印信封，按统一的格式，将电子表格中的邮编、收件人地址和收件人打印出来。

（2）批量打印信件、请柬，主要是从电子表格中调用收件人，换一下称呼，内容基本不变。

（3）批量打印工资条，从电子表格中调用数据。

（4）批量打印学生成绩单，从电子表格中取出个人信息，并设置评语字段，编写不同评语。

（5）批量打印各类获奖证书，在电子表格中设置姓名、获奖名称和等次等信息，在 Word 中设置打印格式，可以打印众多证书。

（6）批量打印准考证、明信片、校牌、胸卡、工资条、水电费、物业费等。

总之，只要有数据源（电子表格、数据库等），只要是一个标准的二维表，就可以很方便地按一个记录一页的方式从 Word 中用邮件合并功能打印出来。

任务实战

一、制作“工资单”数据表格

在邮件合并之前，首先要准备好数据源，数据源可以是 Excel 工作，可以是 Access 文件，也可以是 SQL Server 数据库。只要能够被 SQL 语句操作控制的数据皆可作为数据源。因为邮件合并实际上就是一个数据查询和显示功能。由于 Excel 的数据处理功能较强，公司的工资表一般会用 Excel 进行处理，因此在这里以 Excel 数据源为例，对数据源的制作和编辑进行讲解。

运行 Excel 2010，创建“工资表.xlsx”文件，按要求在工作表 Sheet1 中输入工资表数据并保存，如图 3.124 所示。

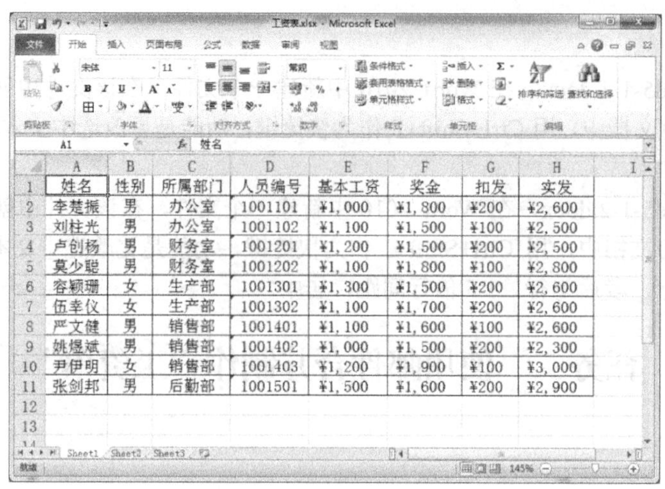

姓名	性别	所属部门	人员编号	基本工资	奖金	扣发	实发
李楚振	男	办公室	1001101	¥1,000	¥1,800	¥200	¥2,600
刘柱光	男	办公室	1001102	¥1,100	¥1,500	¥100	¥2,500
卢创杨	男	财务室	1001201	¥1,200	¥1,500	¥200	¥2,500
莫少聪	男	财务室	1001202	¥1,100	¥1,800	¥100	¥2,800
容颖珊	女	生产部	1001301	¥1,300	¥1,500	¥200	¥2,600
伍幸仪	女	生产部	1001302	¥1,100	¥1,700	¥200	¥2,600
严文健	男	销售部	1001401	¥1,100	¥1,600	¥100	¥2,600
姚煜斌	男	销售部	1001402	¥1,000	¥1,500	¥200	¥2,300
尹伊明	女	销售部	1001403	¥1,200	¥1,900	¥100	¥3,000
张剑邦	男	后勤部	1001501	¥1,500	¥1,600	¥200	¥2,900

图 3.124　制作数据源

二、编辑“工资单”主文档

主文档其实就是邮件合并中不变的内容，这里主要是编辑工资单中不变的内容，主要包括公司名、工资单中各个项目名称等。另外，还要做好相应的排版工作，以期更加美观。

启动 Word 2010，新建一个 Word 文档，另存为“工资单.docx”。编辑主文档的内容及适当排版，效果可参照图 3.125。

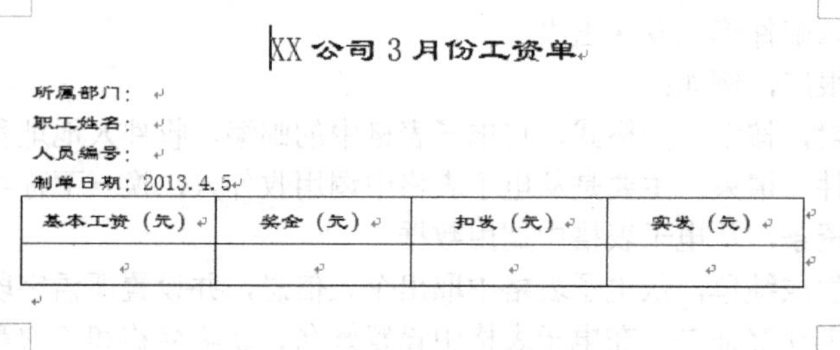

XX 公司 3 月份工资单

所属部门：

职工姓名：

人员编号：

制单日期：2013.4.5

基本工资（元）	奖金（元）	扣发（元）	实发（元）

图 3.125　制作主文档

三、邮件合并

前面已准备好了邮件合并的两大素材——“数据源”和“主文档”，现在可以进行邮件合并的具体操作了。“邮件合并向导”用于帮助用户在 Word 2010 文档中完成信函、电子邮件、信封、标签或目录的邮件合并工作，采用分步完成的方式进行，因此更适用于应用邮件合并功能的普通用户。下面以使用“邮件合并向导”创建邮件合并信函为例，讲解邮件合并的具体操作步骤。

打开 Word 2010 文档窗口，单击“邮件”选项卡 “开始邮件合并”组中的“开始邮件合并”下拉按钮，选择“邮件合并分步向导”选项，如图 3.126 所示。

打开“邮件合并”任务窗格，在“选择文档类型”向导页选中“信函”单选按钮，并单击“下一步：正在启动文档”链接，如图 3.127 所示。

在打开的“选择开始文档”向导页中，选中“使用当前文档”单选按钮，并单击“下一步：选取收件人”链接，如图 3.128 所示。

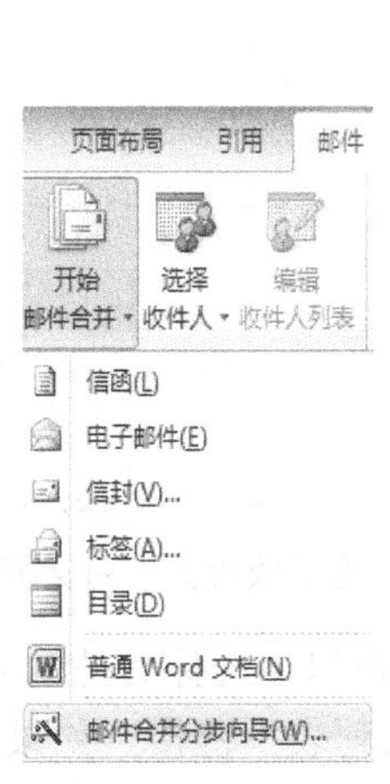

图 3.126　邮件合并分步向导

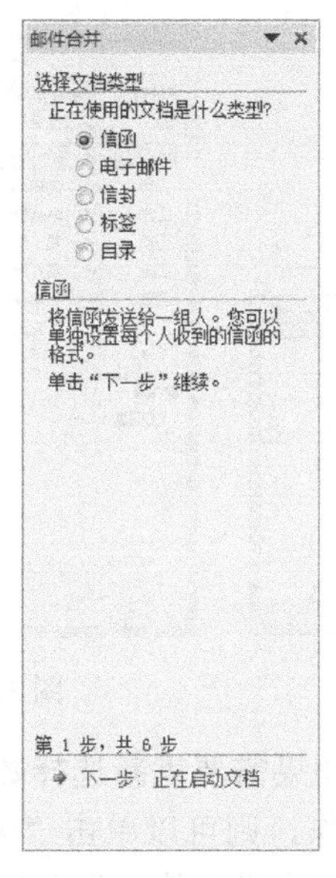

图 3.127　选择文档类型

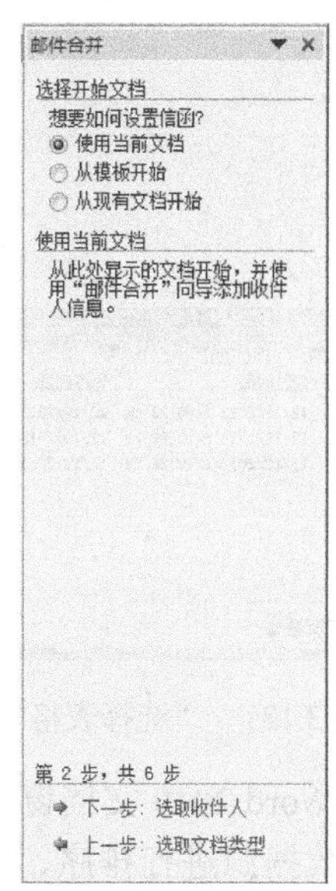

图 3.128　选择开始文档

打开“选择收件人”向导页，选中“使用现有列表”单选按钮，并单击“浏览”链接，打开“选取数据源”对话框进行数据源选取，如图 3.129 所示。

在打开的“选取数据源”对话框中选择事先保存的数据源文件“工资表.xlsx”，单击“打开”按钮，如图 3.130 所示。

图 3.129　选择收件人

图 3.130　“选取数据源”对话框

打开“选择表格”对话框，选中要导入的联系人表格数据“Sheet1$”，单击“确定”按钮，如图 3.131 所示。

在打开的“邮件合并收件人”对话框中，可以根据需要取消勾选联系人。如果需要合并所有收件人，则可直接单击“确定”按钮，如图 3.132 所示。

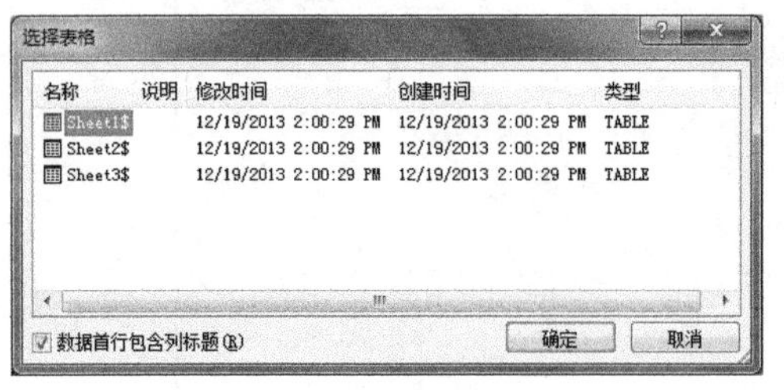

图 3.131 “选择表格”对话框

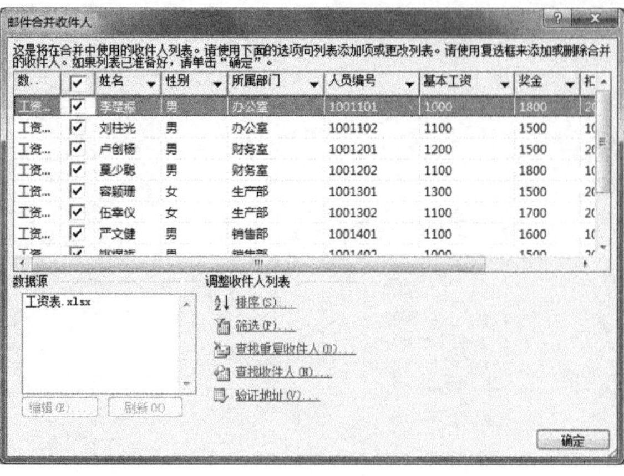

图 3.132 “邮件合并收件人”对话框

返回 Word 2010 文档窗口，此时如果需要重新选择数据源，则可以“选择另外的列表”，如果需要对数据源进行排序、筛选等操作，则可以单击“编辑收件人列表”链接。如果确认数据源无误，则在“邮件合并”任务窗格“选择收件人”向导页中单击“下一步：撰写信函”链接，如图 3.133 所示。

打开“撰写信函”向导页，在该向导内提供了“地址块”、“问候语”等常见邮件内容，可直接选用，如图 3.134 所示。也可以直接选择主文档，然后单击“插入合并域”下拉按钮，如图 3.135 所示。将插入点光标依次定位到需要填入相关信息的位置，插入相应的合并域，并根据需要撰写信函内容，如图 3.136 所示。

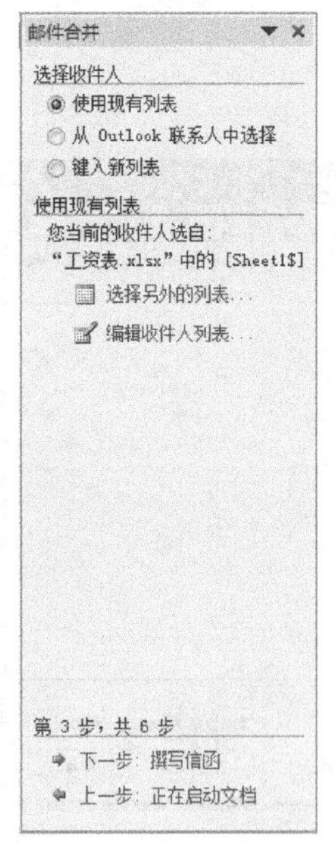

图 3.133 单击链接

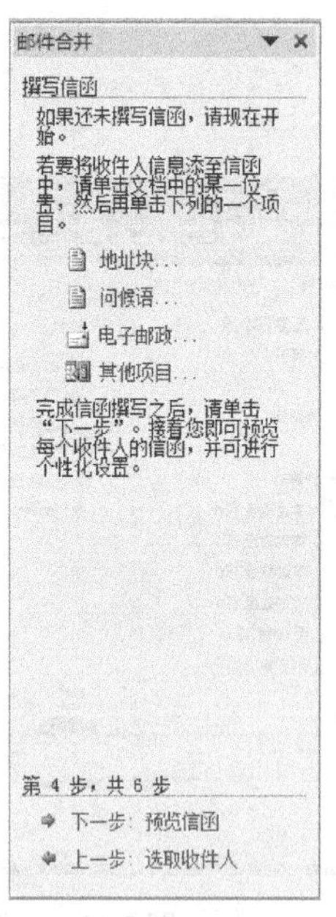

图 3.134 撰写信函

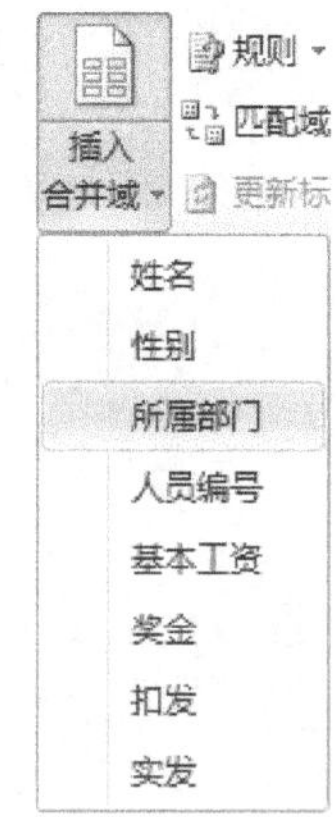

图 3.135 “插入合并域”下拉列表

XX 公司 3 月份工资单

所属部门：《所属部门》

职工姓名：《姓名》

人员编号：《人员编号》

制单日期：2013.4.5

基本工资（元）	奖金（元）	扣发（元）	实发（元）
《基本工资》	《奖金》	《扣发》	《实发》

图 3.136 撰写主文档

扩展知识

插入合并域时可以在“撰写信函”向导页上单击“其他项目”链接，或者单击“邮件”选项卡“编写和插入域”组中的“插入合并域”按钮，都会打开“插入合并域”对话框，在该对话框内会显示所有的数据源字段名，供用户使用。

在“规则”下拉列表中还可以对插入的合并域进行简单处理，如“如果...那么...否则...”项，可以将性别中的“男、女”显示成“先生、女士”等，读者可自己探索，这里不再赘述。

撰写完成后单击“下一步：预览信函”链接，如图 3.137 所示。

在打开的“预览信函”向导页中可以查看信函内容，单击上一个或下一个按钮可以预览其他联系人的信函。确认没有错误后单击“下一步：完成合并”链接，如图 3.138 所示。

打开“完成合并”向导页，用户既可以单击“打印”链接开始打印信函，也可以单击“编辑单个信函”链接针对个别信函进行编辑，这里选择后者，在打开的“合并到新文档”对话框中选中“全部”单选按钮，单击“确定”按钮，如图 3.139 所示。

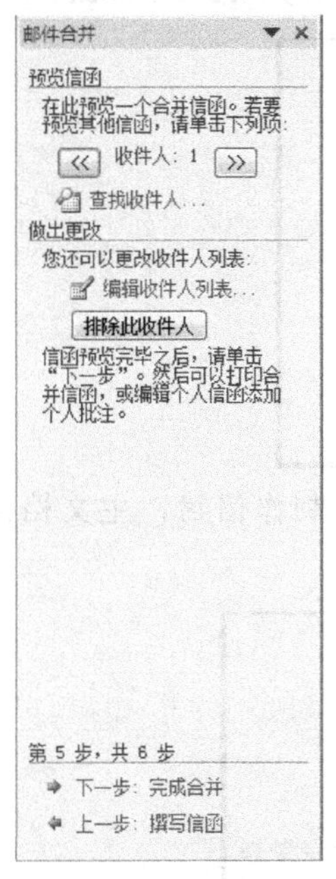

图 3.137 预览信函

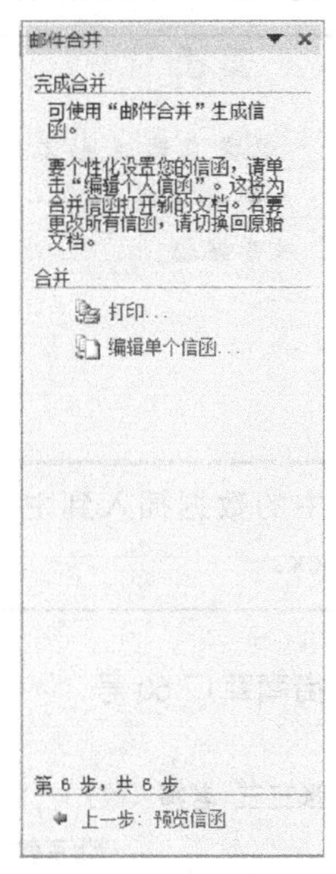

图 3.138 完成合并

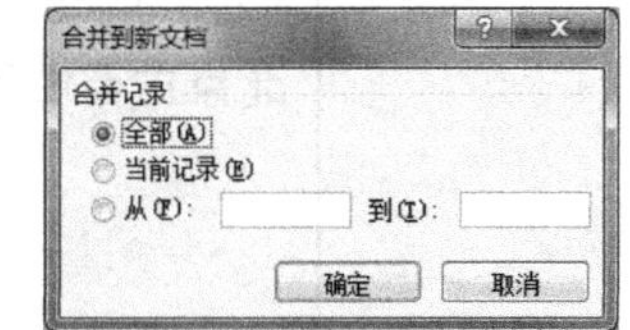

图 3.139 “合并到新文档”对话框

此时，Word 2010 会新建一个 Word 文档，并根据主文档和数据源合并出多页的信函，如图 3.140 所示。可以把合并后的文档保存起来以备打印使用。至此，一个简单的邮件合并制作完成。

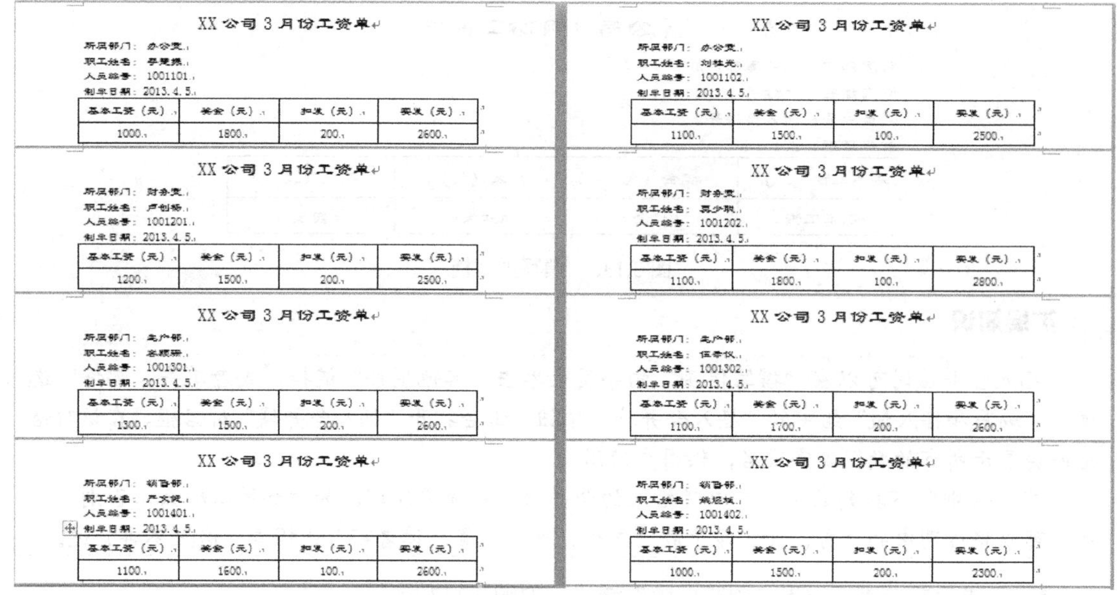

XX 公司 3 月份工资单

所属部门：办公室

职工姓名：李楚燕

人员编号：1001101

制单日期：2013.4.5

基本工资（元）	奖金（元）	扣发（元）	实发（元）
1000	1800	200	2600

XX 公司 3 月份工资单

所属部门：财务室

职工姓名：卢剑扬

人员编号：1001201

制单日期：2013.4.5

基本工资（元）	奖金（元）	扣发（元）	实发（元）
1200	1500	200	2500

XX 公司 3 月份工资单

所属部门：生产部

职工姓名：岑顺琳

人员编号：1001301

制单日期：2013.4.5

基本工资（元）	奖金（元）	扣发（元）	实发（元）
1300	1500	200	2600

XX 公司 3 月份工资单

所属部门：销售部

职工姓名：严文健

人员编号：1001401

制单日期：2013.4.5

基本工资（元）	奖金（元）	扣发（元）	实发（元）
1100	1600	100	2600

XX 公司 3 月份工资单

所属部门：办公室

职工姓名：刘桂光

人员编号：1001102

制单日期：2013.4.5

基本工资（元）	奖金（元）	扣发（元）	实发（元）
1100	1500	100	2500

XX 公司 3 月份工资单

所属部门：财务室

职工姓名：吴少聪

人员编号：1001202

制单日期：2013.4.5

基本工资（元）	奖金（元）	扣发（元）	实发（元）
1100	1800	100	2800

XX 公司 3 月份工资单

所属部门：生产部

职工姓名：任孝仪

人员编号：1001302

制单日期：2013.4.5

基本工资（元）	奖金（元）	扣发（元）	实发（元）
1100	1700	200	2600

XX 公司 3 月份工资单

所属部门：销售部

职工姓名：戴瑶斌

人员编号：1001402

制单日期：2013.4.5

基本工资（元）	奖金（元）	扣发（元）	实发（元）
1000	1500	200	2300

图 3.140　合并后效果图

 技能练习

1．建立如下所示的主文档，并设置标题格式为黑体、一号、段后 1 行，居中对齐；正文格式为华文行楷、二号，首行缩进 2 个字符，自定义页面宽 18 厘米、高 15 厘米。使用邮件合并把数据源中的数据插入到主文档中，主文档保存为 wd5-2-1.docx，合并结果保存为 jg5-2-1.docx。

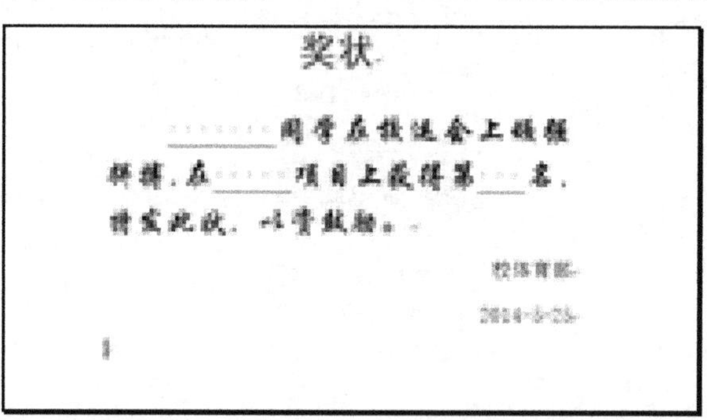

奖状

______同学在校运会上顽强拼搏，在______项目上获得第___名，特发此状，以资鼓励。

校体育部

2014-5-25

2．用邮件合并的方法，将数据源中的数据插入到主文档中，制作信封，主文档保存为 wd5-2-2.docx，合并结果保存为 jg5-2-2.docx。

1 0 0 0 3 5
北京市西城区内大街南草厂 60 号
张三三 老师（收）
北京教育学院 数学学会
1 0 0 0 2 0

（1）信封格式：纸张“信封 10#”，横向，上、下边距为 2 厘米，左、右边距为 3 厘米。

（2）所有文字为黑体，收件人地址用二号字，其余项目的字号均为小二号，姓名及称呼加粗，邮政编码设置字符间距加宽 10 磅，效果如下。

任务三　插入目录

任务说明

目录是书籍最常见的组成部分，在实际的工作和学习中，不论是编写用户手册、产品说明书、教材，还是撰写论文等都需要插入目录。Word 提供了这个功能，能够通过简单的操作，自动插入目录。而在 Word 中插入目录的前提是对于章节标题使用标题样式，这样才能够自动插入目录，即便以后内容有所修改，页码改变了，只要通过更新“域”即可应用到正确的页码，无需手动更新，特别方便。

相关知识

一、样式及样式管理

样式是指用有意义的名称保存的字符格式和段落格式的集合，这样在编排重复格式时，先创建一个包含字体、字号、字形、段落格式、间距等格式的样式，在需要的地方套用这种样式，一次应用可以设定多种格式，样式可以重复使用，大大提高了格式设置效率。

在 Word 2010 中样式包含多种标题级别、正文文本、引用和标题的样式，这些样式共同工作以创建为特定用途而设计的样式一致、整齐美观的文档。

1．应用样式

（1）选中要应用样式的文本，如果要将段落更改为某种样式，则仅将插入点定位到该段落中任意位置即可。

（2）在“开始”选项卡的“样式”组中单击所需的样式。如果未看见所需的样式，则可单击其下拉按钮，打开快速样式库，在库中选择一种样式，如图 3.141 所示。例如，要设置文本为标题样式，则单击快速样式库中称为“标题”的样式即可。

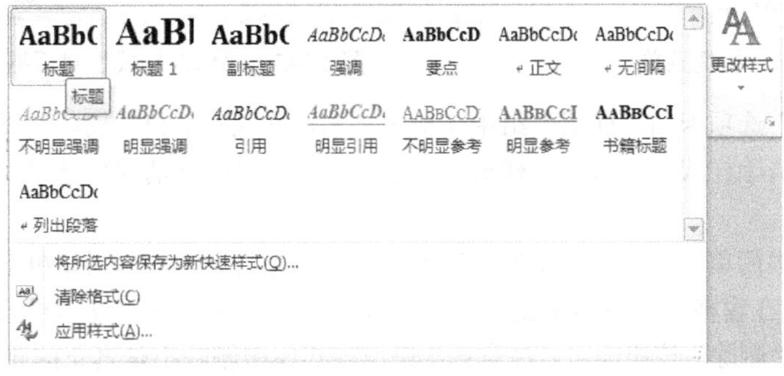

图 3.141　样式库

2．样式的创建、修改、清除及删除

（1）有时需要一些新的样式，可以自动创建并添加到样式库中。首先选中文本，设置好其格式，右击所选内容，在弹出的快捷菜单中选择“样式”→“将所选内容保存为新快速样式”选项，如图 3.142 所示，在打开的对话框中为样式提供一个名称，如“我的标题 1”，单击“确定”按钮，如同 3.143 所示。新创建的样式会显示在快速样式库中，以后可以反复使用。

（2）如果需要更改样式中的某个属性，则在“开始”选项卡的“样式”组中右击某个样式，在弹出的快捷菜单中选择“修改”选项，在打开的“修改样式”对话框中可以对样式的某个属性进行修改，如图 3.144 和图 3.145 所示。

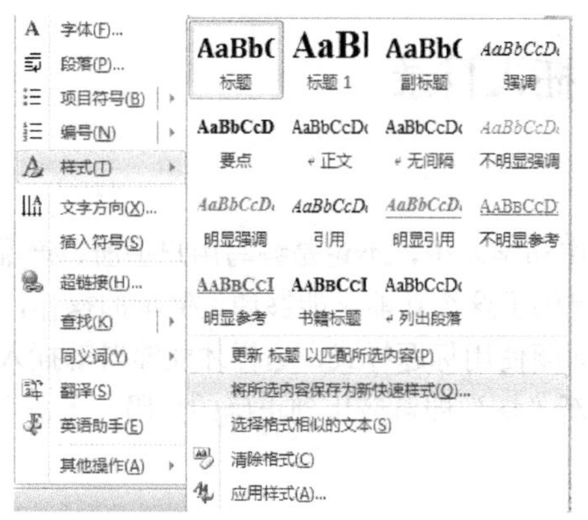

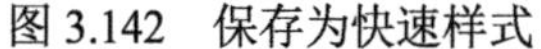

图 3.142　保存为快速样式

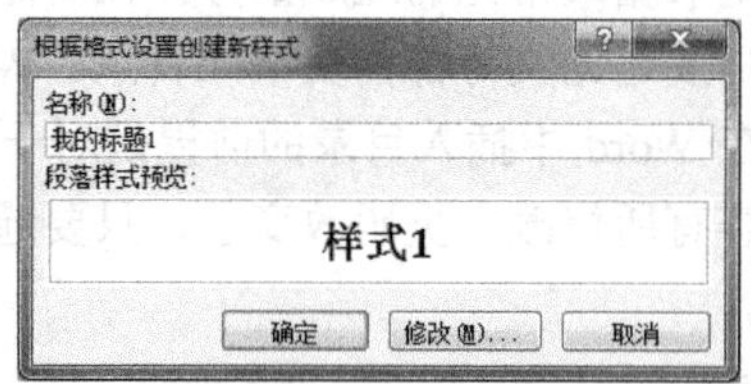

图 3.143　“根据格式设置创建新样式”对话框

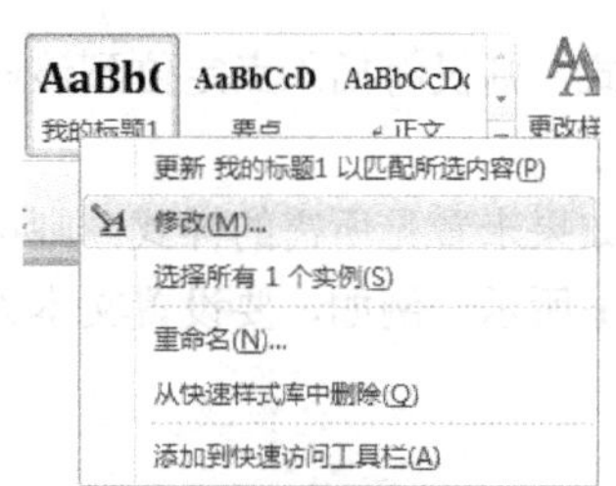

图 3.144　快捷菜单

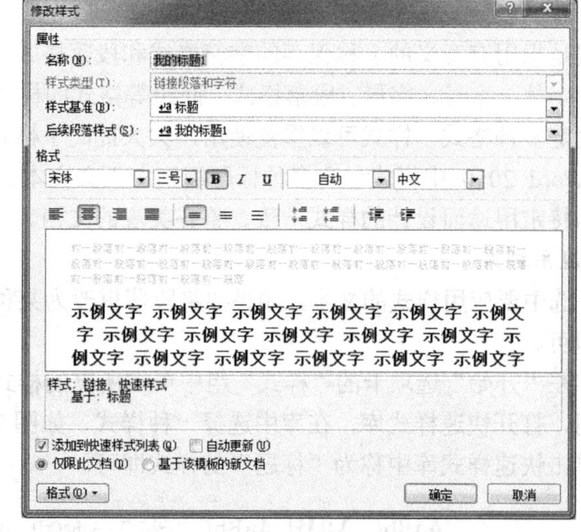

图 3.145　“修改样式”对话框

（3）在“开始”选项卡的“样式”组中，单击“预览样式”下拉按钮，选择下拉列表中的“清除格式”选项即可清除样式，或者在“样式”对话框中选择“全部清除”选项，文档中的样式也可被清除。

（4）删除样式很简单，单击“开始”选项卡“样式”组右下角的“对话框启动器”按钮，打开“样式”任务窗格，在窗格的左下角单击“管理样式”按钮，打开“管理样式”对话框，选择需要删除的样式单击“删除”按钮即可。注意：从快速样式库中删除不是真正的删除，在“管理样式”对话框中删除才是真正的删除，内置样式无法删除。

二、目录

目录，是指书籍正文前所载的目次，是揭示和报道图书的工具。目录记录了图书的书名、著者、出版与收藏等情况，按照一定的次序编排而成，是反映馆藏、指导阅读、检索图书的工具。

插入目录其实很简单，只要文档内具有标题样式的段落，单击“引用”选项卡“目录”下拉按钮，在内置的目录样式中选择一种即可，如图 3.146 所示。

也可以选择“插入目录”选项，打开“目录”对话框，如图 3.147 所示。在对话框内可以选择设定“制表符前导符”、目录的格式、显示级别等。

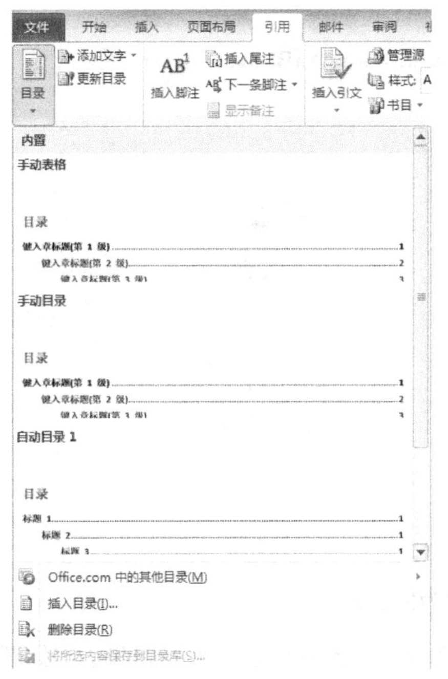

图 3.146　插入内置目录

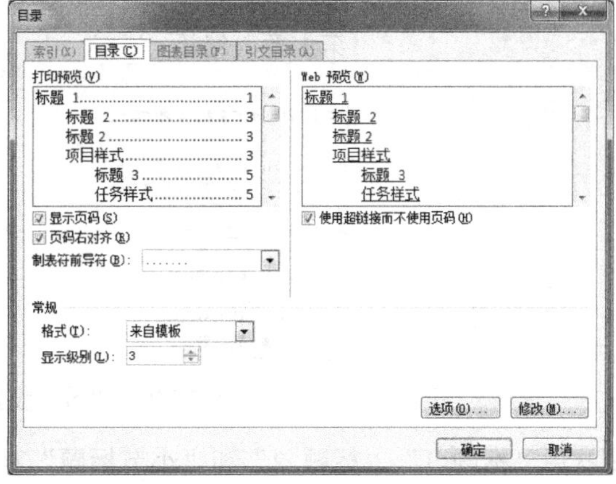

图 3.147　“目录”对话框

任务实战

一、对指定章节标题应用标题样式

在 Word 2010 中打开“目录素材文档.docx”，将光标定位在第一行“第 1 章　绪论”处，单击“开始”选项卡“样式”组中的“标题 1”内置样式按钮，完成该行样式的设置，如图 3.148 所示。

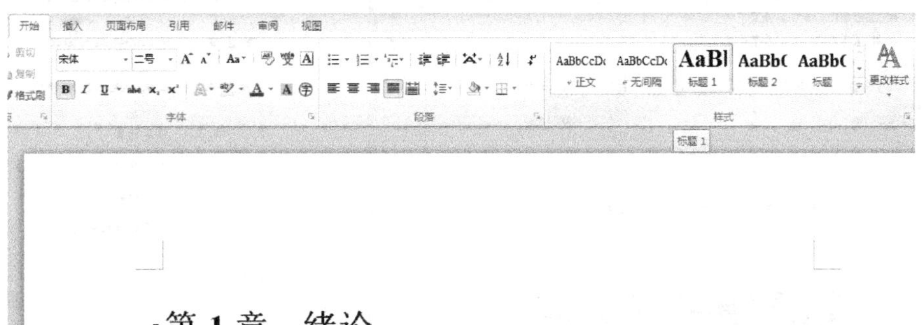

图 3.148　“章”设置为标题 1

将光标定位在第二行“第 1 节　计算机发展简史”处，选择 “标题 2”内置样式，在 “更改样式”下拉列表中选择“字体”→“隶书”选项，实现对内置样式“标题 2”的更改，同时完成对该行文字的样式设置，如图 3.149 所示。

将光标定位在第三行“1.1.1　第一台电子计算机的诞生”处，单击“开始”选项卡“样式”组右下角的“对话框启动器”按钮，打开“样式”任务窗格，在窗格的左下角单击“新建样式”按钮，打开“根据格式设置创建新样式”对话框，新建样式“小节标题”，参数设置如图 3.150 所示。

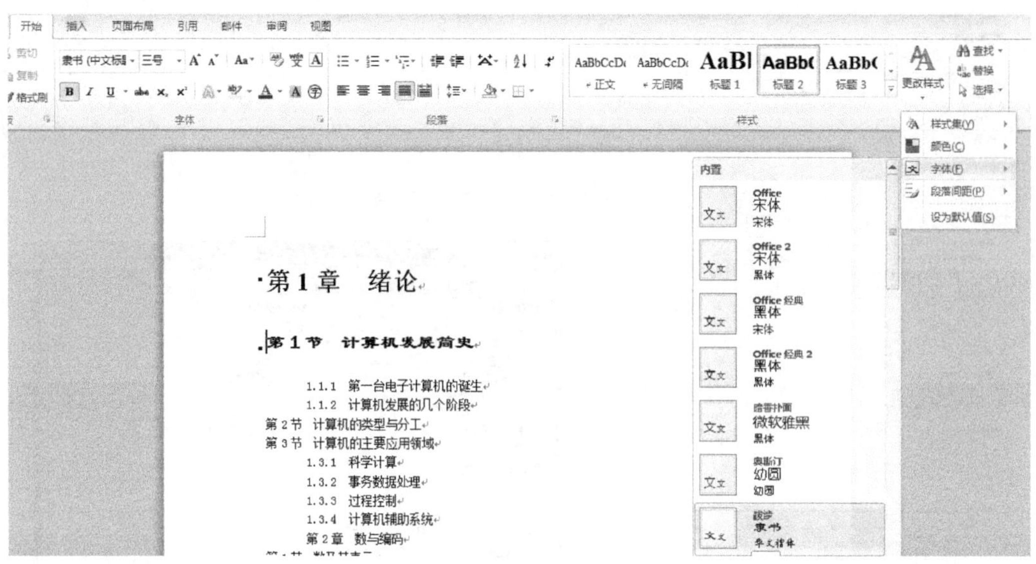

图 3.149　“节”设置为标题 2

依次用“标题 1”、“标题 2”和“小节标题”对文档相应的章标题、节标题和小节标题进行样式设置，设置时可以使用格式刷或者使用通配符在查找替换中设置样式，这样速度更快，效果如图 3.151 所示，完成后注意保存文档。

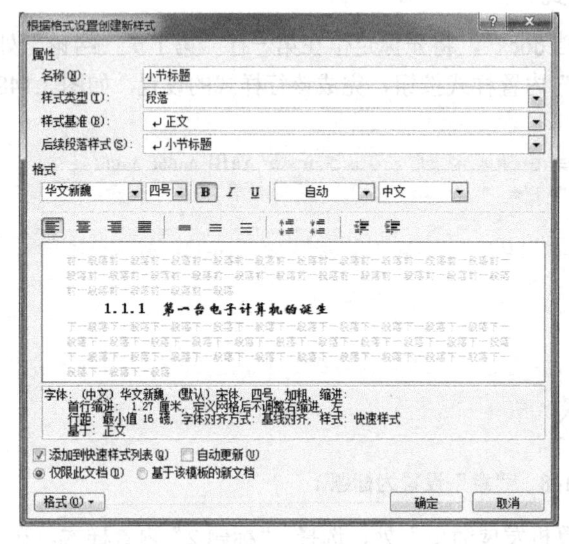

图 3.150　创建新样式

第 1 章　绪论

第 1 节　计算机发展简史

1.1.1　第一台电子计算机的诞生

1.1.2　计算机发展的几个阶段

第 2 节　计算机的类型与分工

第 3 节　计算机的主要应用领域

1.3.1　科学计算

1.3.2　事务数据处理

1.3.3　过程控制

1.3.4　计算机辅助系统

第 2 章　数与编码

第 1 节　数及其表示

2.1.1　数

2.1.2　计数

图 3.151　依次设置章节标题样式

二、插入目录

将光标移动到想插入目录的地方，这里选择在文档的首行插入，单击“引用”选项卡中的“目录”下拉按钮，在下拉列表中选择“自动目录 1”选项，便完成了目录的插入操作，效果如图 3.152 所示。

仔细观察这个目录，会发现目录并没有和文档内容区分开，如果不想让目录占用页码，正文从第 1 页算起，则必须对文档进行编辑修改。这里要用到分隔符，将光标定位在正文开端，单击“页面布局”选项卡“页面设置”组中的“分隔符”下拉按钮，选择“分节符”→“下一页”选项，把目录和正文分成两节。

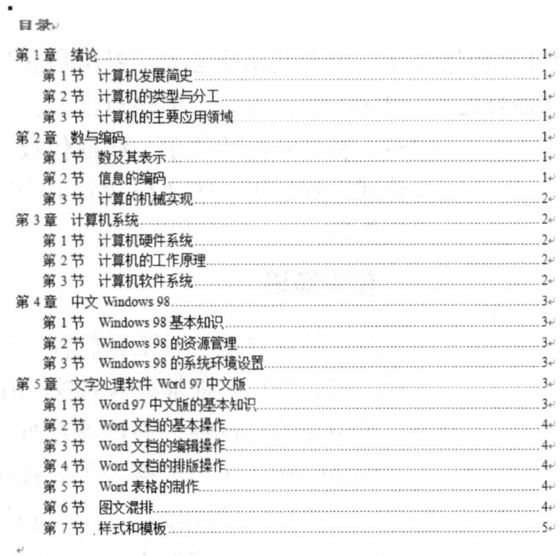
目录

第 1 章 绪论......1
第 1 节 计算机发展简史......1
第 2 节 计算机的类型与分工......1
第 3 节 计算机的主要应用领域......1
第 2 章 数与编码......1
第 1 节 数及其表示......1
第 2 节 信息的编码......1
第 3 节 计算的机械实现......2
第 3 章 计算机系统......2
第 1 节 计算机硬件系统......2
第 2 节 计算机的工作原理......2
第 3 节 计算机软件系统......2
第 4 章 中文 Windows 98......3
第 1 节 Windows 98 基本知识......3
第 2 节 Windows 98 的资源管理......3
第 3 节 Windows 98 的系统环境设置......3
第 5 章 文字处理软件 Word 97 中文版......3
第 1 节 Word 97 中文版的基本知识......3
第 2 节 Word 文档的基本操作......4
第 3 节 Word 文档的编辑操作......4
第 4 节 Word 文档的排版操作......4
第 5 节 Word 表格的制作......4
第 6 节 图文混排......4
第 7 节 样式和模板......5

第 1 章 绪论

第 1 节 计算机发展简史

图 3.152 插入目录后的效果

双击页眉或页脚，进入编辑页眉页脚状态，将“链接到前一条页眉”或“链接到前一条页脚”功能关闭，如图 3.153 所示。将正文部分的页码格式由“续前节”修改为“起始页码：1”，如图 3.154 所示。

因为文档的页码发生了变化，所以需要更新目录。在 Word 中插入的目录是一个 Word 控件，所以不需要再次插入目录，只需要单击“引用”选项卡“目录”组中的“更新目录”按钮，在打开的“更新目录”对话框中选中“只更新页码”单选按钮即可，如图 3.155 所示。

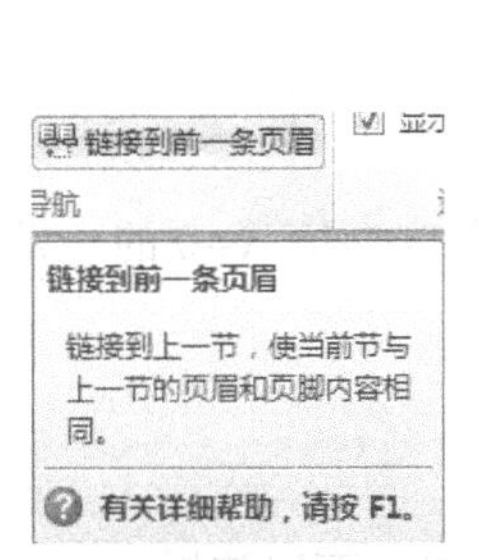

图 3.153 分节设置页眉页脚

页码格式
编号格式(F): 1, 2, 3, …
包含章节号(N)
章节起始样式(P) 标题 1
使用分隔符(E): - (连字符)
示例: 1-1, 1-A
页码编号
续前节(C)
起始页码(A): 1
确定 取消

图 3.154 设置页码格式

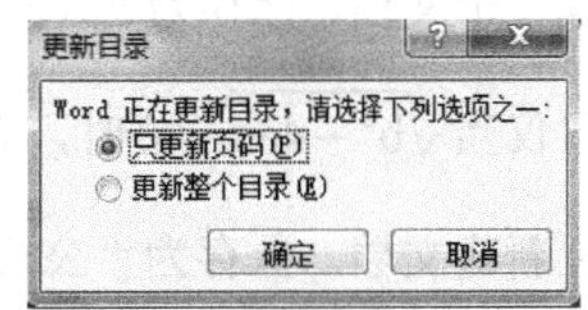

图 3.155 “更新目录”对话框

技能练习

打开 Word 文档“wd5-3-1.docx”，生成目录，并保存文档。

要求：用自动目录 1 格式，在内容部分页眉右端和页脚中部均加入页码，页码格式为“-1-”，单线边框；目录部分无页码；“目录”两字居中对齐。

任务四　公式的输入和编辑

 任务说明

Word 作为常用的文字处理应用程序，由于其功能强大深受用户喜爱，已经成为了办公软件中不可或缺的一员。对于日常办公处理，Word 游刃有余，但是日常办公学习中，有一些科目是理化学科，特别是高等数学、线性代数、化学等，经常需要编辑一些公式、数组等。想要在 Word 中输入这些字符就需要借助公式编辑器。

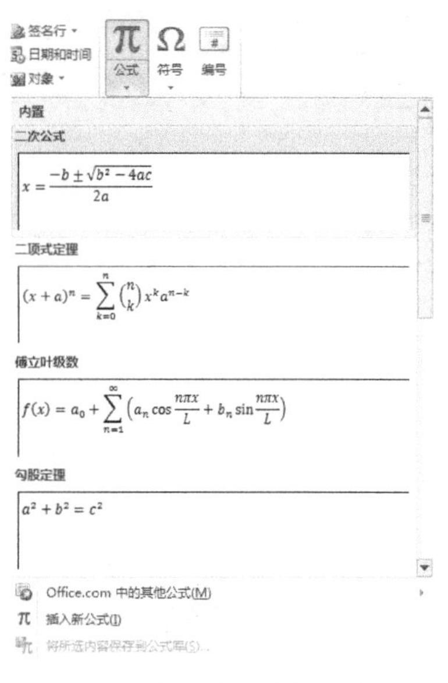

图 3.156　插入常用公式

相关知识

公式编辑器是一种工具软件，与常见的文字处理软件和演示程序配合使用，能够在各种文档中加入复杂的数学公式和符号，可用在编辑试卷、书籍等方面。

Word 2010 中已经整合了公式编辑器，在“插入”选项卡“符号”组的最左边即为“公式”按钮。如果输入的公式不是很复杂，如“二次公式”、“二项式定理”等常见的公式，则可以单击“公式”下拉按钮，在下拉列表中选择需要的公式即可，如图 3.156 所示。

如果需要输入的公式比较复杂，则可以在下拉列表中选择“插入新公式”选项，或者直接单击“公式”按钮，会在光标处出现 在此处键入公式。 标记，同时功能区出现“公式工具”的设计”子选项卡，如图 3.157 所示。

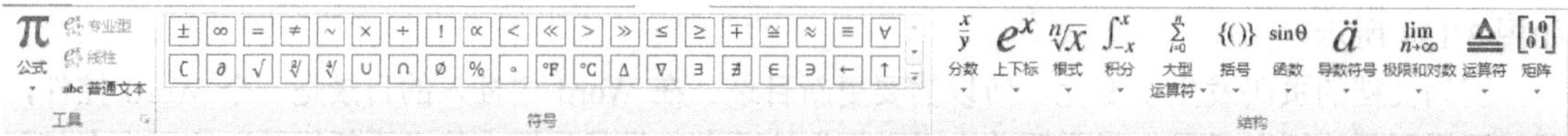

图 3.157　“设计”子选项卡

在该选项卡中有平时不的各种公式符号，以及“分数”、“上下标”、“根式”、“积分”、“矩阵”等公式结构。

任务实战

新建一个文档，保存为“公式.docx”。在文档中输入如下内容：形如 $ax^2+bx+c=0$ 的一元二次方程，当且仅当 $\sqrt{b^2-4ac}\geqslant 0$ 时，有实数根为 x_1，$2=\dfrac{-b\pm\sqrt{b^2-4ac}}{2a}$。

（1）新建文档，保存为“公式.docx”。

（2）输入如下内容：“形如 $ax^2+bx+c=0$ 的一元二次方程，当且仅当时，有实数根为”。

（3）将光标定位到文本“当且仅当”之后，单击“插入”选项卡　“符号”组中的“公式”按钮，在“公式工具”的“设计”子选项卡中单击“结构”组中的“根式”下拉按钮，并在下拉列表中选择平方根，如图 3.158 所示。选中 $\sqrt{\square}$ 中的框，单击“结构”组中的“上下标”下拉按钮，并在下拉列表中选择上标，如图 3.159 所示，此时公式编辑器变成 $\sqrt{\square^{\square}}$，在两个框内分别输入“b”和“2”。注意，输入完成 $\sqrt{b^2}$ 之后，不要直接输入“-4ac”，而应移动键盘的方向键，当光标不是处于上标状态时，再输入 $\sqrt{b^2-4ac}$。同样，通过移动方向键，当光标不处于根号内时，在“符号”

列表中选择≥号，将$\sqrt{b^2-4ac}\geqslant 0$输入。

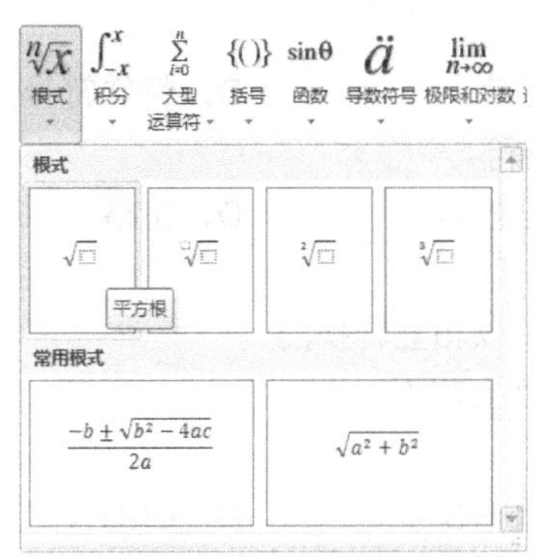

图 3.158 平方根

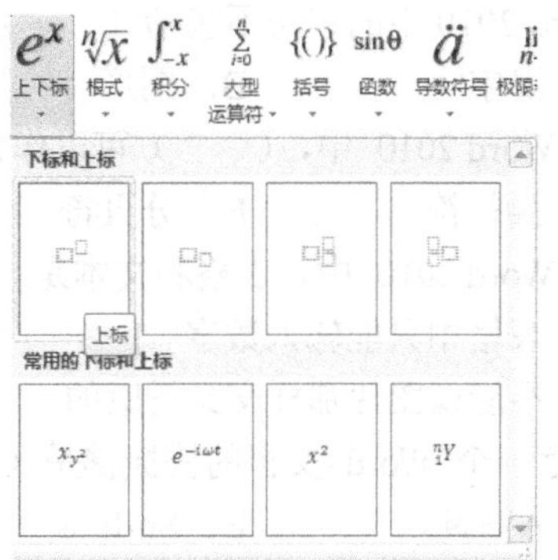

图 3.159 上标

（4）将光标定位到文本“实数根为”之后，单击插入“插入”选项卡“符号”组中的“公式”下拉按钮，并选择$x=\frac{-b\pm\sqrt{b^2-4ac}}{2a}$，然后在公式中选择 x，单击“结构”组中的“上下标”下拉按钮，并选择“下标”，在框内输入“1，2”，完成 x_1，$2=\frac{-b\pm\sqrt{b^2-4ac}}{2a}$的编辑。当然，也可以先选择“结构”组中“分数”下拉列表中的“竖式”选项，再选择根式、上标、下标等。输入并编辑完成整个公式，具体过程不再赘述。

扩展知识

“公式工具”的“设计”子选项卡中“符号”列表中的符号可以根据需要选择，单击“符号”列表框右下角的其他按钮，在进入的界面的左上角单击下拉按钮，在下拉列表中选择其他符号。

技能练习

新建 Word 文档，插入如下几个数学公式，并保存为 wd5-4-1.docx。

（1）$f(\mathrm{x})=f_1^{\mathrm{x}}\frac{-\mathrm{mx}}{(\mathrm{x}^2+\mathrm{y}^2+\mathrm{z}^2)^{3/2}}$。

（2）$\frac{\partial \mathrm{x}}{\partial \mathrm{y}}=\frac{\mathrm{xz}-2\sqrt{\mathrm{xyz}}}{\sqrt{\mathrm{xyz}}-\mathrm{xy}}$。

（3）$\mathrm{T}=(\mathrm{x}^2+\mathrm{y}^2)\frac{2\mathrm{x}\sqrt{3\mathrm{xy}^4}}{\mathrm{x}^2\mathrm{y}^2}\mathrm{e}^{\mathrm{y}}+\sqrt{\frac{2\mathrm{kD}^2}{\sum_{\mathrm{j=1}}^{2}\mathrm{h_jD_j}}}$。

（4）$\begin{pmatrix}123\\456\\788\end{pmatrix}\to\begin{bmatrix}123\\456\\789\end{bmatrix}\to\begin{vmatrix}123\\456\\788\end{vmatrix}$。

（5）$f_{\mathrm{L}}(\mathrm{x}，\mathrm{y})\mathrm{ds}=\lim_{\lambda=0}\sum_{\mathrm{i=1}}^{\mathrm{n}}\ \mathrm{f}(\xi_{\mathrm{i}}，\eta_{\mathrm{i}})\Delta \mathrm{s_i}$ 。

知识巩固

1．在 Word 2010 编辑状态下，若鼠标指针在某行行首的左边，下列可以选中该行所在段落的操作是（　　）。

A．右击　　B．双击　　C．三击鼠标左键　　D．单击

2．Word 2010 中的字符不包括（　　）。

A．汉字　　B．图形　　C．数字　　D．特殊符号

3．在 Word 2010 中，（　　）可以作为段落的分隔符。

A．换行符　　B．分页符　　C．分栏符　　D．空格

4．在 Word 2010 中，表格和文本是（　　）。

A．表格中只能输入数字　　B．可以相互转换的

C．不能像图片那样交叉排版的　　D．以上都不对

5．保存一个 Word 文档的快捷键是（　　）。

A．Alt+N　　B．Shift+S　　C．Ctrl+S　　D．Ctrl+N

6．下列关于页面设置的错误说法是（　　）。

A．可以设置页面大小　　B．可以设置页边距

C．可以按横向和纵向排版　　D．可以改变字体的大小

7．选中整个文档的全部内容的方法不包括（　　）。

A．按“Ctrl+A”组合键

B．在“编辑”组的“选择”下拉列表中选择“全选”选项

C．三击鼠标左键

D．单击并拖动，直到选中全部文档

8．在 Word 2010 中，选择整个表格，然后按 Delete 键，则（　　）。

A．表格中的内容会被删除　　B．表格的格式会被删除

C．整个表格会被删除　　D．表格中的边框会被删除

9．如果将一个单元格拆分为两个，则原有单元格中的内容将（　　）。

A．一分为二　　B．不会拆分　　C．部分拆分　　D．有条件的拆分

10．关于分栏的说法不正确的是（　　）。

A．可以分为多栏　　B．可以设置不同的栏宽

C．可以加分割线　　D．可以改变文字方向

11．设置段落的缩进方式，下面做法不正确的是（　　）。

A．拖动标尺上的不同滑块

B．应用“段落”组中的“缩进”设置

C．通过页边距的设置

D．在“段落”对话框的 “缩进和间距”选项卡中设置

12．在 Word 2010 的“文件”选项卡中的“退出”按钮的作用是（　　）。

A．关闭 Word 2010 窗口连同打开的所有文档窗口，并退到 Windows 7 中

B．退出正在执行的文档，但仍在 Word 2010 窗口

C．与单击窗口右上角的关闭按钮功能相同

D．与“Alt+F4”组合键的功能相同。

13．在 Word 2010 中，要想一次性改动文档中的多个相同内容，正确的方法是（　　）。

A．采用逐字查找的方法，找到一个更改一个

B．使用“开始”选项卡“编辑”组中的“查找”按钮

C．使用“开始”选项卡“编辑”组中的“替换”按钮

D．使用“开始”选项卡“编辑”组中的“选择”按钮

14．在 Word 2010 中，关于“格式刷”按钮的说法错误的是（　　）。

A．“格式刷”按钮可以用来快速设置段落格式

B．“格式刷”按钮可以用来快速设置文字格式

C．“格式刷”按钮可以用来快速复制文本

D．双击“格式刷”按钮可以多次复制同一格式

15．下列关于表格的说法错误的是（　　）。

A．表格的边框线可以根据需要设置

B．表格中的字体样式可以根据需要设置

C．可以通过“绘制表格”按钮，自己绘制表格

D．表格不可以计算和排序

电子表格与 Excel 2010

Excel 2010 是 Office 2010 办公软件系列中专门用来进行数据处理和分析的组件之一。Excel 2010 的应用非常广泛，办公人员可以用它来制作和管理各种人事档案、统计和管理各种库存物品资料；财务人员可以用它进行财务统计和分析；证券人员可以用它来进行管理证券交易的各类表格和图表分析。本部分将以任务引领的方式，通过具体的案例，学习 Excel 2010 电子表格的基本操作、表格格式的设置、数据的处理、分析及打印输出等，使学习者具备现代办公中数据处理与分析的基本能力。

- ❖ 电子表格的基本概念和基本功能，Excel 的基本功能、运行环境、启动和退出。
- ❖ 工作簿和工作表的基本概念和基本操作，工作簿和工作表的建立、保存和退出；数据输入和编辑；工作表和单元格的选中、插入、删除、复制、移动；工作表的重命名，工作表窗口的拆分和冻结。
- ❖ 工作表的格式化，包括设置单元格格式、设置列宽和行高、设置条件格式、使用样式、自动套用模式和使用模板等。
- ❖ 单元格绝对地址和相对地址的概念，工作表中公式的输入和复制，常用函数的使用。
- ❖ 图表的建立、编辑、修改及修饰。
- ❖ 数据清单的概念，数据清单的建立，数据清单内容的排序、筛选、分类汇总，数据合并，数据透视表的建立。
- ❖ 工作表的页面设置、打印预览和打印，工作表中链接的建立。
- ❖ 保护、隐藏工作簿和工作表。

项目一　使用 Excel 2010 制作“某班学生信息表”

项目指引

开学初，班级来了很多新学生，需要对这些同学的信息进行采集，包括他们的学号、姓名、身份证号、家庭住址、联系电话等信息。学生信息录入后的表格如图 4.1 所示。

具体应怎样启动和退出 Excel 2010？怎样使用 Excel 2010 制作表格？如何录入相关信息？这些

将在本项目中一一介绍。

学号	姓名	性别	身份证号	年龄	家庭住址	联系电话
2014220201	陈小梅	女	361206199705166920		新东市城区北大花园C座603	18312335679
2014220202	陈浩瀚	男	361206199809206753		新东市厚街镇富豪花园A座1108	18322355679
2014220203	陈嘉玲	女	361206199711044146		新东市常平镇万科高尔夫C501	18332365679
2014220204	陈文华	女	36120619970818183X		新东市石碣镇庆丰花园118号	18352375679
2014220205	陈伟权	男	441701199602260018		新东市万江永泰花园38号	18362385679
2014220206	陈爱茹	女	361206199704033589		新东市莞城文华花园71号	18312395679
2014220207	陈正亦	男	361206199804261972		新东市茶山镇怡华苑21号	18333313177
2014220208	邓允喜	男	361206199907184113		新东市寮步镇中山路13号	18333313176
2014220209	邓梓荣	男	361206199711236556		新东市石龙镇青年路54号	18333313175
2014220210	杜卡卡	女	361206199808091343		新东市东城区丰华花园1座503	18333313173
2014220211	黄秋禾	男	361206199809074153		新东市厚街镇人民路1号	18333313166
2014220212	黄和平	男	36120619981011133X		新东市中堂镇民主路五巷1号	18333313188
2014220213	霍元东	男	361206199907133810		新东市寮步镇雅苑1404号	18333313199
2014220214	柯剑华	男	361206199910151331		新东市石排镇李家村22号	18333313176
2014220215	李华华	女	361206199806260024		新东市石龙镇崇文街61号	18333313173
2014220216	李慧源	男	361206199901222011		新东市寮步镇神前四街四巷4号	18333313168

图 4.1 “某班学生信息表”样表

知识目标

理解并掌握一些与表格相关的术语和概念，如单元格、工作表、工作簿等，以及各 Excel 中表格的表示方法；熟悉 Excel 2010 中 Office 按钮、快速访问工具栏、选项卡、文档编辑区及状态栏等基本界面元素及其作用。

技能目标

掌握 Excel 2010 的启动和退出；能对工作表中的数据进行熟练录入、编辑、修改；会熟练创建、编辑、保存电子表格。

任务一 Excel 2010 的功能、用途及窗口

任务说明

在 Excel 2010 的工作界面中，Microsoft Office 按钮、快速访问工具栏、选项卡、命令组、按钮和显示比例等与 Word 2010 相应部分的作用、操作方法完全相同，这里只对 Excel 2010 中特有的组成部分进行介绍。由于 Excel 2010 是专门的电子表格制作软件，因此在 Excel 2010 的操作中，还有一些与表格操作相关的术语和概念。

相关知识

一、工作簿、工作表和单元格

1. 工作簿

工作簿其实是 Excel 计算和存储数据的文件，在 Excel 2010 启动后，会自动建立一个名为工作簿 1（扩展名为.xlsx）的工作簿。因此通常所说的 Excel 文件就是工作簿，一个工作簿由多个工作表组成，默认情况下包含 3 个工作表，需要时可以添加或删除。

2. 工作表

工作表是组成工作簿的基本单位，可以同时在多张工作表中输入并编辑数据，并且可以对不同工作表的数据进行汇总计算。它是由若干行和列组成的，用于存储和处理数据的主要文档，也称为电子表格。

3．**单元格**

单元格是 Excel 的基本操作单位。输入的任何信息，如文字、数字、日期或公式等，都被保存在单元格中。为了方便操作，每个单元格都有唯一的标识——坐标。坐标是由单元格所在的列号和行号组成的。例如，B3 表示第 B 列和第 3 行交叉位置上的单元格。由于一个工作簿有多个工作表，为了区分不同工作表的单元格，可以在单元格坐标前加上工作表名来区别，例如，Sheet1!B3 表示 Sheet1 工作表中的 B3 单元格。

4．**当前单元格**

通常把当前选中的一个或者多个单元格称为当前单元格或当前单元格区域（也称活动单元格或活动单元格区域）。当前单元格的框线变黑、变粗，粗黑框线称为单元格指针。当前单元格的地址或名称会显示在名称框中，当前单元格的内容会显示在编辑框中。

二、Excel 2010 工作界面

启动 Excel 2010 后即可进入 Excel 2010 的工作界面，如图 4.2 所示。

Excel 2010 标题栏、快速访问工具栏、选项卡、滚动条等与 Word 2010 类似，此处不再赘述，界面中与 Word 2010 区别较大或者 Excel 中特有的功能如下。

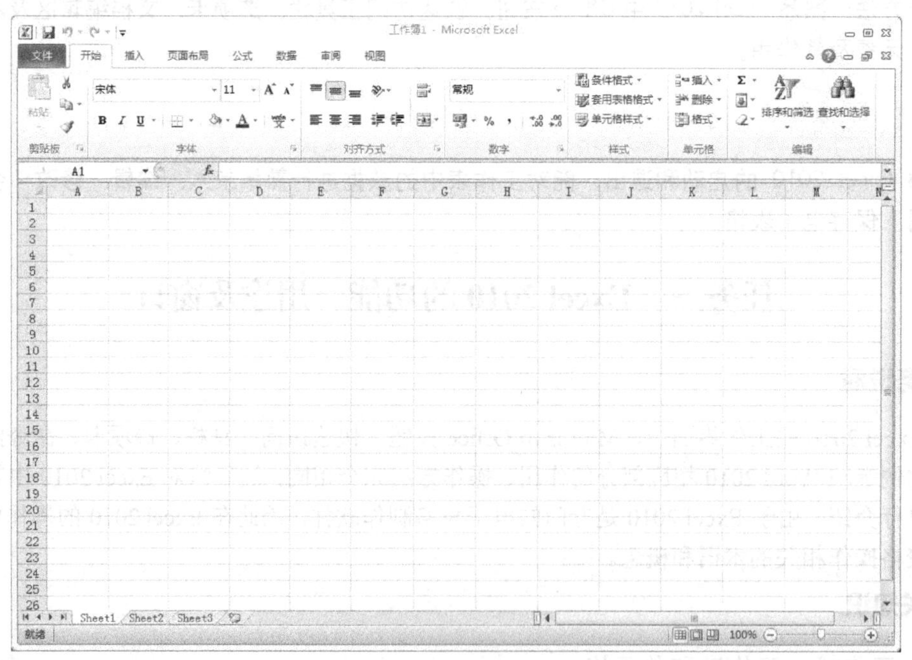

图 4.2　Excel 2010 工作界面

1．**工作区**

工作区又称编辑区，由行和列组成，是数据显示、编辑的主要区域。

2．**行编号和列编号**

如图 4.3 所示的“1、2、3、4、5、…”等数字为行编号，行编号为 1～1048576；“A、B、C、D…”等字母编号为列编号，列编号为 A～XFD，共 16384 列。

3．**当前单元格和填充句柄**

如图 4.3 所示的 A1 单元格的边框变黑、变粗，粗黑框线称为单元格指针，被选中的单元格称为当前单元格。粗黑框线右下角有一个黑色小方块，称为填充句柄，通过拖动句柄可以快速填充相同数据或者序列。

4. 名称框和编辑栏

名称框和编辑栏位于功能区的下方，如图 4.4 所示。名称框用于显示所选单元格或单元格区域的名称，如果单元格还未命名，则名称框显示该单元格的坐标。编辑栏用于显示当前单元格中的数据或公式，并可以进行编辑。

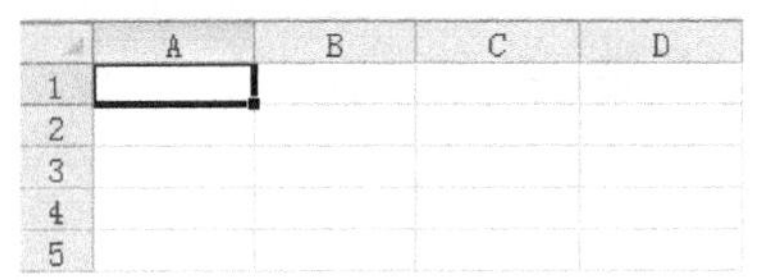

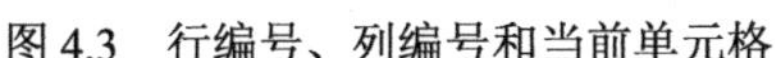
图 4.3　行编号、列编号和当前单元格

图 4.4　名称框和编辑栏

编辑栏前面各按钮的含义如下。

● 取消按钮：用叉号表示，单击此按钮，将取消数据的输入或编辑工作，与编辑时按“Esc”键作用相同。

● 输入按钮：用对勾表示，单击此按钮，将输入或修改后的数据保存在当前活动单元格中，并结束数据的输入或编辑工作，与编辑时按“Enter”键作用相同。

● 插入函数按钮：用 f_x 表示，单击此按钮，将引导用户输入一个函数，具体使用方法将在后面介绍。

5. 工作表标签

工作表标签如图 4.5 所示，左侧“Sheet1、Sheet2、Sheet3…”等为工作表标签，正在使用的工作表称为活动（或当前）工作表，图中 Sheet1 为当前工作表。单击工作表标签可以在不同工作表之间切换，双击该标签会反黑显示，并可以修改工作表标签名称。Sheet3 标签右侧的是“插入工作表”标签，单击可以插入一个新的工作表，新工作表的编号会依次向下编号，如本例插入的新工作表标签将是“Sheet4”。当工作表太多时，可以通过左侧的切换按钮来进行翻页，从左到右依次是“上一页、上一个、下一个、下一页”。

图 4.5　工作表标签和水平滚动条

6. 滚动条和拆分框

如图 4.5 所示右侧为水平滚动条，通过拖动水平滚动条、垂直滚动条，可以浏览表格的不同部分。滚动条最右侧为“垂直拆分框”，在垂直滚动条的上方有“水平拆分框”，通过拖动拆分框，可以将一个工作表拆分成最多 4 个窗口，可以通过这些窗口显示工作表的不同部分，如图 4.6 所示。

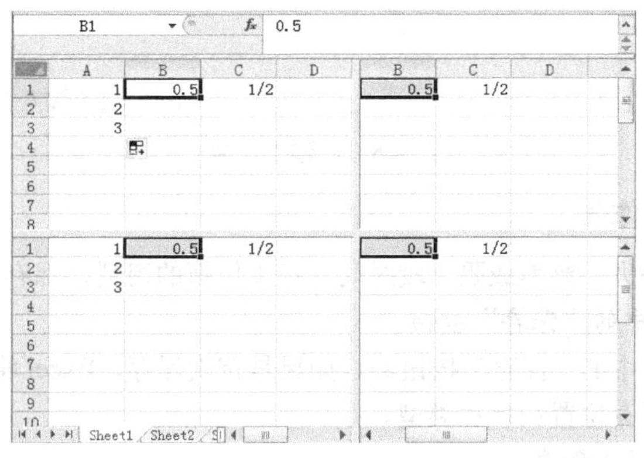

图 4.6　拆分窗口

7．状态栏

如图 4.7 所示为状态栏，状态栏“就绪”状态旁边的按钮为“录制宏”按钮，中间为视图切换按钮，从左到右依次为“普通”、“页面布局”、“分页预览”按钮，最右侧为“显示比例”滚动条，通过滚动条可以调整工作表的“显示比例”，单击“100%”按钮可以打开“显示比例”对话框。

图 4.7　状态栏

任务实战

一、启动 Excel 2010

1．“开始”菜单

单击“开始”→“所有程序”→“Microsoft Office”→“Microsoft Office Excel 2010”选项，即可启动 Excel 2010。

2．双击图标

如果桌面上有 Word 应用程序图标，则双击该图标即可启动 Excel 2010。

另外，打开已存在的 Excel 工作簿（扩展名为.xlsx 或.xls），系统会启动 Excel 2010。

二、新建工作簿

使用以上两种办法启动 Excel 2010 后，系统会自动创建空白工作簿。当正在使用 Excel 2010 时需要新建工作簿或者需要创建具体特定用途的工作簿，如发票、日历等，这时需要使用“新建”功能。单击“文件”选项卡中的“新建”按钮，在图 4.8 中单击“空白工作簿”按钮，再单击“创建”按钮即可建立一个新的空白工作簿，也可以使用模板创建特殊用途的工作簿。

图 4.8　新建工作簿

三、保存、关闭工作簿

为避免录入的数据丢失，要养成隔一段时间保存工作簿的习惯，保存工作簿有如下几种方法。

1．快速访问工具栏中的“保存”按钮

单击快速访问工具栏中的“保存”按钮，如果是首次保存，Excel 将打开“另存为”对话框。通过该对话框可以指定保存位置和保存类型。

2．使用“文件”选项卡保存

单击“文件”选项卡中的“保存”按钮，也可以以原名保存工作簿。

3．工作簿的另存

如果需要修改工作簿的保存位置、名称、类型等，且不影响原工作簿，则可以通过单击“文件”选项卡中的“另存为”按钮来实现。

4．工作簿的关闭和退出

编辑完成并保存后，需要退出 Excel 2010。可以通过单击“文件”选项卡中的“退出”按钮关闭，也可以通过单击右上角的“关闭”按钮，或者双击左上角的“控制菜单”按钮来关闭工作簿。

四、创建“学生信息表”工作簿

（1）启动 Excel 2010。

（2）单击快速访问工具栏中的“保存”按钮，将工作簿的名称修改为“某班学生信息表”，类型和位置默认。

（3）双击“Sheet1”工作表标签，或者右击“Sheet1”工作表标签，在弹出的快捷菜单中选择“重命名”选项，当标签名称反黑显示后，输入“某班学生信息表”，然后单击工作表中任意处，即可将工作表重命名，修改后如图 4.9 所示。

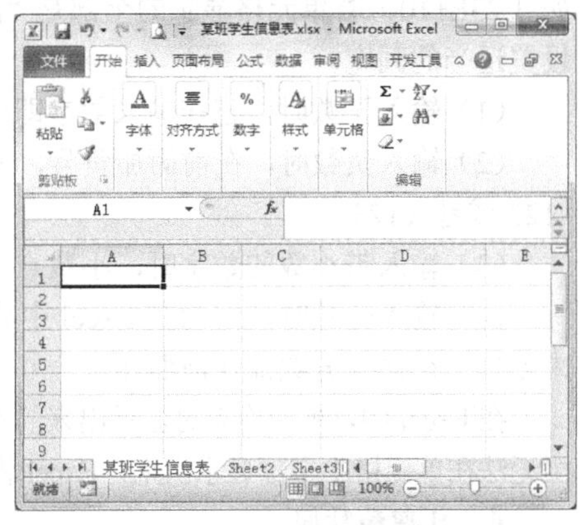

图 4.9　修改工作表标签

 **技能练习**

1．启动 Excel 2010 并熟悉操作界面。

2．保存工作簿到 D 盘，命名为“ex1-1-1.xlsx”，选择默认的“Excel 工作簿”类型。

3．将“ex1-1-1.xlsx”另存为“Excel 97-2003 工作簿”类型，名称不变。

任务二　输入数据

 **任务说明**

当工作簿创建后，即可输入数据。通过本任务将学习如何输入常见数据，掌握多种格式的数据输入方法，并学会如何加快操作速度。

相关知识

一、输入数据

1．常用数据输入方法

（1）单击要输入数据的单元格，使其变为活动单元格，直接输入数据即可。

（2）双击单元格或者选中单元格并按“F2”键，单元格内出现插入光标，在适当的位置输入，常用于对单元格内容进行修改。

（3）单击单元格，单击编辑栏，可以在编辑栏中编辑或添加单元格数据。

2．文本的输入

文本可以是任何字符串。当该单元格仍然保持当初设定的“常规”样式，在单元格中输入文本时自动左对齐。如果输入文本的长度超过单元格的显示宽度，当右边单元格没有数据时，会在右边的单元格的位置来显示；如果右边单元格有数据，则超过长度的部分隐藏起来不显示。

扩展知识

有时需要把没有数值意义的数字当做字符串来输入，如邮政编码、手机号码、身份证号码等。输入时应在其前面加上单撇号，如’523000；或者在数字前面加上一个等号并把输入的数字用双引号括起来，如=“523000”。

数字在输入时自动右对齐。如果数字长度超过单元格显示宽度，则系统自动用科学计数法表示，如 1.23E+10。若单元格显示的全部是“#”号，则表示单元格没有足够的宽度来显示此数字，注意设置适当的列宽。

（1）输入正数时，直接输入数字即可，无需加“+”号，即使加了也会被忽略掉。

（2）输入负数时，在前面加负号，或者把数字用括号括起来。例如，要输入-123，则可以输入-123 或者（123）。

（3）输入带小数的数字时，小数点像平时一样使用，数字项中“.”被认为是小数点。

（4）输入分数时，因为在 Excel 中分数与日期有相同的格式，因此为避免一些分数被当做日期来处理，在输入分数前在前面加一个 0（零）以示区别，如二分之一在单元格中表示为 0 1/2。

在 Excel 中，单元格有时显示出来的数值和输入的值不一致，这主要是因为有时输入的数字太长以至无法在单元格中全部显示出来，Excel 将其转化成科学计数并根据单元格的宽度自动调整精度。

4．日期和时间

（1）输入日期时，单击需要输入数据的单元格，用斜杠或减号分隔日期的年、月、日部分。例如，可以键入“2015/12/19”、“2015-12-19”或者“19-Dec-2015”。

（2）输入时间时，时间有 24 小时制和 12 小时制，如果按 24 小时制输入时间，则直接输入即可，如“17:30:00”。如果按 12 小时制输入时间，则应在时间数字后空一格，并键入字母 AM 或者 A（代表上午）、PM 或者 P（代表下午），如 5:30 PM。默认是 24 小时制，如果只输入时间数字，Excel 将按 AM（上午）处理。

（3）同时输入日期和时间时，在日期和时间之间用空格分隔，如“2015-12-20 6:30 PM”。

扩展知识

无论显示的日期或时间格式如何，一个日期或时间在 Excel 内部是转化成一个数字来保存的，因此它的对齐方式是右对齐。Excel 将日期存储为系列数，将所有时间存储为分数。这个系列数从 20 世纪的开始进行计算的，即日期系列数是由 1900 年 1 月 1 日至输入的日期的天数，如 1900 年 1 月 20 日，在系统内部存储的是数字 20。

用“Ctrl+;”组合键可以输入当前日期，用“Ctrl+Shift+;”组合键可以输入当前时间；“Ctrl+#”组合键可以使用默认的日期格式对一个日期进行格式化，“Ctrl+@”组合键可以用默认时间格式格式化单元格。

5．给单元格添加批注

选中需要添加批注的单元格，单击“审阅”选项卡“批注”组中的“新建批注”按钮。在弹出的批注编辑框中输入需要的内容，按“Enter”键即可，增加了批注的单元格右上角会有批注标志，当鼠标指针指向加了批注的单元格时，会显示批注，如图 4.10 所示。

二、提高效率的操作

1．选择列表

“选择列表”是把当前的所有已经输入的项列在一个表中，供用户输入的时候选择，这种功能适用于有重复的文字数据录入的时候，可以提高录入的效率，减少录入时的失误。

在一个已经输入文字列表（最好所有可能的输入项都已经录入）的下方选中一个空白单元格并右击，在弹出的快捷菜单中选择“选择列表”选项，或者按“Alt+↓”组合键，将弹出一个包含所有已输入项（相同的将被合并）的列表以供用户选择，如图 4.11 所示，从中选择需要的项即可。

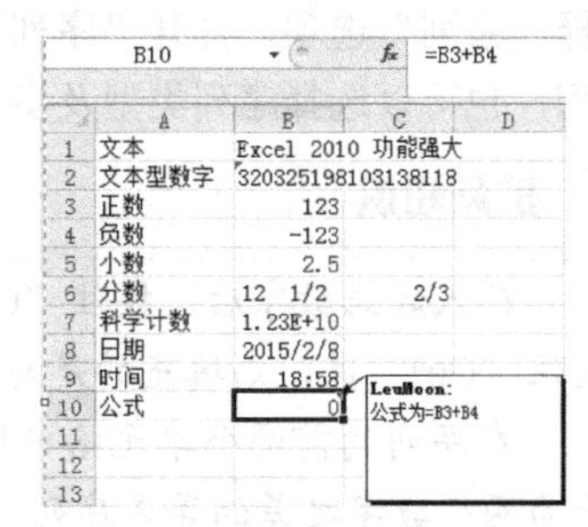

B10 fx =B3+B4

	A	B	C	D
1	文本	Excel 2010 功能强大		
2	文本型数字	320325198103138118		
3	正数	123		
4	负数	-123		
5	小数	2.5		
6	分数	12 1/2	2/3	
7	科学计数	1.23E+10		
8	日期	2015/2/8		
9	时间	18:58		
10	公式	0		
11				
12				
13				

图 4.10　在工作表中输入不同数据

姓名	性别	出生年月	班级
刘灿坤	男	1984-11-25	02计算机应用
蔡光华	男	1984-9-13	02网络技术
张玲玲	女	1986-9-14	02软件蓝领
谢桂芸	女	1986-2-3	02软件蓝领
万艳丽	女	1986-8-20	02软件蓝领
叶顺静	女	1986-7-27	
丁伟民	男	1986-11-30	02计算机应用 02软件蓝领 02网络技术
吴丽萍	女	1986-9-28	

图 4.11　选择列表

2．用复制或填充快速输入数据

在一个工作表中有时有大量的信息是重复的（如性别等），或者是连续的、有规律的（如月份等）。对于前一种情况可以使用复制、粘贴操作，对于后一种可以采用填充的方式操作。

1）填充数据

利用填充数据可以快速地复制单元格的内容到同行（列）的相邻单元格。选中被复制的单元格，将鼠标指针（空心粗十字）移动到填充句柄上（活动单元格右下角的黑方点，见图 4.3），鼠标指针变成细实心十字；按住鼠标左键，拖动到目标单元格，松开鼠标左键。

2）填充公式

利用填充方式不仅可以填充相同的数据，还可以在同行（列）填充同一公式，若公式中含有单元格相对引用，则可根据填充方向自动递增行（列）号。

3）自动填充

使用“编辑”组中的“填充”下拉按钮，可以将选中的单元格中的内容填充到相邻的区域。

选择包含要填充信息的单元格，并以这个单元格作为起始单元格，选中相邻的单元格区域；单击“开始”选项卡“编辑”组中的“填充”下拉按钮，选择“向下”、“向右”等填充方向，则可以把选中的区域的内容填充到选中单元格区域，如图 4.12（a）所示。

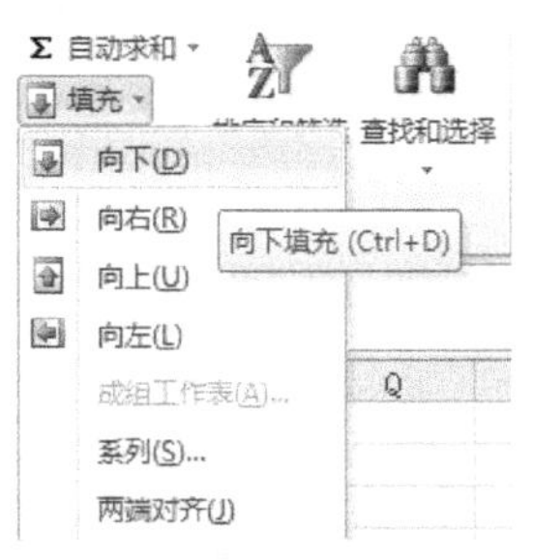

（a）填充

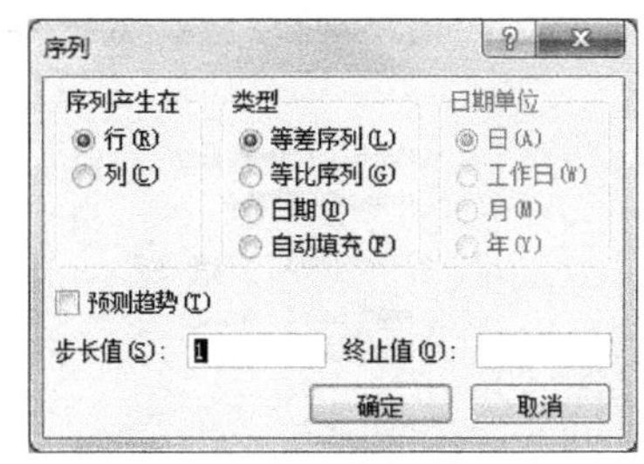

（b）序列

图 4.12　填充序列

4）填充序列

“填充”不仅可以填充相同的内容，还可以填充数字或日期等序列。在基准单元格中输入序列起始数字；选择需要填充的单元格区域；单击“开始”选项卡“编辑”组中的“填充”下拉按钮，选择“系列”选项，打开“序列”对话框，如图 4.12（b）所示。根据需要可以选择序列产生在行或列，也可以选择序列类型及步长，完成后单击“确定”按钮即可。

扩展知识

输入起始数字后，按住“Ctrl”键，拖动填充句柄，则可以填充步长为 1 的等差序列。若不按住“Ctrl”键，则填充的是与起始数字相同的数据。

在序列的前两个单元格中输入第一个数字和第二个数字，直接拖动填充句柄，可以填充步长为两个数字之差的等差序列。

如果数据中包含阿拉伯数字，如输入“第 1 组”之后，直接拖动填充句柄，可以自动填充“第 2 组，第 3 组，第 4 组...”等的序列。若此时按住“Ctrl”键，拖动填充句柄时填充的是相同内容。

若已经定义序列，如一月、二月、三月……十二月，星期一、星期二、星期三……星期日，甲、乙、丙、丁……，则只需要在基准单元格中输入一个初始值，然后用填充数据的方法，即可产生一个序列。

（1）自定义序列。如果有些序列在工作中很常用，而系统中未定义，则可通过“自定义序列”功能，把经常使用的要填充的序列添加到系统中。

单击“文件”选项卡中的“选项”按钮，打开“Excel 选项”对话框，在对话框右侧列表中选择“高级”选项卡，拖动滚动条至底部，如图 4.13 所示。单击“编辑自定义列表”按钮，打开“自定义序列”对话框，在对话框中输入自定义序列，如图 4.14 所示。

图 4.13 “Excel 选项”对话框

也可以先在工作表中输入序列，再通过如图 4.14 所示的“从单元格中导入序列”实现，即单击折叠按钮选择已输入序列的区域，单击“导入”按钮，即可将自定义序列加入系统。

如图 4.15 所示为输入的各种序列。

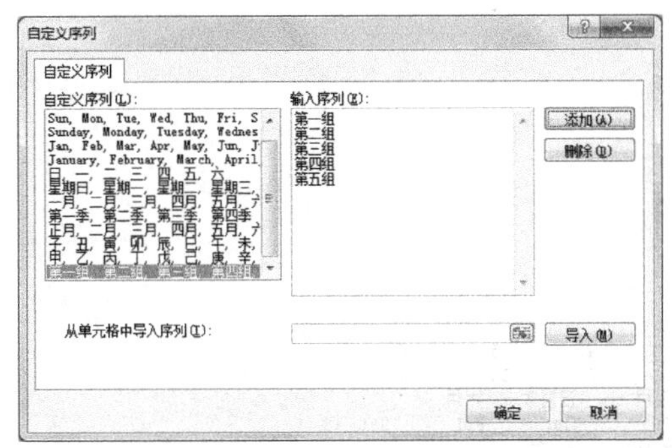

图 4.14　“自定义序列”对话框

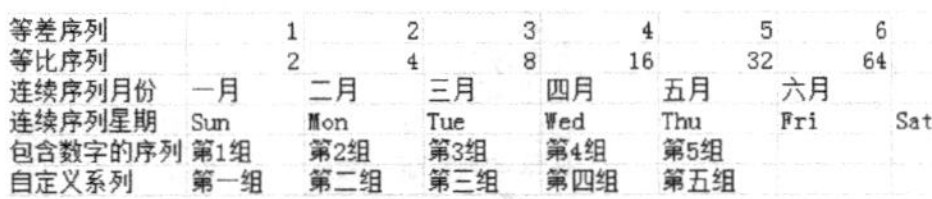

等差序列	1	2	3	4	5	6	
等比序列	2	4	8	16	32	64	
连续序列月份	一月	二月	三月	四月	五月	六月	
连续序列星期	Sun	Mon	Tue	Wed	Thu	Fri	Sat
包含数字的序列	第1组	第2组	第3组	第4组	第5组		
自定义系列	第一组	第二组	第三组	第四组	第五组		

图 4.15　各种序列

 **任务实战**

一、操作要求

在工作簿“某班学生信息表.xlsx”中输入如下信息，如图 4.16 所示。

	A	B	C	D	E	F	G
1	学号	姓名	性别	身份证号	年龄	家庭住址	联系电话
2	2014220201	陈小梅	女	361206199705166920		新东市城区北大花园C座603	18312335679
3	2014220202	陈浩瀚	男	361206199809206753		新东市厚街镇富豪花园A座1108	18322355679
4	2014220203	陈嘉玲	女	361206199711044146		新东市常平镇万科高尔夫C501	18332365679
5	2014220204	陈文华	女	36120619970818183X		新东市石碣镇庆丰花园118号	18352375679
6	2014220205	陈伟权	男	441701199602260018		新东市万江永泰花园38号	18362385679
7	2014220206	陈爱茹	女	361206199704033589		新东市莞城文华花园71号	18312395679
8	2014220207	陈正亦	男	361206199804261972		新东市茶山镇怡华苑21号	18333313177
9	2014220208	邓允喜	男	361206199907184113		新东市寮步镇中山路13号	18333313176
10	2014220209	邓梓荣	男	361206199711236556		新东市石龙镇青年路54号	18333313175
11	2014220210	杜卡卡	女	361206199808091343		新东市东城区丰华花园1座503	18333313173
12	2014220211	黄秋禾	男	361206199809074153		新东市厚街镇人民路1号	18333313166
13	2014220212	黄和平	男	36120619981011133X		新东市中堂镇民主路五巷1号	18333313188
14	2014220213	霍元东	男	361206199907133810		新东市寮步镇雅苑1404号	18333313199
15	2014220214	柯剑华	男	361206199910151331		新东市石排镇李家村22号	18333313176
16	2014220215	李华华	女	361206199806260024		新东市石龙镇崇文街61号	18333313173
17	2014220216	李慧源	男	361206199901222011		新东市寮步镇神前四街四巷4号	18333313168

图 4.16　信息样表

二、操作步骤

（1）打开工作簿“某班学生信息表.xlsx”。

（2）依次在 A1～G1 中输入“学号”、“姓名”、“性别”等列标题。

（3）输入每个学生的信息，在输入信息的时候注意调整列宽，避免因为列宽不足而无法显示单元格的数据，影响操作。例如，在列 A 中输入“2014220201”时会因为列宽不足显示为“2.01E+09”，这时可以将鼠标定位到列标 A 和列标 B 中间的位置，鼠标指针变为双向箭头形状，如图 4.17 所示。此时通过拖动鼠标可以调整列宽，也可以直接双击将列宽快速设为最适合的宽度。

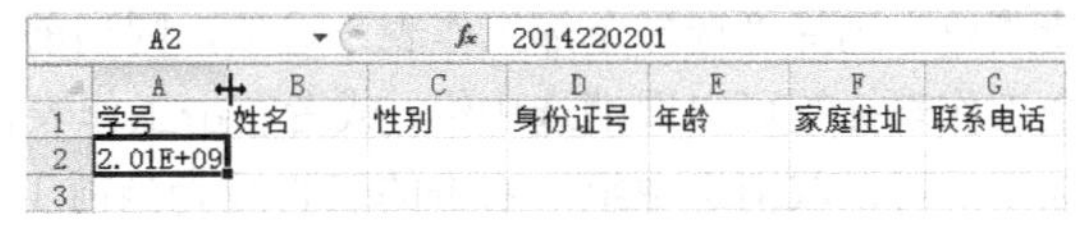

图 4.17　调整列宽

（4）保存工作簿。

在输入学号的时候可使用填充序列，输入性别时可使用“选择列表”，身份证号和联系电话为文本型数字。

 **技能练习**

1. 新建 Excel 工作簿，命名为 ex1-2-1.xlsx。

（1）输入以下信息。

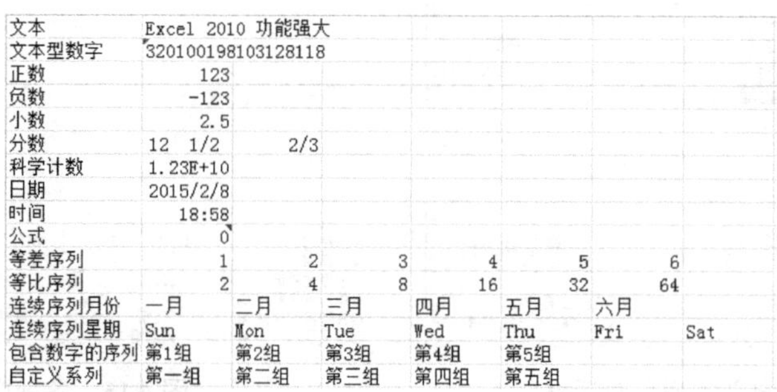

文本	Excel 2010 功能强大						
文本型数字	320100198103128118						
正数	123						
负数	-123						
小数	2.5						
分数	12 1/2	2/3					
科学计数	1.23E+10						
日期	2015/2/8						
时间	18:58						
公式	0						
等差序列	1	2	3	4	5	6	
等比序列	2	4	8	16	32	64	
连续序列月份	一月	二月	三月	四月	五月	六月	
连续序列星期	Sun	Mon	Tue	Wed	Thu	Fri	Sat
包含数字的序列	第1组	第2组	第3组	第4组	第5组		
自定义系列	第一组	第二组	第三组	第四组	第五组		

（2）保存工作簿。

2．新建 Excel 工作簿，命名为 ex1-2-2.xlsx。

（1）输入如图 4.16 所示的信息。

（2）将“Sheet1”工作表命名为“某班信息表”。

任务三　编辑工作表

任务说明

当数据输入完成后如果数据输入有误或者需要调整工作表的结构，此时需要用到编辑工作表的一些操作，通过本任务的学习可以掌握这些操作。

相关知识

一、对工作表的操作

1．选中工作表

（1）改变当前工作表，默认 Sheet1 为活动工作表，通过单击其他工作表的标签可以使其他工作表成为当前工作表。

（2）选中多个工作表，一般来说当前工作表只有一个，可是有时需要选中多个工作表并在多个工作表中同时进行操作（指相同的操作，如输入数据、格式化等）。选中第一个工作表，按“Shift”键，单击要选择的相邻工作表的最后一个工作表标签，可以选中多个连续的工作表。按住“Ctrl”键，依次单击要选中的工作表标签，可以选中多个不相邻的工作表。右击工作表标签，在弹出的快捷菜单中选择“选择全部工作表”选项，则当前工作簿中的所有工作表都被选中。通过单击任意一个工作表标签可以取消选中组，或者右击工作表标签，在弹出的快捷菜单中选择“取消成组工作表”选项，可以取消选中组，右击的表将成为当前工作表。

2．命名工作表

为了方便管理工作簿，可以根据工作表中的内容来对工作表进行命名。

（1）双击工作表标签，标签名称就被选中，可以直接输入新名称。

（2）右击工作表标签，在弹出的快捷菜单中选择“重命名”选项，直接输入名称即可。

3．移动或复制工作表

（1）在工作簿中选中工作表标签，用鼠标直接拖动到当前工作簿的某个工作表之后，即可把工作表移动到其他工作表之后；若拖动时按住“Ctrl”键，则可以把工作表复制到其他工作表之后。

（2）右击工作表标签，在弹出的快捷菜单中选择“移动或复制”选项，打开“移动或复制工作表”对话框，如图 4.18 所示。

“工作簿”下拉列表中列出当了前所有已经打开的工作簿的列表，选择将当前工作表移动或复制到某个工作簿中。

“下列选定工作表之前”列表框中提供了上一选项中选择的工作簿中的工作表的列表，可以选择将当前工作表移动或复制到某个工作表之前。

“建立副本”复选框，若选中则为复制操作，否则为移动操作。

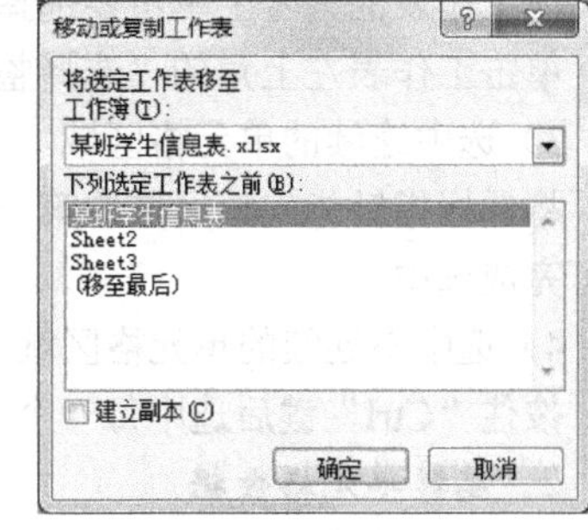

图 4.18 “移动或复制工作表”对话框

4．插入和删除工作表

（1）插入工作表：使用“Shift+F11”组合键，或者单击按钮，即可插入新工作表。

（2）删除工作表：右击工作表标签，在弹出的快捷菜单中选择“删除”选项。

5．隐藏和取消隐藏工作表

右击工作表标签，在弹出的快捷菜单中选择“隐藏”选项，可以暂时隐藏不需要显示的工作表。当有工作表被隐藏时，右击任意工作表标签，在弹出的快捷菜单中选择“取消隐藏”选项，在打开的“取消隐藏”对话框中选择要取消隐藏的工作表，单击“确定”按钮。

6．冻结窗格

冻结窗格可以使滚动工作表时，被冻结的区域一直在屏幕上显示，尤其适用于表格有行标题和列标题，且数据较多一屏显示不完的情况。

选中活动单元格（冻结点），单击“视图”选项卡“窗口”组中的“冻结窗格”下拉按钮，选择“冻结拆分窗格”选项，则使得冻结点的上一行和左一列冻结在屏幕上，在该下拉列表中还有“冻结首行”、“冻结首列”选项可选。

当窗格冻结后，可通过“冻结窗格”下拉列表中的“取消冻结窗格”选项取消冻结。

二、编辑数据

1．单元格的选择

1）定位单元格

要编辑已经输入数据的单元格，先要找到所要修改的单元格的位置，通过鼠标选中，或者在名称框中直接输入单元格或单元格区域的坐标即可定位单元格。

用键盘也可以实现当前单元格的改变，表 4.1 列出了常用的定位键和组合键的功能。

表 4.1 常用定位键和组合键

定位键和组合键	功　能
↑、↓、←、→方向键	向上、下、左、右移动一格
Home	移动到同一行的最左边
Ctrl+ Home	移动到工作表的左上角（即 A1 单元格）
Ctrl+End	移动到资料区的右下角
Tab	向右移动一格
Shift+ Tab	向左移动一格
Enter	确认输入，并下移一格
Shift+ Enter	确认输入，并上移一格

2）选中整行、整列、整个工作表

在工作表的行号上单击要选择的行的行号，就可以选中该行。

在工作表的列号上单击要选择的列的列号，就可以选中该列。

单击工作表左上角的“选择整个工作表”按钮，可以选中整个工作表。

3）选中连续的单元格区域

将鼠标指针指向该区域的第一个单元格，按下鼠标左键拖动至最后一个单元格，松开鼠标左键即可完成选中。

4）选中不连续的单元格区域

按住“Ctrl”键后选中每一个单元格区域，松开鼠标左键即可完成选中。

2．编辑单元格数据

1）直接编辑

选中需要编辑的单元格，使其成为当前单元格。将鼠标指针移到需要修改的位置上双击，或按“F2”键，使该位置出现插入标记。对内容进行修改，可以使用 Backspace、Delete 键等来删除不需要的内容，直接在需要的位置上输入要增加的内容。按“Enter”键确认，若输入的是公式，则将重新计算。

2）通过编辑栏编辑

选中需要编辑修改的单元格，使其成为当前单元格。单元格内容出现在编辑栏中。如果单元格的内容是公式，则公式同样出现在编辑栏中。将鼠标指针移动到编辑栏内，鼠标指针变成插入点光标。在要修改的位置进行增、删、改等操作，按“Enter”键确认修改。

3）替换单元格内容

若整个单元格内容都要修改，则可以使用替换功能。选中单元格，使其成为当前单元格，输入新的内容，按“Enter”键即可。

3．单元格数据的复制和移动

1）数据的复制（移动）

选择被复制的单元格或单元格区域，单击“开始”选项卡“剪贴板”组中的“复制（剪切）”按钮，或者按“Ctrl+C（X）”组合键。

选中目标单元格（若是粘贴单元格区域，则选中目标区域的左上角单元格），单击“开始”选项卡“剪贴板”命令组中的“粘贴”按钮；或者按“Ctrl+V”组合键。粘贴时有很多选项，可以全部粘贴，也可以粘贴“数值”、“公式”等，如图 4.19 所示。

2）选择性粘贴

若复制的内容（剪切不存在选择性粘贴操作）设置了数字、文本格式或者公式，则可以根据需要粘贴格式、公式、计算结果等，这时可以使用“选择性粘贴”选项，在打开的“选择性粘贴”对话框中选择需要粘贴的内容，如图 4.20 所示。

图 4.19　复制（剪切）粘贴

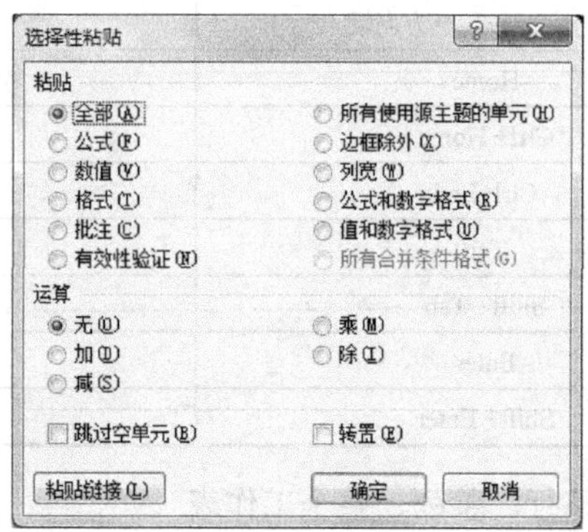

图 4.20　“选择性粘贴”对话框

3）用鼠标拖动的方法复制和移动单元格的内容

先用鼠标选中目标单元格，指向当前单元格的底部，当鼠标指针变成指向左上方的箭头时，即可进行拖动操作，直接拖动时就是移动操作，拖动的同时按住“Ctrl”键就是复制操作。按“Ctrl”键后，鼠标指针旁边就有一个小加号（+），表示复制正在进行。拖动到目标单元格之后松开鼠标左键即可。

4．数据清除

当数据表中的一些数据、信息不再需要的时候，可以选择删除或清除，清除是仅清除单元格中的信息，保留单元格；而删除会将选中的单元格连同内容一起删除。删除功能将在下面介绍。

选中单元格区域，单击“开始”选项卡“编辑”组中的“清除”按钮。“清除”下拉列表中有 5 个选项：全部清除、清除格式、清除内容、清除批注、清除超链接，如图 4.21 所示。

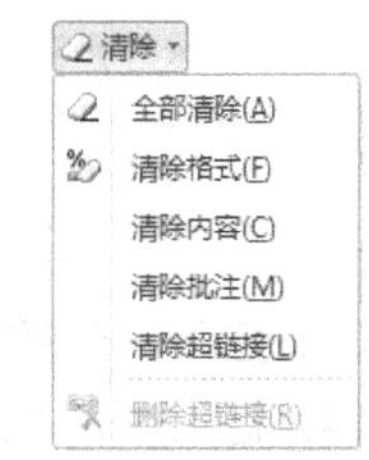

图 4.21 “清除”下拉列表

5．“单元格”组

在 Excel 2010 中将插入工作表、行、列、单元格，删除工作表、行、列、单元格等统一放到“开始”选项卡，“单元格”组的“插入”和“删除”两个按钮中，并可以通过“格式”命令按钮设置行高、列宽、行和列的隐藏与显示、工作表的隐藏与显示等。该组中各选项简单、明了，这里不再赘述，如图 4.22 所示。

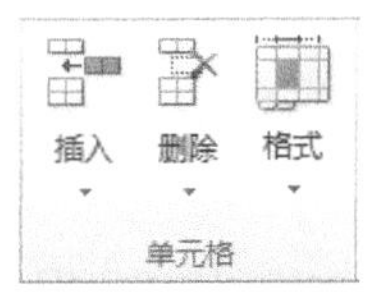

图 4.22 “单元格”组

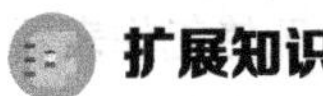

扩展知识

插入单元格、行、列的个数与选中的单元格、行、列的个数相等。

插入行（列）时，是在选中的行（列）的上方（左侧）插入一行或多行（一列或多列）。

删除行（列）时，不会影响到行标、列标，被删除掉的行（列）的下一行（列）会自动向前递补，即单元格地址还在，只是内容改变了。

三、查找和替换

查找和替换功能可以在工作表中快速地定位要查找的信息，并且可以用指定的内容来代替。查找可以在一个单元格区域、一个工作表或者多个工作表中进行。单击“开始”选项卡“编辑”组中的“查找和选择”下拉按钮，选择“查找”或者“替换”选项，打开“查找和替换”对话框。

查找和替换的字符可以包括文字、数字、公式或者公式的一部分，可以查找特定格式的内容，也可以在替换时设定格式。在“查找内容”和“替换为”文本框中分别输入要查找和要替换的数据，若单击对话框中的“替换”按钮，则替换查找到的单元格数据；若单击“全部替换”按钮，则替换搜索区域内所有符合搜索条件的单元格数据，如图 4.23 所示。

技能练习

打开工作簿 ex1-2-2.xlsx。

（1）将工作表“某班学生信息表”复制并重命名为“某班成绩表”。

（2）在“某班成绩表”中仅保留“学号”、“姓名”列，其他列全部删除。在这两列后面分别插入“语文”、“数学”、“英语”、“体育”、“平均分”、“总分”、“排名”列，并输入以下数据。

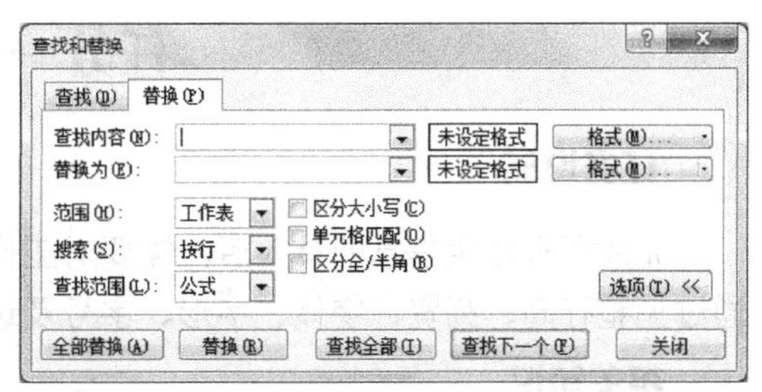

图 4.23 “查找和替换”对话框

	A	B	C	D	E	F	G	H	I
1	学号	姓名	语文	数学	英语	体育	平均分	总分	排名
2	2014220201	陈小梅	90	88	93.5	100			
3	2014220202	陈浩瀚	84	88	70	90			
4	2014220203	陈嘉玲	78	90	94	100			
5	2014220204	陈文华	94	70	70	85			
6	2014220205	陈伟权	83	66	86	92			
7	2014220206	陈爱茹	88	69	68	70			
8	2014220207	陈正亦	73	89	90.5	98			
9	2014220208	邓允喜	86	87	95	100			
10	2014220209	邓梓荣	80	81	85	100			
11	2014220210	杜卡卡	88	79	82.5	92			
12	2014220211	黄秋禾	72	64	80	80			
13	2014220212	黄和平	68	77	70	75			
14	2014220213	霍元东	69	79	57	87			
15	2014220214	柯剑华	78	82	76	95			
16	2014220215	李华华	75	91	82	85			
17	2014220216	李慧源	81	69	74.5	75			

（3）插入一个新工作表，并将工作表命名为“编辑操作”。

（4）把工作表“某班学生信息表”的全部信息，复制并粘贴到“编辑操作”工作表中以 A2 为左上角单元格的单元格区域，使用“选择性粘贴”粘贴为数字，比较其和源数据有什么不同。

（5）查找姓陈的同学。查找“441701”，并将其替换为“361203”。

项目二　设置“某班学生信息表”格式

项目指引

通过本部分项目一完成了〝某班学生信息表〞的录入，但是表格看起来很单调为了使工作表看起来更清晰、直观、规范，打印出来更加美观，需要对工作表进行格式设置。

Excel 2010 提供了丰富的格式化功能，可以用这些功能完成对数字显示格式、文字对齐方式、字体、字形、字号、边框和底纹等的设置。Excel 还提供了内置的丰富格式，可直接格式化工作表，让操作更加简洁、高效。

知识目标

了解工作表格式设置的常见方法，条件格式、套用格式的使用场景，打印工作表前应注意的细节等知识。

技能目标

熟练掌握 Excel 2010 工作表的格式设置方法，通过具体任务的学习能够快速高效地设置字体、字号、边框、底纹、对齐方式等，学会使用条件格式突出显示特定数据，使工作表更加直观，能够熟练套用格式快速设置表格，并熟练设置工作表的页面格式等以便打印。

任务一　美化工作表

任务说明

完成所有学生信息的录入后，需要对工作表进行格式设置，使工作表看起来更加清晰、规范。通过调整行高、列宽、字体、字形、字号及边框等可以使工作表生动起来。

相关知识

Excel 2010 中设置单元格格式的方法很多，可以通过功能区上提供的按钮，“开始”选项卡中有

“字体”组、“对齐方式”组、“数字”组、“样式”组、“单元格”组等，可快速设定单元格格式，如图 4.24 所示。

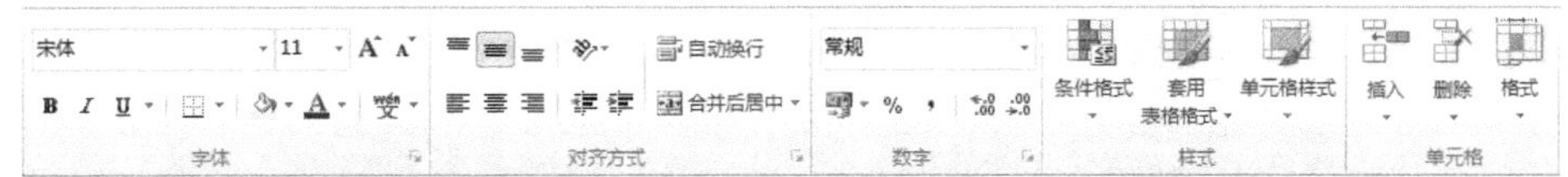

图 4.24　“开始”选项卡

还可以通过打开“设置单元格格式”对话框来进行较为全面的设定，“设置单元格格式”对话框可以通过单击图 4.24 中任一组右下角的对话框启动器打开，如图 4.25 所示。“设置单元格格式”对话框中有“数字”、“对齐”、“字体”、“边框”、“填充”等选项卡，可以对单元格进行详细设定。

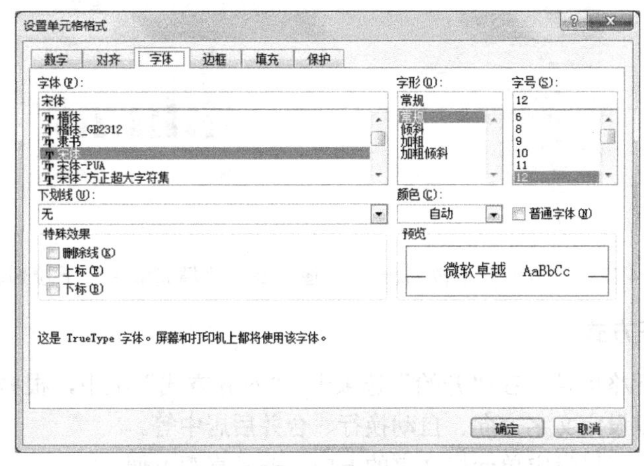

图 4.25　“设置单元格格式”对话框

一、设置文本格式

通过“开始”选项卡中的“字体”组，可以设置表格的字体、字形、字号、颜色、背景等，方法与 Word 2010 类似，这里不再赘述。

二、设置数字格式

Excel 处理的数据以数字居多，因此在工作表中设置数字的格式很重要，通过“开始”选项卡中的“数字”组，可以设置数字货币、百分比、千位分隔样式、增加小数位数、减少小数位数等。还可以通过单击“常规”下拉按钮，在弹出的如图 4.26 所示的下拉列表中，设置更多格式。

图 4.26　更多数字格式

三、边框与填充

1．边框

根据不同的需要，可以对工作表中的单元格加上不同的边框线，如分离标题、统计数据等。

选中单元格或单元格区域，单击“开始”选项卡“字体”组中的“边框”按钮，弹出“边框”下拉列表，快速设置边框的样式，包括线型和颜色等，如图 4.27 所示。

2．填充

选中单元格或单元格区域，单击“开始”选项卡“字体”组中的“填充”按钮，弹出“填充颜色”下拉列表，选择需要填充的颜色即可，如图 4.28 所示。

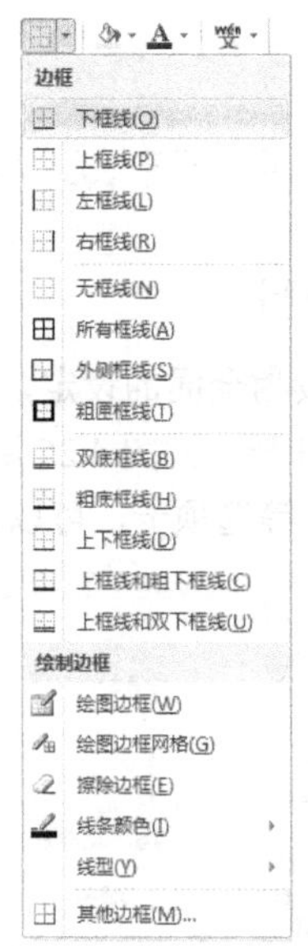

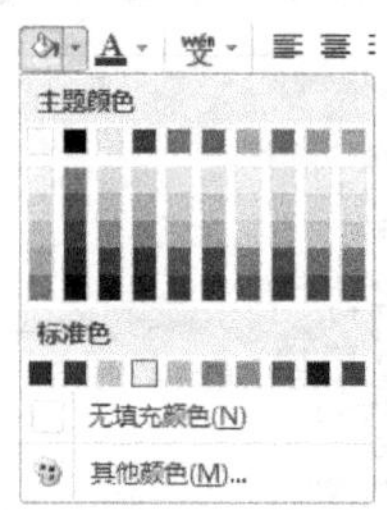

图 4.27 “边框”下拉列表　　图 4.28 “填充颜色”下拉列表

四、数据的对齐方式

选中单元格或单元格区域，在“开始”选项卡 “对齐方式”组中，根据需要选择水平和垂直对齐方式即可，还可以设定文字方向、自动换行、合并后居中等。

其中“文字方向”可以设定单元格文字的方向，非常直观方便。

当单元格的内容很多时，通过“自动换行”功能可以设定在当前单元格宽度内所有内容通过自动换行都可见。

“合并后居中”功能将选择的多个单元格合并成一个较大的单元格，并使内容居中，合并后只能保留左上角的单元格的内容。

五、改变工作表的行高（列宽）

选中需要设置的行（列），然后用以下方法设置行高（列宽）。

（1）直接拖动，将鼠标指针移到所选行标的下边框（或者列标的右边框），鼠标指针变为一条水平（竖直）黑短线和两个反向的垂直（水平）箭头；按住鼠标左键，拖动边框改变行高（列宽）；或者双击，该行（列）自动设置为最合适高度（宽度）。

（2）右击选中的行（列），在弹出的快捷菜单中选择“行高（或列宽）”选项，在打开的“行高（列宽）”对话框中输入数值即可，如图 4.29 和图 4.30 所示。

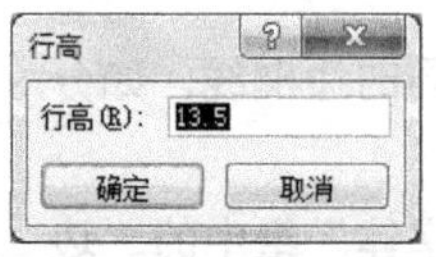

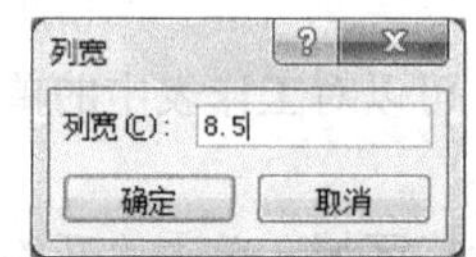

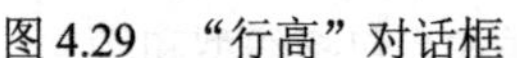

图 4.29 “行高”对话框　　图 4.30 “列宽”对话框

（3）单击“开始”选项卡“单元格”组中的“格式”下拉按钮，可以在下拉列表中选择设定行高或列宽的方式，如图 4.31 所示。

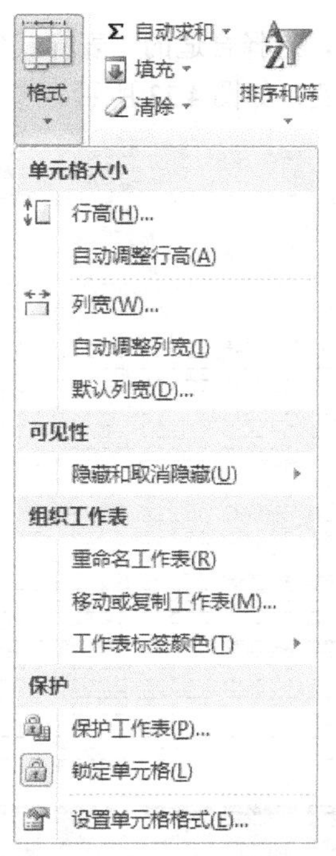

图 4.31　“格式”下拉列表

扩展知识

行高和列宽的单位不同，行高的单位为磅（1cm=28.6 磅），列宽的单位为 1/10 英寸（1 英寸≈2.54mm）。单击“视图”选项卡“工作簿视图”组中的“页面布局”按钮，此时选择设定行高（列宽），会发现单位变成了 cm。

六、单元格样式和套用表格格式

1. 单元格样式

Word 具有定义样式的功能，可利用它快速地为文本定义字体、字号、字间距、颜色、文字对齐方式等，深受广大用户的欢迎。其实 Excel 与 Word 一样也提供了样式功能，也可利用 Excel 的样式快速对某个工作簿的数字格式、对齐方式、字体、字号、颜色、边框、图案、保护等内容进行设置。

选中需要定义格式的单元格区域，单击“开始”选项卡“样式”组中的“单元格样式”下拉按钮，如图 4.32 所示。根据实际需要选择适当的样式，选中的单元格区域的格式会按照用户指定的样式发生变化，从而满足用户快速、大批定义格式的要求，也可以自己新建单元格样式。

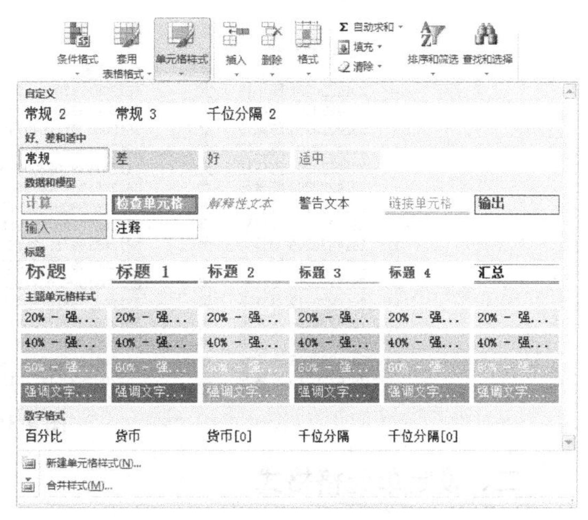

图 4.32　“单元格样式”下拉列表

2. 套用表格格式

Excel 提供了多种专业表格样式，可以选择其中一种自动套用到选中的工作表单元格区域中。

选中单元格区域，单击“开始”选项卡“样

式”组中的“单元格样式”下拉按钮，选择合适的“表样式”，所选单元格区域马上会按照表样式所设定的边框、填充、文本等进行改变，如图 4.33 所示。

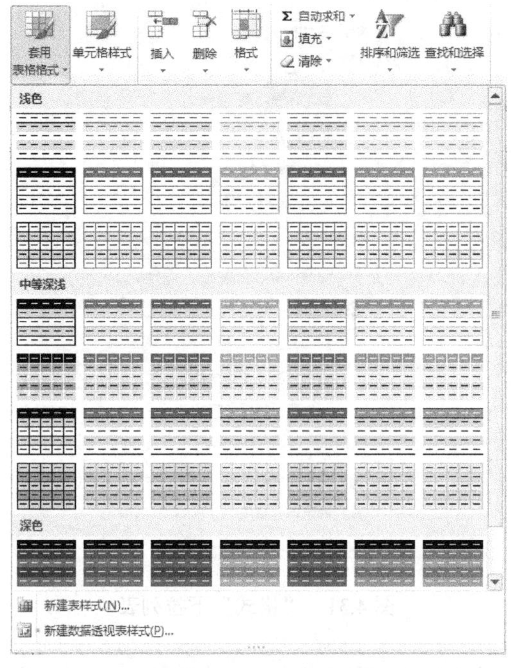

图 4.33　套用表格格式

任务实战

一、输入内容

（1）打开工作簿“某班学生信息表.xlsx”，选中工作表“某班学生信息表”。

（2）选中第一行并右击，在弹出的快捷菜单中选择“插入”选项，插入新的一行。

（3）单击 A1 单元格，输入表格的标题“某班学生信息表”。

（4）将“年龄”列标题（即 E2 中的内容），改为“出生日期”，根据身份证信息，将出生日期填上，如图 4.34 所示。

	A	B	C	D	E	F	G
1	某班学生信息表						
2	学号	姓名	性别	身份证号	出生日期	家庭住址	联系电话
3	2014220201	陈小梅	女	361206199705166920	1997/5/16	新东市城区北大花园C座603	18312335679
4	2014220202	陈浩瀚	男	361206199809206753	1998/9/20	新东市厚街镇富豪花园A座1108	18322355679
5	2014220203	陈嘉玲	女	361206199711044146	1997/11/4	新东市常平镇万科高尔夫C501	18332365679
6	2014220204	陈文华	女	36120619970818183X	1997/8/18	新东市石碣镇庆丰花园118号	18352375679
7	2014220205	陈伟权	男	441701199602260018	1996/2/26	新东市万江永泰花园38号	18362385679
8	2014220206	陈爱茹	女	361206199704033589	1997/4/3	新东市莞城文华花园71号	18312395679
9	2014220207	陈正亦	男	361206199804261972	1998/4/26	新东市茶山镇怡华苑21号	18333313177
10	2014220208	邓允喜	男	361206199907184113	1999/7/18	新东市寮步镇中山路13号	18333313176
11	2014220209	邓梓荣	男	361206199711236556	1997/11/23	新东市石龙镇青年路54号	18333313175
12	2014220210	杜卡卡	女	361206199808091343	1998/8/9	新东市东城区丰华花园1座503	18333313173
13	2014220211	黄秋禾	男	361206199809074153	1998/9/7	新东市厚街镇人民路1号	18333313166
14	2014220212	黄和平	男	36120619981011133X	1998/10/11	新东市中堂镇民主路五巷1号	18333313188
15	2014220213	霍元东	男	361206199907133810	1999/7/13	新东市寮步镇雅苑1404号	18333313199
16	2014220214	柯剑华	男	361206199910151331	1999/10/15	新东市石排镇李家村22号	18333313176
17	2014220215	李华华	女	361206199806260024	1998/6/26	新东市石龙镇崇文街61号	18333313173
18	2014220216	李慧源	男	361206199901222011	1999/1/22	新东市寮步镇神前四街四巷4号	18333313168

图 4.34　样表

二、设定单元格格式

（1）选中 A1:G1 单元格区域，单击“开始”选项卡“对齐方式”命令组中的“合并后居中”按钮，并单击“开始”选项卡“样式”组中的“单元格样式”下拉按钮，选择“标题”样式。

（2）选中 A2:G2 单元格区域，并单击“开始”选项卡“样式”组中的“单元格样式”下拉按钮，选择“标题 1”样式，如图 4.35 所示。

	A	B	C	D	E	F	G
1	某班学生信息表						
2	学号	姓名	性别	身份证号	出生日期	家庭住址	联系电话
3	2014220201	陈小梅	女	361206199705166920	1997/5/16	新东市城区北大花园C座603	18312335679
4	2014220202	陈浩瀚	男	361206199809206753	1998/9/20	新东市厚街镇富豪花园A座1108	18322355679
5	2014220203	陈嘉玲	女	361206199711044146	1997/11/4	新东市常平镇万科高尔夫C501	18332365679

图 4.35　表格效果

（3）选中 A2:G18 单元格区域，单击“开始”选项卡“对齐方式”组中的“垂直居中”按钮，将所有单元格内容设定为“垂直居中”。单击“开始”选项卡“对齐方式”组中的“居中”按钮，将 A2:G2 及 B3:C18 单元格区域设定为“水平居中”。

（4）选中“出生日期”列的数据，即 E3:E18，通过“开始”选项卡“数字”组，将日期格式设置为“长日期”，此时发现单元格中显示的是一连串“##########”符号，这表示列宽不够。通过双击列标 E 的右边框，设定最合适的列宽，如图 4.36 所示。

某班学生信息表						
学号	姓名	性别	身份证号	出生日期	家庭住址	联系电话
2014220201	陈小梅	女	361206199705166920	1997年5月16日	新东市城区北大花园C座603	18312335679
2014220202	陈浩瀚	男	361206199809206753	1998年9月20日	新东市厚街镇富豪花园A座1108	18322355679
2014220203	陈嘉玲	女	361206199711044146	1997年11月4日	新东市常平镇万科高尔夫C501	18332365679
2014220204	陈文华	女	36120619970818183X	1997年8月18日	新东市石碣镇庆丰花园118号	18352375679
2014220205	陈伟权	男	441701199602260018	1996年2月26日	新东市万江永泰花园38号	18362385679
2014220206	陈爱茹	女	361206199704033589	1997年4月3日	新东市莞城文华花园71号	18312395679
2014220207	陈正亦	男	361206199804261972	1998年4月26日	新东市茶山镇怡华苑21号	18333313177
2014220208	邓允喜	男	361206199907184113	1999年7月18日	新东市寮步镇中山路13号	18333313176
2014220209	邓梓荣	男	361206199711236556	1997年11月23日	新东市石龙镇青年路54号	18333313175
2014220210	杜卡卡	女	361206199808091343	1998年8月9日	新东市东城区丰华花园1座503	18333313173
2014220211	黄秋禾	男	361206199809074153	1998年9月7日	新东市厚街镇人民路1号	18333313166
2014220212	黄和平	男	36120619981011133X	1998年10月11日	新东市中堂镇民主路五巷1号	18333313188
2014220213	霍元东	男	361206199907133810	1999年7月13日	新东市寮步镇雅苑1404号	18333313199
2014220214	柯剑华	男	361206199910151331	1999年10月15日	新东市石排镇李家村22号	18333313176
2014220215	李华华	女	361206199806260024	1998年6月26日	新东市石龙镇崇文街61号	18333313173
2014220216	李慧源	男	361206199901222011	1999年1月22日	新东市寮步镇神前四街四巷4号	18333313168

图 4.36　设定对齐方式、日期格式等

（5）选中 A2:G18 单元格区域，单击“开始”选项卡“字体”组中的“边框”下拉按钮，选择“所有框线”选项，为表格加上框线。选中 A2:G2 单元格区域，在“边框”下拉列表中选择“粗底框线”选项。

（6）选中 A2:G2 及 A3:B18 单元格区域，单击“开始”选项卡“字体”组中的“填充颜色”按钮，选择“橄榄色，强调文字颜色 3，淡色 40%”选项，如图 4.37 所示。

某班学生信息表						
学号	姓名	性别	身份证号	出生日期	家庭住址	联系电话
2014220201	陈小梅	女	361206199705166920	1997年5月16日	新东市城区北大花园C座603	18312335679
2014220202	陈浩瀚	男	361206199809206753	1998年9月20日	新东市厚街镇富豪花园A座1108	18322355679
2014220203	陈嘉玲	女	361206199711044146	1997年11月4日	新东市常平镇万科高尔夫C501	18332365679
2014220204	陈文华	女	36120619970818183X	1997年8月18日	新东市石碣镇庆丰花园118号	18352375679
2014220205	陈伟权	男	441701199602260018	1996年2月26日	新东市万江永泰花园38号	18362385679
2014220206	陈爱茹	女	361206199704033589	1997年4月3日	新东市莞城文华花园71号	18312395679
2014220207	陈正亦	男	361206199804261972	1998年4月26日	新东市茶山镇怡华苑21号	18333313177
2014220208	邓允喜	男	361206199907184113	1999年7月18日	新东市寮步镇中山路13号	18333313176
2014220209	邓梓荣	男	361206199711236556	1997年11月23日	新东市石龙镇青年路54号	18333313175
2014220210	杜卡卡	女	361206199808091343	1998年8月9日	新东市东城区丰华花园1座503	18333313173
2014220211	黄秋禾	男	361206199809074153	1998年9月7日	新东市厚街镇人民路1号	18333313166
2014220212	黄和平	男	36120619981011133X	1998年10月11日	新东市中堂镇民主路五巷1号	18333313188
2014220213	霍元东	男	361206199907133810	1999年7月13日	新东市寮步镇雅苑1404号	18333313199
2014220214	柯剑华	男	361206199910151331	1999年10月15日	新东市石排镇李家村22号	18333313176
2014220215	李华华	女	361206199806260024	1998年6月26日	新东市石龙镇崇文街61号	18333313173
2014220216	李慧源	男	361206199901222011	1999年1月22日	新东市寮步镇神前四街四巷4号	18333313168

图 4.37　设定边框和颜色填充的单元格

技能练习

1．打开 ex-2-1-1.xlsx，完成如下操作，并以原文件名保存。

（1）将 Sheet1 工作表重命名为“销售情况表”，将此工作表标签的颜色设置为标准色中的“橙色”。

（2）在“销售情况表”工作表中，在标题行下方插入一空行，并设置行高为 10；将“广州”一行移至“东莞”一行的上方；删除第 G 列（空列）。

（3）将 B2:G3 单元格区域合并后居中，字体设置为仿宋、20 磅、加粗，并为标题行填充天蓝色（RGB 分别为 146、205、220）底纹。

（4）将 B4:G4 单元格区域的字体设置为华文行楷、14 磅、白色，文本对齐方式为居中，为其填充红色（RGB 分别为 200、100、100）底纹。

（5）将 B5:G10 单元格区域的字体设置为华文细黑、12 磅，文本对齐方式为居中，为其填充玫瑰红色（RGB 分别为 230、175、175）底纹；并将其外边框设置为粗实线，内部框线设置为虚线，颜色均为红色。

2．打开 ex-2-1-2.xlsx，完成如下操作，并以原文件名保存。

（1）将 Sheet1 工作表重命名为“考试成绩表”，将此工作表标签的颜色设置为标准色中的“黄色”。

（2）在“考试成绩表”工作表中，在“总分”列前方插入一空列“平均分”，并设置列宽为 10。

（3）将 A1:H1 单元格区域合并后居中，字体设置为黑体、20 磅、加粗，并为标题行填充“深蓝，文字 2，淡色 60%”底纹。

（4）将 C3:F14 单元格区域的字体设置为 Arial Black、14 磅、黄色，文本对齐方式为居中，为其填充标准色“浅绿”底纹。

（5）将 C2:H2、C2:B14 单元格区域的字体设置为华文细黑、12 磅，文本对齐方式为居中，为其填充标准色“绿色”底纹；并将其外边框设置为粗实线，内部框线设置为虚线，颜色均为蓝色。

任务二　条件格式

任务说明

在实际使用中 Excel 表格中的数据量是非常大的，密密麻麻的数据会让人眼花缭乱，面对千篇一律的数据往往不知道从哪儿看起，也不知道要查找的数据在哪里。运用条件格式，可以让感兴趣的数据以特定的格式显示出来，结合公式等会使 Excel 的功能更加强大。

某班成绩统计表已制作好，班主任张老师想看看谁有不合格的科目，想将成绩的字体设置为红色、加粗、倾斜来突出显示，张老师还想把各个科目成绩高于平均分的单元格填充为绿色。

相关知识

Excel 条件格式使用最多的就是通过设定公式筛选出有效数据，进行颜色标注、改变字体等来区别于 Excel 工作表中的正常数据。哪些情况下使用 Excel 条件格式比较好呢？如超过或者低于某个特定值时，最大的数据在哪里，最小的数据又在哪里，哪些数据重复了，哪些数据是唯一的，突出显示当月过生日的人员信息等。采用条件格式实现的效果就是突出显示和强调所关注的单元格或单元格区域。

Excel 2010 中可以通过“突出显示单元格规则”、“项目选取规则”来筛选数据，可以通过“数据条”、“色阶”及“图标集”来设定格式。当然，也可以自定义规则。

单击“开始”选项卡“样式”组中的“条件格式”下拉按钮，在下拉列表中可以设置规则，规则有很多，突出显示单元格规则有大于、小于、介于、等于……，项目选取规则有值最大的 10 项、值最小的 10%项、高于平均值……，如图 4.38 和图 4.39 所示。

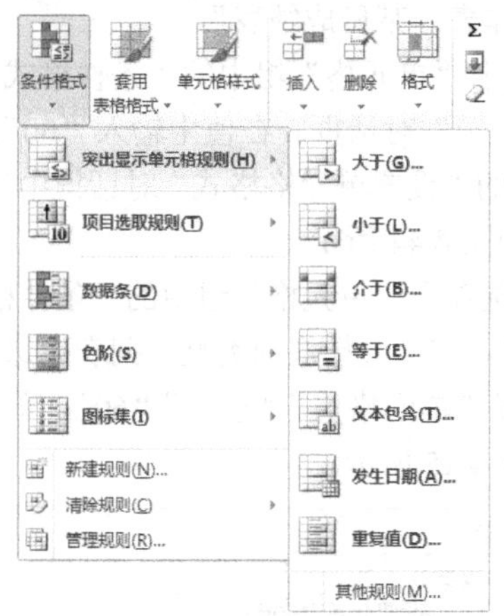

图 4.38　突出显示单元格规则

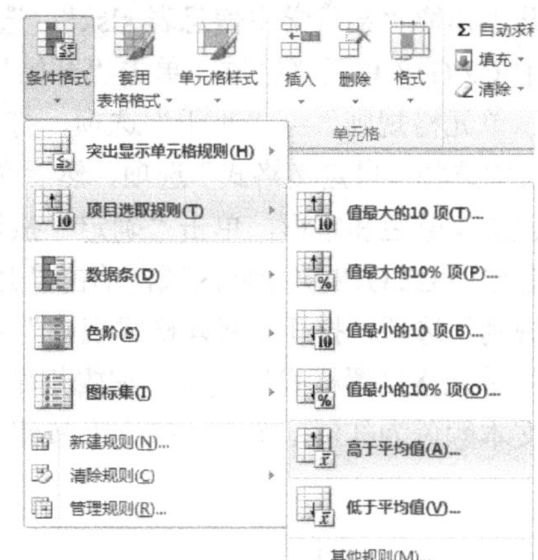

图 4.39　项目选取规则

而“数据条”、“色阶”、“图标集”可以直接设定单元格数据的显示模式。例如，当选择“渐变填充”、“绿色数据条”时，单元格会填充绿色渐变数据条，值越大数据条越长，如图 4.40 和图 4.41 所示。而色阶则用颜色的深浅来表示数据，如设置“红-白-蓝”色阶后，则数据区域会被这 3 种颜色填充，红色越深代表值越大，而蓝色越深代表值越小，如图 4.42 和图 4.43 所示。

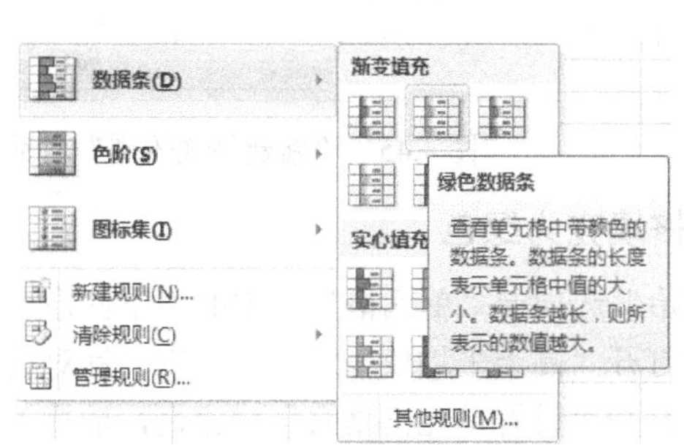

图 4.40　数据条

语文	数学	英语	体育
90	88	93.5	100
84	88	70	90
78	90	94	100
94	70	70	85
83	66	86	92
88	69	68	70
73	89	90.5	98
86	87	95	100
80	81	85	100
88	79	82.5	92
72	64	80	80
68	77	70	75
69	79	57	87
78	82	76	95
75	91	82	85
81	69	74.5	75

图 4.41　设置了数据条的数据

语文	数学	英语	体育
90	88	93.5	100
84	88	70	90
78	90	94	100
94	70	70	85
83	66	86	92
88	69	68	70
73	89	90.5	98
86	87	95	100
80	81	85	100
88	79	82.5	92
72	64	80	80
68	77	70	75
69	79	57	87
78	82	76	95
75	91	82	85
81	69	74.5	75

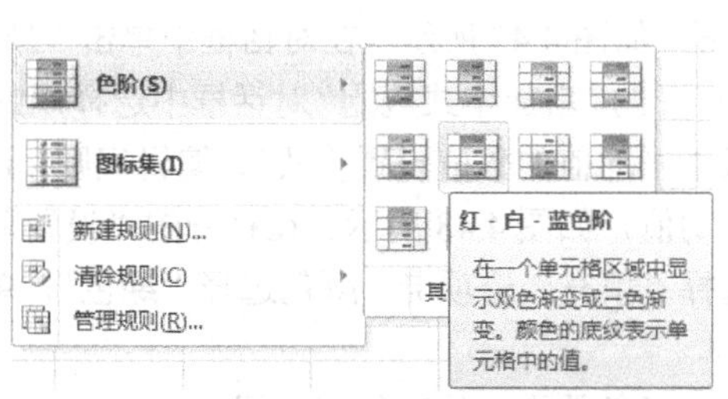

图 4.42　色阶

图 4.43　设置了色阶的数据

任务实战

一、不合格的成绩显示为红色、加粗、倾斜

（1）打开工作簿“某班学生信息表.xlsx”，选中工作表“某班成绩表”。

（2）选中 C2:G18 单元格区域，单击“开始”选项卡“单元格”组中的“条件格式”按钮，选择“突出显示单元格规则”→“小于”选项，打开“小于”对话框。在值中输入“60”，在“设置为”下拉列表中选择“自定义格式”选项，然后在打开的“设置单元格格式”对话框中选择“字体”选项卡，设置文本颜色和字形，单击“确定”按钮，如图 4.44 所示。

（3）或者选中 C2:G18 单元格区域，单击“开始”选项卡“单元格”组中的“条件格式”按钮，选择“新建规则”选项，打开“新建格式规则”对话框。在“选择规则类型”列表中选择“只为包含以下内容的单元格设置格式”选项，编辑规则，选择“单元格值”“小于”“60”，单击“格式”按钮，设定文本颜色为红色，单击“确定”按钮，如图 4.45 所示。

图 4.44　“小于”对话框

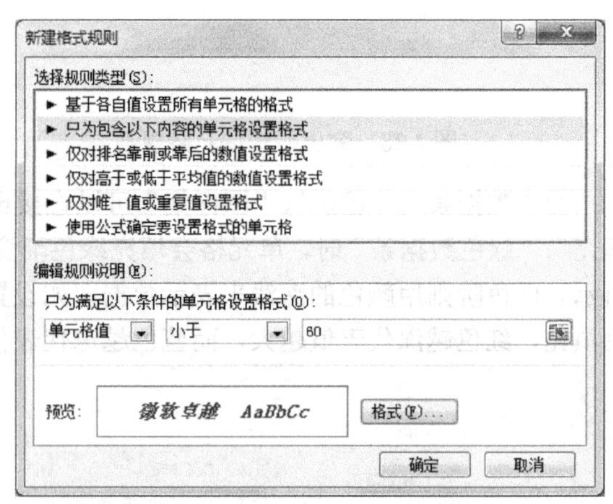

图 4.45　“新建格式规则”对话框

二、各个科目成绩高于平均分的单元格填充为绿色

（1）选中 C2:C17 单元格区域，单击“开始”选项卡“单元格”组中的“条件格式”按钮，选择“项目选取规则”→“高于平均值”选项，打开“高于平均值”对话框。在“针对选定区域，设置为”下拉列表中选择“自定义格式”选项，打开“设置单元格格式”对话框，选择“填充”选项卡，颜色选择“绿色”，单击“确定”按钮，如图 4.46 所示。

（2）使用以上方法分别设定 D2:D17，E2:E17，F2:F17 三个单元格区域。也可以使用格式刷复制格式。但是只能一块区域、一块区域地复制单元格条件格式，不能选择 D2:F17 区域，想想为什么。

（3）如果单元格区域已经设定了条件格式，则也可以选择“条件格式”下拉列表中的“管理规则”选项，打开“条件格式规则管理器”对话框，如图 4.47 所示。在对话框中单击“新建规则”按钮，然后在打开的“新建格式规则”对话框中选择规则类型为“仅对高于或低于平均值的数值设置格式”，编辑规则，选择“高于”选定范围平均值，如图 4.48 所示。在打开的“设置单元格格式”对话框中选择“填充”选项卡，颜色选择“绿色”，单击“确定”按钮。

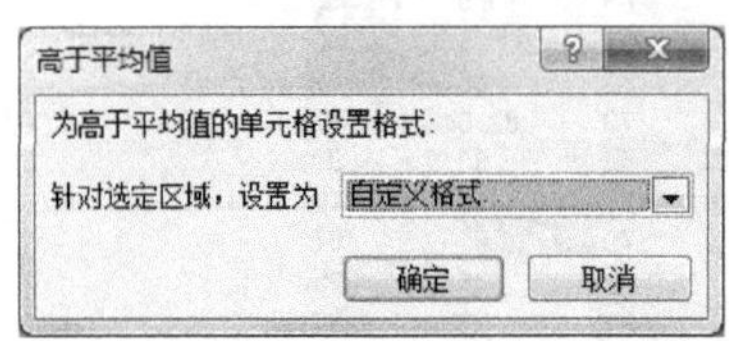

图 4.46　“高于平均值”对话框

（4）设定了条件格式的工作表如图 4.49 所示。

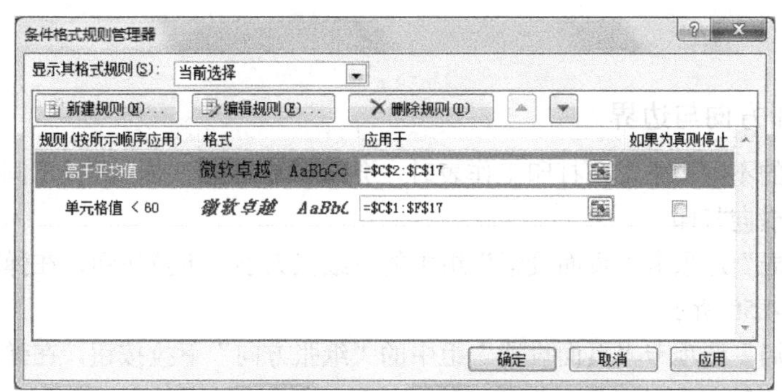

图 4.47　“条件格式规则管理器”对话框

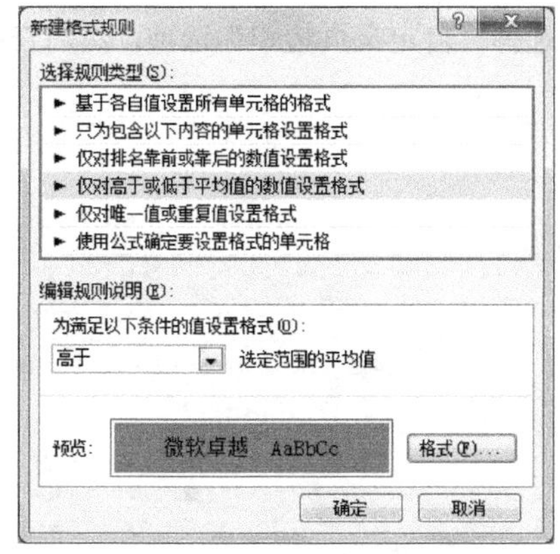

图 4.48　新建高于平均值规则

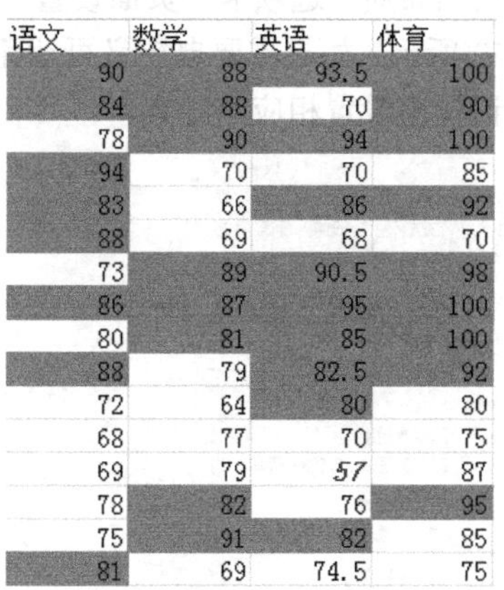

语文	数学	英语	体育
90	88	93.5	100
84	88	70	90
78	90	94	100
94	70	70	85
83	66	86	92
88	69	68	70
73	89	90.5	98
86	87	95	100
80	81	85	100
88	79	82.5	92
72	64	80	80
68	77	70	75
69	79	57	87
78	82	76	95
75	91	82	85
81	69	74.5	75

图 4.49　设定了条件格式的工作表

三、删除规则

如果条件格式不需要了，则可以在“条件格式规则管理器”对话框中，选中不需要的规则，单击“删除规则”按钮；也可以选择“条件格式”下拉列表中的“清除规则”选项；还可以单击“开始”选项卡“编辑”组中的“清除”下拉按钮，选择“清除格式”选项。

技能练习

打开 ex2-2-1.xlsx，完成如下操作，以原文件名保存。

（1） 将 Sheet1 工作表的 C3:F14 单元格区域中大于等于 90 的数填充为绿色底纹（使用条件格式）。

（2）将 Sheet2 工作表的 B3:B17 单元格区域中低于 2500 的数据的字体设置为红色、加粗。

（3）将 Sheet2 工作表的 A1:D1 单元格区域合并为一个单元格，内容水平居中；将 A2:D17 单元格区域套用表格格式“表样式浅色 8”，将工作表命名为“工资统计表”。

任务三　打印工作表

任务说明

在编辑完成工作表并进行了格式设置后，张老师想把工作表打印出来，那么 Excel 2010 中打印工作表前需要进行什么设定，有什么要注意的地方？

通过本任务的学习，学会根据输出要求设置打印方向与边界，掌握添加页眉和页脚的方法，会设置打印属性，会预览和打印文件等。

相关知识

一、设置打印方向与边界

根据打印文档的不同需求，在打印工作表时，会选择不同的纸张，选择不同的打印边界，并可以要求打印方向为横向打印。

单击“页面布局”选项卡“页面设置”组中的“纸张大小”下拉按钮，在弹出的下拉列表中选择纸张大小，如图 4.50 所示。

单击“页面布局”选项卡“页面设置”组中的“纸张方向”下拉按钮，在弹出的下拉列表中选择打印方向，如图 4.51 所示。

单击“页面布局”选项卡“页面设置”组中的“页边距”按钮，在弹出的菜单中选择页边距类型，如图 4.52 所示。如果需要自定义页边距，则可选择“自定义页边距”选项，然后在打开的“页面设置”对话框中设置相应的参数。

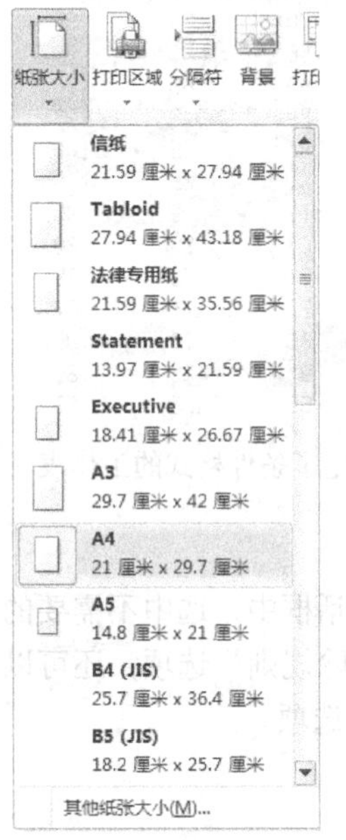

图 4.50　选择纸张大小

图 4.51　选择纸张方向

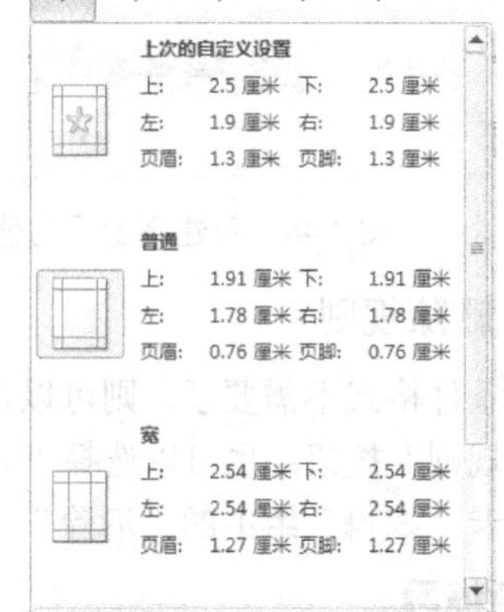

图 4.52　选择页边距

在“页面布局”选项卡“调整为合适大小”组中，可对“宽度”、“高度”、“缩放比例”等进行设置，如图 4.53 所示。

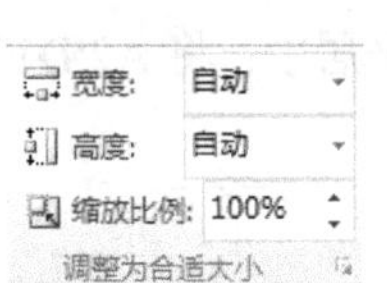

图 4.53　“调整为合适大小”组

二、添加页眉页脚

在 Excel 2010 中，可以在工作表中显示页码、日期、文档标题等内容。用户可以使用 Excel 默认的页眉和页脚，也可以自定义页眉和页脚，具体操作如下。

（1）单击“插入”选项卡“文本”组中的“页眉和页脚”按钮，进入页眉和页脚编辑状态，如图 4.54 所示。

（2）在页眉处输入页眉信息，在页眉和页脚编辑状态下，单击“设计”选项卡“导航”组中的“转至页脚”按钮，切换为页脚编辑状态，输入页脚信息，如图 4.55 所示。单击当前正在编辑页脚区外的任意位置，或按“Esc”键，退出页眉和页脚编辑状态。

页眉

某班学生信息表

某班学生信息表

学号	姓名	性别	身份证号	出生日期	家庭住址	联系电话
2014220201	陈小梅	女	361206199705166692	1997年5月16日	新东市城区北大花园C座603	18312335679
2014220202	陈浩瀚	男	361206199809206755	1998年9月20日	新东市厚街镇富豪花园A座1108	18322355679
2014220203	陈嘉玲	女	361206199711044414	1997年11月4日	新东市常平镇万科高尔夫C501	18332365679
2014220204	陈文华	女	361206199708181833	1997年8月18日	新东市石碣镇庆丰花园118号	18352375679
2014220205	陈伟权	男	441701199602260011	1996年2月26日	新东市万江永泰花园38号	18362385679
2014220206	陈爱茹	女	361206199704033358	1997年4月3日	新东市莞城文华花园71号	18312395679
2014220207	陈正亦	男	361206199804261977	1998年4月26日	新东市茶山镇怡华苑21号	18333313177
2014220208	邓允喜	男	361206199907184111	1999年7月18日	新东市寮步镇中山路13号	18333313176
2014220209	邓梓荣	男	361206199711236555	1997年11月23日	新东市石龙镇青年路54号	18333313175
2014220210	杜卡卡	女	361206199808091344	1998年8月9日	新东市东城区丰华花园1座503	18333313173
2014220211	黄秋禾	男	361206199809074155	1998年9月7日	新东市厚街镇人民路1号	18333313166
2014220212	黄和平	男	361206199810111333	1998年10月11日	新东市中堂镇民主路五巷1号	18333313188
2014220213	霍元东	男	361206199907133811	1999年7月13日	新东市寮步镇雅苑1404号	18333313199
2014220214	柯剑华	男	361206199910151333	1999年10月15日	新东市石排镇李家村22号	18333313176
2014220215	李华华	女	361206199806260022	1998年6月26日	新东市石龙镇崇文街61号	18333313173
2014220216	李慧源	男	361206199901222011	1999年1月22日	新东市寮步镇神前四街四巷4号	18333313168

图 4.54 编辑页眉

图 4.55 编辑页脚

三、预览打印效果并打印

设置好工作表的页面布局后，可以打开预览窗口查看所做的设置是否符合打印的要求。如果不符合打印要求，可以调整打印设置，直到满意即可打印输出，预览打印效果的操作如下。

（1）单击“文件”选项卡中的“打印”按钮，打开打印及打印预览窗口，如图 4.56 所示。可以对打印进行设定并对整个工作表的页面设置进行查看。

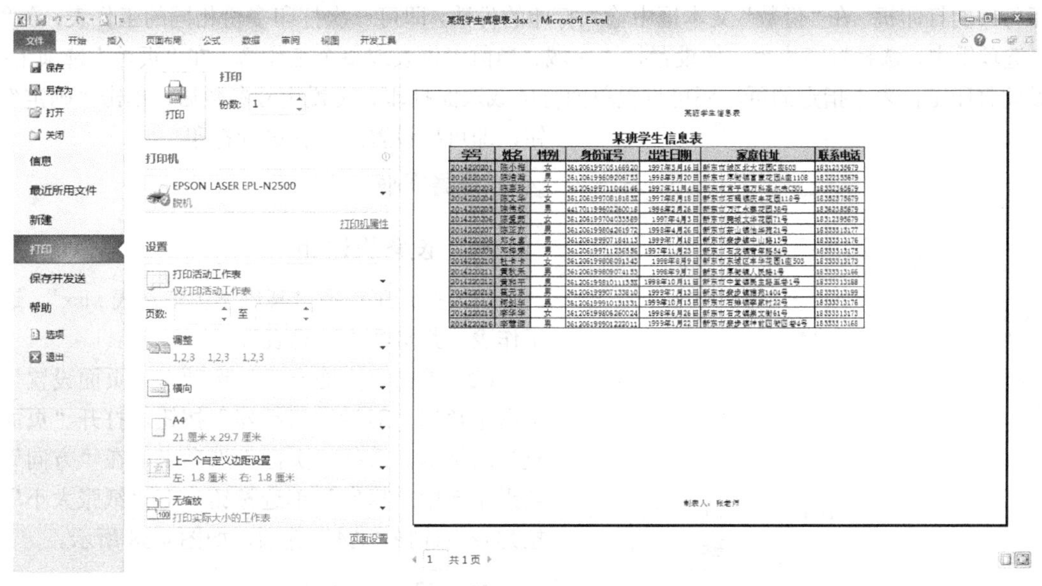

图 4.56 打印及打印预览

（2）单击右下角的“缩放到页面”按钮，将会放大或缩小预览中的表格。单击“显示边距”按钮，将显示页边距，并可对页边距进行调整，如图 4.57 所示。

某班学生信息表

某班学生信息表

学号	姓名	性别	身份证号	出生日期	家庭住址	联系电话
2014220201	陈小梅	女	361206199705166920	1997年5月16日	新东市城区北大花园C座603	18312335679
2014220202	陈浩瀚	男	361206199809206753	1998年9月20日	新东市厚街镇富豪花园A座1108	18322355679
2014220203	陈嘉玲	女	361206199711044146	1997年11月4日	新东市常平镇万科高尔夫C501	18332365679
2014220204	陈文华	女	36120619970818183X	1997年8月18日	新东市石碣镇庆丰花园118号	18352375679
2014220205	陈伟权	男	441701199602260018	1996年2月26日	新东市万江永泰花园38号	18362385679
2014220206	陈爱茹	女	361206199704033589	1997年4月3日	新东市莞城文华花园71号	18312395679
2014220207	陈正亦	男	361206199804261972	1998年4月26日	新东市茶山镇怡华苑21号	18333313177
2014220208	邓允喜	男	361206199907184113	1999年7月18日	新东市寮步镇中山路13号	18333313176
2014220209	邓梓荣	男	361206199711236556	1997年11月23日	新东市石龙镇青年路54号	18333313175
2014220210	杜卡卡	女	361206199808091343	1998年8月9日	新东市东城区丰华花园1座503	18333313173
2014220211	黄秋禾	男	361206199809074153	1998年9月7日	新东市厚街镇人民路1号	18333313166
2014220212	黄和平	男	36120619981011133X	1998年10月11日	新东市中堂镇民主路五巷1号	18333313188
2014220213	翟元东	男	361206199907133810	1999年7月13日	新东市寮步镇雅苑1404号	18333313199
2014220214	柯剑华	男	361206199910151331	1999年10月15日	新东市石排镇李家村22号	18333313176
2014220215	李华华	女	361206199806260024	1998年6月26日	新东市石龙镇崇文街61号	18333313173
2014220216	李慧源	男	361206199901222011	1999年1月22日	新东市寮步镇神前四街四巷4号	18333313168

制表人：张老师

1 共1页

图 4.57　显示边距并调整

（3）在左侧的“打印”对话框中可进行如下设置。在“打印机”选项组的下拉列表中，选择要进行打印的打印机。在“份数”文本框中输入打印的份数，即可一次打印多份相同的工作表。在“设置”选项组中，选择打印内容，如设置打印区域、当前工作表或整个工作簿。在“页数”选项组中，可设置打印工作表中指定的页。还可设置单面打印或双面打印。设置相应参数后，单击“确定”按钮，即可按设置的内容进行打印。

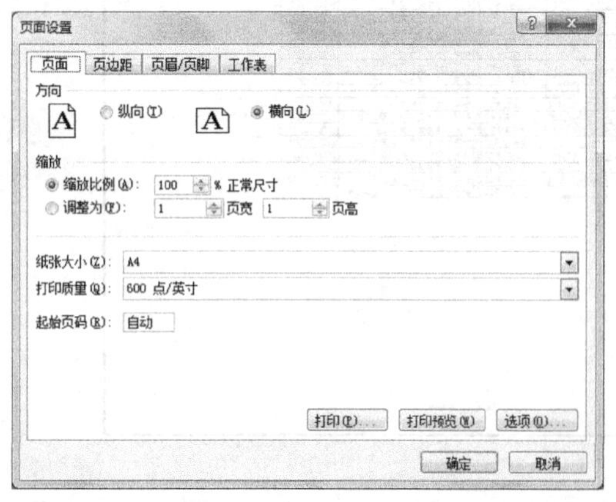

图 4.58　“页面设置”对话框之“页面”选项卡

任务实战

一、设置页边距

（1）打开工作簿“某班学生信息表.xlsx”，选择工作表“某班学生信息表”。

（2）单击“页面布局”选项卡“页面设置”组中右下角的“对话框启动器”按钮，打开“页面设置”对话框。选择“页面”选项卡，在“方向”选项组中选中“横向”单选按钮，在“纸张大小”下拉列表中选择“A4”选项，如图 4.58 所示。

二、设定页边距

选择“页边距”选项卡，将“上”、“下”参数设为“2”，“左”、“右”参数设为“3.8”，“页眉”、“页脚”均设置为“1”。勾选“水平”、“垂直”复选框，使整个表格打印在纸张的中部，如图 4.59 所示。

三、设置页眉页脚

选择“页眉/页脚”选项卡，单击“自定义页眉”按钮，打开“页眉”对话框，将光标定位到“中”列表框，输入“某班学生信息表”，定位到“右”列表框，输入“制表人：张小明”。单击“格式文本”按钮，在打开的“字体”对话框中设置字体为“宋体”、字形为“常规”、字号为“10”、字体颜色为“黑色”。单击“确定”按钮，返回“页眉”对话框，如图 4.60 所示。单击“确定”按钮，返回“页面设置”对话框。

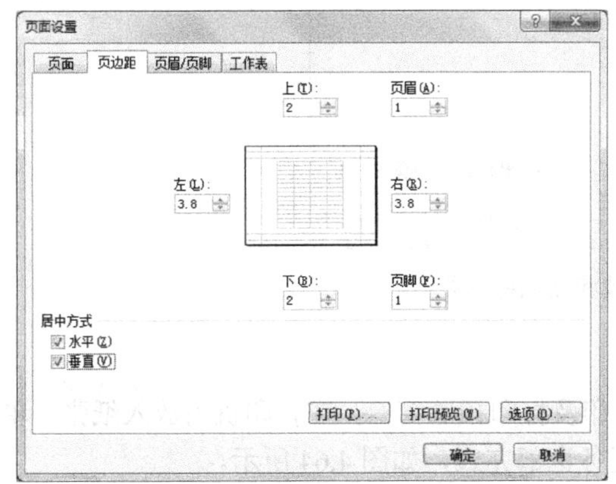

图 4.59 “页边距”选项卡

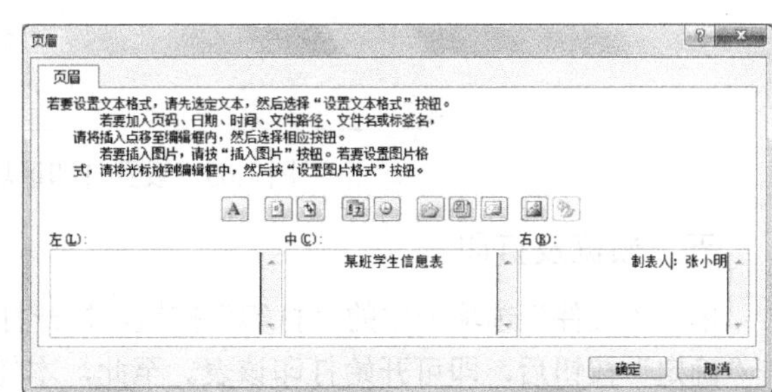

图 4.60 “页眉”对话框

单击“自定义页脚”按钮，打开“页脚”对话框，将光标定位到“左”列表框，单击“插入页码”按钮。将光标定位到“右”列表框，输入“制表日期：”并插入当前日期，将其选中，单击“格式文本”按钮，设置字体为“宋体”、字号为“10”、颜色为“黑色”，单击“确定”按钮，返回“页脚”对话框，如图 4.61 所示。单击“确定”按钮，返回“页面设置”对话框，如图 4.62 所示。

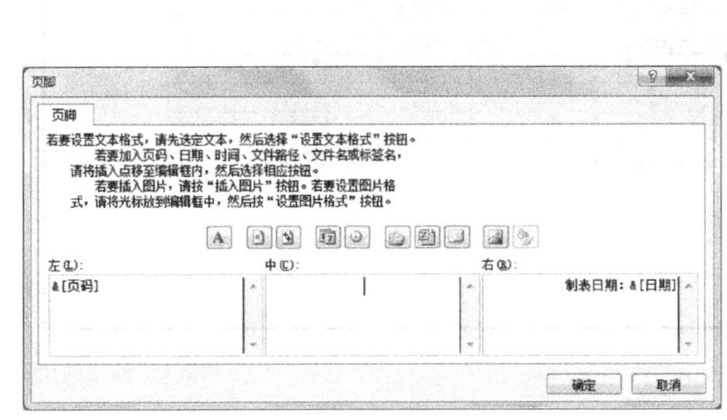

图 4.61 “页脚”对话框

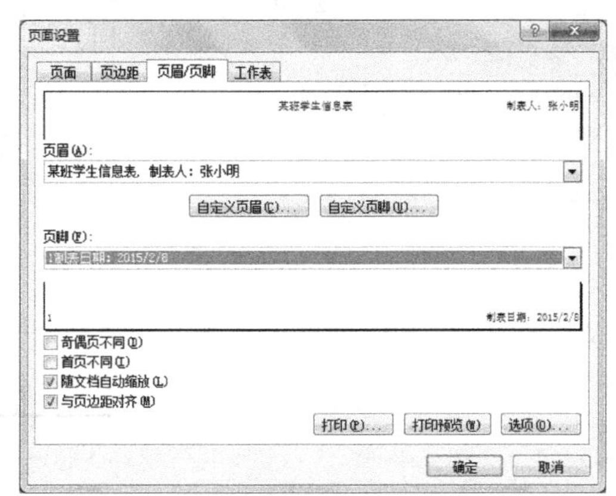

图 4.62 “页眉/页脚”选项卡

四、设置打印标题

选择“工作表”选项卡，在“打印标题”选项组中单击“顶端标题行”右侧的按钮。在“某班学生信息表”中选择要重复打印的标题区域，本例选中第二行，即列标题所在的行。单击按钮，返回“页面设置”对话框的“工作表”选项卡。在“顶端标题行”文本框中会显示刚才选中的标题区域，选择打印区域，如图 4.63 所示。

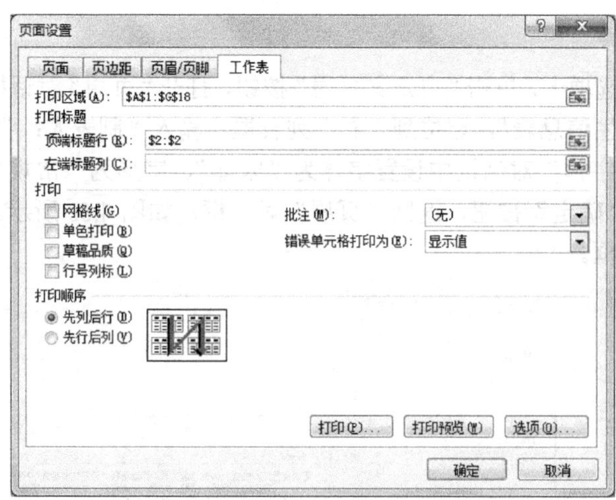

图 4.63　设置打印区域和顶端标题行

五、预览及打印

单击“文件”选项卡中的“打印”按钮，打开打印及打印预览窗口，在打印机内放入纸张，单击“确定”按钮后，即可开始打印该表。至此，本任务全部完成，如图 4.64 所示。

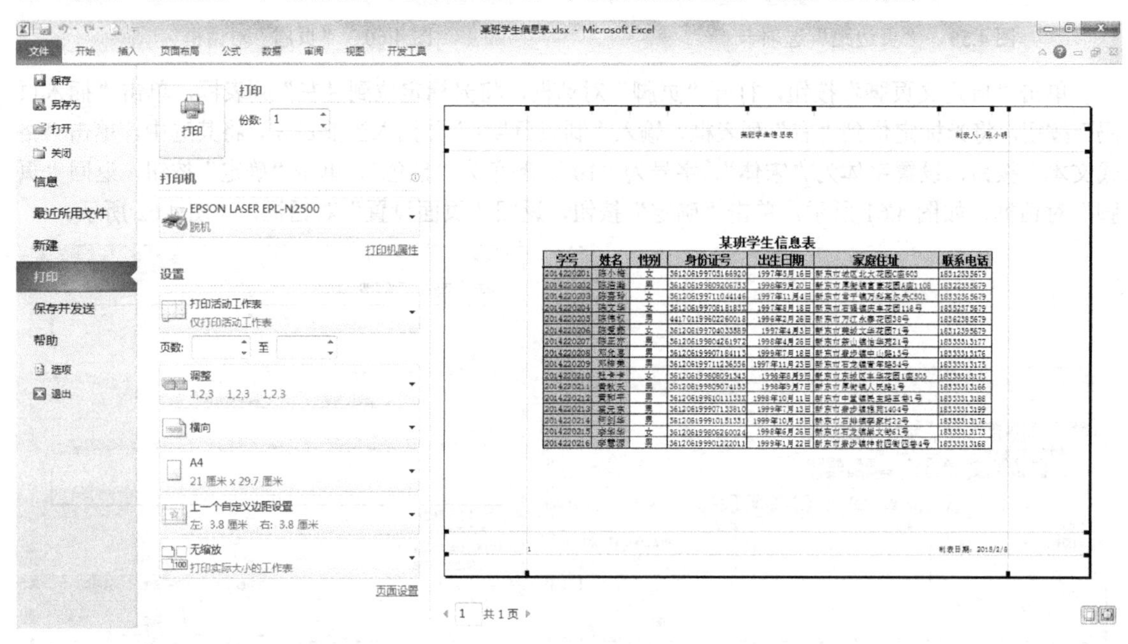

图 4.64　打印设置

 技能练习

打开 ex2-2-1.xlsx，完成如下操作，以原文件名保存。

1）打开 Sheet1 工作表

（1）将页面设置为横向，A4 纸张。

（2）将内容打印在页面中央（横向居中，纵向居中）。

（3）将上、下、左、右页边距设置为 2.0，页眉和页脚距页边 1.5。

（4）页眉内容设置：“左”为文件名，“中”为“制表人：张三 制表时间：2015-8-9”，居中方式，字体为黑体，12 号，“右”为表名。

（5）页脚为“第××页，共××页”，居中，字体为宋体，10 号。

（6）将前两行设为打印标题行。

（7）设置打印网格线。

2）打开 Sheet2，对其进行如下页面设置。

（1）将页面设置为纵向，B5 纸张。

（2）打印范围为数据区域 A1:D17。

（3）打印内容横向居中。

（4）页眉设置：“左”为“第××页，共××页”，“右”为“工资调薪表”。

（5）页脚设置：“右”为“制表人：张三 制表时间：（系统时间）”。

（6）打印行号和列号。

（7）在第 8 行和第 9 行中插入强行分页符。

（8）设置第 2 行为打印标题行。

项目三　公式与函数

项目指引

用 Excel 制作的表格往往有大量的数据需要计算和统计，如求工资的总和、求平均工资，求学生考试成绩的最高分、最低分等。Excel 2010 具有非常强的计算和统计功能，从简单的四则运算，到复杂的财务计算、统计分析，都能轻松解决。

张老师在完成了学生信息和成绩的录入后，需要进行统计分析，如由学生的身份证号，统计学生的年龄，统计各学生的总分、平均分、各科目最高分、最低分等。因此张老师需要班长来协助处理这些工作，班长怎样才能又快又好地完成班主任交给的任务呢？

知识目标

理解单元格地址的引用，理解常用函数的功能、用法。

技能目标

掌握如何插入公式、函数，如何复制公式、函数，掌握通过修改单元格地址引用方式来使运算结果正确、有效。

任务一　自动计算与常用统计函数

任务说明

Excel 为初学者提供了非常方便的自动计算功能，在自动计算中包含了求和、平均值、计数、最大值、最小值等常用统计。

现在使用自动计算功能完成“某班成绩表”的初步统计，如图 4.65 所示。

某班成绩表

学号	姓名	性别	语文	数学	英语	体育	平均分	总分	排名
2014220201	陈小梅	女	90	88	93.5	100	92.875	371.5	
2014220202	陈浩瀚	男	84	88	70	90	83	332	
2014220203	陈嘉玲	女	78	90	94	100	90.5	362	
2014220204	陈文华	女	94	70	70	85	79.75	319	
2014220205	陈伟权	男	83	66	86	92	81.75	327	
2014220206	陈爱茹	女	88	69	68	70	73.75	295	
2014220207	陈正亦	男	73	89	90.5	98	87.625	350.5	
2014220208	邓允喜	男	86	87	95	100	92	368	
2014220209	邓梓荣	男	80	81	85	100	86.5	346	
2014220210	杜卡卡	女	88	79	82.5	92	85.375	341.5	
2014220211	黄秋禾	男	72	64	80	80	74	296	
2014220212	黄和平	男	68	77	70	75	72.5	290	
2014220213	霍元东	男	69	79	57	87	73	292	
2014220214	柯剑华	男	78	82	76	95	82.75	331	
2014220215	李华华	女	75	91	82	85	83.25	333	
2014220216	李慧源	男	81	69	74.5	75	74.875	299.5	
各科最高分			94	91	95	100			
各科最低分			68	64	57	70			
各科平均分			80.4375	79.3125	79.625	89			
班级人数			16						

图 4.65 初步统计结果

相关知识

一、引用

单元格引用在公式和函数中非常重要，引用的形式为“A1”，代表单元格的地址，即第 A 列与第 1 行的交叉处的单元格。其中，A 是列标，1 是行号。如果引用一个区域，则可以使用引用运算符“:（冒号）”来表示，形如“A1:B3”。其中，A1 指的是区域左上角的单元格地址，B3 指的是右下角的单元格地址，A1:B3 就是 A1 到 B3 的一个矩形区域。

1．相对引用

引用格式形如“A1”。这种对单元格的引用是完全相对的，当引用单元格的公式被复制时，新公式引用的单元格的位置会发生改变。

2．混合引用

引用格式形如“$A1”或者“A$1”，在列号或行号前面加上一个$符号，表示绝对引用，不加表示相对引用。例如，“$A1”表示列绝对引用，而行相对引用，在复制公式时，新公式引用的列不变，而行会根据实际情况而改变。

3．绝对引用

引用格式形如“$A$1”，表示行列均使用绝对引用，在复制公式时，无论怎么复制，引用的单元格地址都不会改变。在编辑引用地址时，可以通过按 “F4”功能键，快速切换绝对引用和相对引用。

二、公式和函数

1．公式

公式是一个等式，以“=”开始，是数据和运算符组成的表达式。运算符包括加号、减号、乘号、除号、幂、括号等。Excel 公式包括数据、运算符、单元格引用和函数，但是不能包括空格。

运算符的优先级如表 4.2 所示。

表 4.2 运算符的优先级

序 号	运 算 符	说 明
1	:（冒号） （空格） ,（逗号）	引用运算符
2	-	负号
3	%	百分比
4	^	乘方
5	*、/	乘、除
6	+、-	加、减
7	&	文本运算符
8	=、<、>、<=、>=、<>	比较运算符

2．函数

Excel 是重要的办公自动化软件，而数据处理能力很大程度上依赖于 Excel 2010 的函数。Excel

函数一共有 11 类，分别是数据库函数、日期与时间函数、工程函数、财务函数、信息函数、逻辑函数、查询和引用函数、数学和三角函数、统计函数、文本函数及用户自定义函数。

函数是 Excel 2010 中已经定义好的计算公式，函数使用称为参数的特定数值按特定的顺序或结构进行计算。

函数同样必须以“=”开始，函数的结构一般形如：=函数名称（参数 1，参数 2，……）。函数名称表明函数的功能，函数的参数指的是参与运算的数值、引用、条件等。有些函数没有参数，但是必须有括号，如函数 PI 的作用是返回圆周率的值 π，在使用时必须输入“=PI( )”。

三、公式和函数的输入

1．公式的输入

选中需要输入公式的单元格，直接输入公式或者编辑，按“Enter”键。

例如，在单元格 B1 中计算 A1+100，则选中 B1 单元格，输入公式“=A1+100”，按“Enter”键。

又如，在单元格 A2 中存放的是期中考试的成绩，B2 中存放的是期末考试的成绩，在单元格 C2 中计算总评成绩，总评成绩为期中考试成绩的 30%与期末考试成绩的 70%之和。选中 C2 单元格，输入公式=A2*30%+B2*70%，按“Enter”键。

2．函数的输入

1）直接输入函数

在函数比较熟悉的情况下，可以直接选中需要输入函数的单元格，直接输入函数及参数，或者在编辑栏内输入函数和参数，直接按“Enter”键即可。

例如，在 A1 单元格内输入“=SUM（1,2,3）”，按“Enter”键确认，指对将括号中的 3 个数求和，结果放在 A1 单元格中。

又如，在 D1 单元格中输入“=SUM（A1:C1）”，按“Enter”键确认，指对 A1:C1 单元格区域中的数值求和，结果放在 D1 单元格中。

2）通过功能区插入函数

在 Excel 2010 的“公式”选项卡中，可以看到 Excel 2010 提供的所有函数，如图 4.66 所示。单击任意一个函数类型，可打开该类型的所有函数，将鼠标指针放置在某函数上，可出现该函数的相关说明，单击即可选中该函数。

选中需要输入函数的单元格，单击“插入函数”按钮，会打开如图 4.67 所示的“插入函数”对话框，在或“选择类别”下拉列表中选择函数类型，在“选择函数”列表框中选择需要插入的函数。例如，本例选择函数 SUM，单击“确定”按钮。

图 4.66　“公式”选项卡

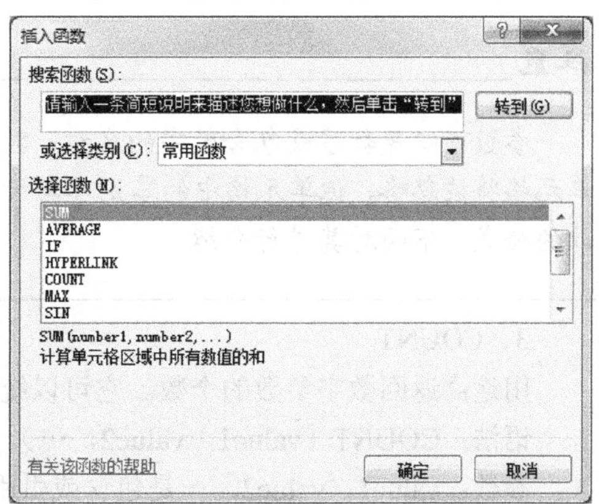

图 4.67　“插入函数”对话框

在打开的“函数参数”对话框中，直接输入参数或者通过单击按钮，可选择参与运算的单元格区域，如图 4.68 所示，单击“确定”按钮，即可看到运算结果。

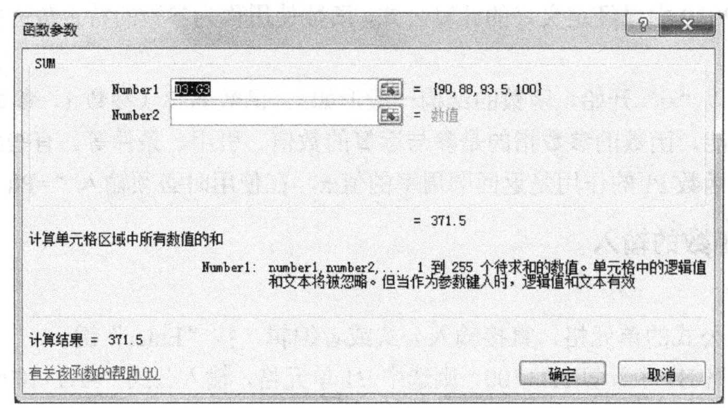

图 4.68 “函数参数”对话框

四、常用统计函数

1．SUM

用途：返回某一单元格区域中所有数字之和。

语法：SUM（number1，number2，…）。

参数：number1，number2，…为 1～30 个数值（包括逻辑值和文本表达式）、区域或引用，各参数之间必须用逗号加以分隔。

参数中的数字、逻辑值及数字的文本表达式可以参与计算，其中逻辑值被转换为 1，文本被转换为数字。如果参数为数组或引用，只有其中的数字参与计算，数组或引用中的空白单元格、逻辑值、文本或错误值则被忽略。

2．AVERAGE

用途：计算所有参数的算术平均值。

语法：AVERAGE（number1，number2，…）。

参数：number1，number2，…是需要计算平均值的 1～30 个参数。

参数可以是数字或包含数字的名称、数组或引用。数组或单元格引用中的文字、逻辑值或空白单元格将被忽略，但单元格中的零则参与计算。如果需要将参数中的零排除在外，则要使用特殊设计的公式，下面对其进行介绍。

3．COUNT

用途：返回数字参数的个数。它可以统计数组或单元格区域中含有数字的单元格个数。

语法：COUNT（value1，value2，…）。

参数：value1，value2，…是包含或引用各类数据的 1～30 个参数。

COUNT 函数计数时，数字、日期或文本表示的数字会参与计数，错误值或其他无法转换成数字的文字将被忽略。如果参数是一个数组或引用，那么只有数组或引用中的数字参与计数；其中的空白单元格、逻辑值、文字或错误值均被忽略。

4．MAX

用途：返回数据集中的最大数值。

语法：MAX（number1，number2，…）。

参数：number1，number2，…是需要找出最大值的 1～30 个数值、数组或引用。

函数中的参数可以是数字、空白单元格、逻辑值或数字的文本形式，如果参数是不能转换为数字的内容，则将导致错误。如果参数为数组或引用，则只有数组或引用中的数字参与计算，空白单元格、逻辑值或文本则被忽略。

5．MIN

用途：返回给定参数表中的最小值。

语法：MIN（number1，number2，…）。

参数：number1，number2，…是需要找出最小值的 1～30 个数值、数组或引用。

任务实战

一、统计平均分

（1）打开工作簿“某班成绩表.xlsx”，选择工作表“某班成绩表”。

（2）选中单元格 H3，单击“开始”选项卡“编辑”组中的“自动求和”下拉按钮，在下拉列表中选择“平均值”选项，如图 4.69 所示。

（3）因为自动计算会自动扩展右侧或者上方有数据的区域，因此 H3 中将出现函数“=AVERAGE(D3:G3)”，且单元格引用“D3:G3”处于选中、反显状态，此时如果需要计算的单元格区域是正确的，则直接按“Enter”键即可；如果不正确，直接用鼠标选中正确区域，按“Enter”键即可，如图 4.70 所示。

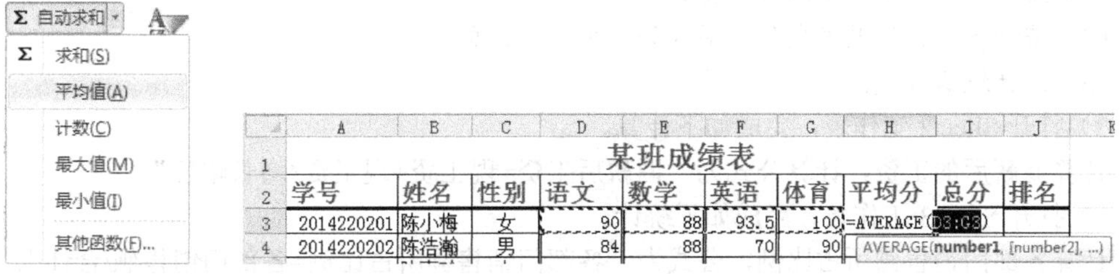

图 4.69 “自动求和”下拉列表　　　　图 4.70 计算平均分

（4）在本任务中直接按“Enter”键即可，则 H3 中会出现计算好的平均分结果。下面要复制公式，选中 H3 单元格，将鼠标指针移到单元格右下角的“填充句柄”处，鼠标指针呈实心细十字形，如图 4.71 所示。按住鼠标左键，拖动到 H18，完成所有学生的平均分计算。

H3 =AVERAGE(D3:G3)

	A	B	C	D	E	F	G	H	I	J
1	某班成绩表									
2	学号	姓名	性别	语文	数学	英语	体育	平均分	总分	排名
3	2014220201	陈小梅	女	90	88	93.5	100	92.875		
4	2014220202	陈浩瀚	男	84	88	70	90			

图 4.71　复制函数

二、统计总分

（1）选中 I3 单元格，单击“开始”选项卡“编辑”组中的“自动求和”按钮。此时单元格 I3 中会出现函数“=SUM(D3:H3)”，此时马上使用鼠标选中正确的区域“D3:G3”，按“Enter”键确认即可。

（2）复制函数，拖动填充句柄至 I18，完成所有学生总分的计算。

三、统计各科最高分、最低分、平均分

（1）选中 D19 单元格，单击“开始”选项卡“编辑”组中的“自动求和”下拉按钮，选择“最大值”选项。单元格中出现函数“=MAX(D3:D18)”，按“Enter”键确认。拖动填充句柄至 G19，完成各科最高分的计算。

（2）选中 D20 单元格，单击“开始”选项卡“编辑”组中的“自动求和”下拉按钮，选择“最小值”选项。单元格中出现函数“=MIN(D3:D19)”，使用鼠标选中正确的区域“D3:D18”，然后按“Enter”键确认。拖动填充句柄至 G20，完成各科最低分的计算。

（3）选中 D21 单元格，单击“开始”选项卡“编辑”组中的“自动求和”下拉按钮，选择“平均值”选项。单元格中出现函数“=AVERAGE(D3:D20)”，使用鼠标选中正确的区域“D3:D18”，然后按“Enter”键确认。拖动填充句柄至 G21，完成各科平均分的计算。

四、统计人数

选中 D22 单元格，单击“开始”选项卡“编辑”组中的“自动求和”下拉按钮，选择“计数”选项。单元格中出现函数“=COUNT(D3:D21)”。因为 COUNT 函数的作用是统计区域内数字的个数，因此选择一个包含每位同学都肯定拥有的数字单元格区域即可统计出人数。本例使用鼠标选中学号区域“A3:A18”，按“Enter”键确认，即可统计出正确的人数。

至此，本任务中所有的常规统计都已经完成，保存工作簿即可。

技能练习

打开 ex3-1-1.xlsx，完成如下操作，以原文件名保存。

1）打开 Sheet1 工作表，完成所需统计。

（1）统计每位同学的平均分、总分。

（2）统计各个科目的最高分、最低分、平均分、总分。

（3）统计班级人数。

2）打开 Sheet2 工作表，完成如下计算。

计算调薪后的工资，计算公式为“调薪后工资=现工资+现工资*增长幅度”。

3）打开 Sheet3 工作表，完成如下统计。

计算各部门销售额所占比例，公式为“各部门销售额所占比例=各部门销售额/合计”。

任务二　其他常用函数

任务说明

前面介绍了常用统计函数，常用统计函数可以完成日常工作和学习中的一些统计工作，但是这

只是 Excel 强大统计和数据处理功能的“冰山一角”，为了能够完成更加复杂的统计工作，需要学习其他函数，如字符函数、日期函数、逻辑函数等。

例如，输入身份证号码时，大家都知道身份证号码中包含出生日期等信息，那么能不能从身份证号码通过函数的配合得到出生日期，进而由出生日期计算出年龄呢？函数配合使用能够解决更多问题，使工作效率更加高效。

相关知识

一、数学函数

1．ABS

用途：返回某一参数的绝对值。

语法：ABS(number)

参数：number 是需要计算其绝对值的一个实数。

实例：如果 A1=-16，则公式“=ABS(A1)”返回 16。

2．INT

用途：将任意实数向下取整为最接近的整数。

语法：INT(number)

参数：number 为需要处理的任意一个实数。

实例：如果 A1=16.24，A2=-28.389，则公式“=INT(A1)”返回 16，=INT(A2)返回-29。

3．MOD

用途：返回两数相除的余数，其结果的正负号与除数相同。

语法：MOD(number，divisor)

参数：number 为被除数，divisor 为除数(divisor 不能为零)。

实例：如果 A1=51，则公式“=MOD(A1，4)”返回 3；“=MOD(-101，-2)”返回-1。

4．PI

用途：返回圆周率π，精确到小数点后 14 位。

语法：PI( )

参数：不需要。

实例：公式“=PI()”返回 3.14159265358979。

5．RAND

用途：返回一个大于等于 0 且小于 1 的随机数，每次计算工作表(按“F9”键)将返回一个新的数值。

语法：RAND( )

参数：不需要。

实例：公式“=RAND()*1000”返回一个大于等于 0、小于 1000 的随机数。

注意

如果要生成 a、b 之间的随机实数，则可以使用公式“=RAND( )*(b-a)+a”。如果在某一单元格内应用了公式“=RAND( )”，然后在编辑状态下按住“F9”键，则将产生一个变化的随机数。

6．ROUND

用途：按指定位数四舍五入某个数字。

语法：ROUND(number，num_digits)

参数：number 是需要四舍五入的数字；num_digits 为指定的位数，number 按此位数进行处理。

实例：如果 A1=65.25，则公式“=ROUND(A1，1)”返回 65.3；“=ROUND(82.149，2)”返回 82.15；“=ROUND(21.5，-1)”返回 20。

如果 num_digits 大于 0，则四舍五入到指定的小数位；如果 num_digits 等于 0，则四舍五入到最接近的整数；如果 num_digits 小于 0，则在小数点左侧按指定位数四舍五入。

7．SQRT

用途：返回某一正数的算术平方根。

语法：SQRT(number)

参数：number 为需要求平方根的一个正数。

实例：如果 A1=81，则公式“=SQRT(A1)”返回 9；“=SQRT(4+12)”返回 6。

二、字符函数

1．LEN 或 LENB

用途：LEN 返回文本串的字符数，LENB 返回文本串中所有字符的字节数。

语法：LEN(text)或 LENB(text)。

参数：text 为待要查找其长度的文本。

实例：如果 A1=电脑爱好者，则公式“=LEN(A1)”返回 5，=LENB(A1)返回 10。

此函数用于双字节字符，且空格也将作为字符进行统计。

2．LEFT 或 LEFTB

用途：根据指定的字符数返回文本串中的第一个或前几个字符。此函数用于双字节字符。

语法：LEFT(text，num_chars)或 LEFTB(text，num_bytes)。

参数：text 是包含要提取字符的文本串；num_chars 指定函数要提取的字符数，它必须大于或等于 0；num_bytes 按字节数指定由 LEFTB 提取的字符数。

实例：如果 A1=电脑爱好者，则“=LEFT(A1，2)”返回“电脑”，“=LEFTB(A1，2)”返回“电”。

3．RIGHT 或 RIGHTB

用途：RIGHT 根据指定的字符数返回文本串中最后一个或多个字符；RIGHTB 根据指定的字节数返回文本串中最后一个或多个字符。

语法：RIGHT(text，num_chars)，RIGHTB(text，num_bytes)。

参数：text 是包含要提取字符的文本串；num_chars 指定希望 RIGHT 提取的字符数，它必须大于或等于 0。如果 num_chars 大于文本长度，则 RIGHT 返回所有文本。如果忽略 num_chars，则假定其为 1。num_bytes 指定要提取字符的字节数。

实例：如果 A1=学习的革命，则公式“=RIGHT(A1，2)”返回“革命”，“=RIGHTB(A1，2)”返回“命”。

4．MID 或 MIDB

用途：MID 返回文本串中从指定位置开始的特定数目的字符，该数目由用户指定。MIDB 返回文本串中从指定位置开始的特定数目的字符，该数目由用户指定。MIDB 函数可以用于双字节字符。

语法：MID(text，start_num，num_chars)或 MIDB(text，start_num，num_bytes)。

参数：text 是包含要提取字符的文本串；start_num 是文本中要提取的第一个字符的位置，文本中第一个字符的 start_num 为 1，以此类推；num_chars 指定希望 MID 从文本中返回字符的个数；num_bytes 指定希望 MIDB 从文本中按字节返回字符的个数。

实例：如果 A1=电子计算机，则公式“=MID(A1,3,2)”返回“计算”，“=MIDB(A1,3,2)”返回“子”。

三、日期与时间函数

1．DATE

用途：返回代表特定日期的序列号。

语法：DATE(year，month，day)

参数：year 为 1～4 位，根据使用的日期系统解释该参数。默认情况下，Excel for Windows 使用 1900 日期系统，而 Excel for Macintosh 使用 1904 日期系统。month 代表每年中月份的数字。如果输入的月份大于 12，将从指定年份的一月份执行加法运算。day 代表在该月份中第几天。当 day 大于该月份的最大天数时，将从指定月份的第一天开始往上累加。

Excel 按顺序的序列号保存日期，这样可以对其进行计算。如果工作簿使用的是 1900 日期系统，则 Excel 会将 1900 年 1 月 1 日保存为序列号 1。

2．YEAR

用途：返回某日期的年份。其结果为 1900～9999 中的一个整数。

语法：YEAR(serial_number)

参数：serial_number 是一个日期值，其中包含要查找的年份。日期有多种输入方式：带引号的文本串（如"1998/01/30"）、序列号（如果使用 1900 日期系统，则 35825 表示 1998 年 1 月 30 日）。

实例：公式“=YEAR("2013/8/6")”返回 2013”，“=YEAR("2015/05/01")”返回 2015，“=YEAR(35825)”返回 1998。

3．MONTH

用途：返回以序列号表示的日期中的月份，它是 1（一月）～12（十二月）之间的整数。

语法：MONTH(serial_number)

参数：serial_number 表示一个日期值，其中包含要查找的月份。

实例：公式“=MONTH("2001/02/24")”返回 2，“=MONTH(35825)”返回 1。

4．DAY

用途：返回用序列号（整数 1～31）表示的某日期的天数，用整数 1～31 表示。

语法：DAY(serial_number)

参数：serial_number 是要查找的天数的日期。

实例：公式“=DAY("2001/1/27")”返回 27，“=DAY(35825)”返回 30。

5．TODAY

用途：返回系统当前日期的序列号。

参数：无。

语法：TODAY()

实例：公式“=TODAY()”返回执行公式时的系统时间。

6．NOW

用途：返回当前日期和时间对应的序列号。

语法：NOW()

参数：无。

实例：如果正在使用的是1900日期系统，而且计算机的内部时钟为2015-2-14 13:14，则公式“=NOW()”返回42049.55。

四、逻辑运算符

1．AND

用途：所有参数的逻辑值为真时返回 TRUE(真)；只要有一个参数的逻辑值为假，返回FALSE(假)。

语法：AND(logical1，logical2，…)

参数：logical1，logical2，…为待检验的1～30个逻辑表达式，它们的结论或为TRUE(真)或为FALSE(假)。参数必须是逻辑值或者包含逻辑值的数组或引用，如果数组或引用内含有文字或空白单元格，则忽略它的值。如果指定的单元格区域内包括非逻辑值，则AND返回错误值#value!。

2．OR

用途：所有参数中的任意一个逻辑值为真时即返回TRUE(真)。

语法：OR(logical1，logical2，…)

参数：与AND相同。

3．NOT

用途：求出一个逻辑值或逻辑表达式的相反值。如果用户要确保一个逻辑值等于其相反值，则应该使用NOT函数。

语法：NOT(logical)

参数：logical是一个可以得出TRUE或FALSE结论的逻辑值或逻辑表达式。如果逻辑值或表达式的结果为FALSE，则NOT函数返回TRUE；如果逻辑值或表达式的结果为TRUE，那么NOT函数返回的结果为FALSE。

4．IF

用途：执行逻辑判断，它可以根据逻辑表达式的真假，返回不同的结果，从而执行数值或公式的条件检测任务。

语法：IF(logical_test，value_if_true，value_if_false)。

参数：logical_test 是计算结果为 TRUE 或 FALSE 的任何数值或表达式；value_if_true 是logical_test为TRUE时函数的返回值，如果logical_test为TRUE并且省略了value_if_true，则返回TRUE。value_if_true可以是一个表达式；value_if_false是logical_test为FALSE时函数的返回值。如果logical_test为FALSE并且省略了value_if_false，则返回FALSE。value_if_false也可以是一个表达式。

任务实战

一、由身份证号码计算出生日期

（1）打开工作簿“某班学生信息表.xlsx”，选择工作表“某班学生信息表”。

（2）将原来由手工填入的学生出生日期信息清空。

（3）选择单元格 E3，在单元格中输入公式。

分析：身份证信息共由 18 位数字组成，其中第 1、2 位为省、自治区、直辖市代码；第 3、4 位为地级市、自治州代码；第 5、6 位为县、县级市、区代码；第 7～14 位为出生年月日，如 19970401 代表 1997 年 4 月 1 日；第 15～17 位为顺序号，其中 17 位男为单数，女为双数；第 18 位为校验码，一般为 0～9 和 X，校验码由公式计算出来，X 实际上代表的是数字 10。

第 7～14 位为出生年月日，如何将其转化为出生日期呢？分析这个字符串，身份证的 7～10 位是出生年份，身份证的 11、12 位代表出生月份，身份证的 13、14 位代表出生日期，那么如何转化为日期呢？这时回顾前面的知识发现，DATE(year，month，day)函数的功能正是返回特定年、月、日的值。那么如何把 year、month、day 的值取到呢？使用字符串函数 MID 可以完成这个功能。因为身份证号码在 D3 中保存，因此 MID(D3,7,4)取到年份，MID(D3,11,2)取到月份，MID(D3,13,2)取到日期。所以组合起来公式为“=DATE(MID(D3,7,4),MID(D3,11,2), MID(D3,13,2))”。

（4）在 E3 中输入公式“=DATE(MID(D3,7,4),MID(D3,11,2),MID(D3,13,2))”，按“Enter”键即可得到结果。

（5）拖动填充句柄，将公式复制到 E18，得到所有同学的出生日期，如图 4.72 所示。

E3　=DATE(MID(D3,7,4),MID(D3,11,2),MID(D3,13,2))

	A	B	C	D	E	F
1	某班学生信息表					
2	学号	姓名	性别	身份证号	出生日期	家庭住址
3	2014220201	陈小梅	女	361206199705166920	1997/5/16	新东市城区北大花园C座60
4	2014220202	陈浩瀚	男	361206199809206753	1998/9/20	新东市厚街镇富豪花园A座
5	2014220203	陈嘉玲	女	361206199711044146	1997/11/4	新东市常平镇万科高尔夫C
6	2014220204	陈文华	女	36120619970818188X	1997/8/18	新东市石碣镇庆丰花园118

图 4.72　由身份证号码计算出生日期

二、由出生日期计算年龄

一般来说，出生日期知道了，现在的日期知道了，年龄即可计算出来。

此时需要使用 DATEDIF 函数，下面来认识这个函数。

用途：返回两个日期之间的年、月、日间隔数。

语法：DATEDIF(start_date,end_date,unit)

参数：start_date 为一个日期，它代表时间段内的第一个日期或起始日期；end_date 为一个日期，它代表时间段内的最后一个日期或结束日期；unit 为所需信息的返回类型。

其中，unit 常用的返回类型如下：“Y”表示时间段中的整年数，“M”表示时间段中的整月数，“D”表示时间段中的天数。

结束日期必须大于起始日期。

（1）在 E 列后面插入一列，并在新插入的列“F2”中输入“年龄”。

（2）在 F3 中输入公式“=DATEDIF(E3,TODAY(),"Y")”，按“Enter”键即可。

（3）拖动填充句柄，将公式复制到 F18，得到所有同学的年龄。系统时间变化时，年龄也会自动更新，不用重新计算，如图 4.73 所示。

F3　=DATEDIF(E3,TODAY(),"Y")

	A	B	C	D	E	F
1	某班学生信息表					
2	学号	姓名	性别	身份证号	出生日期	年龄
3	2014220201	陈小梅	女	361206199705166920	1997/5/16	17
4	2014220202	陈浩瀚	男	361206199809206753	1998/9/20	16
5	2014220203	陈嘉玲	女	361206199711044146	1997/11/4	17

图 4.73　用 DATEDIF 计算年龄

（4）保存工作簿。

三、根据考试成绩判断综合等级

例如，某班成绩表中，要根据学生的平均分进行等级评定，规定平均分为 80～100（含 80 分）为“优秀”等次，70～80（含

70 分）为“良好”等次，60～70（含 60 分）为“及格”等次，60 分以下为“不及格”。

（1）打开工作簿“某班成绩表.xlsx”，选择工作表“某班成绩表”。

（2）在“排名”前插入一列“总评等级”。

（3）在 J3 中输入公式“=IF(H3>=80,"优秀",IF(H3>=70,"良好",IF(H3>=60,"及格",IF(H3<60,"不及格"))))”。

IF 可以嵌套使用，最多嵌套七层，其中第二个 IF 语句是第一个 IF 语句的参数；同样，第三个 IF 语句是第二个 IF 语句的参数，以此类推。

若第一个逻辑判断表达式 H3>=80 成立，则 J3 单元格被赋值“优秀”；如果第一个逻辑判断表达式 H3>=80 不成立，则计算第二个 IF 语句“IF(H3>=70”；以此类推，直至计算结束。IF 函数广泛用于需要进行逻辑判断的场合。

（4）拖动填充句柄，将公式复制到 J18，得到所有同学的总评等级，如图 4.74 所示。

J3　fx　=IF(H3>=80,"优秀",IF(H3>=70,"良好",IF(H3>=60,"及格",IF(H3<60,"不及格"))))

	A	B	C	D	E	F	G	H	I	J	K	L
1	某班成绩表											
2	学号	姓名	性别	语文	数学	英语	体育	平均分	总分	总评等级	排名	
3	2014220201	陈小梅	女	90	88	93.5	100	92.875	371.5	优秀		
4	2014220202	陈浩瀚	男	84	88	70	90	83	332	优秀		
5	2014220203	陈嘉玲	女	78	90	94	100	90.5	362	优秀		
6	2014220204	陈文华	女	94	70	70	85	79.75	319	良好		

图 4.74　使用 IF 函数判断等级

（5）保存工作簿。

技能练习

打开 ex3-2-1.xlsx，完成如下操作，以原文件名保存。

1）打开 Sheet1 工作表，完成所需统计。

（1）对 A4 中的数字，分别完成“保留两位小数”、“取绝对值”、“取整数”操作。

（2）对 A6 中的字符串，分别完成“求字符串长度”、“取左边 5 个字符”、“取右边两个字符”、“从中间第 6 个字符开始，取 2 个字符”操作。

（3）根据 A8 中的身份证号码，求“出生日期”，使用函数获得“当前日期”、“计算年龄”，根据身份证号码的第 17 位判断“性别”（双数为女，单数为男）。

（4）对 A10、A11 中的逻辑值计算“A10 AND A11”、“A10 OR A11”、“NOT A10”的结果。

2）打开 Sheet2 表，完成如下计算。

（1）计算综合评定，公式为“综合评定=操行分*0.3+学业分*0.7”。

（2）根据综合评定来判断综合等级，综合等级为 85～100（含 85 分）分时为“优秀”等次，60～85（含 60 分）为“合格”等次，60 分以下为“不合格”等次。

（3）统计“不及格人数”和“分数≥90 的人数”。

*任务三　Excel 2010 函数应用进阶

任务说明

班主任张老师除了常用统计外，还需统计各科及格率，或者为了分析成绩，要统计类似于“女生的语文总分”、“数学分数高于 90 分（含 90 分）的女生人数”、“前十名男生人数”等，若数据量大，使用传统方法，统计起来会很麻烦，张老师委托小明同学来进行统计。

相关知识

一、排序函数 RANK

用途：对数据进行排序。

语法：RANK(number，ref，order)

参数：number 是需要计算其排位的一个数字；ref 是包含一组数字的数组或引用（其中的非数值型参数将被忽略）；order 是用来说明排序方式的数字（如果 order 为 0 或省略，则以降序方式给出结果，为 1 则表示升序）。

二、带条件的统计

1．COUNTIF

用途：计算区域中满足给定条件的单元格的个数。

语法：COUNTIF(range，criteria)

参数：range 为需要统计的符合条件的单元格区域；criteria 为参与计算的单元格条件，其形式可以为数字、表达式或文本（如 1、“<60”和“男”等）。条件中的数字可以直接写入，表达式和文本必须加引号。

2．SUMIF

用途：根据指定条件对若干单元格、区域或引用求和。

语法：SUMIF(range，criteria，sum_range)

参数：range 为用于条件判断的单元格区域，criteria 是由数字、逻辑表达式等组成的判定条件，sum_range 为需要求和的单元格、区域或引用。

三、数据库函数

1．DAVERAGE

用途：返回数据库或数据清单中满足指定条件的列中数值的平均值。

语法：DAVERAGE(database，field，criteria)

参数：database 为构成列表或数据库的单元格区域；field 为指定函数使用的数据列；criteria 为一组包含给定条件的单元格区域。

2．DCOUNT

用途：返回数据库或数据清单的指定字段中，满足给定条件并且包含数字的单元格数目。

语法：DCOUNT(database，field，criteria)

参数：同上。

3．DSUM

用途：返回数据清单或数据库的指定列中，满足给定条件单元格中的数字之和。

语法：DSUM(database，field，criteria)

参数：同上。

任务实战

一、排序的使用

（1）打开工作簿“某班成绩表.xlsx”，选择工作表“函数进阶”。

（2）使用本项目任务一中的方法，计算平均分。

（3）在 I2 中输入公式“=RANK(H2,$H$2:$H$17,0)”，因为排名的比较区域固定，所以要使用绝对引用。

（4）拖动填充句柄，向下复制公式到 I17，完成排名。

二、带条件统计的使用

（1）在 D18 中输入公式“=COUNTIF(D2:D17,">60")/COUNT(D2:D17)”，其中 COUNTIF(D2:D17,">60")统计的是合格人数，COUNT(D2:D17)统计的是班级总人数，两者相除得到的就是及格率。

（2）拖动填充句柄，向右复制公式到 H18，完成及格率的统计。

（3）在 D21 中输入公式“=COUNTIF(C2:C17,"男")”统计男生人数，在 D22 中输入公式“=COUNTIF(C2:C17,"女")”统计女生人数。

（4）在 D23 中输入公式“=SUMIF(C2:C17,"女",D1)”，统计女生的语文总分，D1 是列标题“语文”所在的单元格。

三、数据库函数的使用

（1）使用数据库函数必须先确认条件区域，本任务将条件区域输入到以 F23 为左上角单元格的单元格区域中。条件“数学分数高于 90 分（含 90 分）的女生”、“前十名男生”分别用如图 4.75 所示方式表示。

（2）在 D24 中输入公式“=DCOUNT(A1:I18,E1,F23:G24)”，A1:I18 指成绩表中的整个数据区域，E1 是列标题“数学”所在的单元格，F23:G24 是输入了条件的条件区域。

（3）在 D25 中输入公式“=DCOUNT(A1:I18,I1,H23:I24)”，A1:I18 指成绩表中的整个数据区域，I1 是列标题“排名”所在的单元格，H23:I24 是输入了条件的条件区域。

（4）完成所有统计后，保存工作簿，统计完成后的工作表如图 4.76 所示。

性别	数学	性别	排名
女	>=90	男	<=10

图 4.75　条件区域

	A	B	C	D	E	F	G	H	I
1	学号	姓名	性别	语文	数学	英语	体育	平均分	排名
2	2014220201	陈小梅	女	90	88	93.5	100	92.875	1
3	2014220202	陈浩瀚	男	84	88	70	90	83	8
4	2014220203	陈嘉玲	女	78	90	94	100	90.5	3
5	2014220204	陈文华	女	94	70	70	85	79.75	11
6	2014220205	陈伟权	男	83	66	86	92	81.75	10
7	2014220206	陈爱茹	女	88	47	68	70	68.25	16
8	2014220207	陈正亦	男	73	89	90.5	98	87.625	4
9	2014220208	邓允喜	男	86	87	95	100	92	2
10	2014220209	邓梓荣	男	80	81	85	100	86.5	5
11	2014220210	杜卡卡	女	88	79	82.5	92	85.375	6
12	2014220211	黄秋禾	男	72	56	80	80	72	15
13	2014220212	黄和平	男	68	77	70	75	72.5	14
14	2014220213	霍元东	男	69	79	57	87	73	13
15	2014220214	柯剑华	男	78	82	76	95	82.75	9
16	2014220215	李华华	女	75	91	82	85	83.25	7
17	2014220216	李慧源	男	81	69	74.5	75	74.875	12
18			各科及格率	16					
19									
20									
21			男生人数：	10					
22			女生人数：	6					
23			女生的语文总分：	403		性别	数学	性别	排名
24			数学分数>=90分的女生人数：	2		女	>=90	男	<=10
25			前十名男生人数：	6					

图 4.76　完成统计后的的工作表

 **扩展知识**

使用 COUNTIFS 也可以完成 DSUM 的功能，而且更容易理解，如“数学分数高于 90 分（含 90 分）的女生人数”，可以使用公式“=COUNTIFS(C1:C17,"女",E1:E17,">=90")”来完成。感兴趣的同学可以通过自学提高自己的能力。

技能练习

1．打开 ex3-3-1.xlsx，完成如下操作，并以原文件名保存。

（1）对 Sheet1 工作表的数据使用数据库函数完成统计：“统计基本工资在 4500 元（含 4500 元）～5000 元（不含 5000 元）的女讲师的人数”，“基本工资高于 6000 元（含 6000 元）的男讲师的实发工资总额”，“用数据库函数计算姓吴的男教师的平均实发工资”，条件区域自定。

（2）计算 Sheet2 工作表的“总积分”列的内容（可利用公式“总积分=第一名项数*8+第二名项数*5+第三名项数*3”），按总积分的降序次序计算“积分排名”列的内容（利用 RANK 函数，降序）。

2．打开 ex3-3-2xlsx，完成如下操作。

（1）计算 Sheet1 工作表的捐款总计（结果放入 B6 单元格）和各班捐款的百分比（百分比=各班捐款金额/总计）。

（2）求 Sheet2 工作表的“同比增长”列的内容[同比增长=（2013 年销售量-2012 年销售量）/2012 年销售量，百分比类型，保留小数点后两位]；如果“同比增长”列内容高于或等于 20%，则在“备注”列内给出信息“较快”，否则内容为空“ ”（一个空格），可利用 IF 函数实现。

（3）计算 Sheet3 工作表的“平均成绩”列的内容（数值型，保留小数点后两位），计算一班学生人数（放于 G3 单元格内，利用 COUNTIF 函数）和一班学生平均成绩（放于 G5 单元格内，利用 SUMIF 函数）。

项目四 数据管理

项目指引

本项目包含对数据表进行排序、筛选、分类汇总和在数据表中插入数据透视表，以便用户更好地组织、管理数据，以便用户更加方便地查看信息。

知识目标

掌握单关键字排序和多关键字排序，理解分类汇总的概念，筛选条件区域中“与”和“或”条件的表达方式，了解数据透视表的作用及“行标签”、“列标签”、“数据项”等概念。

技能目标

根据实际需要对数据表进行排序、筛选、分类汇总，并能建立用户所需的透视表，能利用这些操作解决实际工作和生活中的数据管理与分析问题。

任务一 排序

任务说明

排序是数据组织的一种手段。通过排序操作可将数据清单中的数据按字母顺序、数值大小、姓氏笔画、单元格颜色、字体颜色等进行排序。排序分为降序和升序。通过排序可使用户更直观地分析数据，更准确地掌握数据。

小张老师因为工作需要，需要对如下考试成绩表进行排序，总分由高到低排序，如果同分，则

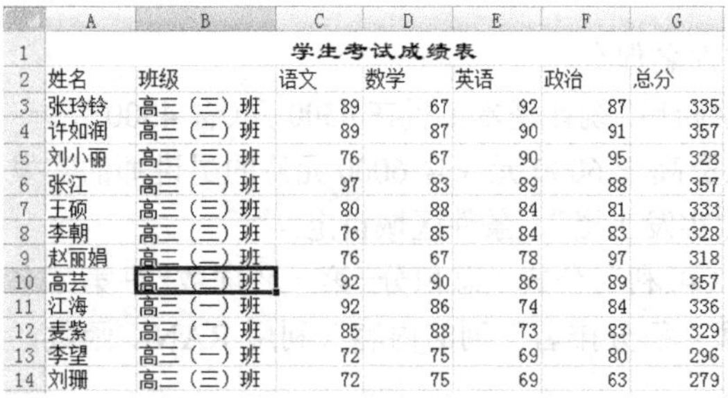

	A	B	C	D	E	F	G
1	学生考试成绩表						
2	姓名	班级	语文	数学	英语	政治	总分
3	张玲铃	高三（三）班	89	67	92	87	335
4	许如润	高三（二）班	89	87	90	91	357
5	刘小丽	高三（三）班	76	67	90	95	328
6	张江	高三（一）班	97	83	89	88	357
7	王硕	高三（三）班	80	88	84	81	333
8	李朝	高三（三）班	76	85	84	83	328
9	赵丽娟	高三（二）班	76	67	78	97	318
10	高芸	高三（三）班	92	90	86	89	357
11	江海	高三（一）班	92	86	74	84	336
12	麦紫	高三（二）班	85	88	73	83	329
13	李望	高三（一）班	72	75	69	80	296
14	刘珊	高三（三）班	72	75	69	63	279

图 4.77 待处理的成绩表数据

依照姓氏拼音升序排序，如图 4.77 所示为待处理数据。

相关知识

一、基本术语

1．排序

排序是指按照某个字段的值的大小顺序重新排列数据表中的记录。

2．关键字

（1）主要关键字：按照某个字段的值的大小顺序重新排列数据，这个字段称为主要关键字。

（2）次要关键字：按主要关键字排序后，出现排序结果相同时，为进一步精确排序，第二个考虑的排序字段，这个字段称为次要关键字。

二、排序操作

选择需要排序的数据区域 A2:G14（或将鼠标定位在此区域中的任意单元格），单击“数据”选项卡“排序和筛选”组中的“排序”按钮，如图 4.78 所示，或者单击“开始”选项卡 “编辑”组中的“排序和筛选”下拉按钮，选择“自定义排序”选项，如图 4.79 所示，将打开“排序”对话框，如图 4.80 所示。

图 4.78 “排序”按钮图

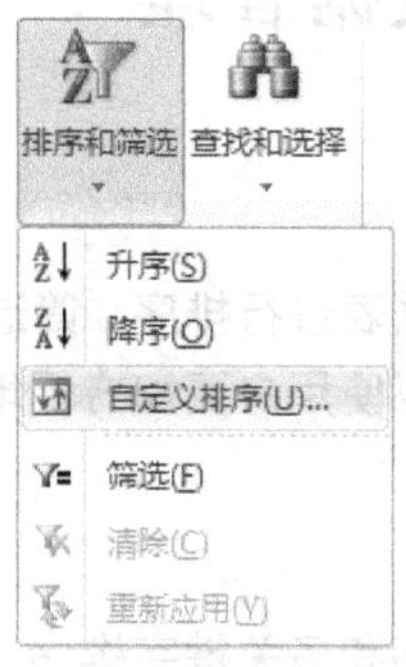

图 4.79 “排序和筛选”下拉列表

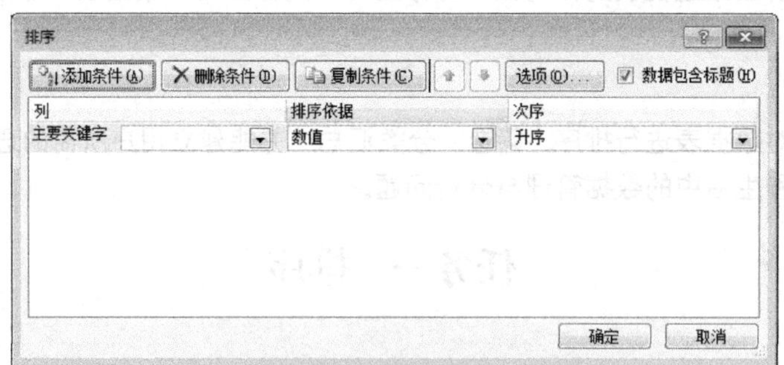

图 4.80 “排序”对话框

在“排序”对话框中，设置“主要关键字”、“排序依据”和排序方式。

一般来说，关键字都是 Excel 数据表的列标题，但是如果未定义列标题，则可以选择列 A、列 B、……作为关键字；排序依据有“数值”、“单元格颜色”、“字体颜色”等；根据排序依据不同，次序也会有所不同，如果依据数值来排序，则只有“升序”、“降序”两种选择。

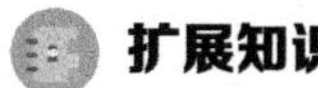

扩展知识

对文本进行排序时，默认按字母进行排序，如果用户想按笔画排序，则可在图 4.76 中单击“选项”按钮，打开“排序选项”对话框，在此可进行排序方法的设置。

任务实战

一、单关键字排序

（1）打开“成绩表.xlsx”。

（2）选择需要排序的数据区域 A2:G14，单击“数据”选项卡“排序和筛选”组中的“排序”按钮，打开“排序”对话框。

（3）单击“主要关键字”右侧的下拉按钮，在下拉列表中选择“总分”选项；单击“排序依据”右侧的下拉按钮，在下拉列表中选择“数值”选项；单击“次序”右侧的下拉按钮，在下拉列表中选择“降序”选项，如图 4.81 所示。

图 4.81　设置排序条件

（4）单击“确定”按钮，完成对数据的排序，结果如图 4.82 所示。

	A	B	C	D	E	F	G
1	学生考试成绩表						
2	姓名	班级	语文	数学	英语	政治	总分
3	许如润	高三（二）班	89	87	90	91	357
4	张江	高三（一）班	97	83	89	88	357
5	高芸	高三（三）班	92	90	86	89	357
6	江海	高三（一）班	92	86	74	84	336
7	张玲铃	高三（三）班	89	67	92	87	335
8	王硕	高三（三）班	80	88	84	81	333
9	麦紫	高三（二）班	85	88	73	83	329
10	刘小丽	高三（三）班	76	67	90	95	328
11	李朝	高三（三）班	76	85	84	83	328
12	赵丽娟	高三（二）班	76	67	78	97	318
13	李望	高三（一）班	72	75	69	80	296
14	刘珊	高三（三）班	72	75	69	63	279

图 4.82　排序结果

二、多关键字排序

（1）选择需要排序的数据区域 A2:G14（或将鼠标指针定位在此区域中的任意单元格），单击“数据”选项卡“排序和筛选”组中的“排序”按钮，打开“排序”对话框。

（2）单击“排序”对话框中的“添加条件”按钮，将增加条件“次要关键字”。

（3）单击“次要关键字”下拉按钮，在下拉列表中选择“姓名”选项；单击“排序依据”下拉按钮，在下拉列表中选择“数值”选项；单击“次序”下拉按钮，在下拉列表中选择“升序”选项，如图 4.83 所示。

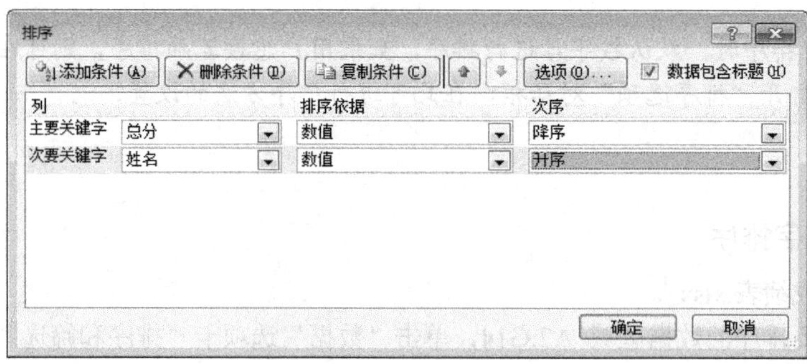

图 4.83　多关键字排序

（4）单击“确定”按钮，完成排序，结果如图 4.84 所示。

	A	B	C	D	E	F	G
1	学生考试成绩表						
2	姓名	班级	语文	数学	英语	政治	总分
3	高芸	高三（三）班	92	90	86	89	357
4	许如润	高三（二）班	89	87	90	91	357
5	张江	高三（一）班	97	83	89	88	357
6	江海	高三（一）班	92	86	74	84	336
7	张玲铃	高三（三）班	89	67	92	87	335
8	王硕	高三（三）班	80	88	84	81	333
9	麦紫	高三（二）班	85	88	73	83	329
10	李朝	高三（三）班	76	85	84	83	328
11	刘小丽	高三（三）班	76	67	90	95	328
12	赵丽娟	高三（二）班	76	67	78	97	318
13	李望	高三（一）班	72	75	69	80	296
14	刘珊	高三（三）班	72	75	69	63	279

图 4.84　多关键字排序结果

（5）保存工作簿。

技能练习

打开 ex4-1-1.xlsx，完成如下操作，并以原文件名保存。

（1）对 Sheet1 工作表内数据清单的内容按主要关键字“系别”升序排列，按次要关键字“总成绩”降序排序。

（2）对 Sheet2 工作表内数据清单的内容按主要关键字“经销部门”降序排列，按次要关键字“季度”升序排序。

（3）先保存文件，再将其另存为 ex4-2-1.xlsx。

任务二　筛选

 任务说明

筛选就是从 Excel 工作表中将满足条件的数据记录筛选出来，把不满足条件的记录隐藏。通过本任务，熟练掌握筛选条件区域的建立，能够根据实际需求对数据进行筛选。

小张老师要对如图 4.85 所示的数据进行筛选，显示“语文不及格的女生”，将“1998 年出生的所有女生”信息复制出来。

相关知识

一、基本术语

1．筛选

筛选是将工作表中满足条件的数据显示出来，而把不满足条件的数据隐藏起来。筛选分为自动筛选和高级筛选，自动筛选用于筛选条件简单的数据，高级筛选用于筛选条件复杂的数据。

2．与

在高级筛选时，当多个条件必须同时满足时，称为“与”关系，多个条件必须写在同一行。

学号	姓名	性别	出生日期	专业	语文	英语	数学
0001	张飞	男	1998/7/14	软件	87	55	45
0002	王茂生	男	1998/1/23	软件	95	90	93
0003	陈沛潮	女	1998/10/7	电子	56	65	64
0004	李庆文	女	1999/11/1	金融	62	74	67
0005	陈咏升	男	1999/12/9	软件	88	86	67
0006	陈泳添	女	1999/7/10	金融	78	70	79
0007	陈子荣	女	1999/3/25	金融	65	72	56
0008	单浩钧	男	1997/2/12	软件	99	89	67
0009	邓佩君	男	1999/2/13	英语	50	56	65
0010	邓绍荣	男	1998/8/30	金融	82	85	75
0011	肖永坤	女	1999/2/15	软件	95	90	93
0012	张飞虎	男	1998/2/16	电子	72	56	62
0013	韩炳军	女	2000/2/17	软件	89	67	88
0014	黄建华	女	1999/2/18	软件	79	56	65
0015	黄伟豪	男	2000/2/19	电子	65	62	74
0016	黎伟佳	女	1998/2/20	软件	65	88	86
0017	黎紫莹	女	1997/2/21	软件	72	56	62
0018	李柏标	女	1999/8/22	电子	89	67	88

图 4.85　待筛选的数据

3．或

在高级筛选时，当多个条件只要满足其中一个即可时，称为“或”关系，多个条件必须写在不同行。

二、操作方法

1．自动筛选

自动筛选非常简单，单击“数据”选项卡“排序和筛选”组中的“筛选”按钮，或者“开始”选项卡“编辑”组中的“排序和筛选”下拉按钮，选择“筛选”选项，如图 4.79 所示，此时列标题右侧会自动出现下拉按钮，下拉列表根据具体数据会有所差别，但基本相同，如图 4.86 所示。

如果需要设定条件，如本任务中条件为“语文不及格”，则可以选择“数字筛选”→“小于”选项，打开“自定义自动筛选方式”对话框，设置小于“60”，如果有多个条件，则可在对话框里选择“与”、“或”等设置多个条件，如图 4.87 所示，两次单击“确定”按钮后，即可筛选出符合要求的数据。

如果想取消自动筛选，显示所有数据，则再次单击“筛选”按钮即能显示所有数据。

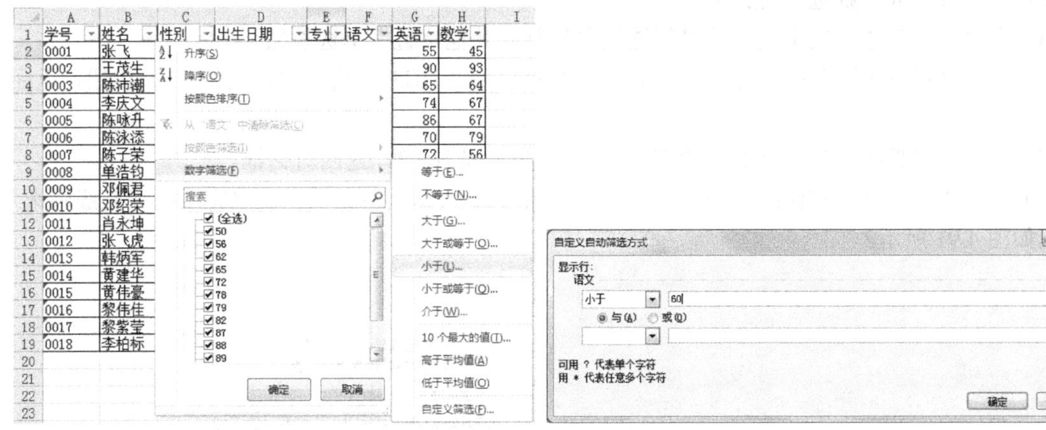

图 4.86　设定了自动筛选的表格　　　　图 4.87　“自定义自动筛选方式”对话框

2．高级筛选

相对自动筛选，高级筛选既可在原数据表中显示结果，又可在新的位置显示结果，还可以使用更加复杂的筛选条件。高级筛选的关键是设置条件区域，而且条件区域与数据区域间至少保留一行或一列空白单元格，条件区域由标题行和条件行组成。

图 4.88　“高级筛选”对话框

由于条件区域的列标题必须和待筛选数据区域一致，所以最好从原数据区域复制列标题，应注意条件的关系。

单击“数据”选项卡“排序和筛选”组中的“高级”按钮，打开“高级筛选”对话框，如图 4.88 所示。

在对话框内可以设定筛选结果的显示方式，可以通过单击按钮选择“列表区域”、“条件区域”及“复制到”区域的左上角单元格。

任务实战

一、自动筛选的使用

使用自动筛选，筛选出语文不及格的所有女生。

（1）将光标定位在数据清单中的任意单元格，单击“数据”选项卡“排序和筛选”组中的“筛选”按钮，数据表中的每个标题将会出现下拉按钮。

（2）单击“性别”下拉按钮，在弹出的下拉列表中去掉“男”前面的“√”。

（3）单击“语文”下拉按钮，在弹出的下拉列表中选择“数字筛选”中的“小于”命令，在打开的“自定义自动筛选方式”对话框中输入条件“60”，单击“确定”按钮，结果如图 4.89 所示。

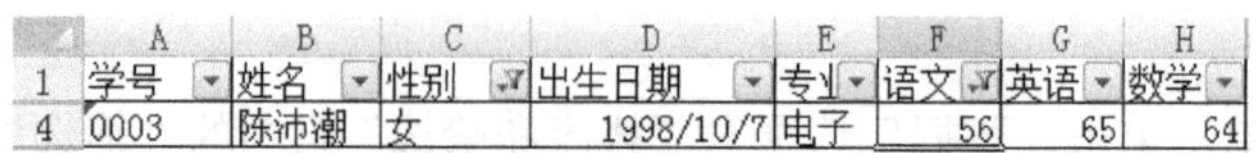

	A	B	C	D	E	F	G	H
1	学号	姓名	性别	出生日期	专业	语文	英语	数学
4	0003	陈沛潮	女	1998/10/7	电子	56	65	64

图 4.89　自动筛选的结果

二、高级筛选的使用

使用高级筛选，将“1998 年出生的所有女生”复制到以 A24 为左上角的单元格区域中。

（1）建立条件区域，因为有两个条件且两个条件必须同时满足，所以两个条件必须写在同一行，条件区域如图 4.90 所示。

（2）将光标定位在数据清单中的任意单元格，单击“数据”选项卡“排序和筛选”组中的“高级”按钮，打开“高级筛选”对话框。

（3）在“方式”选项组中选中“将筛选结果复制到其他位置”单选按钮。

（4）单击“列表区域”右侧的按钮，选择数据区域 A1:H19，再次单击右侧的按钮，返回对话框。

（5）单击“条件区域”右侧的按钮，选择条件区域 J1:L2，返回对话框。

（6）单击“复制到”右侧的按钮，选择单元格 A24，返回对话框，设定完成的“高级筛选”对话框如图 4.91 所示。

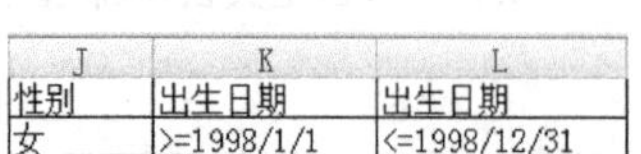

J	K	L
性别	出生日期	出生日期
女	>=1998/1/1	<=1998/12/31

图 4.90　条件区域

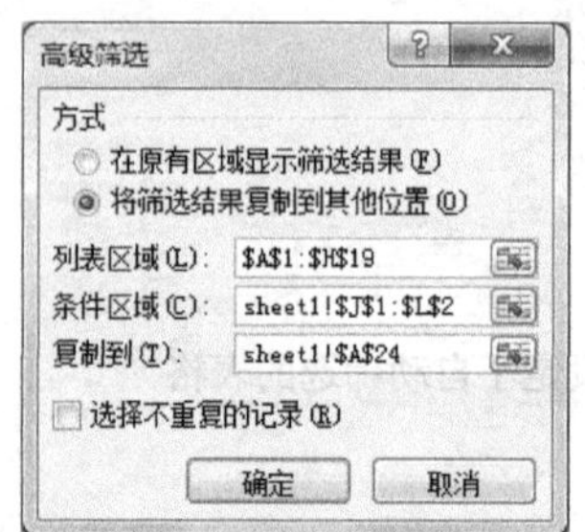

图 4.91　“高级筛选”对话框

（7）单击“确定”按钮，结果如图 4.92 所示。

24	学号	姓名	性别	出生日期	专业	语文	英语	数学
25	0003	陈沛潮	女	1998/10/7	电子	56	65	64
26	0016	黎伟佳	女	1998/2/20	软件	65	88	86

图 4.92　筛选结果

扩展知识

高级筛选中使用条件（如“张”）筛选时，会筛选出所有以“张”开头的信息，这时条件“张”、“张*”、“张?”的结果是一样的，如果要筛选出姓张且只有两个字的数据，则要用公式作为条件，筛选的条件为公式=” =张?”。

技能练习

打开 ex4-2-1.xlsx，完成如下操作。

（1）对 Sheet1 工作表内数据清单的内容进行自动筛选，条件如下：实验成绩 15 分及以上，总成绩为 80～100（含 80 分和 100 分）的数据。

（2）对 Sheet2 工作表内数据进行高级筛选（在数据表格前插入 3 行，条件区域设在 A1:F2 单元格区域中，将筛选条件写入条件区域的对应列上），条件为社科类图书且销售量排名前 30 名。

任务三　分类汇总

任务说明

有时用户对明细数据并不那么感兴趣，特别是数据量很大的时候，如果能够分类汇总显示感兴趣的数据，将大大提高工作效率。

分类汇总是 Excel 强有力的数据分析工具，可以给数据清单按分类字段分类，对分类的字段进行各种统计计算，如求和、求平均值、计数等。通过此任务，使学生了解分类汇总的作用及操作。

小张老师需要比较男、女同学的语文、数学、英语成绩有何差别，以找出对策，提高学生成绩，因此要以性别来分类汇总这 3 科成绩的平均分。

相关知识

一、基本术语

1．分类字段

分类汇总一定要按照题目要求确定好分类字段，在分类汇总之前对分类字段进行排序，排序方式可以选择默认的“升序”，排序的目的是按照分类字段对数据进行重新排列。

2．汇总方式

汇总方式是指统计的方法，有求和、求平均值、求最大值、计数等。

3．汇总项

汇总项指需要计算的字段（列标题）。

二、操作方法

（1）按照分类字段排序，分类汇总必须按照分类字段进行排序，排序的意义在于使相同类别的数据集中。

（2）将鼠标指针定位到需要汇总的数据区域中的任意单元格，单击“数据”选项卡 “分级显示”组中的“分类汇总”按钮，如图 4.93 所示。

（3）此时打开“分类汇总”对话框，如图 4.94 所示。在对话框中设定“分类字段”，分类字段一定是刚才排序的字段，否则分类汇总将无法达到目的；“汇总方式”指的是汇总的数据，如求和、计数、平均值等；“选定汇总项”列表框中可以通过勾选复选框选择需要汇总的数据项。

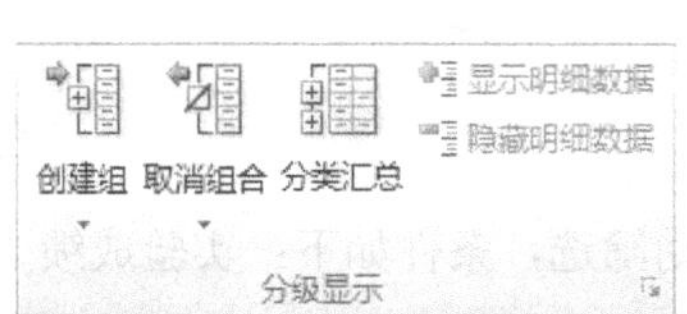

图 4.93 “分级显示”组

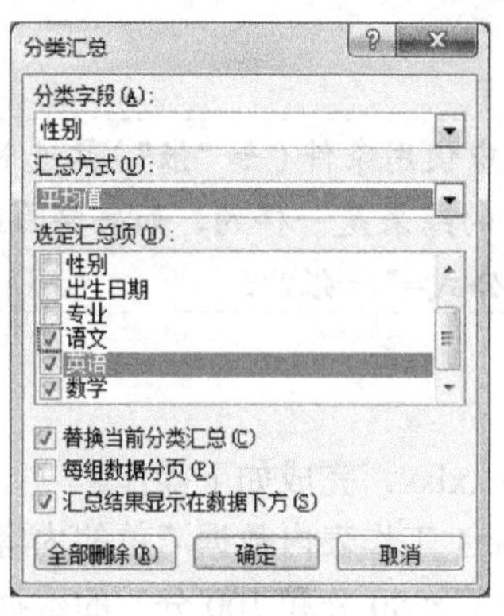

图 4.94 “分类汇总”对话框

（4）如果数据进行了多次分类汇总，则可以选择是否“替换当前分类汇总”，通过勾选“汇总结果显示在数据下方”复选框，选择汇总数据显示的位置，单击“确定”按钮，完成分类汇总，如图 4.95 所示。

（5）如果想要使数据区域正常显示，则可以在“分类汇总”对话框中单击“全部删除”按钮，删除汇总结果。

（6）如果数据表被分类汇总了，则“分级显示”组中的“显示明细数据”、“隐藏明细数据”按钮会变为可用，通过这两个按钮可以设置是否显示明细数据，如图 4.96 所示。还可以通过选择图 4.95 中分类汇总结果左上角的数字 1、2 或 3 来对分类汇总结果进行分级查看。

	A	B	C	D	E	F	G	H
1	学号	姓名	性别	出生日期	专业	语文	英语	数学
2	0001	张飞	男	1998/7/14	软件	87	55	45
3	0002	王茂生	男	1998/1/23	软件	95	90	93
4	0005	陈咏升	男	1999/12/9	软件	88	86	67
5	0008	单浩钧	男	1997/2/12	软件	99	89	67
6	0009	邓佩君	男	1999/2/13	英语	50	56	65
7	0010	邓绍荣	男	1998/8/30	金融	82	85	75
8	0012	张飞虎	男	1998/2/16	电子	72	56	62
9	0015	黄伟豪	男	2000/2/19	电子	65	62	74
10			男 平均值			79.75	72.375	68.5
11	0003	陈沛潮	女	1998/10/7	电子	56	65	64
12	0004	李庆文	女	1999/11/1	金融	62	74	67
13	0006	陈泳添	女	1999/7/10	金融	78	70	79
14	0007	陈子荣	女	1999/3/25	金融	65	72	56
15	0011	肖永坤	女	1999/2/15	软件	95	90	93
16	0013	韩炳军	女	2000/2/17	软件	89	67	88
17	0014	黄建华	女	1999/2/18	软件	79	56	65
18	0016	黎伟佳	女	1998/2/20	软件	65	88	86
19	0017	黎紫莹	女	1997/2/21	软件	72	56	62
20	0018	李柏标	女	1999/8/22	电子	89	67	88
21			女 平均值			75	70.5	74.8
22			总计平均值			77.111	71.333	72

图 4.95 分类汇总结果

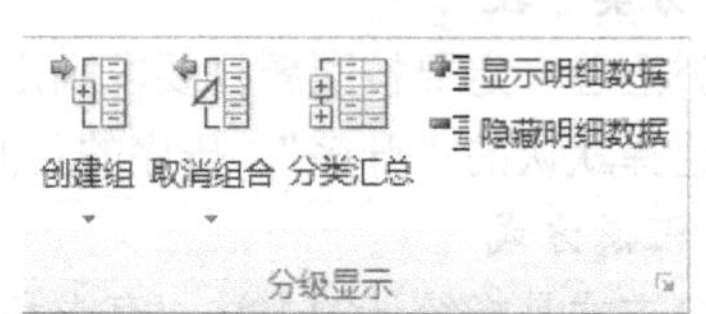

图 4.96 汇总后的“分级显示”组

任务实战

一、分类汇总男女同学语文、数学、英语的平均分并隐藏明细数据

（1）对数据清单按照“性别”进行排序（分类汇总之前一定要对分类字段进行排序，根据题目要求可以判断分类字段为“性别”）。

（2）将鼠标指针定位到需要汇总的数据区域中的任意单元格，单击“数据”选项卡 “分级显示”组中的“分类汇总”按钮，打开“分类汇总”对话框。

① 单击“分类字段”下拉按钮，选择“性别”选项。

② 单击“汇总方式”下拉按钮，选择“平均值”选项。

③ 在“选定汇总项”列表框中勾选“语文”、“英语”、“数学”复选框，参数设定如图 4.97 所示。

（3）单击“确定”按钮，单击“数据”选项卡“分级显示”组中的“隐藏明细数据”按钮，汇总结果如图 4.98 所示。

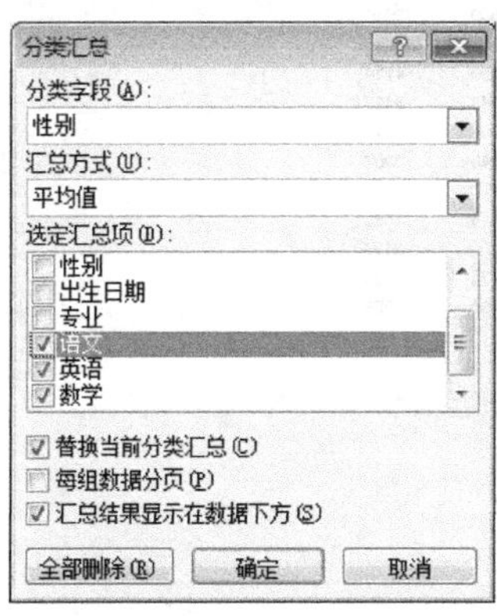

图 4.97　选择分类汇总项

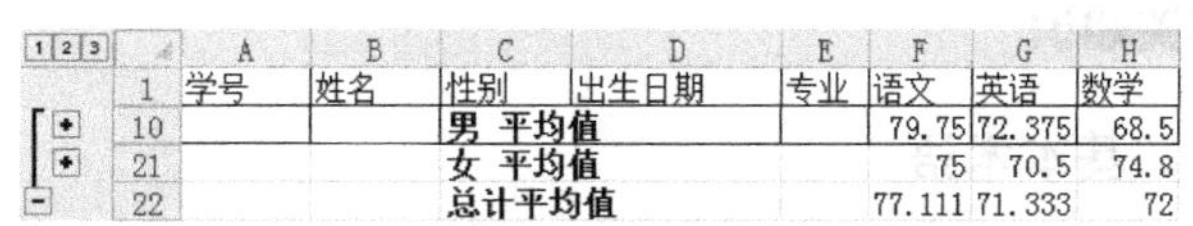

	A	B	C	D	E	F	G	H
1	学号	姓名	性别	出生日期	专业	语文	英语	数学
10			男 平均值			79.75	72.375	68.5
21			女 平均值			75	70.5	74.8
22			总计平均值			77.111	71.333	72

图 4.98　隐藏明细数据的汇总结果

扩展知识

如果想要按两个或两个以上的字段进行分类汇总，则可以创建多级分类汇总。首先按照主要分类字段作为主要关键字，次要分类字段作为次要关键字进行排序。一级分类字段选择排序时的主要关键字，二级分类字段选择排序时的次要关键字，操作二次分类汇总时一定要取消勾选“替换当前分类汇总”复选框，读者可以自己尝试操作，尝试按照不同专业分类汇总男女生的各科平均分。

技能练习

打开 ex4-3-1.xlsx，完成如下操作，以原文件名保存。

对 Sheet1 工作表内数据清单的内容进行分类汇总（分类汇总前先按主要关键字“系别”升序排序），分类字段为“系别”，汇总方式为“平均值”，汇总项为“考试成绩”、“实验成绩”、“总成绩”（汇总数据设为数值型，保留小数点后两位），汇总结果显示在数据下方。

*任务四　数据透视表

任务说明

数据透视表是一种对复杂数据进行快速汇总和建立交叉列表的交互式表格。分类汇总一般只针对一个字段，如果想要对多个字段进行分类汇总，则必须用到数据透视表。除此之外，数据透视表还有多种组合方式，不同的组合方式反映了不同的内容，从而帮助用户从不同角度分析解决问题。

小明的哥哥在工厂上班，需要统计各车间、各季度产品生产情况。这种情况，分类汇总已无法完成要求，需要借助数据透视表来解决问题。某工厂的生产数据如图 4.99 所示。

	A	B	C	D	E	F
1	车间	产品规格	季度	不合格产品(个)	合格产品(个)	总数(个)
2	第一车间	G-06	第一季度	72	2400	2472
3	第一车间	G-06	第二季度	60	2456	2516
4	第一车间	G-06	第三季度	42	2856	2898
5	第一车间	G-06	第四季度	40	2100	2140
6	第二车间	G-06	第一季度	30	3235	3265
7	第二车间	G-06	第二季度	35	3000	3035
8	第二车间	G-06	第三季度	95	4235	4330
9	第二车间	G-06	第四季度	75	4000	4075
10	第三车间	G-07	第一季度	138	2600	2738
11	第三车间	G-07	第二季度	100	2353	2453
12	第三车间	G-07	第三季度	70	3000	3070
13	第三车间	G-07	第四季度	68	2953	3021
14	第四车间	G-07	第一季度	142	2864	3006
15	第四车间	G-07	第二季度	110	2500	2610
16	第四车间	G-07	第三季度	182	4364	4546
17	第四车间	G-07	第四季度	170	4000	4170
18	第五车间	G-05	第一季度	170	3245	3415
19	第五车间	G-05	第二季度	172	3000	3172
20	第五车间	G-05	第三季度	122	2945	3067
21	第五车间	G-05	第四季度	120	2900	3020
22	第六车间	G-05	第一季度	58	3474	3532
23	第六车间	G-05	第二季度	50	3400	3450
24	第六车间	G-05	第三季度	60	3974	4034
25	第六车间	G-05	第四季度	58	3900	3958

图 4.99　某工厂的生产数据

相关知识

一、基本术语

1．报表筛选

利用报表筛选可以筛选出用户需要的数据。

2．值

对数据进行汇总的方式，如求平均值、计数、求和等。

3．源数据

源数据为数据透视表提供数据的基础行或数据库记录。

二、操作方法

（1）将鼠标指针定位到需要汇总的数据区域中的任意单元格，单击“插入”选项卡“表格”组中的“数据透视表”下拉按钮，选择“数据透视表”选项，如图 4.100 所示。

（2）打开“创建数据透视表”对话框，如图 4.101 所示。此时“选择一个表或区域”会自动扩展选择，包含列标题和数据的整个数据区域。如果需要重新选择，则可单击按钮，使用鼠标指针选择数据区域。设定“选择放置数据透视表的位置”，单击按钮，选择一个单元格作为数据透视表的左上角的单元格区域，单击“确定”按钮。

图 4.100　“数据透视表”下拉列表

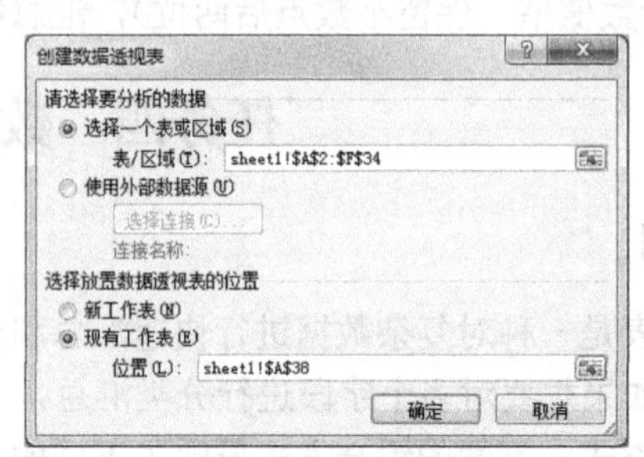

图 4.101　“创建数据透视表”对话框

（3）此时工作簿的整个外观会有较大变化，首先在功能区会出现“数据透视表工具”选项卡，该选项卡包含“选项”和“设计”两个子选项卡，可以对数据透视表的外观、位置等进行设置，如图 4.102 所示。

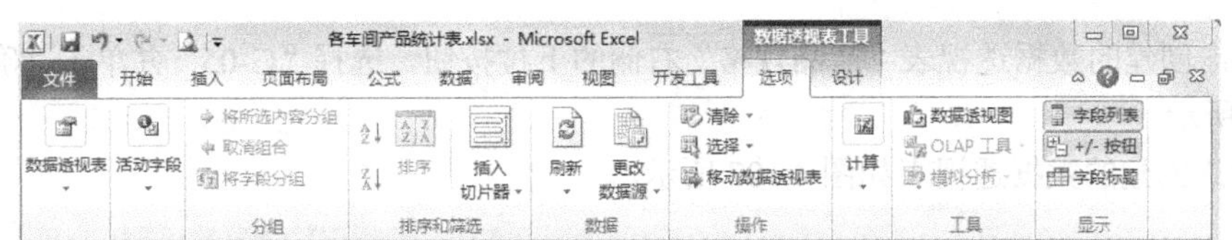

图 4.102 “数据透视表工具”选项卡

（4）在工作表的右侧会弹出“数据透视表字段列表”任务窗格，如图 4.103 所示。在该任务窗格中可以设定“列标签”、“行标签”及需要统计的“数值”。

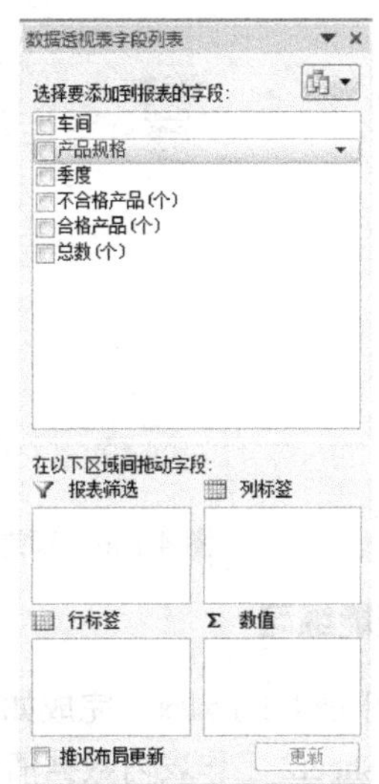

图 4.103 “数据透视表字段列表”任务窗格

任务实战

以图 4.99 为数据清单，以“产品规格”为报表筛选项（只统计 G-05 产品），以“季度”为行标签，以“车间”为列标签，以“不合格产品（个）”、“合格产品（个）”、“总数（个）”为求和项，从 I3 单元格起建立数据透视表。

（1）选择数据区域任一单元格，单击“插入”选项卡“表格”组中的“数据透视表”下拉按钮，选择“数据透视表”选项。

（2）打开“创建数据透视表”对话框，选中“选择一个表或区域”单选按钮，单击“选择放置数据透视表的位置”选项组中的按钮，选择单元格 I3，返回对话框，如图 4.104 所示。

（3）单击“确定”按钮，在“数据透视表字段列表”任务窗格中进行相关设置。

（4）拖动“产品规格”字段至“报表筛选”，拖动“季度”字段至“行标签”，拖动“车间”至“列标签”，拖动“不合格产品（个）”、“合格产品（个）”、“总数（个）”3 个字段至“数值”。

（5）拖动“列标签”区域的 Σ 数值 至“行标签”，最终结果如图 4.105 所示。

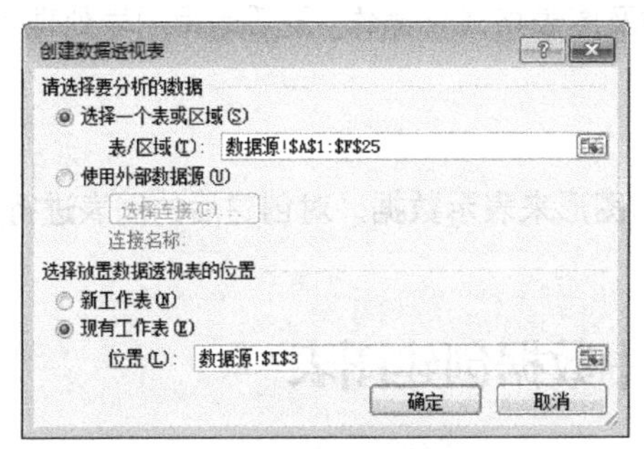

图 4.104 “创建数据透视表”对话框

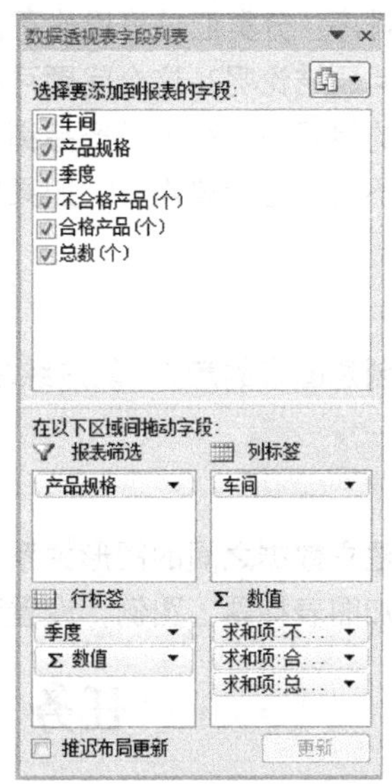

图 4.105 数据透视表字段设置

（6）单击创建的数据透视表“产品规格”右侧的下拉按钮，选择“G-05”并单击“确定”按钮，如图 4.106 所示。

（7）最终创建的数据透视表如图 4.107 所示。

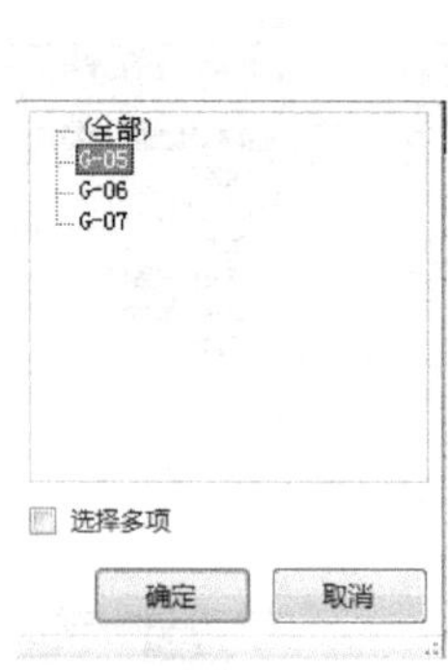

图 4.106　筛选条件

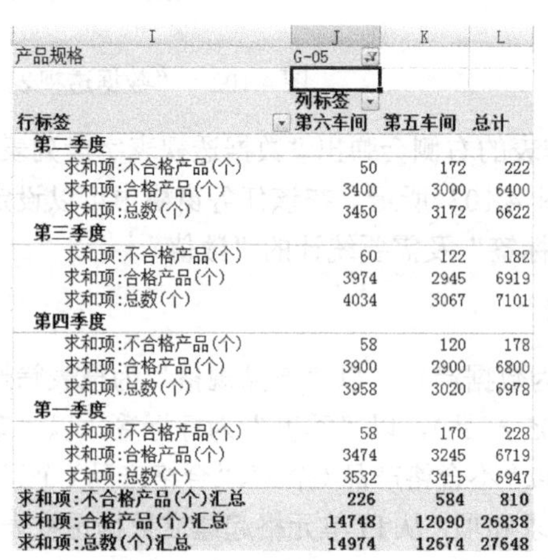

I	J	K	L
产品规格	G-05		
	列标签		
行标签	第六车间	第五车间	总计
第二季度			
求和项:不合格产品(个)	50	172	222
求和项:合格产品(个)	3400	3000	6400
求和项:总数(个)	3450	3172	6622
第三季度			
求和项:不合格产品(个)	60	122	182
求和项:合格产品(个)	3974	2945	6919
求和项:总数(个)	4034	3067	7101
第四季度			
求和项:不合格产品(个)	58	120	178
求和项:合格产品(个)	3900	2900	6800
求和项:总数(个)	3958	3020	6978
第一季度			
求和项:不合格产品(个)	58	170	228
求和项:合格产品(个)	3474	3245	6719
求和项:总数(个)	3532	3415	6947
求和项:不合格产品(个)汇总	226	584	810
求和项:合格产品(个)汇总	14748	12090	26838
求和项:总数(个)汇总	14974	12674	27648

图 4.107　数据透视表结果

 **技能练习**

打开 ex4-3-1.xlsx，完成如下操作，以原文件名保存。

对 Sheet2 工作表内数据清单的内容建立数据透视表，按行为“经销部门”，列为“图书类别”，数据为“数量(册)”求和布局，并置于此工作表的 H2:L7 单元格区域中。

项目五　图表

项目指引

通过排序、分类汇总等操作可以快速统计数据并进行分析，但是如何更直观地表示数据，更有效地得出问题结论呢？这个问题可以通过创建图表得到解决。

小明的姐姐在一家数码产品销售公司上班，需要对公司销售情况进行汇报，此时一项项地列出数据已经不能满足会议需要，如果需要直观地反映各种产品的销售情况，最好的办法是使用图表。

知识目标

了解创建图表的意义，能熟练掌握图表的创建及图表格式化操作，灵活运用图表处理实际问题。

技能目标

能够建立数据之间的图形关系，能够用合适的图形来表示数据；对创建后的图表进行修饰，如填充、增加图表标题、图例，设置背景颜色等。

任务一　使用选中数据创建图表

 **任务说明**

通过本任务的学习，学会创建与编辑数据图表，了解常见图表的功能和使用方法。

相关知识

一、图表

图表是一种以图形来表示表格中数据的方式，与工作表相比，图表不仅能够直观地表现出数据值，还能形象地反映出数据的对比关系。

Excel 2010 的图表有多种类型，主要有柱形图、条形图、折线图、饼图、散点图、股价图、曲面图、圆环图、气泡图和雷达图等，而每一种类型的图表又有多种不同的表现形式。

1．柱状图

柱状图用来显示一段时期内数据的变化或者描述各项之间的比较，它采用了分类项水平组织、数据垂直组织的方法，这样可以强调数据随时间的变化。

2．条形图

条形图描述了各项之间的差别情况，它采用了分类项垂直组织、数据水平组织的方法，从而突出数值的比较，而淡化数据随时间的变化。

3．饼图

饼图显示数据系列中每一项占该系列数值总和的比例关系。

其他类型的图表（如折线图、面积图、圆环图、散点图、股价图、曲面图、圆环图、气泡图、雷达图等）都有自己的特色用法，此处不再赘述。

二、图表相关术语

1．图表区

图表区表示整个图表，包含所有数据系列、坐标轴、标题、图例、数据表等。

2．图表标题

图表的标题或名称，用于对图表的功能进行说明。

3．数据系列

数据系列是一组数据点，如图表中的一整行或者一整列。例如，在绘制折线图时，每条折线是一个数据系列。

三、创建图表

在 Excel 2010 中，创建图表非常简单，不管创建何种类型的图表，其方法都是类似的。

（1）制作好工作表，并选中要制作图表的数据，如图 4.108 中的 A2:A6、D2:D6 单元格区域。

（2）在“插入”选项卡“图表”组中包含了 7 个图表类型的按钮，“其他图表”类型中又包含股价图、曲面图、圆环图、气泡图、雷达图等，如图 4.109 所示。

	A	B	C	D
1	某公司年设备销售情况表			
2	设备名称	数量	单价	销售额
3	微机	36	6580	236880
4	MP3	89	897	79833
5	数码相机	45	3560	160200
6	打印机	53	987	52311

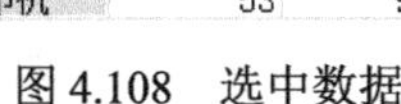

图 4.108　选中数据

图 4.109　“图表”组

（3）单击其中的一种图表类型，在弹出的下拉列表中选择一种类型（如簇状圆柱图），如图 4.110 所示，即可插入图表，如图 4.111 所示。

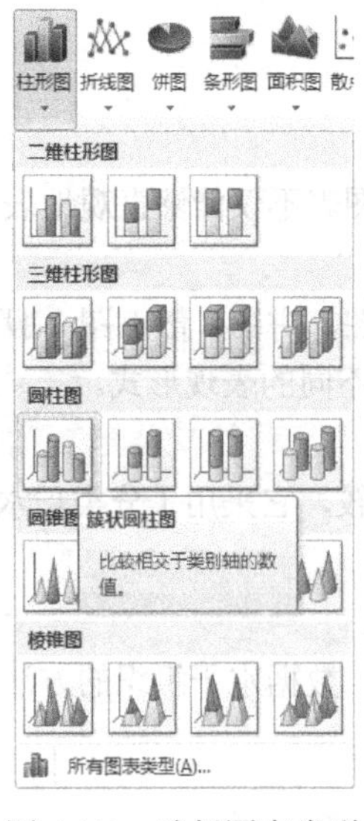

图 4.110　选择图表类型

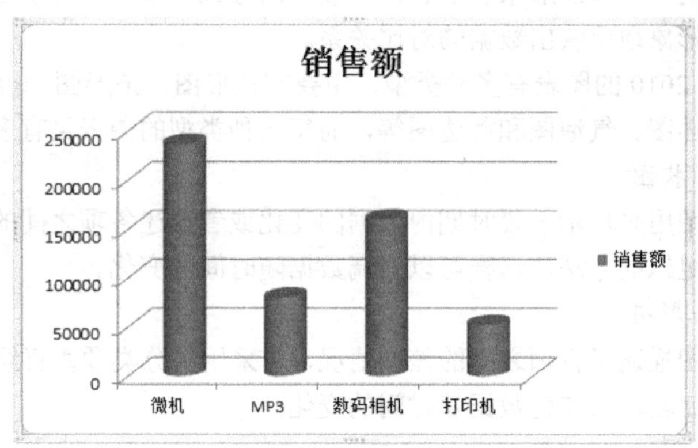

4.111　插入的图表

四、编辑图表

图表建立好以后，如果想修改图表，必须单击激活图表，这时在标题栏处出现“图表工具”选项卡，包括 3 个与图表操作有关的子选项卡：“设计”、“布局”和“格式”。利用这 3 个子选项卡，可以非常方便地对图表进行编辑修改。

1．对图表进行重新设计

单击激活图表，选择“图表工具”选项卡中的“设计”子选项卡，如图 4.112 所示。在该选项卡中，包括“类型”、“数据”、“图表布局”、“图表样式”和“位置”5 个组，每个组完成一定的设计功能。

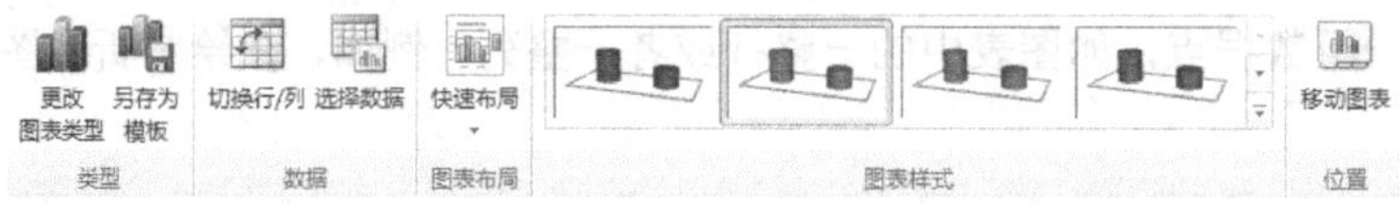

图 4.112　“图表工具”之“设计”子选项卡

1）更改图表类型

单击“更改图表类型”按钮，打开“更改图表类型”对话框，如图 4.113 所示。从中选择所需类型并单击，可使图表更改为新的类型。

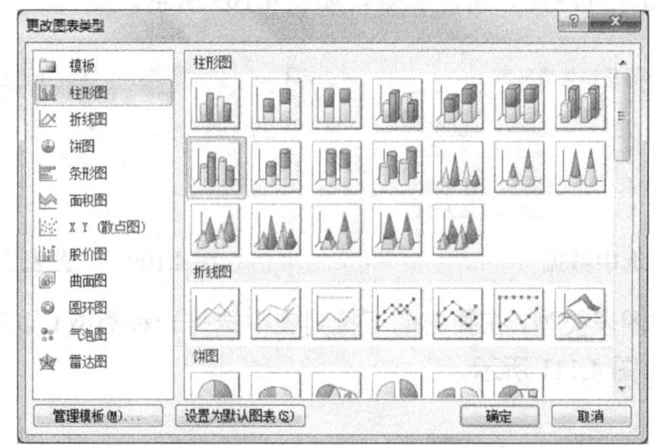

图 4.113　“更改图表类型”对话框

2）更改图表数据

更改图表数据包括“切换行/列”及“选择数据”。单击“切换行/列”按钮，可使原图表的行列坐标互换，如图 4.114 所示为切换了行列的图表。

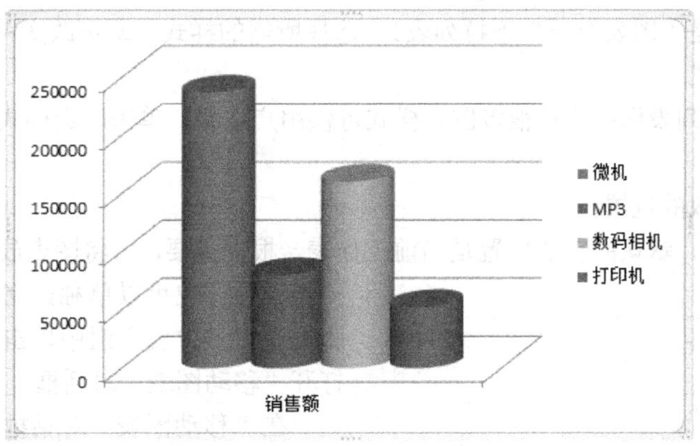

图 4.114　切换行/列的图表

如果要重新选择数据，则应单击“选择数据”按钮，这时打开“选择数据源”对话框，如图 4.115 所示。

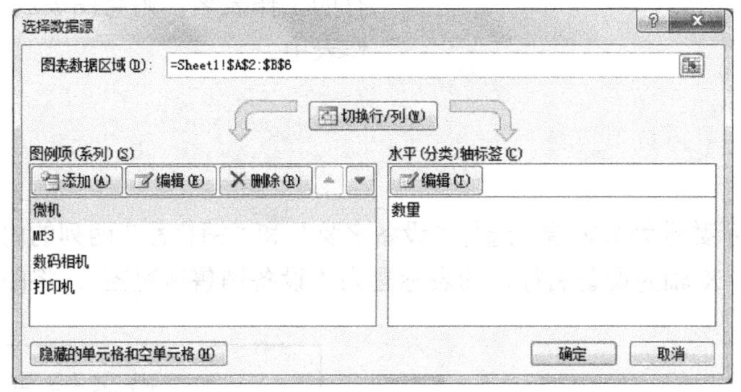

图 4.115　重新选择数据源

在“选择数据源”对话框中，可以对图表中涉及的数据进行修改，最简便的方法如下：单击“图表数据区域”文本框中的按钮，这时可在数据表中重新选择数据，重新选择的数据包括 A2:B6 单元格区域。重新选择完数据后，再次单击按钮，返回“选择数据源”对话框，单击“确定”按钮，此时的图表已经更改为新数据的图表，如图 4.116 所示。

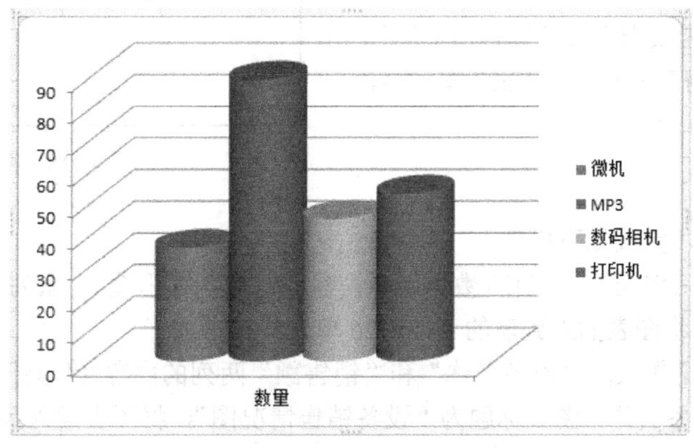

图 4.116　重新选择数据源后的图表

3）改变图表布局

改变图表布局指改变图表的标题、图例、坐标、数据等的显示位置和形状，Excel 2010 中提供了一些图表布局的样式，可以非常方便地进行选择。在“设计”子选项卡的“图表布局”列表框中（窗口比较小的时候是“图表布局”下拉列表），选择所需的样式，即可改变图表布局。

4）改变图表样式

在“图表样式”列表框中，有很多图表样式可供用户选择，单击所选样式，可以使图表样式发生更改。

5）确定图表存放的位置

图表制作完成后，默认的存放位置是当前工作表，根据需要，可将图表放在当前工作簿的其他工作表中，也可以单独建立一个工作表专门存放图表。在“位置”组中单击“移动图表”按钮，打开“移动图表”对话框，如图 4.117 所示。

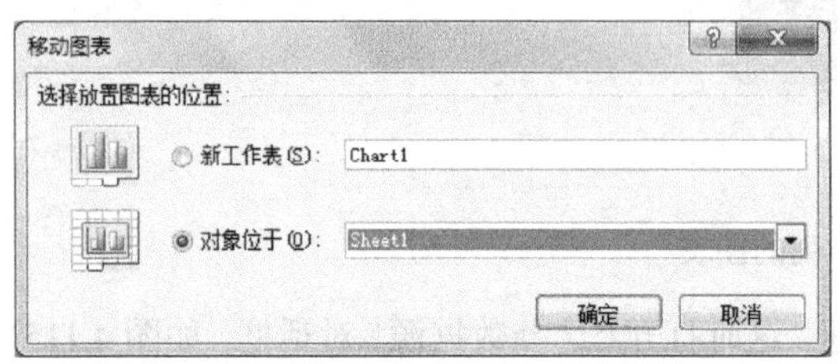

图 4.117　“移动图表”对话框

在“移动图表”对话框中，若选中“新工作表”单选按钮，则将制作的图表放在一个新的工作表中，该工作表仅包含该图表；若选中“对象位于”单选按钮，并在后面的下拉列表中选择已有的工作表名，则将图表放在该工作簿的其他工作表中。

任务实战

一、操作要求

以如图 4.108 所示数据为数据源，选择“设备名称”和“销售额”两列的内容（“总计”行除外）建立“簇状棱锥图”，X 轴为设备名称，图表标题为“设备销售情况图”，将图插入到 A9:E22 单元格区域内。

二、创建图表

（1）选择 A2:A6 单元格区域，按住“Ctrl”键，再选中 D2:D6 单元格区域。

（2）单击“插入”选项卡“图表”组中的“柱形图”下拉按钮，在弹出的下拉列表中选择“簇状棱锥图”选项。

（3）将图表的标题改为“设备销售情况图”。

（4）选中图表并将其移动到 A9:E22 单元格区域，结果如图 4.118 所示。

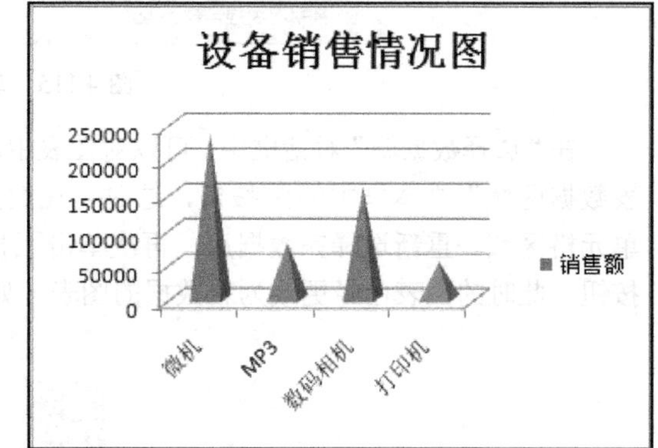

图 4.118　图表的效果

技能练习

打开 ex5-1-1.xlsx，完成如下操作。

（1）选取 Sheet1 工作表的 A2:D10 数据区域，建立“簇状柱形图”，系列产生在“列”，图表标题为“奖牌统计图”，将图表插入到表的 A12:G26 单元格区域内。

（2）选取 Sheet2 工作表的“设备名称”和“销售额”两列的内容（“总计”行除外），建立“簇状棱锥图”，X 轴为设备名称，图表标题为“设备销售情况图”，将图表插入到工作表的 A10:E23 单元格区域内。

任务二　图表的格式化

任务说明

创建图表后，用户需要对图表进行修饰以满足实际需要，如设置网格线、设置背景色、设置坐标轴等。这些操作都可以通过“图表工具”来完成。

相关知识

一、基本术语

1．图例

图例是一个方框，用于标识为图表中每个数据系列或分类指定的图案或颜色。默认情况下，图例放在图表的右侧。

2．网格线

网格线是添加到图表中易于查看和计算数据的线条，是坐标轴上刻度线的延伸，并穿过绘图区。

二、对图表的布局进行调整

图表布局的调整包括对图表中各元素的位置、坐标轴及背景进行调整。

单击激活图表，选择“图表工具”选项卡的“布局”子选项卡，如图 4.119 所示。

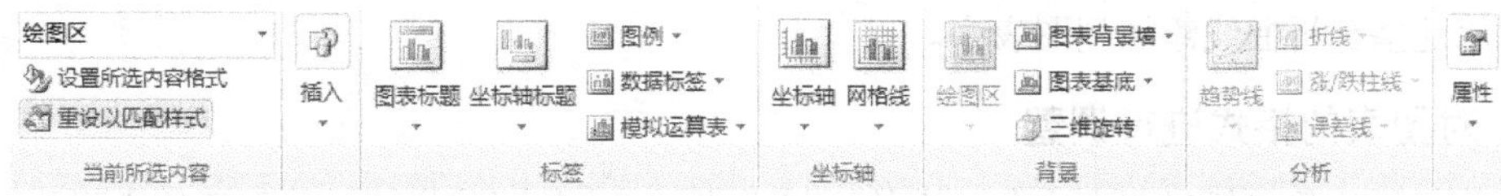

图 4.119　“图表工具”之“布局”子选项卡

在“布局”子选项卡中，包括“当前所选内容”、“插入”、“标签”、“坐标轴”、“背景”、“分析”和“属性”7 个组，每个组完成一定的功能。

1．对所选内容进行调整

在“当前所选内容”组中，单击“背景墙”下拉按钮，弹出下拉列表，从中选择要调整的内容（如“背景墙”），选择“设置所选内容格式”选项，打开“设置背景墙格式”对话框，如图 4.120 所示，从中可以设置所选内容（背景墙）的各种效果。

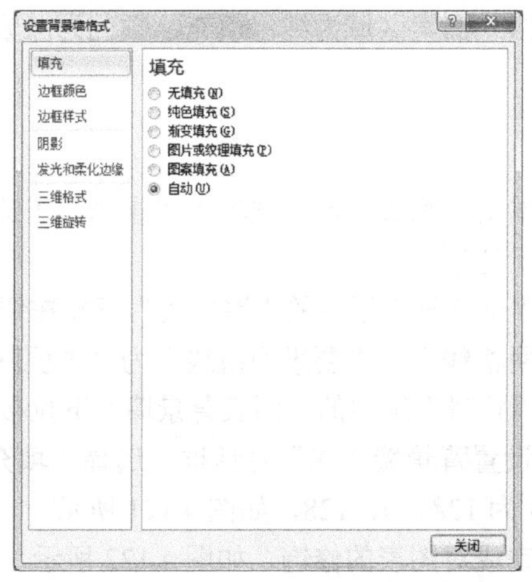

图 4.120　“设置背景墙格式”对话框

2．插入图片、形状、文本框

在“布局”子选项卡的“插入”组中有“图片”、“形状”和“文本框”3 个按钮，可以在图表中插入相应的对象。

3．设置图表中各元素的位置

在“布局”子选项卡的“标签”组中有“图表标题”、“坐标轴标题”、“图例”、“数据标签”和“数据表”5 个按钮，可以设置或改变图表中各元素的位置和内容。

（1）设置图表标题：选中图表，单击“图表工具”选项卡中的“图表标题”按钮，可为图表添加标题。

（2）设置坐标轴标题：单击“图表工具”选项卡中的“坐标轴标题”按钮，可以选择并添加横/纵坐标标题。

（3）设置图例位置：单击“图表工具”选项卡中的“图例”按钮，可以设置图例在图表中的位置。设置图表中的坐标轴在“布局”子选项卡中的“坐标轴”组中，其中有“图表标题”、“坐标轴”和“网格线”等选项，可以设置或改变图表中坐标轴的格式和样式。

4．设置图表的坐标轴背景

在“布局”子选项卡的“背景”组中有“绘图区”、“图表背景墙”、“图表基底”、和“三维旋转”4 个按钮，可以设置或改变图表中背景的色彩和样式。

5．添加图表的分析曲线

在“布局”子选项卡的“分析”组中有“趋势线”、“折线”、“涨跌柱线”和“误差线”4 个按钮，可以将这些分析曲线添加到图表中。

三、对图表的格式进行调整

图表格式的调整包括对图表中各元素的形状样式、文本的形状样式、各元素的排列及大小进行设置和调整。

单击激活图表，选择“图表工具”选项卡的“样式”子选项卡，对图表中各元素格式进行调整，这与前面介绍的方法类似，此处不再赘述。

任务实战

一、操作要求

对如图 4.114 所示的图表进行修饰，图表不显示图例，网格线分类（X）轴和数值（Z）轴显示主要网格线，设置图的背景墙格式图案区域为纯色填充，颜色为深紫（自定义标签 RGB 值为 128、0、128）。

二、美化图表

（1）选中要设置的图表，单击“图表工具”选项卡“布局”子选项卡中的“图例”下拉按钮，在弹出的下拉列表中选择“无”选项。

（2）单击“布局”选项卡“坐标轴”组中的“网格线”下拉按钮，在弹出的下拉列表中分别选择“主要横网格线”为“主要网格线”，“主要纵网格线”为“主要网格线”。

（3）单击“布局”选项卡“背景”组中的“图表背景墙”下拉按钮，在弹出的菜单中选择“其他背景墙选项”选项，打开“设置背景墙格式”对话框，选择“填充”类别中的“纯色填充”，在颜色项中设置自定义颜色 RGB 为 128、0、128，如图 4.121 所示。

（4）单击“关闭”按钮，完成对图表的修饰，如图 4.122 所示。

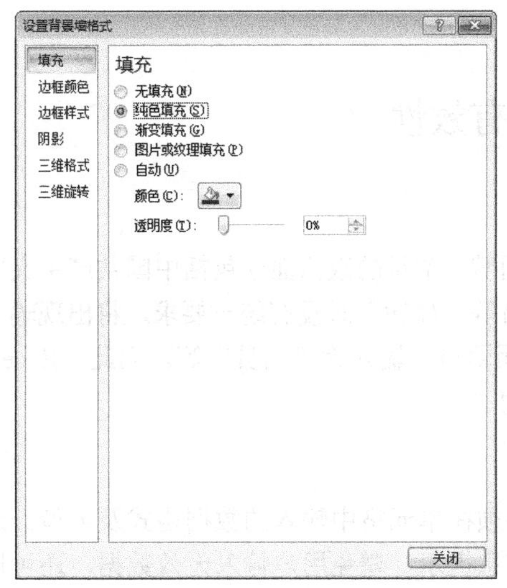

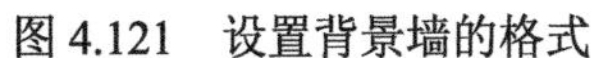
图 4.121　设置背景墙的格式

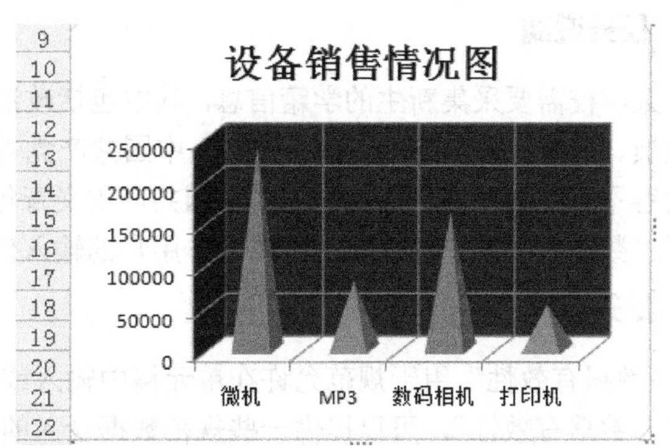

图 4.122　图表格式化效果

技能练习

打开 ex5-1-1.xlsx，完成如下操作。

（1）选取 Sheet1 工作表的 A2:D10 数据区域，建立“簇状柱形图”，系列产生在“列”，图表标题为“奖牌统计图”，设置图表数据系列格式金牌图案内部为金色（RGB 为 255、214、0），银牌图案内部为淡蓝（RGB 为 150、240、255），铜牌图案内部为深绿色（RGB 为 0、148、0），图例位于底部，将图插入到表的 A12:G26 单元格区域内。

（2）选取 Sheet2 工作表的“设备名称”和“销售额”两列的内容（“总计”行除外），建立“簇状棱锥图”，X 轴为设备名称，图表标题为“设备销售情况图”，不显示图例，网格线分类（X）轴和数值（Z）轴显示主要网格线，设置图的背景墙格式图案区域的渐变填充颜色类型是单色，颜色是深紫（自定义标签 RGB 为 138、0、138），将图插入到工作表的 A10:E23 单元格区域内。

*项目六　Excel 2010 高级应用

项目指引

通过以上几个项目，读者应掌握多数的 Excel 2010 使用技巧，可以完成大多数日常编辑和数据统计工作，但是前面只是介绍了 Excel 的一小部分功能，Excel 能够胜任的工作有很多，能够大大提高办公自动化的效率和有效性，本项目通过介绍数据有效性、合并计算、模拟运算表等功能，使读者对 Excel 有更进一步的认识，对日常的工作提供更多的帮助。

知识目标

通过本项目认识“数据有效性”、“合并计算”、“模拟运算表”等的概念，并认识在操作中可能用到的函数。

技能目标

通过本项目的实际操作掌握“数据有效性”、“合并计算”、“模拟运算表”等的操作方法，并能够应用到实际工作和学习中。

任务一　数据有效性

任务说明

某学校需要采集新生的学籍信息，其中包括政治面貌。常见的政治面貌包括中国共产主义青年团团员、群众、中国共产党预备党员、中国共产党党员等。如输入时没有统一要求，将出现输入信息内容不统一的情况。例如，把“中国共产主义青年团团员”输入为“团员”等。为此，Excel 提供了“数据有效性”的功能，用以统一用户的输入信息。

相关知识

“数据有效性”用于规范允许在单元格中输入或必须在单元格中输入的数据格式及类型。通过设置“数据有效性”，可以提供一些规范数据录入的信息提示，避免用户输入无效数据，还可以在用户输入无效数据时给出提示，帮助用户更正错误。

单击“数据”选项卡“数据工具”组中的“数据有效性”下拉按钮，在弹出的下拉列表中选择“数据有效性”选项，如图 4.123 所示。

选定要设置“数据有效性”的单元格，单击“数据有效性”按钮，打开“数据有效性”对话框。该对话框包括“设置”、“输入信息”、“出错警告”、“输入法模式”共 4 个选项卡，所有设置都在该对话框中完成，如图 4.124 所示。

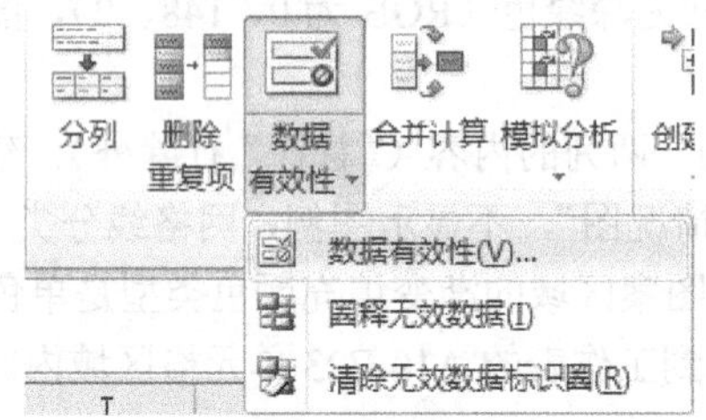

图 4.123　数据有效性

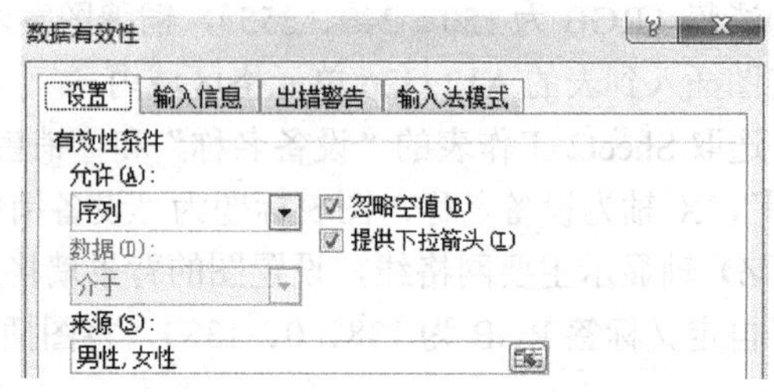

图 4.124　“数据有效性”对话框之“设置”选项卡

当需要在用户输入无效数据弹出提示时，可在“出错警告”选项卡中进行相关设置。选择输入无效数据时显示的出错警告样式，包括“停止”、“警告”、“信息”3 种样式。同时，设置其对应的“标题”和“错误信息”，如图 4.125 所示。

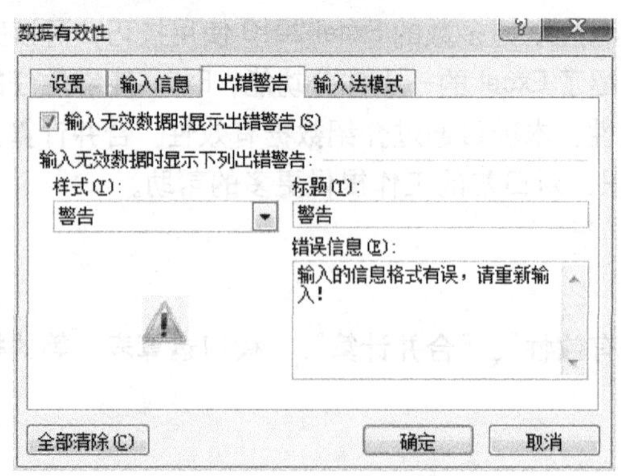

图 4.125　“数据有效性”对话框之“出错警告”选项卡

“输入信息”选项卡可以设置一些规范数据录入的信息提示，避免用户输入无效数，如图 4.126

所示。“输入法模式”选项卡用来设置是否打开中文输入法，包括“随意”、“打开”、和“关闭（英文模式）”3 个选项，默认为“随意”，如图 4.127 所示。

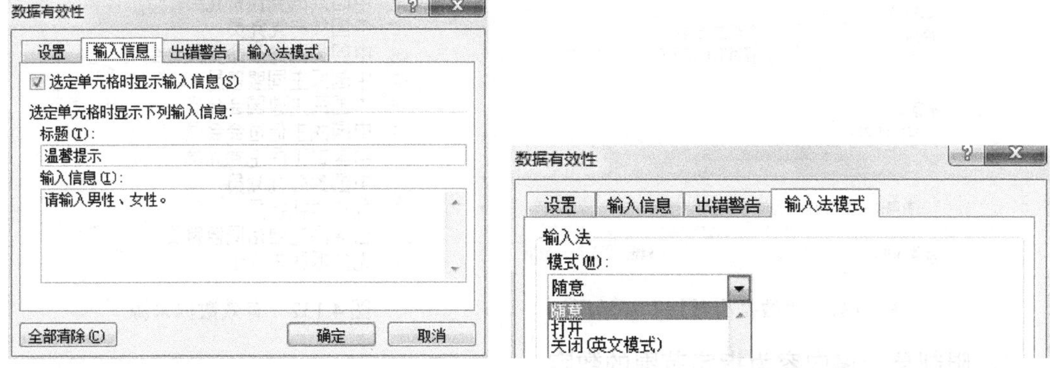

图 4.126 “数据有效性”对话框之“输入信息”选项卡

图 4.127 “数据有效性”对话框之“输入法模式”选项卡

对“数据有效性”等进行设置后，单元格将出现如图 4.128 所示效果。

若用户没有按要求输入数据，则 Excel 将打开一个与图 4.129 类似的对话框。

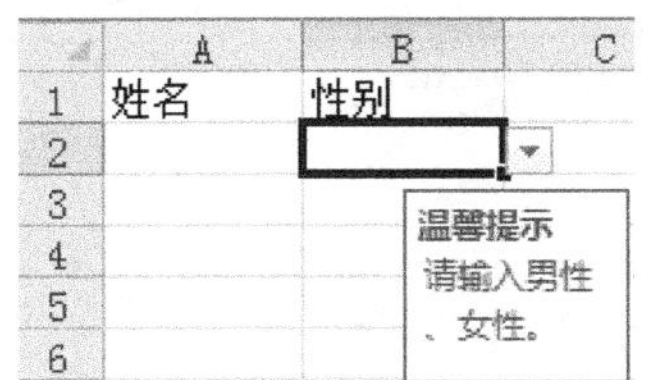

图 4.128 设置了数据有性性的单元格

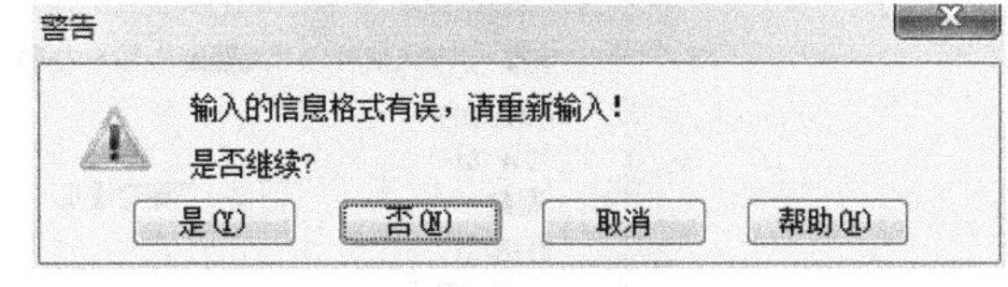

图 4.129 错误警告

任务实战

一、限制单元格内容为预定内容

例如，若要将所有需要填写政治面貌的单元格内容限制为中国共产主义青年团团员、群众、中国共产党预备党员等内容，则可进行以下操作，如图 4.130 所示。

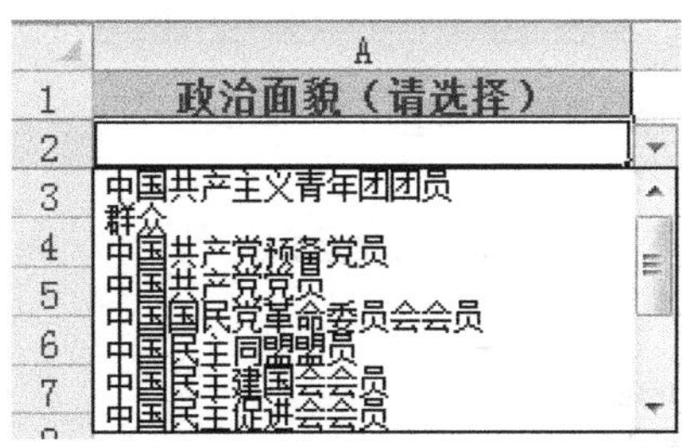

图 4.130 设定数据有效性

选择要填写政治面貌的所有单元格，单击“数据”选项卡“数据工具”组中的“数据有效性”按钮，打开“数据有效性”对话框，在“设置”选项卡中，设置“有效条件”为“允许”中的“系列”，单击“来源”下方的文本框，再选择需要作为来源的单元格，Excel 将显示源单元格的绝对地址。或者在“来源”下方的文本框中直接输入预定内容，用英文逗号隔开，如图 4.131 和图 4.132 所示。

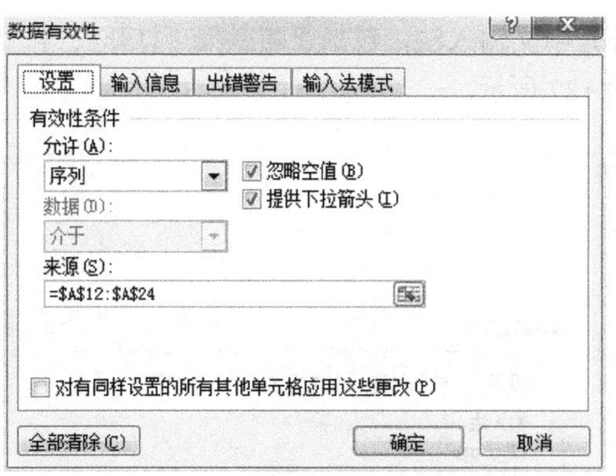

图 4.131　“数据有效性”对话框

	A
12	中国共产主义青年团团员
13	群众
14	中国共产党预备党员
15	中国共产党党员
16	中国国民党革命委员会会员
17	中国民主同盟盟员
18	中国民主建国会会员
19	中国民主促进会会员
20	中国农工民主党党员
21	中国致公党党员
22	九三学社社员
23	台湾民主自治同盟盟员
24	无党派民主人士

图 4.132　有效数据来源

二、限制单元格内容为指定范围的数字

例如，要将“最低消费金额”的最小限制指定为“消费人数”的 20 倍，则可按如图 4.133 所示设置。由于“最低消费金额”为数值，因此“允许”项可以是“整数”，也可以是“小数”。

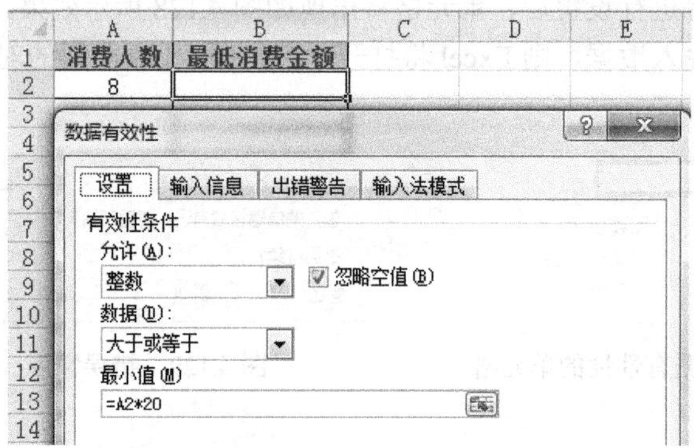

图 4.133　设定数据范围

三、限制单元格内容为某一时间范围

若要将日期指定为当前日期和当前日期之后 7 天之内的时间范围，则可按如图 4.134 所示设置。

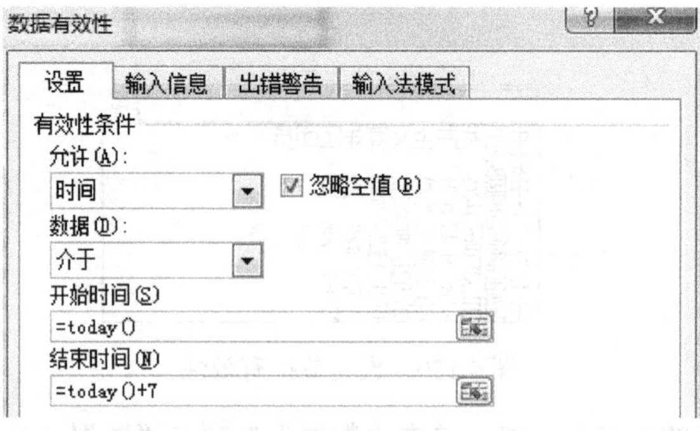

图 4.134　设定日期范围

四、限制单元格内容为固定长度的文本

若要将单元格中允许的文本限制为 10 个或更少字符，则可按如图 4.135 所示设置。

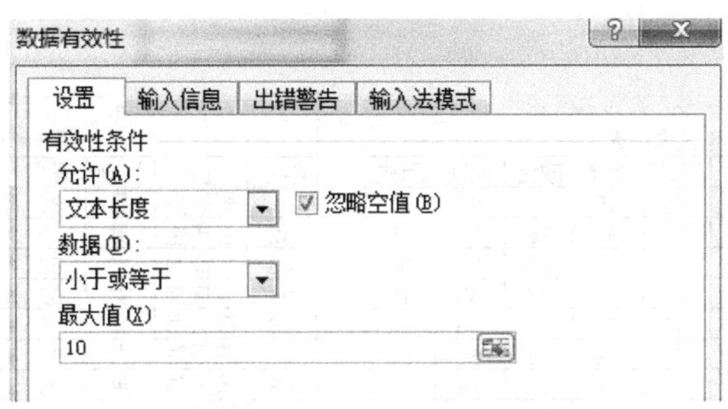

图 4.135　设定文本长度

五、圈释无效数据

当输入完数据后，用户可以用“数据有效性”下拉列表中的“圈释无效数据”选项来进行数据检查。例如，虽然单元格已设置了“数据有效性”，但是通过复制粘贴的方式录入的“政治面貌”中没有“团员”的类型。在这种情况下，可以单击“数据”选项卡“数据工具”组中的“数据有效性”下拉按钮，选择“圈释无效数据”选项来显示“政治面貌”中没有的“团员”类型，如图 4.136 所示。如果需要取消数据圈释，则应选择“清除无效数据标示圈”选项。

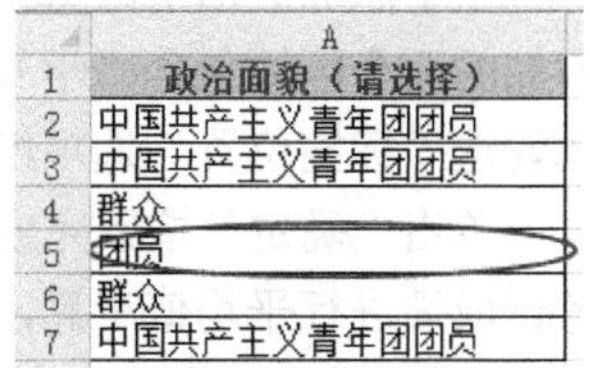

A
1 政治面貌（请选择）
2 中国共产主义青年团团员
3 中国共产主义青年团团员
4 群众
5 团员
6 群众
7 中国共产主义青年团团员

图 4.136　圈释无效数据

技能练习

打开工作簿 ex6-1-1.xlsx，完成操作后，以原文件名保存。

（1）在工作表 Sheet1 中设置“身份证件类型”列，区域为 B2:B20，利用“数据有效性”设置身份证类型为“居民身份证”、“军官证”、“士兵证”、“文职干部证”、“部队离退休证”、“香港特区护照/身份证明”、“澳门特区护照/身份证明”、“台湾居民来往大陆通行证”、“境外永久居住证”、“护照”、“户口簿”、“其他”等共 12 项内容。

（2）在工作表 Sheet1 中设置区域 C2:D19 的“数据有效性”，数据为 0～100，并设置“出错警告”，错误信息为“分数为 0～100，请检查您的输入是否正确”。

任务二　合并计算

任务说明

学校每个学期都要对学生进行多次测试，测试的科目多，测试的次数也多，如何对这些成绩进行平均值等运算呢？Excel 提供了“合并计算”功能。

相关知识

Excel 的“合并计算”具备非常强大的合并功能，包括求和、平均值、计数、最大值、最小值等一系列合并计算功能。

任务实战

某班期中考试有十名学生参与，期末考试有一位学生请假，未参加考试，求学生的平均成绩，数据结果放置在以 A16 开始的单元格区域中，如图 4.137 所示。

由于结果单元格区域没有列标题，因此先复制列标题 A2:I2 到单元格区域 A15:I15 中。选择单元格 A16，单击“数据”选项卡“数据工具”组中的“合并计算”按钮，打开“合并计算”对话框，在“函数”下拉列表中选择“平均值”选项，引用位置添加区域“Sheet1!$A$3:$I$12”和

“Sheet1!$K$3:$S$12”。

	A	B	C	D	E	F	G	H	I	J	K	L	M	N	O	P	Q	R	S
1	期中考试成绩表										期末考试成绩表								
2	学号	姓名	性别	语文	英语	数学	政治	地理	历史		学号	姓名	性别	语文	英语	数学	政治	地理	历史
3	01	张骏杰	男	87	55	45	88	86	67		01	张骏杰	男	87	55	45	88	86	67
4	02	王茂生	男	95	90	93	78	70	79		02	王茂生	男	95	90	93	78	70	79
5	03	陈沛潮	女	56	65	64	65	72	56		03	陈沛潮	女	56	65	64	65	72	56
6	04	李庆文	女	62	74	67	87	55	45		04	李庆文	女	62	74	67	87	55	45
7	05	陈咏升	男	88	86	67	95	90	93		06	陈泳添	女	78	70	79	56	65	64
8	06	陈泳添	女	78	70	79	56	65	64		07	陈子荣	女	65	72	56	62	74	67
9	07	陈子荣	女	65	72	56	62	74	67		08	单浩钧	男	99	89	67	88	86	67
10	08	单浩钧	男	99	89	67	88	86	67		09	邓佩君	男	50	56	65	95	90	93
11	09	邓佩君	男	50	56	65	95	90	93		10	邓绍荣	男	82	85	75	56	65	64
12	10	邓绍荣	男	82	85	75	56	65	64										
13																			
14	平均考试成绩																		
15																			

图 4.137　需计算的数据

由于添加的两个区域均不包含列标题行，因此“标签位置”中的“首行”复选框未勾选。由于添加的两个区域包含“学号”、“姓名”和“性别”3 个不参与平均值运算的字段，仅作为标签，因此勾选“标签位置”选项组中的“最左列”复选框，如图 4.138 所示。

单击“确定”按钮完成计算。由于“陈咏升”没有参与期末考试，计算平均值时，仅对其中的考试成绩进行平均值运算，其结果仍为期中考试成绩。同时，虽然表格中有“学号”、“姓名”和“性别”3 个不参与平均值运算的字段，但“合并计算”仅能对“最左列”作为标签的数据参与运算，因此“合并计算”后会产生如图 4.139 所示的效果。

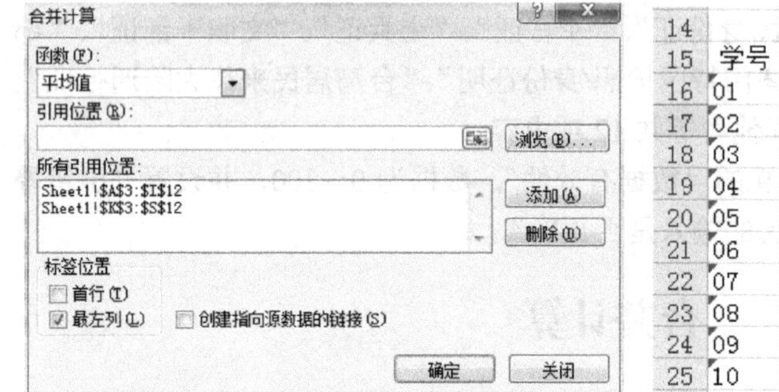

图 4.138　“合并计算”对话框

14	平均考试成绩								
15	学号	姓名	性别	语文	英语	数学	政治	地理	历史
16	01			87	55	45	88	86	67
17	02			95	90	93	78	70	79
18	03			56	65	64	65	72	56
19	04			62	74	67	87	55	45
20	05			88	86	67	95	90	93
21	06			78	70	79	56	65	64
22	07			65	72	56	62	74	67
23	08			99	89	67	88	86	67
24	09			50	56	65	95	90	93
25	10			82	85	75	56	65	64

图 4.139　合并计算后的效果

由于“学号”信息是唯一的，因此可以使用 VLOOKUP 函数查找出学号对应的“姓名”、“性别”等信息。

在单元格 B16 中输入公式“=VLOOKUP(A16,$A$3:$I$12,2,FALSE)”，Excel 系统将根据学号单元格的内容，在 B16 处显示对应的姓名信息。

在单元格 C16 中输入公式“=VLOOKUP(A16,$A$3:$I$12,3,FALSE)”，Excel 系统将根据学号单元格的内容，在 C16 处显示对应的性别信息。

技能练习

打开 ex6-2-1.xlsx，完成如下操作。

（1）使用 Sheet1 工作表中的数据，在“各班各科平均成绩表”中进行求“平均值”的合并计算操作。

（2）使用 Sheet2 工作表中“上半年各部门产品合格情况表”和“下半年各部门产品合格情况表”

中的数据，在“全年各部门产品合格情况统计表”中进行“求和”的合并计算操作。

任务三　模拟运算表

任务说明

模拟运算表是 Excel 应用中的一种。在应用中，通过一个或多个模拟运算设定，应用 Excel 本身公式，显示计算结果。

模拟运算表结合其他函数可在众多的领域使用，其中包括结合财务函数进行个人理财计算。例如，小明的哥哥新婚购房，向银行贷款 40 万元，计划 20 年还清，在使用等额本息的还款方式下，向不同利率的银行贷款，计算每月需要还款多少元。

相关知识

一、模拟运算表概念

模拟运算表实现在单元格区域内使用数组公式，以便在该单元格区域内引用某一个或多个公式来显示在不同取值时的结果。

模拟运算表有两种模式：单输入模拟运算表和双输入模拟运算表。在单输入模拟运算表中，用户可以对一个变量键入不同的值从而查看它对一个或多个公式的影响。在双输入模拟运算表中，用户对两个变量输入不同值，来查看它对一个公式的影响，如图 4.140 所示。

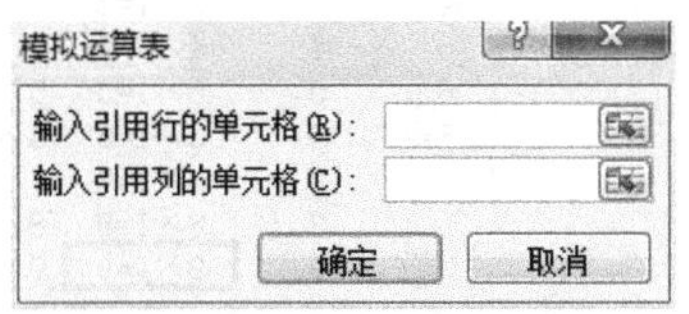

图 4.140　“模拟运算表”对话框

二、常规操作与模拟运算表操作的比较

以制作 Excel 九九乘法表为例，分别用常规方法和模拟运算表方法进行演示。

1．常规方法

通过单元格混合地址的引用完成计算，在单元格 B2 中，输入公式“=IF($A2>=B$1,$A2&"×"&B$1&"="&$A2*B$1,"")”，通过引用单元格混合地址的方式，复制单元格 B2 的公式，粘贴到单元格区域 B2:J10 中完成计算，如图 4.141 所示。

B10　=IF($A10>=B$1,$A10&"×"&B$1&"="&$A10*B$1,"")

	A	B	C	D	E	F	G	H	I	J
1		1	2	3	4	5	6	7	8	9
2	1	1×1=1								
3	2	2×1=2	2×2=4							
4	3	3×1=3	3×2=6	3×3=9						
5	4	4×1=4	4×2=8	4×3=12	4×4=16					
6	5	5×1=5	5×2=10	5×3=15	5×4=20	5×5=25				
7	6	6×1=6	6×2=12	6×3=18	6×4=24	6×5=30	6×6=36			
8	7	7×1=7	7×2=14	7×3=21	7×4=28	7×5=35	7×6=42	7×7=49		
9	8	8×1=8	8×2=16	8×3=24	8×4=32	8×5=40	8×6=48	8×7=56	8×8=64	
10	9	9×1=9	9×2=18	9×3=27	9×4=36	9×5=45	9×6=54	9×7=63	9×8=72	9×9=81

图 4.141　常规方法制作九九乘法表

2．模拟运算表方法

在单元格 A1 中输入公式“=IF(A12>=B11,A12&"×"&B11&"="&A12*B11,"")”，选中单元格区域 A1:J10，单击“数据”选项卡“数据工具”组中的“模拟分析”下拉按钮，选择“模拟运算表”打开，“模拟运算表”对话框，如图 4.142 所示，在“输入引用行的单元格”中输入 B11，在“输入引用列的单元格”中输入 A12，单击“确定”按钮，完成计算。

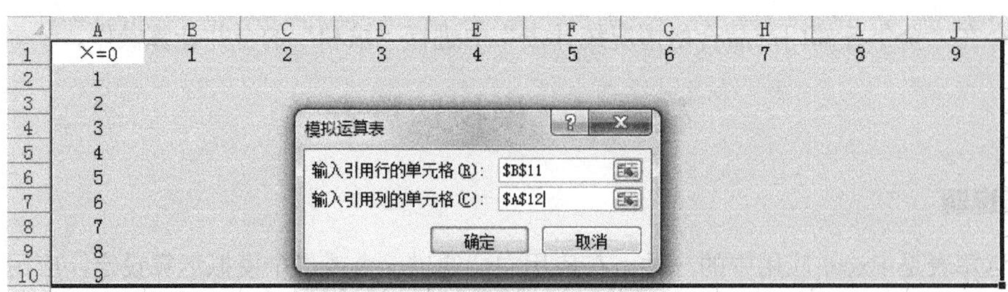

图 4.142　使用模拟运算表

其中，单元格 B11 是模拟运算区域外的任意单元格，用以在模拟运算时存放引用行的单元格区域，即以行的形式存放在单元格区域 B1:J2 的内容；单元格 A12 是模拟运算区域外的任意单元格，用以在模拟运算时存放引用列的单元格区域，即以列的形式存放在单元格区域 A1:A10 的内容，如图 4.143 所示。

B10　　fx　{=TABLE(B11,A12)}

	A	B	C	D	E	F	G	H	I	J
1	×=0	1	2	3	4	5	6	7	8	9
2	1	1×1=1								
3	2	2×1=2	2×2=4							
4	3	3×1=3	3×2=6	3×3=9						
5	4	4×1=4	4×2=8	4×3=12	4×4=16					
6	5	5×1=5	5×2=10	5×3=15	5×4=20	5×5=25				
7	6	6×1=6	6×2=12	6×3=18	6×4=24	6×5=30	6×6=36			
8	7	7×1=7	7×2=14	7×3=21	7×4=28	7×5=35	7×6=42	7×7=49		
9	8	8×1=8	8×2=16	8×3=24	8×4=32	8×5=40	8×6=48	8×7=56	8×8=64	
10	9	9×1=9	9×2=18	9×3=27	9×4=36	9×5=45	9×6=54	9×7=63	9×8=72	9×9=81

图 4.143　使用模拟运算表制作九九乘法表

模拟运算表实际上是利用一个运算区域内的一个单元格存放公式，通过指定运算区域外的任意单元格作为引用列或引用行的单元格，对区域内的目标单元格区域进行计算的方法。目标单元格区域将以数组公式的形式显示公式。因此，若公式有误，则需要更正或删除，只能对目标单元格区域进行整个删除，不能删除某个目标单元格，如图 4.144 所示。

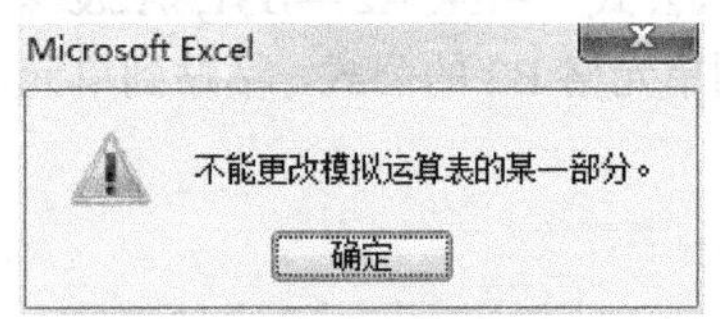

图 4.144　提示对话框

任务实战

小明的哥哥新婚购房，向银行贷款 40 万元，通过模拟运算表，计算还款期限 15、20、25、30 年和贷款年利率为 3.25%、3.50%、3.75%、4.00%、4.25%时，在等额本息的还款方式下，每月需要还款多少元。

Excel 中的财务函数可以进行一般的财务运算，如确定贷款的支付额、投资的未来值或净现值，以及债券或股票的价值。常用的财务函数包括 PMT、FV、PV。

1．PMT 函数

用途：PMT 函数用于实现计算基于固定利率及等额分期付款方式，返回贷款的每期付款额的功能。

语法：PMT（Rate，Nper，Pv，Fv，Type）。

参数：Rate 表示贷款利率；Nper 表示该项贷款的付款总期数；Pv 表示现值（总贷款金额），或一系列未来付款的当前值的累积和，也称为本金；Fv 表示未来值（余值），或在最后一次付款后希望得到的现金余额，如果省略 Fv，则假设其值为零，即一笔贷款的未来值为零；Type 表示各期的付款时间是在期初还是期末，用数字 0 或 1 表示。1 代表期初（先付，即每期的第一天付），不输入或输入 0 代表期末（后付，即每期的最后一天付）。

由于 PMT 函数实现计算基于固定利率及等额分期付款方式下的每期付款金额，因此参数 Rate 和 Nper 的单位必须一致。例如，贷款利率为年利率，还款期限为月份，要计算月还贷金额，需要把年利率统一为月利率，转换方式是月利率=年利率/12。

2．PV 函数

用途：PV 函数用于返回投资的现值。现值为一系列未来付款的当前值的累积和。例如，借入方的借入款即为贷出方贷款的现值。

语法：PV(Rate，Nper，PMT，Fv，type)。

参数：Rate 表示投资利率；Nper 表示该项投资的付款总数；PMT 表示每期应支付的金额，其数值在整个年金期间保持不变，通常 PMT 包括本金和利息，但不包括其他费用及税款，如果忽略 PMT，则必须包含 Fv 参数；Fv 为未来值，或在最后一次支付后希望得到的现金余额，如果省略 Fv，则假设其值为零（一笔贷款的未来值为零），如果忽略 Fv，则必须包含 PMT 参数；Type 表示各期的付款时间是在期初还是期末，用数字 0 或 1 表示。

3．FV 函数

用途：FV 函数用于计算基于固定利率及等额分期的付款方式，返回某项投资的未来值。

语法：FV(Rate，Nper，PMT，Pv，type)

参数同上。其中，R_V 表示现值（总贷款金额）。待计算的数据区域如图 4.145 所示。

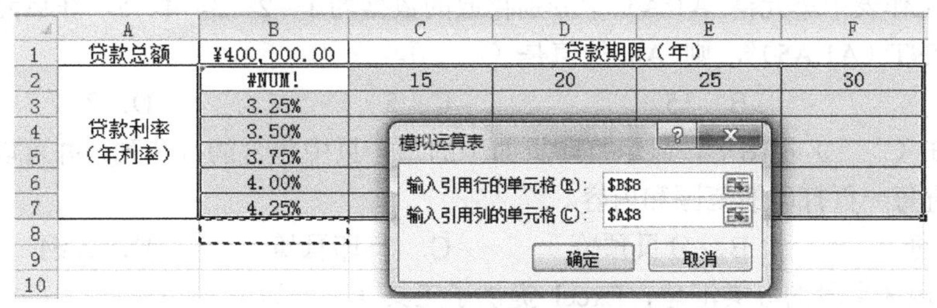

图 4.145　待计算的数据区域

由于需要计算的每期还款额的单位为月，而贷款利率和贷款期限均以年为单位，因此需要进行单位统一，即用“年利率/12”转换成月利率，用“贷款年限*12”转换成贷款总月数。

在单元格 B2 中输入公式“=PMT(A8/12,B8*12,B1)”，选择单元格区域 B2:F7，单击“数据”选项卡“数据工具”组中的“模拟分析”下拉按钮，选择“模拟运算表”选项，打开“模拟运算表”对话框，在“输入引用行的单元格”中输入 B8，在“输入引用列的单元格”中输入 A8，单击“确定”按钮，完成计算，如图 4.145 和图 4.146 所示。

	A	B	C	D	E	F
1	贷款总额	¥400,000.00	贷款期限（年）			
2	贷款利率（年利率）	#NUM!	15	20	25	30
3		3.25%	¥-2,810.68	¥-2,268.78	¥-1,949.26	¥-1,740.83
4		3.50%	¥-2,859.53	¥-2,319.84	¥-2,002.49	¥-1,796.18
5		3.75%	¥-2,908.89	¥-2,371.55	¥-2,056.52	¥-1,852.46
6		4.00%	¥-2,958.75	¥-2,423.92	¥-2,111.35	¥-1,909.66

图 4.146　使用模拟运算表完成计算

技能练习

打开 ex6-3-1.xlsx，完成如下操作。

（1）某人新婚购房，向银行贷款 46 万元，通过模拟运算表，计算在等额本息的还款方式下，贷款年利率为 3.50%，还款期限分别为 10 年、15 年、20 年、25 年、30 年时的每月还款额。

（2）计算在等额本息的还款方式下，贷款 20 年，贷款年利率分别为 3.75%、4.50%、5.85%时的时每月还款额。

（3）计算在等额本息还款方式下，贷款分别为 15 年、20 年、25 年，利率分别为 3.75%、5.85% 时的每月还款额。

知识巩固

1．在 Excel 2010 保存文件时，工作簿默认的文件扩展名是（　　）。

A．.xlsx　　B．.docx　　C．.dbf　　D．.mbf

2．在 Excel 表格中，单元格的数据填充（　　）。

A．与单元格的数据复制是一样的　　B．与单元格的数据移动是一样的

C．必须在相邻单元格中进行　　D．不一定在相邻单元格中进行

3．若要对 A1:A4 单元格内的 4 个数字求最小值，可采用的公式为（　　）。

A．MIN（A1:A4）　　B．SUM（Al~A4）

C．MIN（Al+A2+A3+A4）　　D．MAX（A1:A4）

4．在单元格内输入的内容较长时，可以使用强制换行进行分行，强制换行的组合键是（　　）。

A． Enter　　B． Ctrl+Shift+Enter

C．Alt+Enter　　D． Ctrl+Enter

5．Excel 工作表中单元格 A1:A5 中分别存放的数据为 1、2、3、4、5，在单元格 A6 中输入了公式“=COUNT（A1,A5）”，则 A6 的值是（　　）。

A．6　　B．15　　C．5　　D．2

6．Excel 在（　　）视图下，显示打印页面中的每一页中包含的行和列，并可以通过调整分页符的位置来设置每一页打印的范围和内容。

A． 普通　　B．分页预览　　C． 打印预览　　D．大纲

7．为了实现多字段的分类汇总，Excel 提供了工具（　　）。

A． 分类汇总　　B．自动筛选　　C． 数据分析　　D．数据透视表

8．可以显示数据系列中各项数据与该数据系列总和比例关系的图表是（　　）。

A．饼图　　B． 柱形图　　C． 折线图　　D．XY 散点图

9．在单元格内输入邮政编码“523016”，正确的输入方法是（　　）。

A．#523016　　B．’523016　　C．”523016　　D．,523016

10．修改列宽时，应将鼠标指针指向（　　）。

A．该列　　B．该列列标

C．该列顶部列标右边框　　D．该列顶部列标左边框

PowerPoint 2010 与演示文稿

演示文稿在当今社会应用广泛，Microsoft Office PowerPoint 是微软公司设计的演示文稿软件。用户通过该软件制作的演示文稿不仅可以在投影仪或者计算机上进行演示，也可以打印出来，制作成胶片，还可以在互联网上召开面对面会议、远程会议时给观众展示。PowerPoint 做出来的文档即为演示文稿，它是一个文件，其扩展名为.ppt 或者.pptx；还可以也可以保存为 PDF、图片格式等。PowerPoint 2010 及以上版本中甚至可以保存为视频格式。

演示文稿中的每一页称为幻灯片，每张幻灯片都是演示文稿中既相互独立又相互联系的内容。幻灯片可以包含文字、图片、表格、图表、声音、视频等元素，可以使整个演示文稿生动有趣，声情并茂。随着 PC、笔记本式计算机、PAD 及智能手机的迅速普及，幻灯片应用领域越来越广，PPT 正成为人们工作生活的重要组成部分，在工作汇报、企业宣传、产品推介、婚礼庆典、项目竞标、管理咨询、教育培训等领域占有举足轻重的地位。

下面以 PowerPoint 2010 为蓝本，以任务引领的方式，通过具体案例的完成，使用户掌握 PowerPoint 2010 演示文稿的创建、演示文稿的美化、动画设置、幻灯片切换等，掌握这一办公自动化的得力工具。根据全国计算机等级考试一级 MS Office 考试大纲，通过本部分的学习应掌握以下知识点。

- ❖ 中文 PowerPoint 的功能、运行环境、启动和退出。
- ❖ 演示文稿的创建、打开、关闭和保存。
- ❖ 演示文稿视图的使用，幻灯片基本操作（版式、插入、移动、复制和删除）。
- ❖ 幻灯片基本制作（文本、图片、艺术字、形状、表格等插入及其格式化）。
- ❖ 演示文稿主题选用与幻灯片背景设置。
- ❖ 演示文稿放映设计（动画设计、放映方式、切换效果）。
- ❖ 演示文稿的打包和打印。

项目一　PowerPoint 2010 初探

项目指引

要学习 PowerPoint 的使用，必须先掌握 PowerPoint 2010 版本的操作界面，了解 PowerPoint 2010 的基本操作，如启动与退出，演示文稿的创建、打开与保存等。

4 月 23 日是“世界读书日”，学校将举办“读书节”活动，各班也将举行主题活动，响应学校的倡议。小明是班长，他打算做一个演示文稿来号召大家积极参与，演示文稿要突出、契合主题，那么该如何完成这个任务呢?

知识目标

掌握 PowerPoint 的功能，了解 PowerPoint 的基本术语、窗口组成、视图模式等。

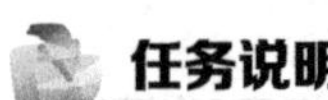

技能目标

掌握 PowerPoint 2010 的启动与退出，掌握演示文稿的打开、创建、保存与关闭。

任务　PowerPoint 2010 基本操作

任务说明

本任务是 PowerPoint 2010 学习的基础部分。这里将初次接触 PowerPoint 2010，通过操作会越来越熟悉 PowerPoint 2010 的操作界面、工作窗口，以及 PowerPoint 2010 基本操作，并学会用 PowerPoint 2010 创建和保存自己的演示文稿。PowerPoint 2010 的界面友好简洁，操作简单方便，功能丰富强大。

相关知识

一、PowerPoint 2010 工作界面

PowerPoint 2010 工作界面由标题栏、快速访问工具栏、功能区、工作区、状态栏等组成。功能区以选项卡、命令组的方式组织软件的命令按钮，实现操作的快速查找和应用；工作区由切换窗格、编辑窗格、任务窗格、备注窗格 4 个部分组成。PowerPoint 2010 的工作界面如图 5.1 所示。

1．标题栏

标题栏最左侧是 Office 按钮，可对窗口进行“还原”、“移动”、“最大化”、“最小化”、“关闭”等操作。Office 按钮旁边是快速访问工具栏，中间显示当前活动的幻灯片的标题及文件名。右侧为窗口控制按钮，可以进行窗口的“最大化”、“最小化”和“关闭”操作。

2．快速访问工具栏

快速访问工具栏包含应用程序控制、保存、撤消、重复、插入控件等按钮。可以通过“自定义快速访问工具栏”添加或关闭“新建”、“打开”、“打印”等按钮到快速访问工具栏。

3．功能区

功能区中用选项卡对命令进行分类组织，支持命令的快速检索和执行。功能区的每个选项卡提供一种操作所需的命令按钮。

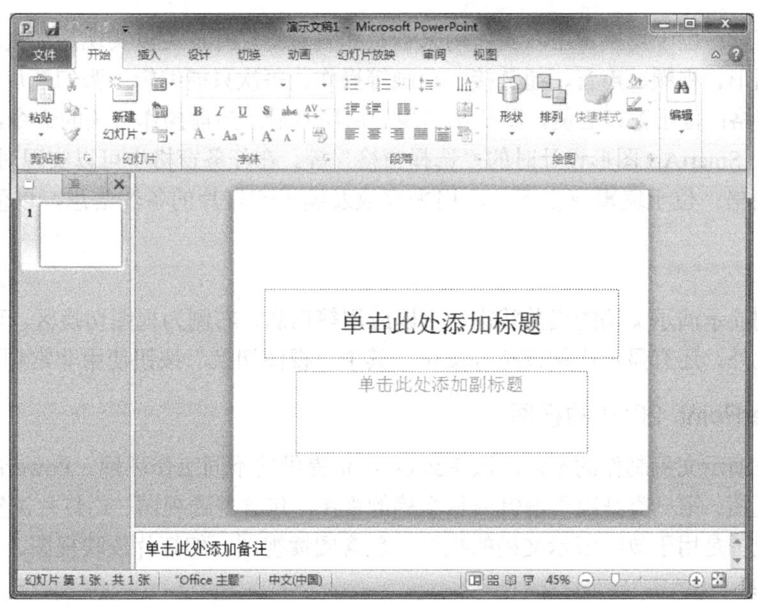

图 5.1 PowerPoint 2010 工作界面

4．工作区

功能区下方、状态栏上方即为工作区，是窗口中最大的部分，在普通视图下，工作区可分为如下 4 个区。

（1）切换窗格：位于工作区左侧，幻灯片缩略图整齐地排列在其中，可以方便地查看幻灯片效果，重新排列、添加或删除幻灯片。切换窗格内“幻灯片”和“大纲”两种方式可以方便地进行切换。两种方式分别如图 5.2 和图 5.3 所示。

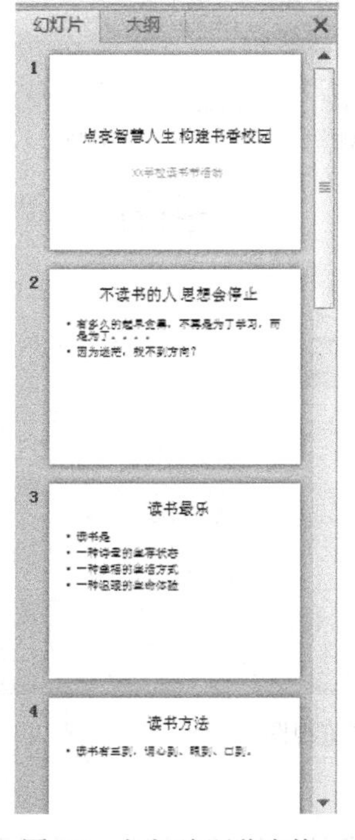

图 5.2 幻灯片浏览窗格

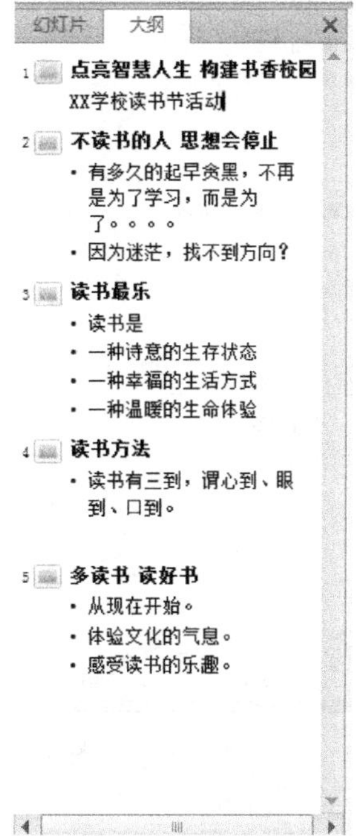

图 5.3 大纲浏览窗格

（2）编辑窗格：位于切换窗格右侧，用来查看和编辑幻灯片，可以实现添加文本和插入图片、表格、图表、图形、视频、声音、超链接、动画等操作。每次只能编辑一张幻灯片。

（3）任务窗格：位于窗口右侧，默认不出现。启用时显示当前操作有关的命令，如动画设置时的“动画窗格”、SmartArt 图形设计时的“选择窗格”等。在任务窗格中可以实现对象的特殊操作。

（4）备注窗格：位于编辑窗格下方，用来存放及编辑幻灯片的备注信息，以便需要时打印或分发。

5．状态栏

状态栏左侧显示演示文稿的当前状态、主题应用等信息，右侧为视图切换区，可以实现不同视图间的切换，此外，还有显示比例调整等按钮，其中“视图切换”按钮使用非常频繁。

二、PowerPoint 2010 的视图

视图是指在演示文稿制作的不同阶段 PowerPoint 提供的不同工作环境。PowerPoint 2010 中包含两类共 5 种视图。第一类是用于编辑演示文稿的视图，包含普通视图、幻灯片浏览视图和备注页视图；第二类视图是用于放映演示文稿的视图，包含阅读视图、幻灯片放映视图。

1．普通视图

普通视图是默认视图，是编辑文稿的主要视图，用于撰写和设计演示文稿内容。打开演示文稿后，PowerPoint 2010 自动进入普通视图。

2．幻灯片浏览视图

幻灯片浏览视图将演示文稿的所有幻灯片缩小后放在屏幕上，可以方便地查看演示文稿的整体效果、快速插入和删除幻灯片、预览幻灯片动画及重新排列幻灯片的顺序等，如图 5.4 所示。

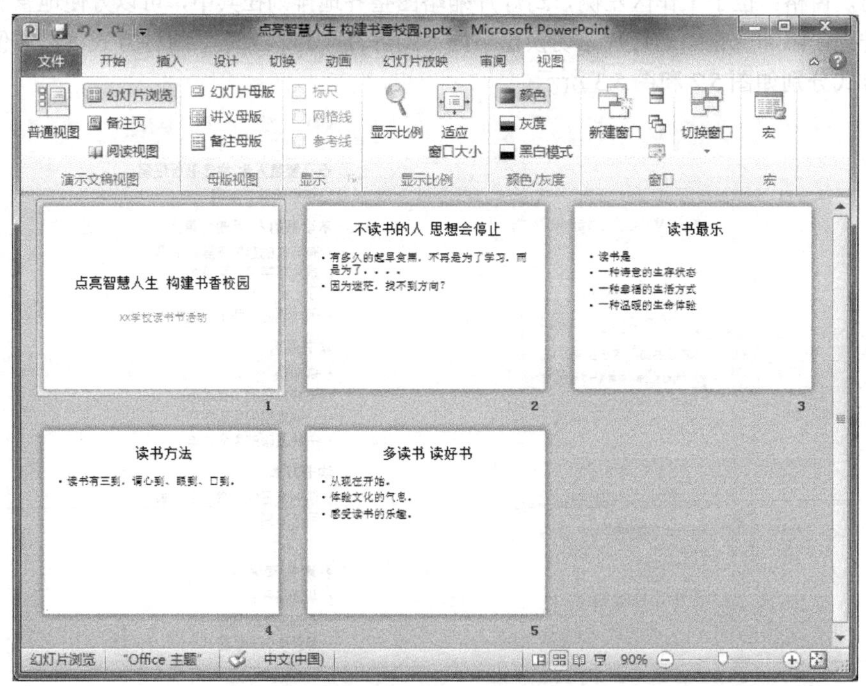

图 5.4　幻灯片浏览视图

3．备注页视图

备注页视图以整页格式查看幻灯片和备注信息，备注区位于幻灯片示意图下，可以进行备注编辑，如图 5.5 所示。

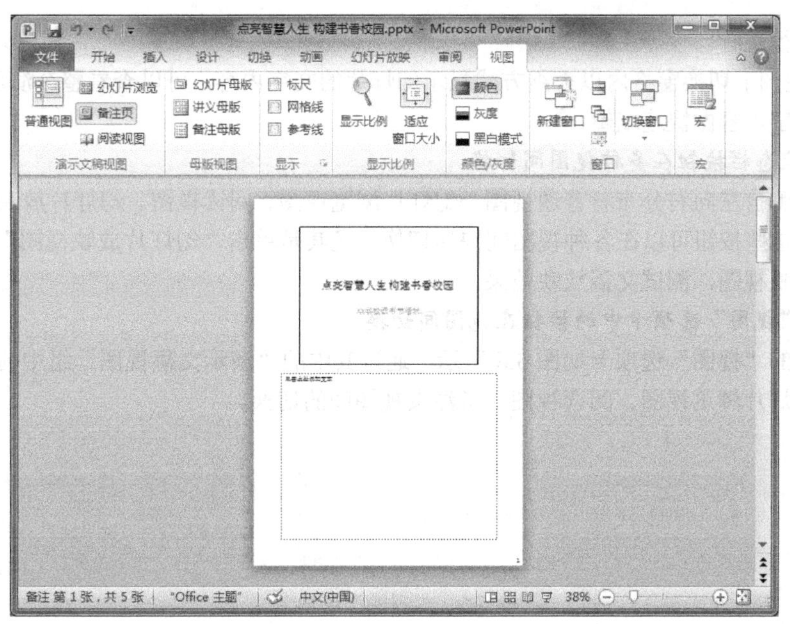

图 5.5　备注页视图

4．阅读视图

阅读视图通过设有简单控件的窗口而以非全屏的方式观看演示文稿放映结果，可以随时切换到其他视图继续进行文稿修改。这种视图是使用计算机查看演示文稿的人员经常使用的方式。

5．幻灯片放映视图

幻灯片放映视图以全屏方式向观众放映演示文稿，幻灯片的图形、电影、动画效果和切换效果等在幻灯片放映视图中才能看到，所以在此视图下反复进行放映测试，是文稿设计的重要环节。

任务实战

一、PowerPoint 2010 的启动和退出

启动 PowerPoint 2010 的过程与启动其他 Office 办公应用程序是一样的。

1．双击图标启动

桌面上如果有 Microsoft PowerPoint 2010 应用程序图标，双击该图标即可。

2．通过“开始”菜单启动

选择“开始”→“所有程序”→“Microsoft Office”→“Microsoft PowerPoint 2010”选项。

启动 PowerPoint 2010 后，系统会自动创建一个名为“演示文稿 1.docx”的演示文稿。也可以打开已存在的演示文稿（扩展名为.pptx 或.ppt），系统会自动启动 PowerPoint 2010。

二、视图切换

演示文稿的设计需要在不同的视图下交替进行，掌握各个视图间的快速切换，可以提高设计的效率。

1．“大纲”视图和“幻灯片”视图的切换

普通视图下切换窗格中包含“大纲”选项卡和“幻灯片”选项卡。选择切换窗格中的这两个选项卡，可以在“大纲”视图和“幻灯片”视图间迅速切换。

“幻灯片”视图下切换窗格内显示幻灯片缩略图，在切换窗格中可以轻松实现幻灯片的选择、查看、重新排列、添加或删除等操作。改变切换窗格的宽度，幻灯片缩略图大小也会改变，可以对

幻灯片细节进行查看。

“大纲”视图下切换窗格内以大纲方式显示幻灯片的文字内容，可以查看整个演示文稿的结构，对演示文稿文字内容做快速编辑。

2．应用状态栏按钮在多种视图间切换

状态栏右侧自左向右分布着普通视图、幻灯片浏览视图、阅读视图、幻灯片放映视图等视图切换按钮，单击这些按钮可以在各种视图间快速切换，尤其是单击“幻灯片放映视图”按钮，快速切换到幻灯片放映视图，测试文稿放映效果。

3．应用“视图”选项卡中的按钮在视图间切换

功能区中的“视图”选项卡如图 5.6 所示，通过其中的“演示文稿视图”组中的按钮可以实现普通视图、幻灯片浏览视图、阅读视图、备注页视图间的切换。

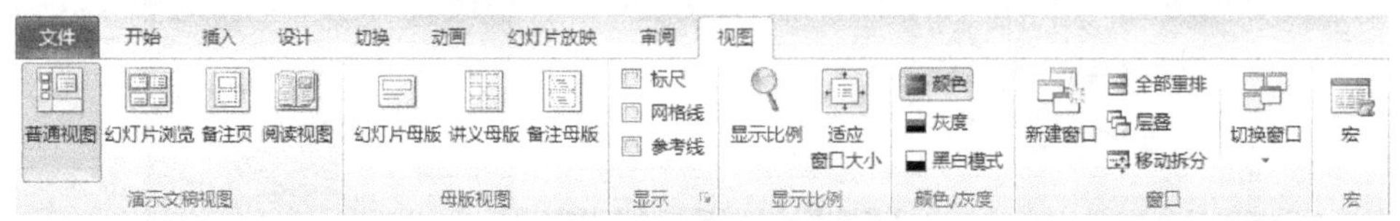

图 5.6　“视图”选项卡

三、创建演示文稿

1．空白演示文稿

前面已经提供了两种创建演示文稿的方法。也可以在 PowerPoint 2010 已启动的情况下新建演示文稿，可以单击“文件”选项卡“新建”组中的“空白演示文稿”按钮，单击“创建”按钮即可建立一个新的空白演示文稿。

2．根据“预定义主题”创建演示文稿

在 PowerPoint 2010 中可以根据预定义“样本模板”、“主题”、“我的模板”等快速制作出具有专业水平的演示文稿。根据“预定义主题”创建演示文稿分为以下步骤。

单击“文件”选项卡中的“新建”按钮，在“可用的模板和主题”主页内，单击“主题”链接。在图 5.7 内选定某个主题，如本例的“暗香扑面”，再单击“创建”按钮，即可创建一个套用了主题的空演示文稿。

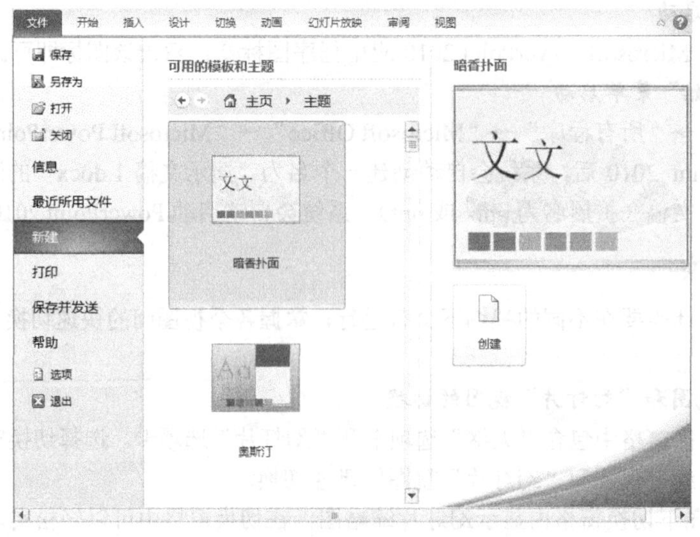

图 5.7　根据主题创建演示文稿

四、放映演示文稿

（1）设计演示文稿时，可随时单击状态栏中的“幻灯片放映”按钮，快速查看文稿放映效果。放映从当前幻灯片开始，放映中单击即可放映下一张幻灯片，直到所有幻灯片放映完毕。

（2）PowerPoint 2010中还提供了其他放映方式，可参考“幻灯片放映”选项卡“开始放映”组中的按钮进行尝试，如图5.8所示。

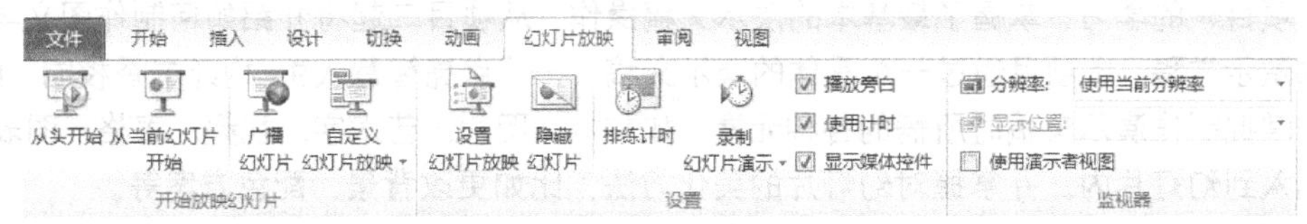

图5.8 “幻灯片放映”选项卡

扩展知识

按“F5”键可以快速放映幻灯片；按“Esc”键或按“-”键，快速停止放映。

按“S”键或者“+”键可实现放映暂停或者继续放映。

按“Shift+F5”组合键可以从当前幻灯片快速开始放映。

五、保存演示文稿

演示文稿设计过程中要养成及时保存的习惯。常见的保存方式有如下几种。

1．保存新的演示文稿

首次保存新创建的演示文稿的步骤：单击快速访问工具栏中的“保存”按钮或单击“文件”选项卡中的“保存”按钮。

在“另存为”对话框中，输入文件名，本任务中输入“点亮智慧人生 构建书香校园”，指定保存位置，选用默认保存类型“PowerPoint 演示文稿（*.pptx）”，单击“保存”按钮。

2．保存已有演示文稿

若已有的演示文稿做了修改以后，需要按原来位置和文件名保存，则单击快速访问工具栏中的“保存”按钮或单击“文件”选项卡中的“保存”按钮即可。

3．演示文稿另存

若已有的演示文稿做了修改以后，要在其他位置或用其他文件名保存，生成一个新文稿且保证原来文稿不被改变，则需将演示文稿另存为其他文件。

1）单击“文件”选项卡中的“另存为”按钮。

2）在打开的“另存为”对话框中，指定新的磁盘位置并输入文件名，单击“保存”按钮。

技能练习

启动 PowerPoint 2010 并熟悉其操作界面。保存文件到 D 盘，命名为 pp1-1-1.pptx，选择默认“PowerPoint 演示文稿”类型。

（1）使用“暗香扑面”主题修饰全文，在主标题中输入“大自然的奇迹”，并设置为黑体，41磅，红色（可用自定义的红色 250、绿色 0、蓝色 0），副标题输入“探访世界各地奇观”，并设置为仿宋。

（2）插入一张版式为“标题与内容”的幻灯片，在编辑区按下列格式输入以下文字。

√ 巨石阵

√ 麦田怪圈

项目二　制作“点亮智慧人生 构建书香校园”演示文稿

项目指引

通过项目一的学习，掌握了最基本的演示文稿操作，从项目二起将介绍如何制作图文丰富、声情并茂的演示文稿，本项目通过一个具体的演示文稿——“点亮智慧人生 构建书香校园”的制作，来学习和掌握制作演示文稿时所需的各种元素，如文本、图片、艺术字、视频、表格、图表等如何合理地插入到幻灯片内。并掌握对幻灯片的美化方法，比如更改背景、配色方案等。

技能目标

掌握幻灯片的制作，能够在幻灯片内灵活地使用各种元素，如输入文本，插入图片、艺术字、多媒体等，并对这些对象进行格式化，使幻灯片的表现方式更加丰富。

任务　在演示文稿中插入元素

任务说明

文本、图片和艺术字可谓幻灯片中最基本的元素，那么如何将一个新建的“空白演示文稿”制作成图文并茂的演示文稿，这是本任务要解决的问题。

相关知识

一、新建幻灯片

当新建“空白演示文稿”之后，整个演示文稿中只有一张标题幻灯片，如图 5.1 所示。这显然是不够的，这时需要插入新的幻灯片。单击“开始”选项卡“幻灯片”组中的“新建幻灯片”按钮，如果直接单击该按钮，则会自动插入一张“标题和内容”幻灯片。当然，可以根据需要选择新建幻灯片的类型，单击其下拉按钮，会弹出下拉列表，在列表中可以选择需要的幻灯片类型，如较常使用的“仅标题”、“空白”等，如图 5.9 所示。

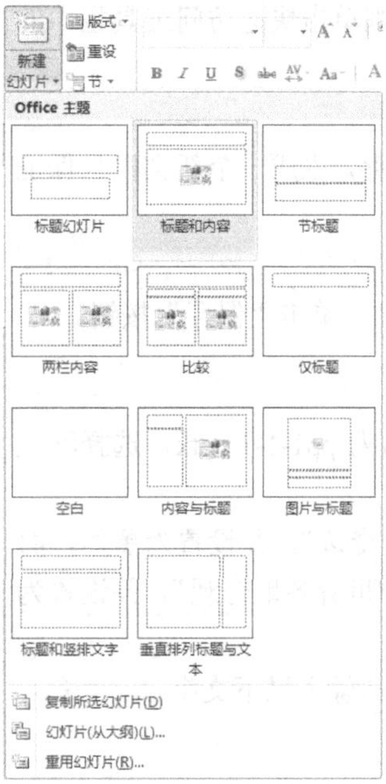

图 5.9　新建幻灯片

二、在演示文稿中输入文字

在演示文稿中输入文字可采用两种方法：一种是在幻灯片自带的占位符中直接输入文字；另一种是自行插入文本框等对象，在其中输入文字。

1．在占位符中输入文字

单击“开始”选项卡中的“新建幻灯片”按钮，编辑窗格中新幻灯片上会显示若干带有提示文字的虚线矩形框，这些矩形框称为“占位符”，如图 5.10 所示。在“占位符”上单击，光标出现在框中后即可输入文字；文字输入完毕后单击虚线框外其他空白区域，即可结束文本的输入。此时占位符虚线框消失，即不再处于选中状态。在占位符中输入文字，所输入的文字会自动套用原来占位符中文字的样式。

图 5.10　占位符中的文本

2．插入文本框并添加文字

使用“占位符”输入文字快捷但不灵活，要在“占位符”之外输入文字，可以通过添加文本框来实现。插入文本框并输入文字的方法如下。

（1）单击“插入”选项卡“文本”组中的“文本框”按钮，在幻灯片上单击定位或拖动出一个矩形框，文本框对象将建立且其中显示闪烁的光标。

（2）单击“开始”选项卡“字体”和“段落”组中的按钮，可进行文字格式设置。

（3）在文本框内光标处输入文字，输入完毕后单击文本框外其他区域结束对文本框的操作。

文字样式包括字体、字号、文字颜色、段落格式、项目符号和编号等。通过“开始”选项卡“字体”组或“开始”选项卡“段落”组完成字体样式的设置，方法与在 Word 2010 中操作类似。对文本框中的文字进行样式设置时要先选中文本框或选中文本框中待处理的文字后，再进行设置。

三、在演示文稿中插入各类对象

除了占位符（图 5.11）之外，在幻灯片内插入的其他对象和元素都要通过“插入”选项卡，或者通过“新建幻灯片中”的“占位符”来实现，如图 5.12 所示。

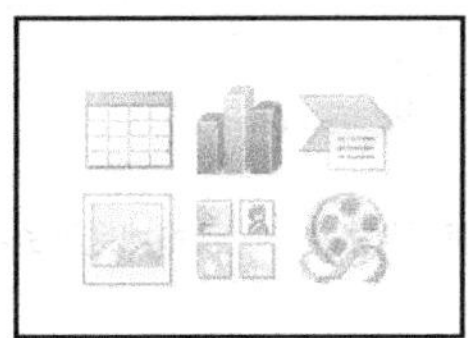

图 5.11　占位符

图 5.12　“插入”选项卡

在演示文稿中插入图片、剪贴画、艺术字、形状、文本框等与 Word 中的操作方法类似，在此不再赘述。本任务重点介绍图表、视频、音频等的插入。

1．插入图表

插入图表的方法有很多，可以单击“插入”选项卡“插图”组中的“图表”按钮，还可以通过“标题和内容”等新建幻灯片中的插入图表占位符来插入。

不管使用哪种方法，单击“图表”按钮后都会打开“插入图表”对话框，如图 5.13 所示，在图表中选中需要插入的图表类型，如本例选中“簇状柱形图”。单击“确定”按钮，弹出一个名为“Microsoft PowerPoint 中的图表-Microsoft Excel”的表，如图 5.14 所示。

图 5.13　“插入图表”对话框

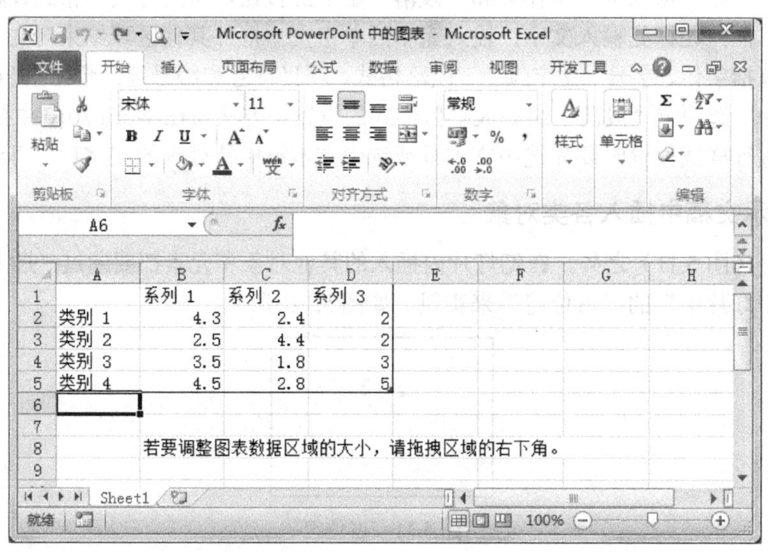

图 5.14　弹出的 Excel 表

在这个 Excel 表内，可以将表内的“系列”、“类别”等换成需要的数据。就像在 Excel 中编辑数据一样，编辑的数据如图 5.15 所示。编辑完成后直接关闭该窗口即可，这时可以发现幻灯片上的图表也发生了改变，如图 5.16 所示。

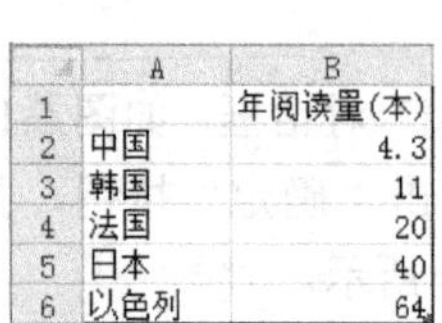

	A	B
1		年阅读量(本)
2	中国	4.3
3	韩国	11
4	法国	20
5	日本	40
6	以色列	64

图 5.15　编辑的数据

年阅读量统计

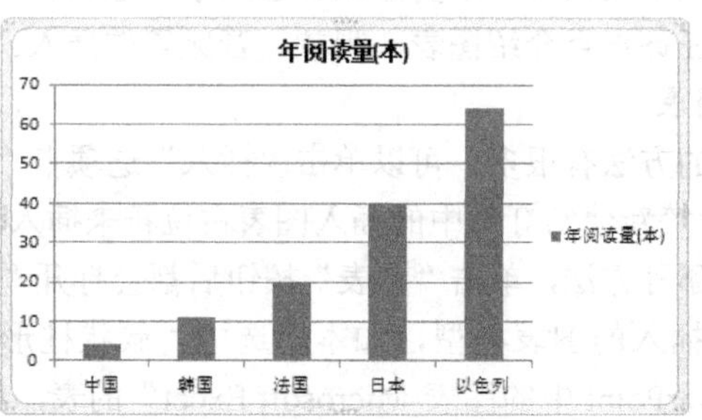

图 5.16　插入的幻灯片的图表

选中图表后，功能区将出现包含“设计”、“布局”、“格式”3 个子选项卡的“图表工具”选项卡，通过这 3 个子选项卡，可以对插入的图表进行修改，操作方法与 Excel 中大同小异，这里不再赘述。

2．插入视频、音频

1）插入视频

插入视频可以通过单击“插入”选项卡“媒体”组中的“视频”按钮实现，还可以通过新建幻灯片中的占位符实现。

单击“视频”按钮后，将打开“插入视频文件”对话框，可以通过“导航窗格”定位视频的位置，如图 5.17 所示。除了本地视频外，还可以插入“来自网站的视频”和“剪贴画视频”。PowerPoint 2010 能够支持的视频格式很多，如 ASF、AVI、MOV、MP4、SWF、MPG 等。

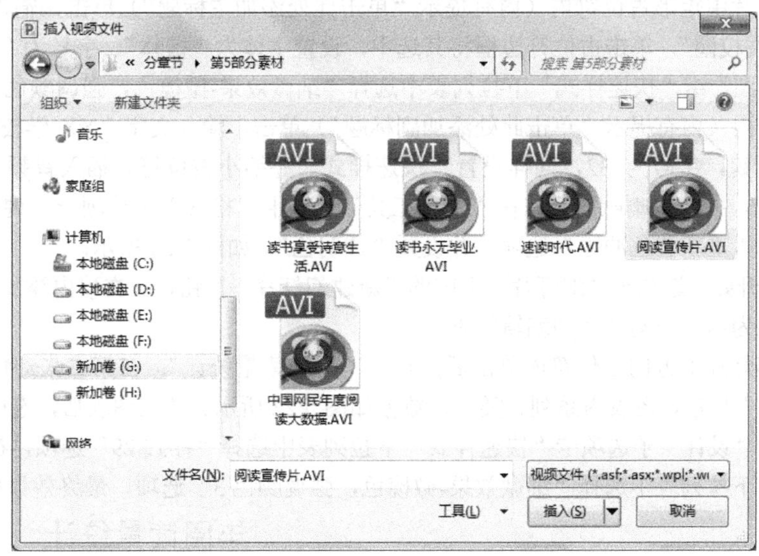

图 5.17 “插入视频文件”对话框

插入视频后的幻灯片如图 5.18 所示，选中插入的视频会出现控点和进度条，可以通过控点来改变视频窗口的大小，甚至可以占满整个幻灯片，可以通过进度条上的播放按钮来预览视频，在播放幻灯片时进度条也会出现，播放者可以随时控制视频的播放、暂停及进度。

图 5.18 插入视频后的幻灯片

扩展知识

注意

PowerPoint 毕竟不是视频播放器，插入到 PowerPoint 中的视频最好不要太长，且必须紧扣主题。

图 5.19　插入音频后的幻灯片

2）插入音频

插入音频的步骤与插入视频是一致的，除了本地音频外，还可以插入“剪贴画音频”和“录制音频”。PowerPoint 2010 能够支持的音频格式很丰富，如 MID、MP3、WAV 等。如图 5.19 所示为插入了音频后的幻灯片

任务实战

（1）选择“开始”→“所有程序”→“Microsoft Office”→“Microsoft PowerPoint 2010”选项，启动 PowerPoint 2010。软件启动后自动建立一个空白演示文稿。

（2）在幻灯片中矩形占位符内（内有提示“单击此处添加主标题”）单击，输入文字“点亮智慧人生 构建书香校园”，单击占位符边框将其选中，设置字体为“楷体”、字号为“44”，并在“开始”选项卡“绘图”组“快速样式”下拉列表中选择“细微效果-橄榄色，强调颜色 3”选项。在幻灯片矩形占位符内（内有提示“单击此处添加副标题”）单击，输入文字“XX 学校读书节活动”；使用字体华文新魏，字号为 32，同样设置“快速样式”并缩小占位符。插入音频“You raise me up-Westlife.mp3”，并选中喇叭图标，在“音频工具”选项卡“格式”子选项卡“调整”组“颜色”下拉列表中选择“重新着色冲蚀”选项，并设置“透明色”，如图 5.20 所示。

（3）单击“开始”选项卡“幻灯片”组中的“新建幻灯片”按钮，在文稿内添加第二张幻灯片，编辑区自动切换为第二张幻灯片的编辑状态。

在第二张幻灯片上方的占位符内单击后，输入“年阅读量统计”；在第二张幻灯片下方的占位符内单击“图表”按钮，图表内系列、类别、数据如图 5.22 所示。插入图表后，选中图表，在“图表工具”选项卡“设计”子选项卡“快速样式”下拉列表中选择“样式 29”选项，在“格式”子选项“形状样式”下拉列表中选择“细微效果-橄榄色，强调颜色 3”选项，最终效果如图 5.21 所示。

图 5.20　第一张幻灯片的效果

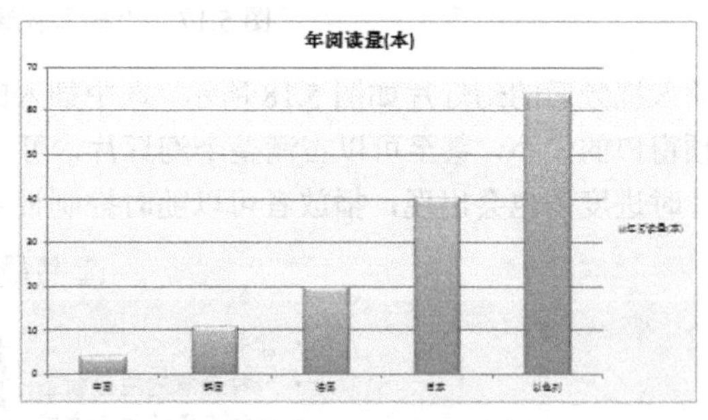

图 5.21　第二张幻灯片的效果

（4）插入第三张幻灯片，幻灯片版式仍然是“标题和文本”，在标题和文本中分别输入如图 5.22 所示的文本，选中占位符，设置 “快速样式”为“细微效果-橄榄色，强调颜色 3”，插入图片“读书 1.jpg”，选中图片后，在“图片工具”选项卡“格式”子选项卡“图片样式”下拉列表中选择“柔化边缘椭圆”效果，最终效果如图 5.22 所示。

（5）在幻灯片浏览窗格中选中第三张幻灯片并右击，在弹出的快捷菜单中选择“复制幻灯片”选项，复制出第四张和第五张幻灯片，文本内容分别如图 5.23 和图 5.24 所示。第四张幻灯片中“读书是”后面的文字的项目符号有所改变，请读者注意自行设置，这里不再赘述。在此幻灯片中插入视频“阅读宣传片.avi”。在第五张幻灯片中插入图片“读书 2.jpg”，选中图片后在“图片工具”选

项卡“格式”子选项卡“调整”组“颜色”下拉列表中选择“重新着色 橄榄色，强调文字颜色 3 浅色”选项。

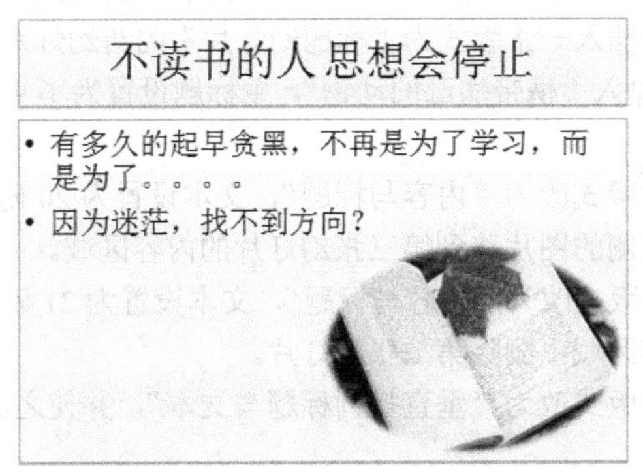

图 5.22 第三章幻灯片效果

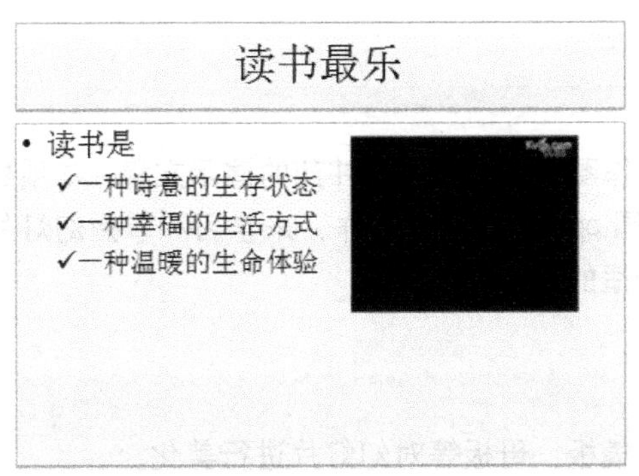

图 5.23 第四张幻灯片的效果

图 5.24 第五张幻灯片的效果

扩展知识

一个演示文稿内前后幻灯片文本等格式最好统一。复制幻灯片可以节约格式设置的时间，只需要对幻灯片内的文本和对象进行删除和修改即可，从而加快了演示文稿的制作速度。

（6）插入第六张幻灯片，幻灯片版式选择“空白”，插入艺术字“多读书 读好书”，艺术字样式为“填充 - 橙色，强调文字颜色 6，暖色粗糙棱台”。选中艺术字并在“绘图工具”选项卡“格式”子选项卡“形状样式”下拉列表中选择“细微效果-橄榄色，强调颜色 3”选项。

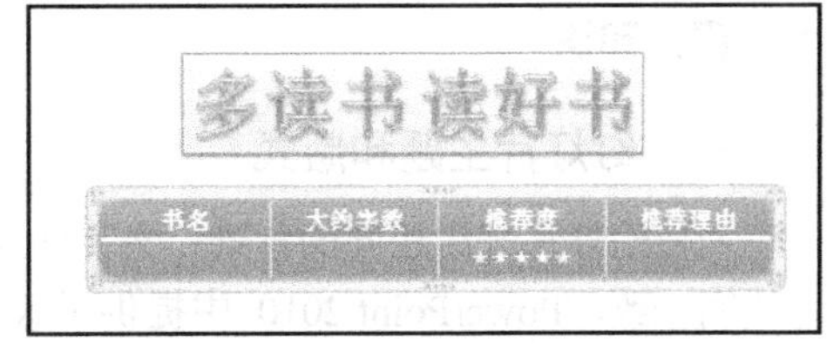

图 5.25 第六张幻灯片的效果

插入 4 列 2 行表格，在表格内输入如图 5.25 所示文本，并设置为居中，选中表格并在“表格工具”选项卡“设计”子选项卡“表格样式”下拉列表中选择“主题样式 2，强调 3”选项。

（7）至此，演示文稿设计完毕。单击状态栏右侧的“幻灯片放映”按钮，全屏播放演示文稿。单击“文件”选项卡中的“保存”按钮，在打开的对话框中将文件命名为“点亮智慧人生 构建书香校园.pptx”，选择文稿保存位置后保存文件。

技能练习

打开文件 pp2-1-1.pptx，完成如下操作，完成后以原文件名保存。

（1）在第一张幻灯片前插入一张版式为“标题幻灯片”的新幻灯片，主标题输入“哪些动物会传染流感病毒？”，副标题输入“携带病毒的动物”，主标题设置为华文行楷、40 磅、黄色（自定义 RGB 为 245、230、0）。

（2）将第三张幻灯片的版式改为“内容与标题”，文本设置为 20 磅。

（3）将第二张幻灯片左侧的图片移到第三张幻灯片的内容区域。

（4）将第四张幻灯片的版式改为“内容与标题”，文本设置为 21 磅，将第二张幻灯片右侧的图片移到第四张幻灯片的内容区域，删除第二张幻灯片。

（5）将第四张幻灯片的版式改为“垂直排列标题与文本”，并使之成为第二张幻灯片。

项目三　美化“点亮智慧人生 构建书香校园”演示文稿

项目指引

通过本部分项目二的学习，已经掌握了如何制作图文丰富、声情并茂的演示文稿，本项目继续通过具体的演示文稿〝点亮智慧人生 构建书香校园.pptx〞的后期制作，来学习和掌握幻灯片的美化方法，如更改背景、应用主题、利用母版设计合适的模板等。

技能目标

能够通过字体的设置，掌握通过背景、主题、模板、母板等对幻灯片进行美化。

任务　背景、主题、模板、母版的使用

任务说明

虽然“点亮智慧人生构建书香校园.pptx”已经插入了各种必要的元素，但是它毕竟是由空白演示文稿创建的，视觉效果仍然不够好，如果能够对布局进行调整、应用背景等，将使幻灯片有更好的效果。

相关知识

一、幻灯片主题和版式

为使幻灯片采用相同的背景、文字样式和布局，可批量修改幻灯片中相同元素的属性，做到幻灯片间一致，PowerPoint 2010 中提供了版式、主题和母版。

1．版式、主题

版式决定了幻灯片中的占位符类型和位置，起到为幻灯片各个元素、对象定位的作用。例如，采用“标题和内容”版式新建的幻灯片包含一个位于顶部的标题占位框和一个位于中央的多用途占位符。主题包含对幻灯片的颜色、字体和效果等的设置，很多时候还包含背景图形的设置。

2．更改幻灯片版式

在首次使用“新建幻灯片”按钮时，直接单击按钮会插入默认为“标题和内容”版式的幻灯片。但是如果在下拉列表中使用过其他版式的幻灯片，则下次再直接单击该按钮会插入最近使用过

的版式。

3．调整幻灯片版式

（1）选择要调整的一张或多张幻灯片的缩略图（可用“Ctrl”或“Shift”键在幻灯片浏览窗格中进行多选，Ctrl 键用于选定多张非连续幻灯片，Shift 键用于选定多张连续的幻灯片）。

（2）单击“开始”选项卡中的“版式”按钮，在列出的版式列表中选择需要的版式。更改幻灯片版式之前若占位符中已有内容，则占位符中会移到新的位置。如果幻灯片上添加了自定义的对象，或新选择的版式中没有该对象，则对象将保留在原位，其位置需进行调整。如图 5.26 所示为采用“标题和文本”版式建立的幻灯片，如图 5.27 所示为采用“垂直排列标题与文本”版式建立的幻灯片。注意，因为图片是后来插入的，所以图片的位置不会改变。

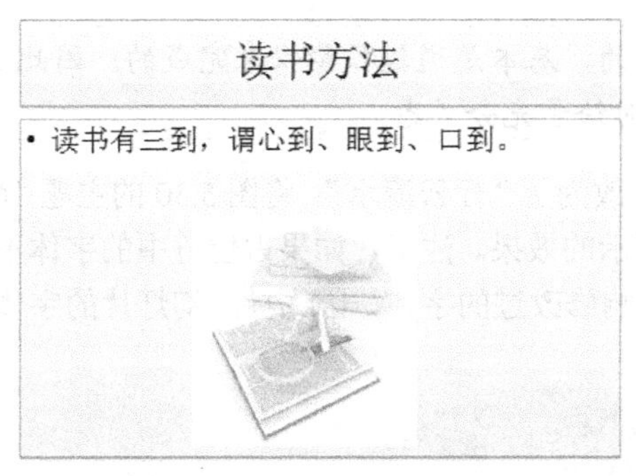

图 5.26 “标题和文本”版式

图 5.27 “垂直排列标题与文本”版式

4．应用主题

主题是向演示文稿应用颜色、字体、效果、背景和版式等设置的手段。幻灯片应用新的“主题”后，布局发生改变，可对各元素的位置和大小进行调整。更改演示文稿或某张幻灯片使用的主题的方法如下。

（1）单击“设计”选项卡“主题”组中列出的主题，或单击“主题”组下方展开按钮，在主题库中选择主题，如图 5.28 所示。

（2）直接单击所选主题，主题将应用于所有幻灯片；右击所选主题，在弹出的快捷菜单中选择“应用于选定幻灯片”选项，主题仅应用于选中的幻灯片。如图 5.29 所示为应用了“暗香扑面”主题的标题幻灯片，请与图 5.19 做比较。

图 5.28 主题库

图 5.29 应用“暗香扑面”主题的幻灯片

5．更改主题的颜色、字体和效果

对于应用了某个主题的幻灯片，可以更改主题当前应用的配色方案。改变主题配色方案的方法如下。

（1）选中需调整颜色的幻灯片（可选择多个应用了同一主题的幻灯片）。

（2）单击“设计”选项卡“主题”组中的“颜色”按钮，在配色方案列表中，选中某一颜色后直接单击，或在所选主题颜色上右击，并在弹出的快捷菜单中选择“应用于所选幻灯片”选项。前者将使应用本版式的所有幻灯片颜色发生修改；后者则仅使选中幻灯片颜色改变。更改主题的字体、效果的方法与更改主题颜色一样。

扩展知识

演示文稿最终的播放很少是通过显示器来完成的，基本是通过投影仪来完成的。因此配色不是孤立环节，显示器和投影仪的色差必须在制作时给予充分考虑。

图 5.30 将图 5.29 中幻灯片的主题由“暗香扑面”改为了“行云流水”；将图 5.30 的主题“颜色”改为“波形”、字体改为“沉稳”，即得到如图 5.31 所示的效果。注意，如果占位符中的字体不是默认的字体，而是经过修改的，则主题中的字体不会影响修改过的字体，因为标题幻灯片的字体是设置过的，所以并未发生任何改变。

图 5.30 “行云流水”主题

图 5.31 更改了“颜色”和“字体”的幻灯片

二、幻灯片背景更改

背景是应用于整个幻灯片表面的颜色、纹理、图案或图片，背景图形可不占满整个幻灯片。大多数主题包含标题幻灯片、普通内容幻灯片两种背景格式和一个背景图形。主题所带背景图形可以隐藏。

1．应用背景样式

背景样式是随内置主题一起提供的预设背景格式。应用的主题不同，可用的背景样式也不同。改变主题的颜色，可用的背景样式颜色也会改变。应用背景样式的方法如下。

（1）选择要进行背景样式更改的幻灯片。

（2）单击“设计”选项卡中的“背景样式”按钮，在样式库中进行选择。

（3）单击所选样式将其应用到整个演示文稿，或右击所选样式，在弹出的快捷菜单中选择“应用于所选幻灯片”选项。

2．设置背景格式

PowerPoint 中可以用纯色、渐变、纹理、图片等对幻灯片背景进行填充，设置背景填充的方法如下。

（1）选中幻灯片。

（2）单击“设计”选项卡“背景样式”组中的“设置背景格式”按钮；单击幻灯片的空白处或右击幻灯片缩略图，在弹出的快捷菜单中选择“设置背景格式”选项，均可打开“设置背景格式”对话框。

（3）在“设置背景格式”对话框内进行幻灯片背景的填充设置；设置过程中幻灯片会立即变化，若不希望新的背景方式被应用，可随时单击“重置背景”按钮。这里选择“填充”选项卡中的“图片或纹理填充”单选按钮，单击“文件”按钮，选择需要的图片，单击“打开”按钮。

图 5.32　“设置背景格式”对话框

（4）单击“关闭”按钮，背景格式应用于当前幻灯片；单击“全部应用”按钮，背景格式应用于演示文稿中的所有幻灯片。如图 5.33 所示为应用了图片作为背景的幻灯片。

图 5.33　设置图片作为背景

进行幻灯片背景填充设置时，若主题所带的背景图形被遮挡了，或与背景填充格式部分设置的背景搭配效果不好，则可以在“设置背景格式”对话框中勾选“隐藏背景图形”复选框。

三、模板和母版

1．母版

母版中包含一组版式，版式中包含主题定制的占位符格式设置和图形、日期、页脚文本等元素。在某个主题基础上可通过修改母版中的版式幻灯片快速有效地设计实现具有自己风格的幻灯片，如在特定的位置加上企业（单位）名称、LOGO 等。还可以将母版重新命名，这样在以后的幻灯片设计中可以迅速地应用具有企业（单位）版权的主题。同一个母版中对不同版式的幻灯片可以使用不同的主题，即可以在一个母版中存在多个主题。

PowerPoint 提供了幻灯片母版、讲义母版、备注母版等 3 种母版。幻灯片母版为幻灯片中所有自动生成的标题、文本对象、页脚元素（如日期时间、页脚文字、页码数字等）定制了默认样式，还为幻灯片定制了统一的背景颜色和背景图形。讲义母版指在一张纸上同时打印若干张幻灯片讲义，提供版面布局设置和“页眉与页脚”样式设置。备注母版提供了向各幻灯片添加备注文本的默认样式。

2．模板的创建

一套好的模板可以让文稿的风格更加统一、严谨，处理图表、文字等内容更加方便，形象迅速提升。PowerPoint 自带的模板多包含一个母版，只支持一个主题的应用。进行母版修改或设计新母版，都需要在“母版视图”中进行操作。在幻灯片母版视图中可以向模板里添加多个母版并对其应用新的主题。单击“视图”选项卡“母版视图”组中的按钮，可以快速切换到 3 种母版视图。

由图 5.34 可看出在幻灯片母版视图中，11 种版式都隶属于某个母版。选中母版顶部的未缩进的缩略图即可选中母版。“幻灯片母版”选项卡提供了母版编辑、版式设计、背景设置、页面设置等操作，对母版中某个版式的修改，会影响到使用了该版式的幻灯片。

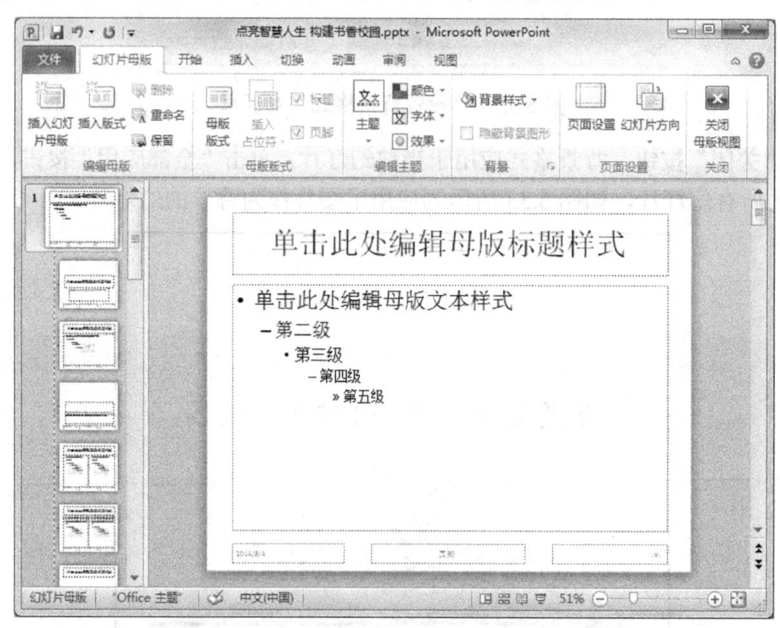

图 5.34　幻灯片母版

使用“幻灯片母版”选项卡中的“编辑母版”组，可实现母版的插入、删除、重命名、保留及向母版中添加新的版式等操作。新插入的母版默认包含“标题幻灯片”、“标题内容式”、“节标题”、“空白”等 11 个版式，各个版式上都已预设了一些占位符。

对版式的操作也可以像处理幻灯片一样，利用右键快捷菜单进行版式的插入、复制、删除、重命名及对该版式的背景格式设置等操作。对于版式，可以对原有的占位符进行删减、样式调整，也可以插入自己的占位符（占位符中建议给出合理的提示文字）。

任务实战

一、建立新模板文件

新建一个空白演示文稿，单击“文件”选项卡中的“保存”按钮，选择保存类型为“PowerPoint 模板（*.potx)”，文件名为“读书节活动”，注意选择保存位置，此处使用默认位置，如图 5.35 所示。

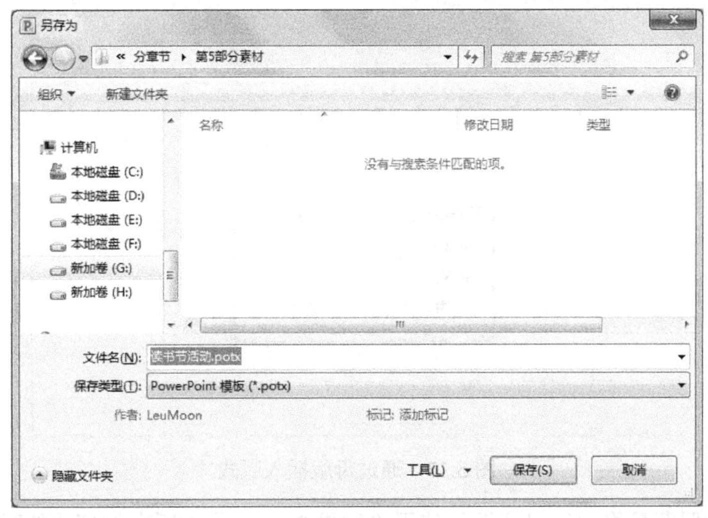

图 5.35　保存为模板

二、通过母版修改模板

（1）单击“视图”选项卡“母版视图”组中的“幻灯片母版”按钮，切换为“幻灯片母版”视图，将不常用的幻灯片版式删除，此处仅保留“标题幻灯片”、“标题和内容”、“仅标题”和“空白”4 个常用版式。调整 “标题幻灯片”中标题的位置和大小，并重命名为“开始”，如图 5.36 所示。

图 5.36　通过母版修改“标题幻灯片”版式

（2）右击“空白”版式，在弹出的快捷菜单中选择“复制版式”选项，选择新复制出的版式，在该版式中插入占位符，选择“母版版式”组“插入占位符”下拉列表中的“文本”选项，将多余文字删除，将提示文字改为“请输入结束语”，并设置字体、字号、字形为“华文彩云、60 号、加粗”，文字颜色为“水绿色，强调文字颜色 5，淡色 40%”。单击“重命名”按钮，将版式命名为“结束”，如图 5.37 所示。

图 5.37　通过母版插入版式

（3）打开“设置背景格式”对话框，使用“背景 2.jpg”作为所有幻灯片的背景，将“透明度”设置为 33%，在“图片颜色”选项卡中将“饱和度”设置为“33%”，单击全部应用按钮，如图 5.38 所示。

图 5.38　“设置背景格式”对话框

（4）选中“幻灯片母版”视图中的第一张幻灯片，调整标题和文本占位符的大小和位置，标题占位符大小为高 3 厘米、宽 22.5 厘米，位置为自左上角（水平 1.3 厘米、垂直 3 厘米）；文本占位符大小为高 10 厘米、宽 22.5 厘米，位置为自左上角（水平 1.3 厘米、垂直 6.5 厘米）。

在该幻灯片左上角插入横向文本框，输入内容“XX 学校读书节”，设置字体、字号、字形为“方正舒体、32 号、加粗”，文字颜色为“白色，背景 1，深色 15%”。

在该幻灯片右上角插入图片“读书得真趣.jpeg”，并通过“图片工具”选项卡“格式”子选项卡“调整”组，设置“颜色”为“冲蚀”。

在“编辑主题”组中选择颜色方案为“龙腾四海”，字体方案为“质朴”。最终效果如图 5.39 所示。

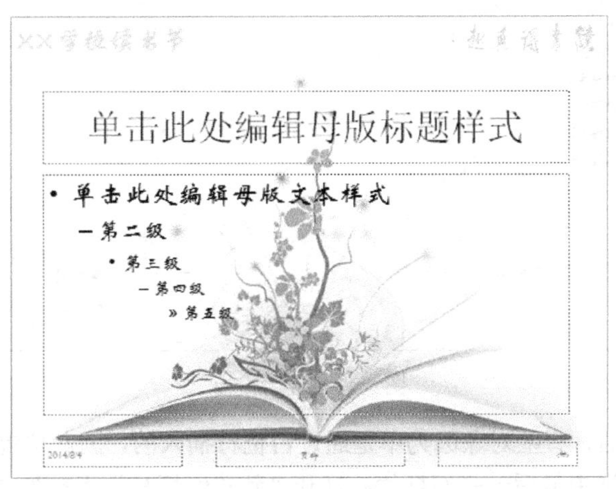

图 5.39　最终效果

（5）关闭母版视图，在快速工具栏中单击“保存”按钮，保存设计的模板。

三、应用模板

通过以上步骤，设计了一个具有自己风格的模板，如何对已经设计好的演示文稿应用模板呢？其实很简单，其操作步骤如下。

（1）打开需要应用模板的幻灯片，本例打开“点亮智慧人生 构建书香校园.pptx”，单击“设计”选项卡中的“其他”下拉按钮，在下拉列表中选择“浏览主题”选项，如图 5.40 所示。在打开的“选择主题或主题文档”对话框中找到模板保存的位置，选中模板，单击“应用”按钮即可，如图 5.41 所示。

图 5.40　浏览主题

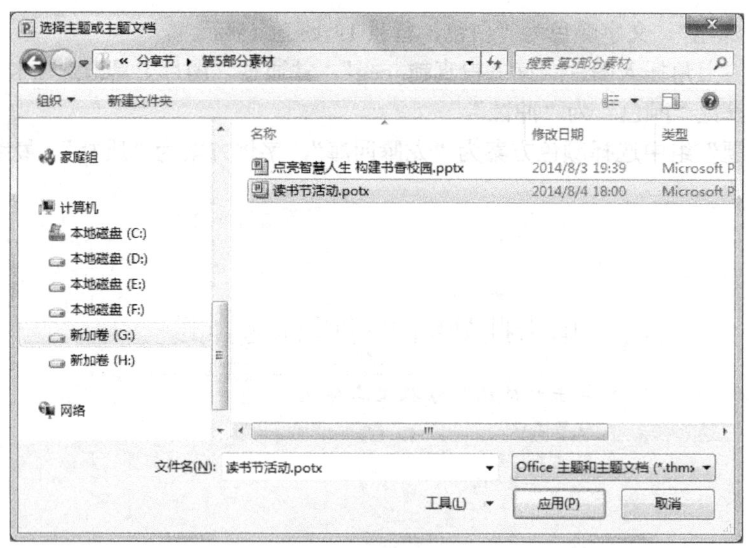

图 5.41　应用模板

（2）应用了模板之后，有些对象因为不是通过占位符插入的，因此位置没有改变，需要进行简单的大小和位置调整。选中最后一张幻灯片，打开“新建幻灯片”下拉列表，其中只有 5 个版式，如图 5.42 所示。插入“结束”版式幻灯片，并在占位符中输入“谢谢大家”，如图 5.43 所示。

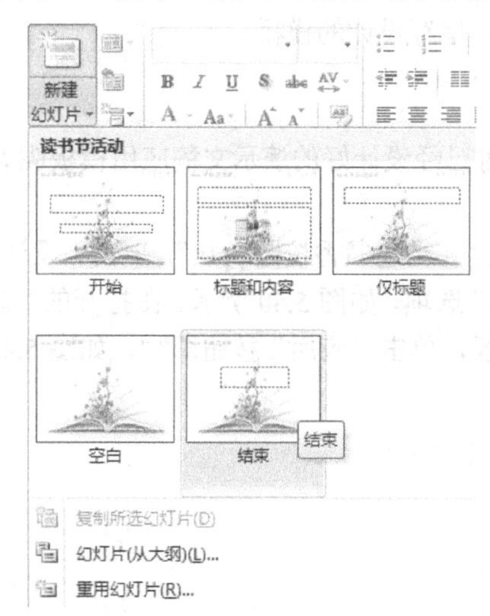

图 5.42　“新建幻灯片”下拉列表

图 5.43　输入文字

（3）单击“文件”选项卡中的“另存为”按钮，将其保存为“点亮智慧人生 构建书香校园 1.pptx”。

技能练习

1．打开文件 pp3-1-1.pptx，完成如下操作。

（1）在第一张幻灯片中插入样式为“填充-无，轮廓-强调文字 2”的艺术字“京津铁路运行”，位置为水平 6 厘米，度量依据为左上角；垂直 7 厘米，度量依据为左上角。

（2）在第三张幻灯片的标题文本“列车快速舒适”上设置超链接，链接对象是第二张幻灯片。

（3）在隐藏背景图形的情况下，将第一张幻灯片的背景填充为“渐变填充”，“预设颜色”为“红日西斜”，类型为“射线”，方向为“角部辐射”。

2．打开文件 pp3-1-2.pptx，完成如下操作。

（1）使用“顶峰”主题修饰全文，全部幻灯片切换效果为“垂直百叶窗”。

（2）设置母版，使每张幻灯片的左下角出现文字“逃生指南”，此文字所在的文本框的位置如下：水平 4.8 厘米，度量依据为左上角；垂直 16.6 厘米，度量依据为效果左上角；其字体为“楷体”，字号为 14 磅。

项目四　演示文稿的动画设置、放映与打包

项目指引

通过本部分项目一、项目二的学习，基本掌握了幻灯片的基本制作方法，以及幻灯片的美化和设计。虽然图文并茂、生动丰富的演示文稿制作好了，但是在播放时，只能一张接一张地按顺序播放，不能吸引受众的注意力。既然决定使用演示文稿来做报告、演示，那么仅仅有漂亮的模板、精致的图片、精心雕琢的配文、大气的配乐和视频是不够的，还需要非常重要的一环，即绚丽的动画效果。好的 PPT 要如同制作一部电影，需要内容、动作、媒体、色彩及后期剪辑环环相扣。幻灯片是表现想要传达的信息的手段，无论内容的选择还是动作的设计都应以强化表达的效果为出发点。所以想制作出色的幻灯片必须有精准的定位和创意，精心设计的动作可以给观看者足够的视觉冲击。

通过本项目的学习，读者可以掌握如何设置幻灯片的切换、幻灯片中各元素的动画效果设置；演示文稿的排练计时和播放，并学会如何打包和打印演示文稿以避免播放时无法打开或者效果大打折扣的尴尬场面。

技能目标

掌握幻灯片切换效果的设置，幻灯片中元素动画效果的设置；掌握幻灯片播放、打包和打印。

任务一　幻灯片切换与动画效果

任务说明

通过本部分项目二的学习，利用所学知识对“点亮智慧人生 构建书香校园”演示文稿进行了美化工作，可是在放映测试时，发现所有对象都仅仅是按照顺序出现在屏幕上，缺乏动感。为使演示文稿在播放时更加生动，吸引学生注意力，小明决定让幻灯片在放映时动起来，并希望插入与主题风格一致的背景音乐，营造良好的氛围。

相关知识

一、设置幻灯片的切换方式

幻灯片切换指放映期间从一张幻灯片移到下一张幻灯片时的动画效果。PowerPoint 2010 中的切换效果有细微型、华丽型、动态内容三大类。为幻灯片添加切换效果的步骤如下。

（1）在幻灯片浏览窗格内选择需要应用切换效果的幻灯片。

（2）单击“切换”选项卡“切换到此幻灯片”组中的某一切换方式，即可完成当前幻灯片的切换设置；单击“计时”组中的“全部应用”按钮，则演示文稿中的所有幻灯片都应用此切换方式。如图 5.44 所示为“切换”选项卡，如图 5.45 所示为幻灯片切换效果列表。

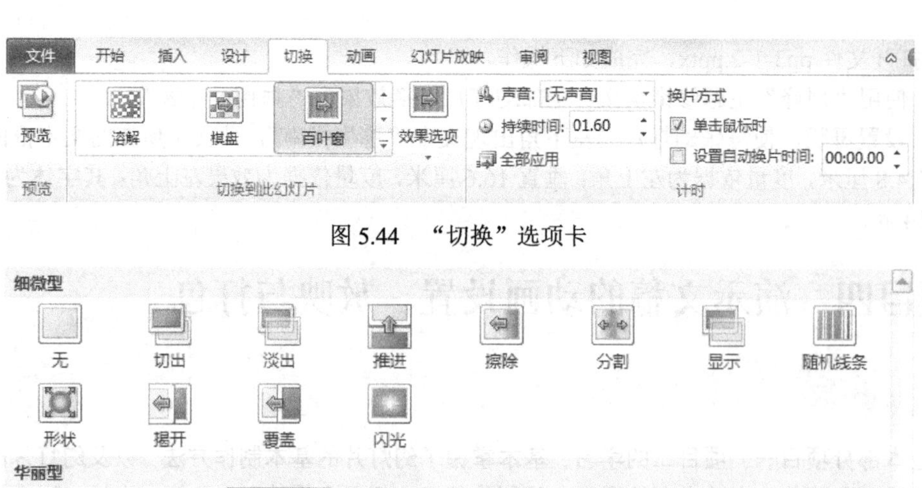

图 5.44 “切换”选项卡

图 5.45 幻灯片切换效果列表

（3）通过单击“效果选项”按钮，可对选中的切换效果进行微调，“效果选项”中的内容与具体的幻灯片切换类型有关。例如，选定“百叶窗”切换类型，则可在“效果选项”中设置是“水平”还是“垂直”百叶窗。

（4）单击“预览”按钮可以在幻灯片编辑区预览切换效果。

（5）使用“计时”组中的按钮，设置幻灯片切换方式。通过“单击鼠标时”、“设置自动换片时间”，可实现放映中单击鼠标换片、自动定时换片、鼠标和定时共同控制换片等多种切换方式。通过“声音”可以设置幻灯片切换时的声音效果，如“打字机”、“风铃”等内置声音，也可通过“其他声音”选择用户自己收集的声音。

二、幻灯片的对象快速动画

PowerPoint 2010 可以为文本、图片、形状、表格、SmartArt 图形和其他对象等各类元素定义动画效果，使幻灯片充满动感。

选中对象幻灯片中的对象，在“动画”选项卡“动画”组中“动画样式”列表框内可以设置快速动画效果，通过“效果选项”，可以对动画效果进行微调，作用与幻灯片中的“效果选项”一致，具体效果选项与选择的动画效果相关。“动画”选项卡如图 5-46 所示。

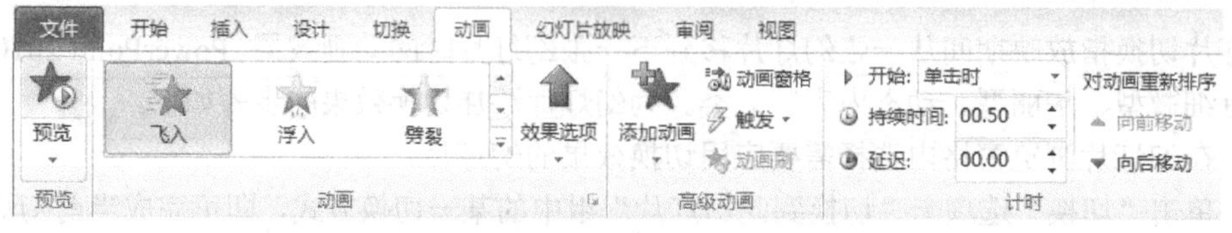

图 5.46 “动画”选项卡

动画样式分为以下 4 种。

（1）“进入”效果：设置幻灯片中对象如何出现在幻灯片中，如“飞入”、“浮入”等，是一个从无到有的过程。

（2）“退出”效果：设置幻灯片中对象如何从幻灯片消失，如“飞出”、“浮出”等，是一个从有到无的过程。

（3）“强调”效果：指对象在幻灯片放映过程中给观众一种冲击、震撼的视觉效果，以强调对象引起观众注意，如对象的“放大/缩小”、更改“对象颜色”等。

（4）“动作路径”：指为对象设定进出路径。在“动作路径”动画中，当运动轨迹超出屏幕时，会给人元素进入或退出的效果。动画样式列表如图 5.47 所示。

可以为单个对象添加多个动画效果，使其有序地进入、退出幻灯片，在有限的显示区域内分批展示更多的内容，可以使演示文稿的内容展示更有条理，形成与观众的良好互动。

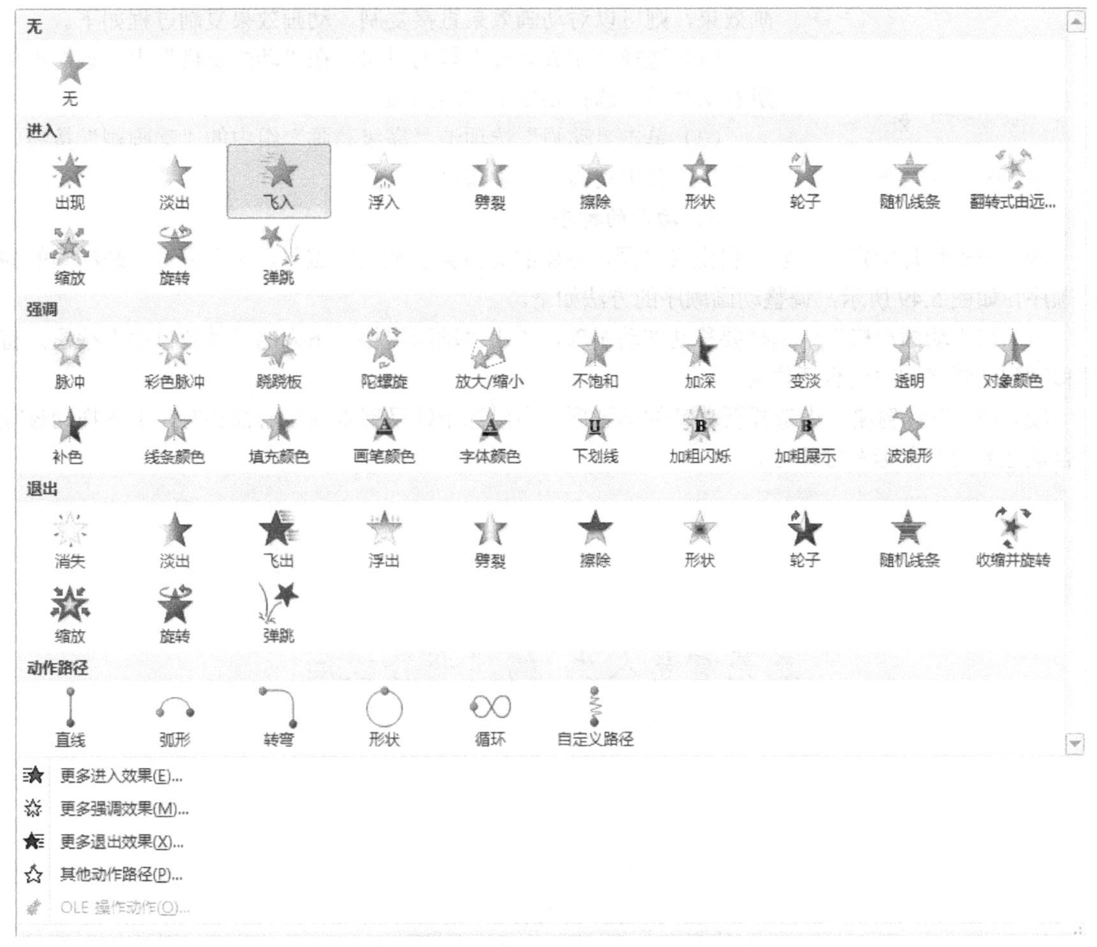

图 5.47 动画样式列表

三、自定义动画

为幻灯片元素添加自定义动画效果的步骤如下。

1. 添加动画

（1）选择要添加动画的对象所在的幻灯片，并在幻灯片中选中对象。

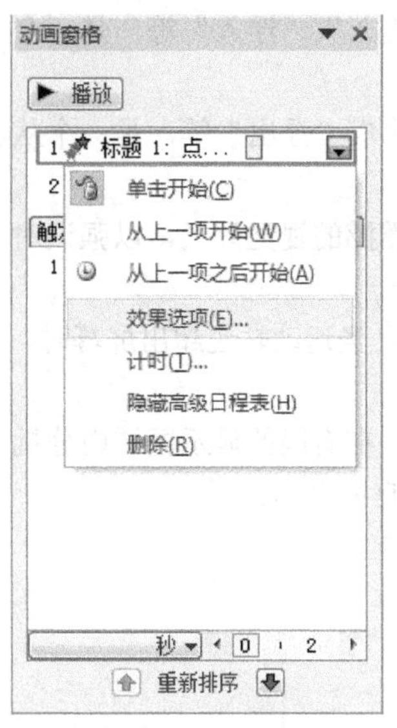

图 5.48　动画窗格

（2）单击“动画”选项卡“高级动画”组中的“添加动画”按钮，在打开的窗口中选择动画效果，其与动画样式列表中的动画样式基本一致，这里不再赘述。

（3）使用“计时”组中的按钮，调整动画的计时属性。例如，是单击时开始动画，还是上一动画后延迟多久播放。

（4）单击“高级动画”组中的“动画窗格”按钮，会在编辑区右侧弹出“动画窗格”。单击“动画窗格”中的动画项或右击动画项，在弹出的快捷菜单中设置动画触发方式、动画计时效果和动画的执行方式等细节，如图 5.48 所示。

2．自定义动画效果的复制与粘贴

若幻灯片中某一元素要直接套用另一元素已经完成细节设置的动画效果，则可以对动画效果直接复制。动画效果复制过程如下。

（1）选择已完成动画设置的对象，在“动画窗格”中从该对象的所有动画项中选择要复制的动画项。

（2）单击“动画”选项卡“高级动画”组中的“动画刷”按钮，再单击需套用动画的对象即可。

3．动画的排序

若一个幻灯片中定义了多个自定义动画，对象的旁白会出现数字编号，这个编号就是动画的播放顺序，如图 5.49 所示，调整动画顺序的方法如下。

（1）在“动画窗格”中选择要移动的动画项，单击“动画窗格”下方的“重新排序”按钮，将项移动到动画序列中的合适位置。

（2）在“动画窗格”中选择要移动的动画项，当鼠标指针呈现双向空心箭头时，上下拖动该项至合适位置松开鼠标左键即可。

图 5.49　设定了动画的幻灯片对象

4．动画的删除

要删除幻灯片中某一动画，其方法如下。

（1）选中需要删除动画的对象，在动画样式列表中选择“无”选项。

（2）在“动画窗格”中选择待删除的动画项并右击，在弹出的快捷菜单中选择“删除”或按“Delete”键。

任务实战

一、设置幻灯片的切换效果

（1）打开“点亮智慧人生 构建书香校园 1.pptx”演示文稿。

（2）在“切换”选项卡“切换到此幻灯片”组中查看所有切换方式，选择“华丽型”→“百叶窗”选项；在“效果选项”中选择“垂直”。

在“切换”选项卡的“计时”组中设置换片方式为选择“单击鼠标时”。单击“切换”选项卡“计时”组中的“全部应用”按钮。

（3）选中第二张幻灯片，单击“切换”选项卡“切换到此幻灯片”组中的“细微型”→“形状”效果；在“效果选项”中选择“菱形”选项。

（4）选中第三张幻灯片，选择“切换”选项卡“切换到此幻灯片”组中的“华丽型”→“涟漪”效果；在“计时”组中选择“声音”中的“微风”选项。

在“切换”选项卡的“计时”组中设置换片方式为不仅选择“单击鼠标时”，还设置自动换片时间为“00:01.00”，如图 5.50 所示。

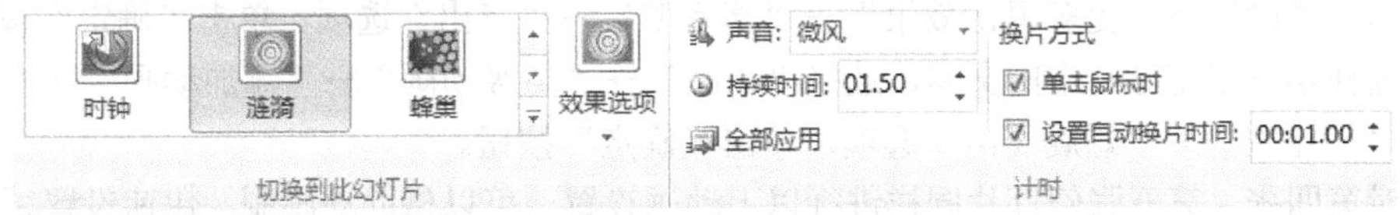

图 5.50 设置切换效果

（5）分别设置第四张幻灯片为“时钟”效果，效果选项为“顺时针”；第五张幻灯片为“立方体”效果；第七张为“门”效果。

（6）另存为“点亮智慧人生 构建书香校园 2.pptx”。切换至幻灯片放映视图，从第一张幻灯片开始观看放映效果。

二、自定义动画效果

1．设置第一张幻灯片元素的进入效果

（1）选中第一张幻灯片，选中幻灯片中的标题。

（2）选择“动画”→“动画样式”→“进入”→“飞入”选项；选择“效果选项”→“自左侧飞入”选项；选择“计时”→“开始”为“单击时”。

（3）选择第一张幻灯片下方的副标题；选择“动画样式”→“进入”→“淡出”选项。

（4）选择“计时”→“开始”为“上一动画之后”，设置“延迟”为 1 秒，如图 5.51 所示。

图 5.51 动画及计时

2．设置第二张幻灯片元素的进入效果

（1）选中第二张幻灯片，选中标题；选择“动画”→“动画样式”→“进入”→“随机线条”选项；选择“计时”→“开始”为“单击时”，“持续时间”为 1 秒。

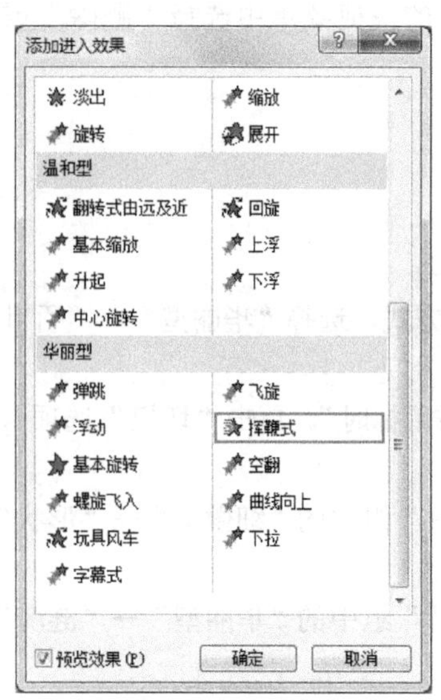

图 5.52　添加进入效果

（2）选中第二张幻灯片中的图表，选择“动画样式”→“进入”→“翻转式由远及近”选项；选择“效果选项”为“按类别”。

3．设置第三张幻灯片元素的进入和退出效果

（1）选择第三张幻灯片中的标题，单击“动画”选项卡“高级动画”组中的“添加动画”下拉按钮，选择“更多进入效果”→“华丽型”→“挥鞭式”选项，单击“确定”按钮，如图 5.52 所示。

（2）选择第三张幻灯片中的文本，选择“动画”→“高级动画”→“添加动画”→“更多进入效果”→“基本型”→“十字形扩展”选项，单击“确定”按钮。

（3）选中插入的图片，选择“动画”→“动画样式”→“进入”→“出现”选项。

（4）选中插入的图片，选择“动画”→“高级动画”→“添加动画”→“更多退出效果”→“基本型”→“消失”选项，单击“确定”按钮。

（5）选择第三张幻灯片中的文本，选择“动画”→“高级动画”→“添加动画”→“更多退出效果”→“基本型”→“飞出”选项，单击“确定”按钮。

（6）选择第三张幻灯片中的文本，选择“动画”→“高级动画”→“添加动画”→“更多退出效果”→“华丽型”→“螺旋飞出”选项，单击“确定”按钮。

（7）对第四张、第五张幻灯片同样进行以上动画设置，可以借助动画刷，快速设置。单击第三张幻灯片的标题部分，单击“高级动画”组中的“动画刷”按钮，在第四张幻灯片标题部分单击，同样单击第五张幻灯片标题部分；用以上步骤分别将文本和图片的动画格式也复制到第四张和第五张幻灯片上。播放并查看效果，发现顺序不对，原来格式刷只复制动画样式，并不复制顺序，因此还要在“动画窗格”内调整第四张、第五张的动画顺序与第三张幻灯片相同，即进入顺序为“标题，文本，图片”，退出顺序为“图片，文本，标题”，如图 5.53 所示。

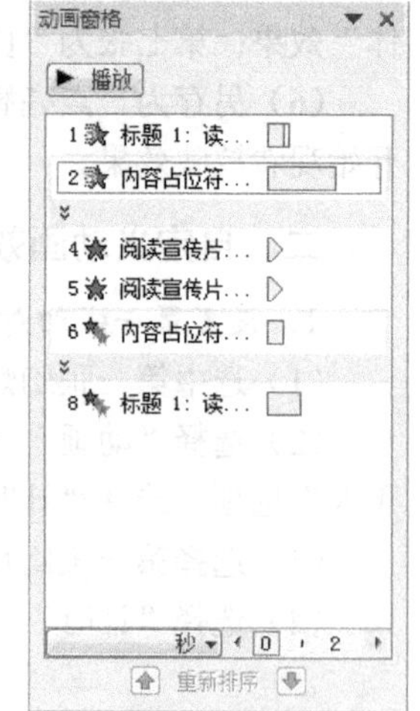

图 5.53　动画顺序

4．设置第六张幻灯片元素的强调效果

（1）选择第三张幻灯片中的艺术字，选择“动画”→“动画样式”→“进入”→“出现”选项。

（2）选择第三张幻灯片中的艺术字，选择“动画”→“高级动画”→“添加动画”→“更多强调效果”→“温和型”→“彩色延伸”选项，单击“确定”按钮。在“效果选项”中设置颜色为“标准色橙色”、“整批发送”。

（3）选择第三张幻灯片中的表格，选择“动画”→“动画样式”→“进入”→“弹跳”选项。

5．设置背景音乐

回到第一张幻灯片，选中插入的音乐图标，在功能区将出现“音频工具”选项卡，选择“播放”子选项卡。设置“开始”为“跨幻灯片播放”，勾选“循环播放，直到停止”和“放映时隐藏”复选框，如图 5.54 所示。在“动画窗格”内将音乐对象调整到标题动画之前，这样在幻灯片开始播放时，音乐就会同时响起，如图 5.55 所示。

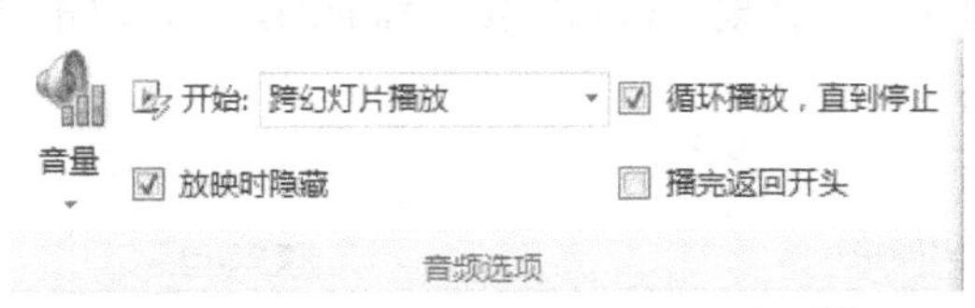

图 5.54 “音频选项”组

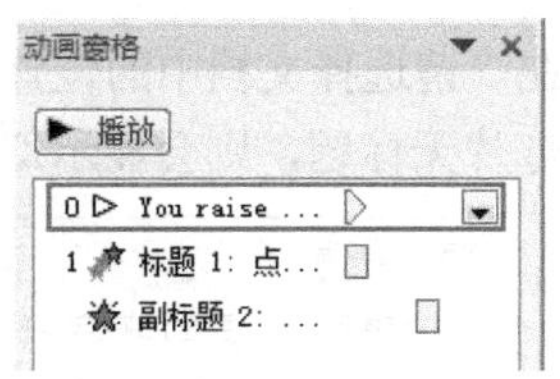

图 5.55 调整音乐的顺序

6．保存演示文稿

另存为“点亮智慧人生 构建书香校园3.pptx”。切换至幻灯片放映视图，从第一张幻灯片开始，观看放映效果。

技能练习

1．打开文件pp4-1-1.pptx，完成如下操作，并以原文件名保存。

（1）将第一张幻灯片的文本“应急救助预案”的动画设置为“进入”→“自左侧、擦除”。

（2）将艺术字“基本生活费价格变动应急救助”的动画设置为“进入”→“水平、百叶窗”。

（3）第一张幻灯片的动画顺序为先艺术字后文本。

（4）将第二张幻灯片的版式改为“两栏内容”，并在右侧内容区域插入有关旅行的剪贴画。

2．打开文件pp4-1-2.pptx，完成如下操作，并以原文件名保存。

（1）使用“跋涉”主题修饰全文，全部幻灯片切换方案为“蜂巢”。

（2）对第二张幻灯片进行动画设置：图片的动画效果设置为“进入”→“螺旋飞入”，文字动画设置为“进入”→“飞入”，效果选项为“自左下部”。

（3）动画顺序为先文字后图片，将幻灯片放映方式改为“演讲者放映”。

任务二 动作按钮、超链接、放映、打包及打印

任务说明

召开主题班会时借用了班主任老师的计算机，但班主任老师的计算机上使用的还是Office 2003，保存成97-2003兼容格式效果又不是很好；另外，召开主题班会时不能一直站在计算机旁边不动，需要与同学们交流。能不能将制作好的幻灯片排练计时，自动播放呢？另外，打包好播放器，到时在班主任的笔记本式计算机上直接播放即可。

相关知识

一、超链接与动作按钮

1．插入超链接

幻灯片的切换通常是由前一张幻灯片自动切换到下一张幻灯片，但为需要从当前幻灯片转移到其他幻灯片时，需要通过对象建立超链接。超链接可以把同一演示文稿中的另一张幻灯片、不同演示文稿中的某张幻灯片、电子邮箱、互联网网页、其他文件等当做目标。在演示文稿中建立超链接的方法如下。

1）创建超链接

（1）在幻灯片中选择要用做超链接的文本框（或其中一部分文字）或其他对象。

（2）单击“插入”选项卡中的“超链接”按钮，打开“插入超链接”对话框，如图5.56所示。

（3）在“链接到”选项组中单击“本文档中的位置”图标。

（4）在“请选择文档中的位置”列表框中，选择要用做超链接目标的幻灯片，单击“确定”按钮，若幻灯片无标题，则会显示幻灯片编号。

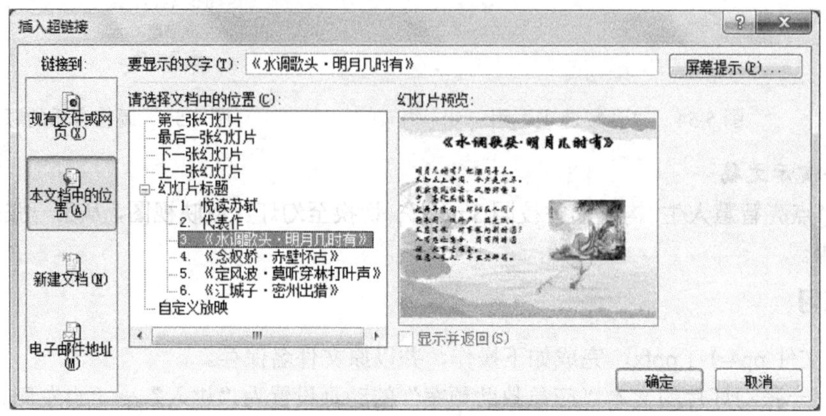

图 5.56　“插入超链接”对话框

2）超链接的编辑和删除

要调整超链接的目标或删除超链接时，首先选中建有超链接的对象，然后可以通过以下两种方法修改超链接的状态。

（1）单击“插入”选项卡中的“超链接”按钮，在打开的如图 5.57 所示的对话框内更改目标，或单击“删除链接”按钮，单击“确定”按钮即可。

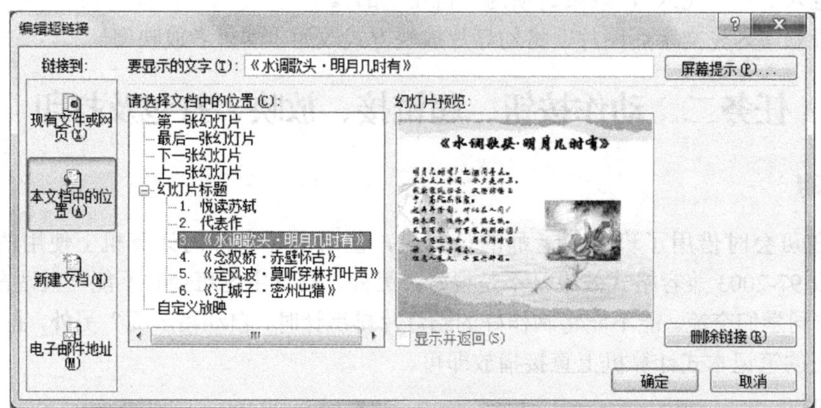

图 5.57　删除超链接

（2）在超链接对象上右击，在弹出的快捷菜单中选择“编辑超链接”和“取消超链接”选项即可。

2．动作按钮

（1）单击“插入”选项卡“插图”组中的“形状”下拉按钮，在下拉列表底部找到“动作按钮”选项，这里常用的动作按钮有“后退或前一项”、“前进或下一项”、“开始”、“结束”、“第一张”等，如图 5.58 所示。

（2）如果选择了某个按钮，则会打开“动作设置”对话框，如选择了“前进或下一项”按钮插入到幻灯片中后，自动打开“动作设置”对话框，默认是“超链接到”“下一张幻灯片”，单击“确定”按钮即可完成动作设置，如图 5.59 所示。

图 5.58 动作按钮

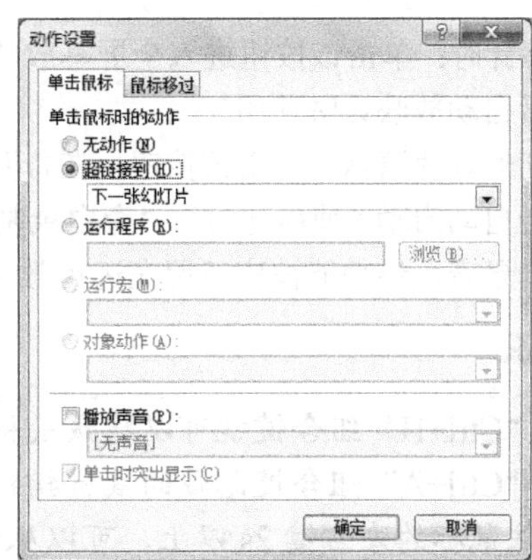

图 5.59 “动作设置”对话框

二、设置幻灯片的放映方式

在 PowerPoint 2010 中可于幻灯片放映过程中完成添加旁白、计时和录制等功能。

1. 幻灯片放映的开始方式设置

PowerPoint 2010 中常用的幻灯片放映方式如下。

（1）“从头开始”放映幻灯片，是最简单的方式。按“F5”键或单击“幻灯片放映”选项卡中的“从头开始”按钮，即可使幻灯片从头开始放映。

（2）单击“幻灯片放映”选项卡中的“从当前幻灯片开始”按钮，或单击状态栏中的“幻灯片放映”按钮，即可迅速查看从当前幻灯片开始的动画效果。

（3）单击“幻灯片放映”选项卡中的“自定义幻灯片放映”按钮，随机选择若干幻灯片，设置其放映的顺序后进行放映。“定义自定义放映”对话框如图 5.60 所示。设置方法如下：选中需要放映的幻灯片，单击“添加”按钮，即可添加到右侧的“在自定义放映中的幻灯片”列表框中，并可通过最右侧的上下箭头选择放映顺序。

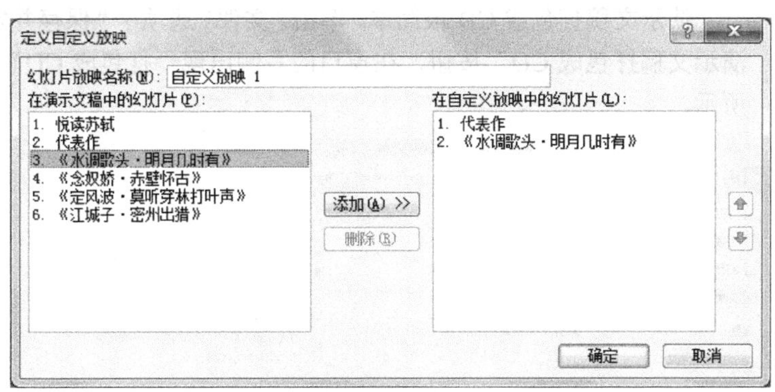

图 5.60 “定义自定义放映”对话框

2. 放映过程设置

“设置”组中包含 4 个按钮，如图 5.61 所示。

（1）设置幻灯片放映：单击“幻灯片放映”选项卡中的“设置幻灯片放映”按钮，在打开的对话框中可以灵活设置幻灯片的放映顺序。

（2）隐藏幻灯片：选中某些幻灯片后单击该按钮，所选幻灯片将被隐藏，即放映时不再显示。

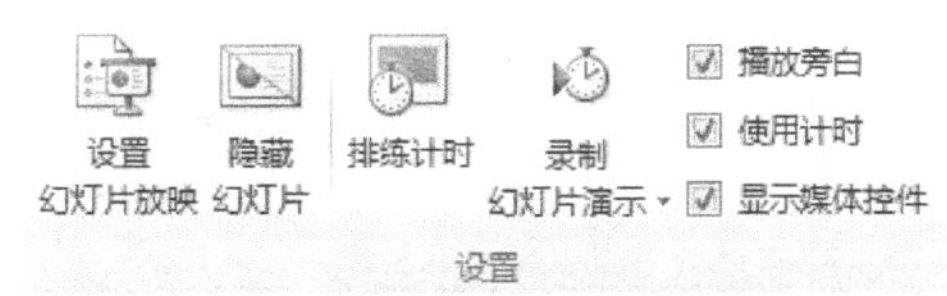

图 5.61 “设置”组

（3）排练计时：单击该按钮进入全屏幕放映，计算机可以自动地将每张幻灯片所用的时间记录下来，供以后自动放映计时使用。

（4）录制幻灯片演示：单击该按钮，在打开的对话框中，单击“开始录制”按钮后，在幻灯片演示过程中会自动启动“使用计时”、“旁白录制”等功能，在录制完成后，可以实现无人值守播放，并可配上旁白录音，该功能被广泛用在远程教育等方面。

扩展知识

（1）按“Ctrl+H”组合键就可以隐藏鼠标指针。

（2）按“Ctrl+A”组合键隐藏的鼠标指针又会重现。

（3）按住鼠标的左右键 2s 以上，可以从任意放映页面快速返回到第一张幻灯片。

3．放映控制

在幻灯片放映过程中，根据需要可以使用左下角的控制按钮或者右击，通过弹出的快捷菜单控制放映进度、调整放映顺序、在启用放映过程中向文稿添加注释等。

三、演示文稿打包和打印

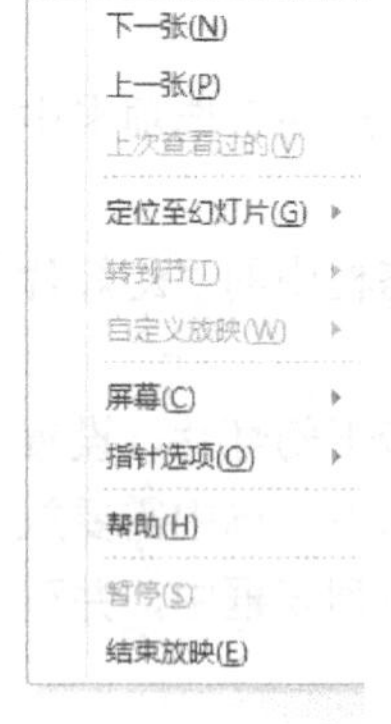

图 5.62 快捷菜单

1．演示文稿打包

幻灯片最终是要拿来演示的，如教育、培训领域的用户经常会遇到这个问题，这些用户需要在其他计算机上播放演示文稿，有时会遇到对方提供的计算机也许尚未安装 PowerPoint，也许安装了但是版本不兼容，这时就需要通过打包来解决这个问题。打包时不仅幻灯片中使用的特殊字体、音乐、视频片段等元素要一并输出，还可集成播放器。PowerPoint 2010 提供了强大的“保存并发送”功能，它不仅能够用电子邮件发送，还可以保存到 Web，创建视频，创建 PDF 文档，更重要的是它将演示文稿打包成了 CD，在网络和移动存储时代大大方便了用户。

演示文稿打包成 CD 很简单，单击“文件”选项卡“保存并发送”组中的“将演示文稿打包成 CD”按钮，在窗口的右侧出现“打包成 CD”按钮，如图 5.63 所示。

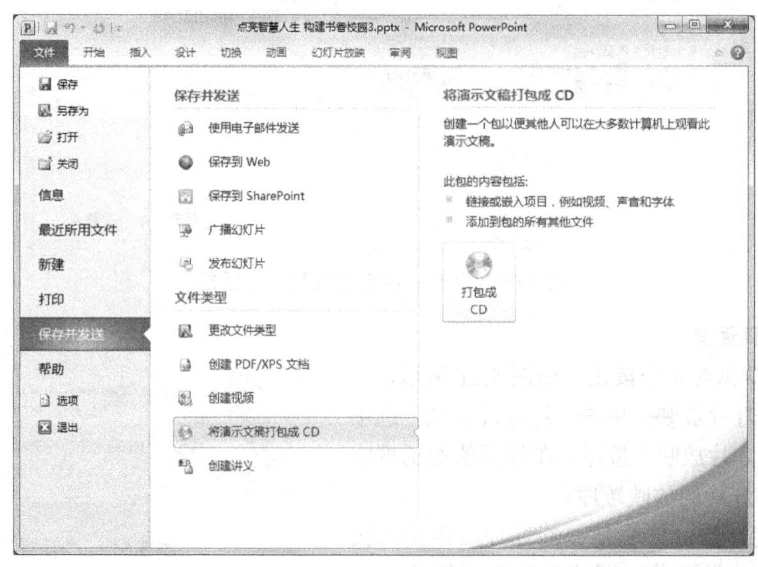

图 5.63 打包成 CD

单击“打包成 CD”按钮，打开“打包成 CD”对话框，如果计算机上有刻录光驱，并有空白光盘，则可以直接单击“复制到 CD”按钮，则演示文稿连同链接、视频、声音、字体等，都会刻录到 CD 上，以保证无论使用哪里的计算机都会和用户本地计算机上看到的效果一致，如图 5.64 所示。如果不想使用 CD 保存，也可以单击“复制到文件夹”按钮，然后用移动存储设备复制，图 5.65 所示为单击“复制到文件夹”按钮后打开的对话框，在对话框内通过单击“浏览”按钮选择保存位置，设置完成后单击“确定”按钮。

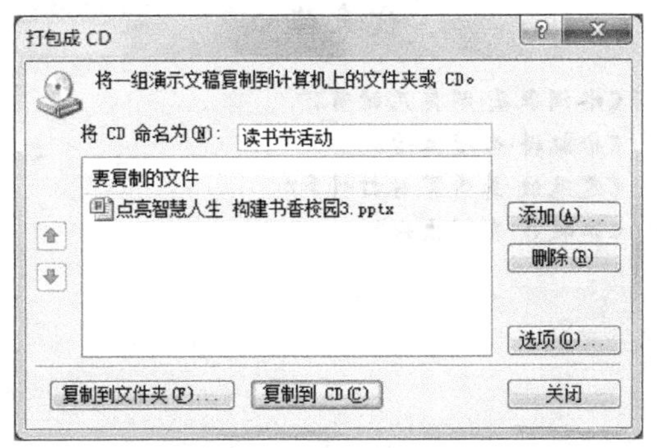

图 5.64 “打包成 CD”对话框

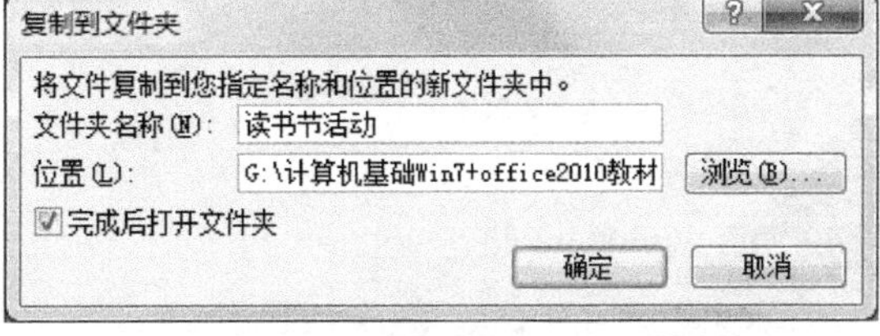

图 5.65 “复制到文件夹”对话框

2．幻灯片打印

在教育培训中，经常需要将幻灯片打印出来给用户使用，演示文稿的打印也非常简单，单击“文件”选项卡中的“打印”按钮即可，如图 5.66 所示。图中各选项的功能如下。

（1）“打印”按钮，单击“打印”按钮即可进行打印，可以选择打印的份数。

（2）“设置”选项组，在“幻灯片”文本框内可以输入编号，设置打印的范围；在先打印版式内可以设置打印几张幻灯片，以什么方式打印，最常见的是以讲义方式打印。还可对幻灯片的打印顺序进行排序、打印方向和颜色进行设置。

（3）“编辑页眉和页脚”链接，单击该链接，打开“页眉和页脚”对话框，可对演示文稿的页眉和页脚进行编辑。

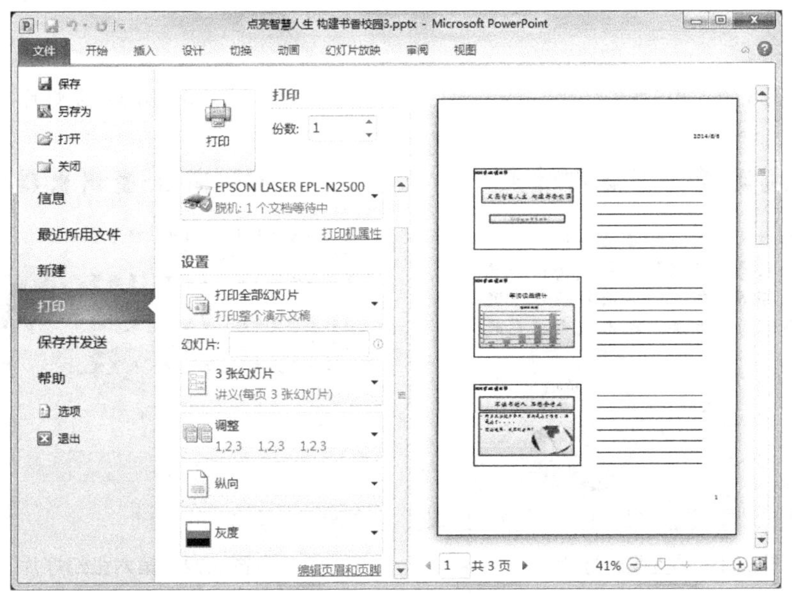

图 5.66 打印演示文稿

任务实战

一、超链接和动作按钮

制作“悦读苏轼.pptx”，添加超链接和动作按钮，方便随时定位和切换幻灯片。

（1）“悦读苏轼.pptx”制作起来很简单，利用所给素材，制作如图 5.67～图 5.72 所示的幻灯片。

图 5.67　第一张幻灯片

图 5.68　第二张幻灯片

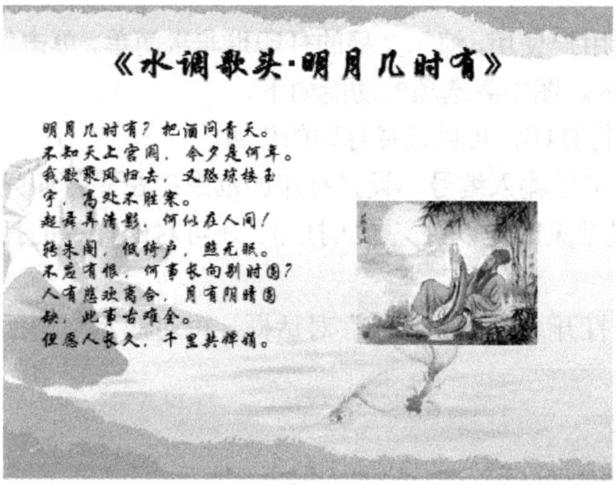

图 5.69　第三张幻灯片

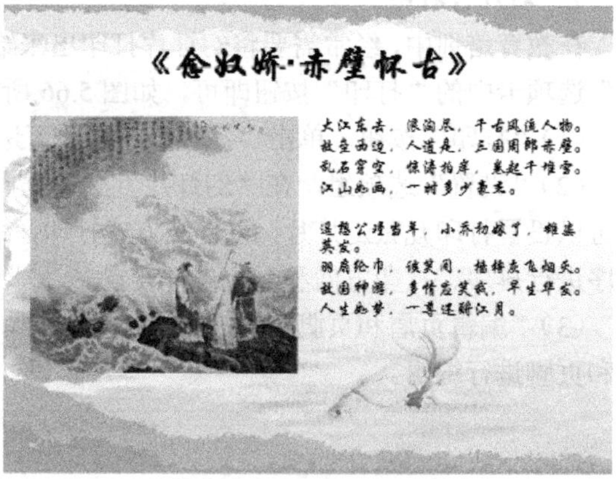

图 5.70　第四张幻灯片

图 5.71　第五张幻灯片

图 5.72　第六张幻灯片

（2）颜色选择“暗香扑面”，字体选择“行云流水”。

（3）选中第二张幻灯片中的文本“《水调歌头·明月几时有》”，单击“插入”选项卡中的“超链接”按钮，打开“插入超链接”对话框，选择链接到“本文档中的位置”，选择幻灯片标题“《水调歌头·明月几时有》”，单击“确定”按钮。对其他文本也做同样处理，分别插入链接，最终效果如图 5.73 所示。

图 5.73 插入链接后的效果

（4）在第三张幻灯片的右下角分别插入动作按钮：“后退或前一项”、“第一张”、“前进或下一项”。3 个按钮默认颜色如图 5.74 所示。这里为了统一、美观，将 3 个动作按钮统一修改为“高 1.3 厘米，宽 1.3 厘米”；设置形状格式，将填充改为“无填充”，线条颜色改为“蓝-灰，强调文字颜色 5，淡色 40%”。修改后的动作按钮如图 5.75 所示。

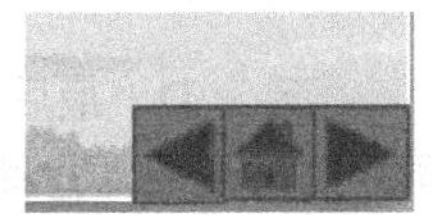

图 5.74 动作按钮默认效果

图 5.75 修改后的动作按钮效果

其中，“第一张”按钮默认链接到幻灯片的第一张，在“动作设置”对话框内将超链接修改为链接到第二张幻灯片，如图 5.76 所示。

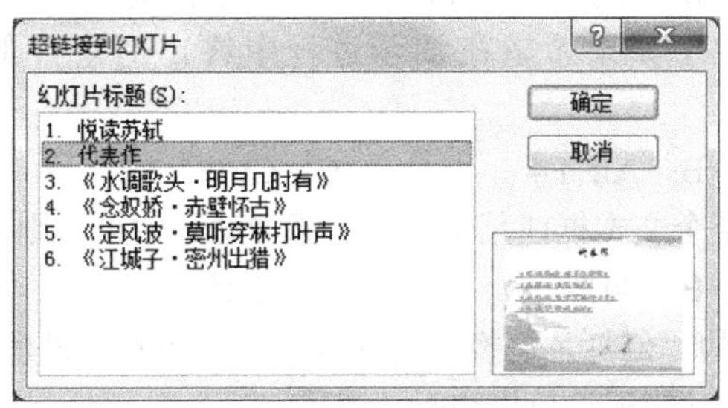

图 5.76 修改“第一张”动作按钮的链接

将第三张幻灯片右下角的 3 个动作按钮分别复制到第 4～6 张幻灯片中。

（5）单击快速工具访问栏中的“保存”按钮，将修改保存到“悦读苏轼.pptx”演示文稿，并放映幻灯片测试超链接和动作按钮的效果。

二、打包到文件夹

将“点亮智慧人生 构建书香校园 3.pptx”打包到文件夹中。

（1）打开“点亮智慧人生 构建书香校园 3.pptx”演示文稿。

（2）选择“文件”选项卡“保存并发送”组中的“将演示文稿打包成 CD”按钮，在窗口的右侧出现“打包成 CD”按钮。

（3）单击“打包成 CD”按钮，打开“打包成 CD”对话框，单击“复制到文件夹”按钮，在打开的“复制到文件夹”对话框内通过单击“浏览”按钮选择保存位置，单击“确定”按钮。

技能练习

1．打开文件 pp4-2-1.pptx，完成如下操作。

将 PPT 打包成 CD，复制到本地硬盘“D:\我的 PPT”中。

2．打开文件 pp4-2-2.pptx，完成如下操作。

（1）给除最后一张幻灯片以外的每张幻灯片添加“前进或下一项”按钮。

（2）给除第一张幻灯片以外的每张幻灯片添加“后退或前一项”、“第一张”按钮。

（3）设置动作按钮为“高 1 厘米，宽 1.3 厘米”，填充改为“无填充”。

知识巩固

1．幻灯片模板文件的默认扩展名是（　　）。

A．.docx　　B．.potx　　C．.xlsx　　D．.pptx

2．将一个幻灯片上多个已选中的自选图形组合成一个复合图形，应使用选项卡（　　）。

A．开始　　B．格式　　C．视图　　D．设计

3．插入幻灯片操作不可以在（　　）中进行。

A．大纲视图　　B．普通视图　　C．浏览视图　　D．幻灯片母版视图

4． 插入幻灯片之后，被插入的幻灯片将出现在（　　）。

A．当前幻灯片前　　B．当前幻灯片后　　C．最前面　　D．最后面

5．给幻灯片重新设置背景时，若要给所有幻灯片使用相同背景，则在“背景”对话框中应单击（　　）按钮。

A．“全部应用”　　B．“应用”　　C．“取消”　　D．“预览”

6．放映幻灯片时，要对幻灯片的放映具有完整的控制权，应使用（　　）。

A．演讲者放映　　B．观众自行浏览　　C．展台浏览　　D．自动放映

7. 在 PowerPoint 2010 中，如果希望在演示过程中终止幻灯片的放映，则可随时按（　　）键。

A．Esc　　B．Alt+F4　　C．Ctrl+C　　D．Delete

8．如果想在幻灯片的某个文本框或某个图片中添加动画效果，则需要的选项卡是（　　）。

A．视图　　B．切换　　C．设计　　D．动画

9．在 PowerPoint 2010 的“幻灯片切换”选项卡中，允许的设置是（　　）。

A．设置幻灯片切换时的视觉效果和听觉效果

B．只能设置幻灯片切换时的听觉效果

C．只能设置幻灯片切换时的视觉效果

D．只能设置幻灯片切换时的定时效果

10. 在 PowerPoint 2010 中，若在一个演示文稿中选择了一张幻灯片，按“Delete”键，则（　　）。

A．这张幻灯片被删除，且不能恢复

B．这张幻灯片被删除，但能恢复

C．这张幻灯片被删除，但可以利用“回收站”恢复

D．这张幻灯片被移到回收站内

网络基础及应用

Internet 是 20 世纪最伟大的发明之一。Internet 是世界上最大的网络，由成千上万个计算机网络组成。其覆盖范围从校园网、商业公司的局域网到大型的在线服务提供商，几乎涵盖了社会的各个应用领域（如政务、军事、科研、文化、教育、经济、新闻、商业和娱乐等）。在这个网络中，人们可以自由地获取数不清的信息，可以采用多种方法进行相互的交流，可以进行各种娱乐，也可以完成各种商业活动。自从 Internet 出现以来，它已经很大幅度地改变了人们的认知习惯、交流习惯和购物习惯，它的发展前景非常广阔，特别是与移动通信结合的移动互联网，彻底影响了人们的方方面面。根据全国计算机等级考试一级 MS Office 考试大纲，并结合实际需要，通过本部分的学习应掌握以下知识点。

- ❖ 了解计算机网络的基本概念和因特网的基础知识，主要包括网络硬件和软件，TCP/IP 协议的工作原理，以及网络应用中常见的概念，如域名、IP 地址、DNS 服务等。
- ❖ 能够熟练掌握浏览器的使用，信息的搜索、浏览与保存；电子邮件的使用和操作。
- ❖ 能够通过网络获取重要信息资源；能够使用即时通信工具，如 QQ 和微信等；能够利用网络进行社交、娱乐等活动，方便自己的日常生活；能够使用常见的网络软件；具有防范常见的网络攻击能力。

项目一　网络和 Internet 基础

项目指引

计算机网络已经在人们的生活中占有了很重要的位置，Internet 更是深入人心，如今人们的生活、学习、工作已经离不开网络。网络到底是什么，网络如何分类，有什么样的拓扑结构；人们普遍使用的网络的工作原理是怎样的，依赖什么协议，IP 地址是什么，如何设置 IP 地址；Internet 如何工作，人们日常上网输入的网址是什么，如何通过网址访问互联网，这些问题将通过本项目的学习一一解答。

知识目标

掌握网络的基本概念、网络的分类和拓扑结构；了解 OSI 七层网络模型；了解 TCP/IP 协议，掌握 IP 地址类别的划分；掌握 Internet 常用协议；掌握 URL 的概念和格式；掌握 DNS 的概念和作用。

技能目标

学会分析身边常见网络的拓扑结构和传输介质；学会设置 IP 地址和 DNS。

任务一　计算机网络基础

 **任务说明**

网络如今已经深入千家万户，深刻地影响着人们的生产、生活方式。人们日常生活中使用网络较多，但如果要了解网络背后深层次的理论，需要对网络的基本概念、网络的分类、拓扑结构和 OSI 七层网络模型进行学习，才能初步对日常所见的网络有一个整体的认识。

 **相关知识**

一、计算机网络的概念

计算机网络是计算机技术与通信技术高度发展、紧密结合的产物。在计算机网络发展过程的不同阶段，人们对计算机网络提出了不同的定义。计算机网络当前较为准确的定义为“以能够相互共享资源的方式互连起来的自治计算机系统的集合”，即分布在不同地理位置上的具有独立功能的多个计算机系统，通过通信设备和通信线路互相连接起来，实现数据传输和资源共享。

从资源共享的角度理解计算机网络，需要把握以下两点。

（1）计算机网络提供资源共享的功能。资源包括硬件资源和软件资源及数据信息。硬件包括各种处理器、存储设备、输入/输出设备等，如打印机、扫描仪和 DVD 刻录机。软件包括操作系统、应用软件和驱动程序等。对于当今越来越依赖于计算机管理的公司、企业和政府部门来讲，更重要的是共享信息，共享的目的是让网络上的每一个人都可以访问所有的程序、设备和特殊的数据，并且让资源的共享摆脱地理位置的束缚。

（2）组成计算机网络的计算机设备是分布在不同地理位置的独立的“自治计算机”。每台计算机核心的基本部件，如 CPU、系统总线、网络接口等都要求存在并且独立。这样，互连的计算机之间没有明确的主从关系，每台计算机既可以联网使用，又可以脱离网络独立工作。

二、计算机网络的分类

计算机网络的分类标准有很多种，主要的分类标准有根据网络使用的传输技术分类、根据网络的拓扑结构分类、根据网络协议分类等。各种分类标准只能从某一方面反映网络的特征。根据网络覆盖的地理范围和规模分类是最普遍采用的分类方法，它能较好地反映出网络的本质特征。由于网络覆盖的地理范围不同，它们采用的传输技术也不同，因此形成了不同的网络技术特点与网络服务功能。依据这种分类标准，可以将计算机网络分为 3 种：局域网、城域网和广域网。

1．局域网

局域网（Local Area Network，LAN）是一种在有限区域内使用的网络，在这个区域内的各种计算机、终端与外部设备互连成网，其传送距离一般在几千米之内，最大距离不超过 10km，因此适用于一个部门或一个单位组建的网络。典型的局域网有办公室网络、企业与学校的主干局域网、机关和工厂等有限范围内的计算机网络。局域网具有高数据传输速率(10Mb/s～10 Gb/s)、低误码率、成本低、组网容易、易管理、易维护、使用灵活方便等优点。

 **扩展知识**

b/s（bits per second，位/秒）就是通常所说的比特率，是数据传输速率的基本单位，注意与 B/s（字节/秒）的区别。因为 1Byte=8bits，所以如果带宽是 1MB，即传输速率是 1Mb/s，实际能够达到的最大下载速度就是 128KB/s。

2．城域网

城域网（Metropolitan Area Network，MAN）是介于广域网与局域网之间的一种高速网络，它的设计目标是满足几十千米范围内的大量企业、学校、公司的多个局域网的互连需求，以实现大量用户之间的信息传输。

3．广域网

广域网（Wide Area Network，WAN）又称远程网，所覆盖的地理范围要比局域网大得多，从几十千米到几千千米，传输速率比较低，一般为 96kb/s～45Mb/s。广域网覆盖一个国家、地区，甚至横跨几个洲，形成国际性的远程计算机网络。广域网可以使用电话交换网、微波、卫星通信网或它们的组合信道进行通信，将分布在不同地区的计算机系统互连起来，达到资源共享的目的。

三、网络拓扑结构

计算机网络的另一种分类方法，就是按照网络的拓扑结构来划分网络类型。拓扑学是几何学的一个分支，从图论演变过来，是研究与大小形状无关的点、线和面构成的图形特征的方法。计算机网络拓扑是将构成网络的结点和连接结点的线路抽象成点和线，用几何关系表示网络结构，从而反映出网络中各实体的结构关系。常见的网络拓扑结构主要有星形、环形、总线型、树形和网状等几种。

1．星形拓扑

星形拓扑由中央结点集线器与各个结点连接组成，如图 6.1 所示。这种网络各结点必须通过中央结点才能实现通信。星形结构的优点是结构简单、建网容易，便于控制和管理。其缺点是中央结点负担较重，容易形成系统的“瓶颈”，线路的利用率也不高。

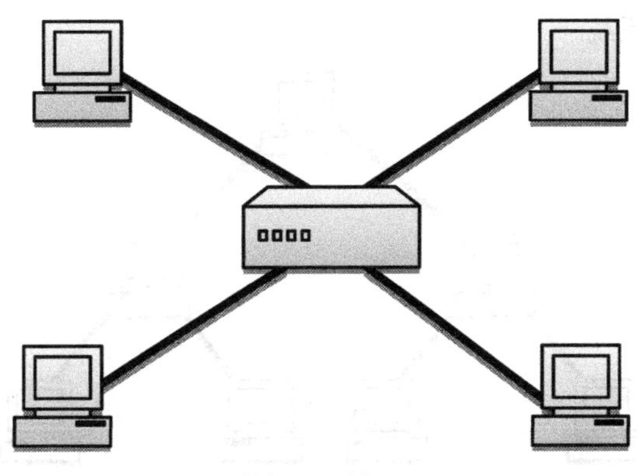

图 6.1　星形

2．环形拓扑

环形拓扑由各结点首尾相连形成一个闭合环形线路，如图 6.2 所示。环形网络中的信息传送是单向的，即沿一个方向从一个结点传到另一个结点；每个结点需安装中继器，以接收、放大、发送信号。这种结构的优点是结构简单，建网容易，便于管理。其缺点是当结点过多时，会影响传输效率，不利于扩充。

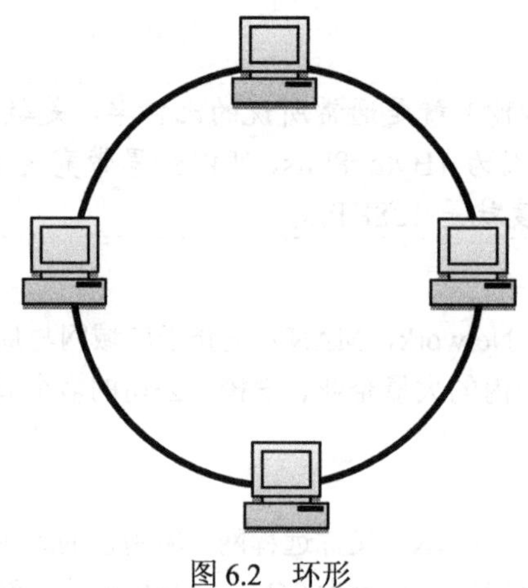

图 6.2　环形

3．总线型拓扑

总线型结构由一条高速公用主干电缆（即总线）连接若干个结点构成网络，网络中所有的结点通过总线进行信息的传输，如图 6.3 所示。这种结构的优点是结构简单灵活，建网容易，使用方便，性能好。其缺点是一次仅能向一个端用户发送数据，其他端用户必须等待并获得发送权，媒体访问获取机制较复杂，主干总线对网络起决定性作用，总线故障将影响整个网络。它目前是局域网技术中使用最普遍的一种。

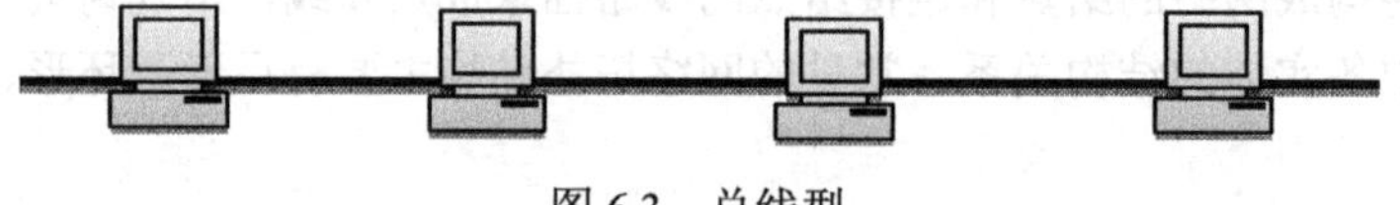

图 6.3　总线型

4．树形拓扑

树形拓扑是一种分级结构，如图 6.4 所示。在树形结构的网络中，任意两个结点之间不产生回路，每条通路都支持双向传输。这种结构的优点是扩充方便、灵活，成本低，易推广，适用于分主次或分等级的层次型管理系统。

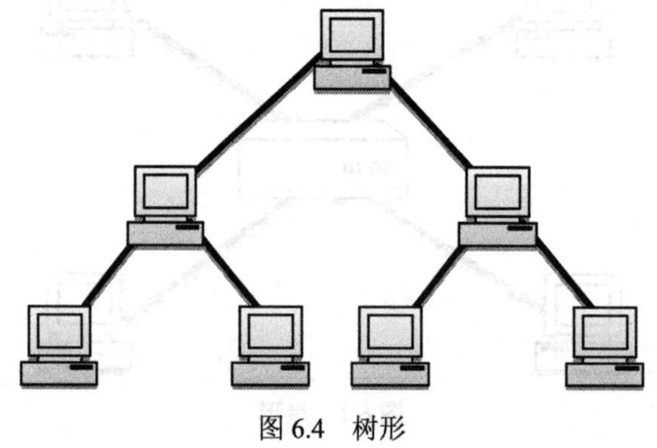

图 6.4　树形

5．网状拓扑

网状拓扑结构主要指各结点通过传输线互连起来，并且每一个结点至少与其他两个结点相连，如图 6.5 所示。由于结点之间有多条线路相连，网状拓扑结构具有较高的可靠性，但其结构复杂，实现起来费用较高，不易管理和维护，建设成本较高，常用于广域网。

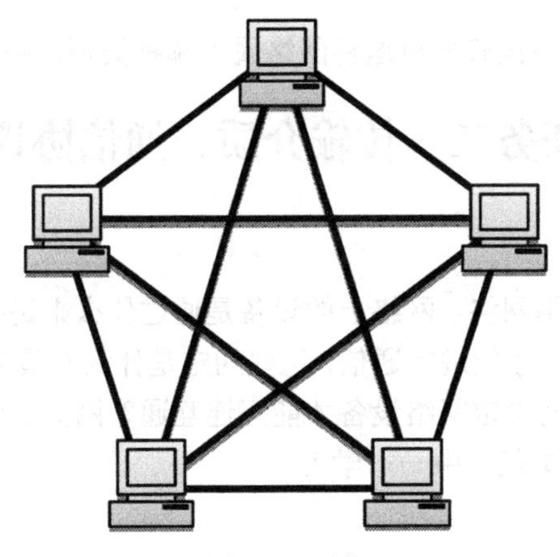

图 6.5　网状

四、计算机网络模型

随着计算机网络的发展，不同网络设备生产厂家的设备出现了不兼容的问题，阻碍了网络的互连。国际标准化组织（ISO）于 1977 年成立了专门部门研究该问题，并于 1983 年正式公布了开放式系统互连参考模型（Open Systems Interconnection Reference Model，OSI RM），并成为了网络体系结构的国际化标准。OSI 参考模型的提出规范了网络设备标准，对互联网的发展起到了积极的推动作用。

OSI 参考模型定义了开放系统的层次结构、层次之间的相互关系及各层包含的可能的服务。它作为一个框架来协调和组织各层协议的制定，也是对网络内部结构最精练的概括与描述。OSI 将计算机互连的功能划分成 7 个层次，主要目的是解决异种网络互连时所遇到的兼容性问题，又称 7 层互连协议。该模型自下而上的各层分别为物理层、数据链路层、网络层、传输层、会话层、表示层和应用层。各层的应用如图 6.6 所示。

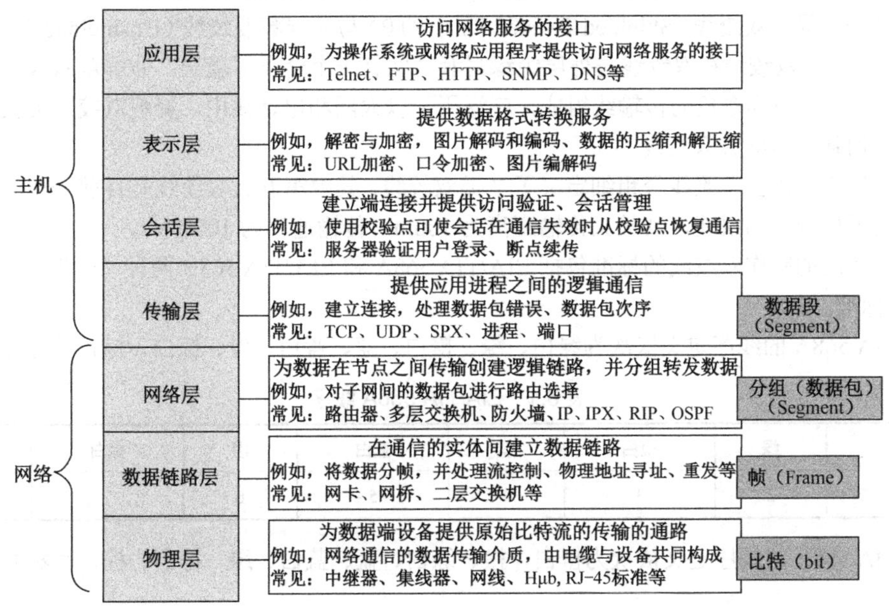

图 6.6　OSI 参考模型

技能练习

列举身边的计算机网络，并试着分析这种网络属于哪种类别，拓扑结构是怎样的。

任务二 传输介质、通信协议

任务说明

人们每天都接触网络、使用网络，网络上的设备是通过什么来进行通信的？有了这些介质是否还需要遵守一些约定，网络设备才能进行通信，这些约定是什么？最常见的网络协议 TCP/IP？人们常说的 IP 地址又是什么，如何设定网络设备才能互连互通？网关、DNS、子网掩码在网络互连中又起到怎样的作用？这些将在本任务中一一学习。

相关知识

一、传输介质

网络传输介质是在网络中传输信息的载体，常用的传输介质分为有线传输介质和无线传输介质两大类。

1．有线传输介质

有线传输介质是指在两个通信设备之间实现的物理连接的部分，它能将信号从一方传输到另一方，有线传输介质主要有双绞线（Twist Pair）、同轴电缆（Coaxial Cablc）、光纤（Optical Cable）和电话线（Telephone Wire）。

1）双绞线

双绞线是由一对相互绝缘的金属导线（常用铜质导线）绞合而成的。采用这种方式，不仅可以抵御一部分来自外界的电磁波干扰，还可以降低自身信号的对外干扰。把两根绝缘的铜导线按一定密度互相绞在一起，一根导线在传输中辐射的电波会被另一根线上发出的电波抵消。通常用于计算机网络的双绞线，是将 4 对双绞线再次绞合，外加保护套，做成双绞线电缆。

双绞线分为屏蔽双绞线（Shielded Twisted Pair，STP）与非屏蔽双绞线（Unshielded Twisted Pair，UTP）两种。屏蔽双绞线在双绞线与外层绝缘封套之间有一个金属屏蔽层。非屏蔽双绞线是一种数据传输线，由 4 对不同颜色的传输线组成，广泛用于以太网和电话线中。屏蔽双绞线的抗干扰能力和传输能力均强于非屏蔽双绞线。

国际电气工业协会按照线径粗细定义了 7 类双绞线，其中第五类双绞线是目前采用的最广泛的网线，常用于局域网的组建，其最大传输距离为 100m，传输速率为 100Mb/s。

国际上常用的制作双绞线的标准包括 EIA/TIA 568A 和 EIA/TIA 568B 两种。一般采用 EIA/TIA 568B 接线标准。

EIA/TIA 568A 的线序定义依次为绿白、绿、橙白、蓝、蓝白、橙、棕白、棕，其标号见表 6.1。

表 6.1　EIA/TIA 568A 线序

绿白	绿	橙白	蓝	蓝白	橙	棕白	棕
1	2	3	4	5	6	7	8

EIA/TIA 568B 的线序定义依次为橙白、橙、绿白、蓝、蓝白、绿、棕白、棕，其标号见表 6.2。

表 6.2　EIA/TIA 568B 线序

橙白	橙	绿白	蓝	蓝白	绿	棕白	棕
1	2	3	4	5	6	7	8

2）同轴电缆

同轴电缆常用于设备与设备之间的连接，或应用在总线型网络拓扑中。同轴电缆中心轴线是一条铜导线，外加一层绝缘材料，在这层绝缘材料外边由一根空心的圆柱网状铜导体包裹，最外一层是绝缘层。它与双绞线相比，同轴电缆的抗干扰能力强、屏蔽性能好、传输数据稳定、价格也便宜，而且不用连接在集线器或交换机上即可使用。同轴电缆分为基带和宽带两种，基带同轴电缆常用于组建总线型局域网络；宽带同轴电缆则是有线电视中的标准传输电缆。基带同轴电缆按直径的不同，可分为粗缆和细缆两种，细缆的传输距离为 185m，粗缆的传输距离可达 1000m。

3）光缆

光缆又称光纤电缆。光纤是光导纤维的简写，是一种利用光在玻璃或塑料制成的纤维中的全反射原理而制作的光传导工具。前香港中文大学校长高锟和 George A、Hockham 首先提出光纤可以用于通信传输的设想，高锟因此获得 2009 年诺贝尔物理学奖。

多数光纤在使用前必须由几层保护结构包覆，包覆后的缆线即被称为光缆。光纤外层的保护层和绝缘层可防止周围环境对光纤的伤害，如水、火、电击等的伤害。光缆由光纤、缓冲层及披覆组成。光纤和同轴电缆相似，只是没有网状屏蔽层。中心是光传播的玻璃芯。光缆是一种新型的传输介质，传输的是光脉冲信号而不是电脉冲信号，通信容量大，传输速率高，通信距离远，抗干扰能力强，是目前较安全的传输介质，被广泛用于建设高速计算机互联网络的主干网。光纤网络技术较为复杂，造价比较昂贵。

光纤有单模光纤和多模光纤之分。多模光纤采用发光二极管产生用于传输的光脉冲，单模光纤则使用激光。单模光纤传输距离比单模光纤更远，但造价也更高。

4）电话线

计算机可以使用调制解调器，利用电话线，利用现有通信线路接入计算机网络，目前在一般家庭里比较常用。

2．无线介质

常用的无线介质有无线电波（Radio Waves）、微波（Microwave）和红外线（Infrared）等。通过无线介质进行无线通信传输的方式有无线电通信、红外线通信及蓝牙通信等。微波通信由于其频带宽、容量大，可以用于各种电信业务的传送，如电话、电报、数据、传真及彩色电视等均可通过微波电路传输。其分为地面微波通信和卫星微波通信，常用于远程通信。

蓝牙通信指一种支持设备短距离通信（一般 10m 以内）的无线通信技术，常用于移动电话、PDA、无线耳机、笔记本式计算机等相关外设之间的无线信息交换。无线通信的优点是不受地理位置的约束，实现三维立体通信和移动通信；缺点是传输速率较低，安全性不高，并且容易受到天气等自然因素的影响。

二、通信协议

TCP/IP（Transmission Control Protocol/Internet Protocol，传输控制协议/因特网互联协议）是 Internet 中最基本的协议，是 Internet 的基础，由网络层的 IP 协议和传输层的 TCP 协议组成。TCP/IP 定义了电子设备如何连入因特网，以及数据如何在它们之间传输的标准。协议采用了 4 层的层级结构，每一层都呼叫它的下一层提供的协议来完成自己的需求。通俗而言：TCP 负责发现传输的问题，一旦有问题就发出信号，要求重新传输，直到所有数据安全正确地传输到目的地。而 IP 地址是给因特网的每一台计算机规定一个地址。

TCP/IP 协议在因特网中能够迅速发展，不仅因为它最早在 ARPANet 中使用，由美国军方指定，更重要的是它恰恰适应了世界范围内的数据通信的需要。TCP/IP 是用于因特网计算机通信的一组协议，其中包括不同层次上的多个协议。如表 6.3 所示，主机至网络层是最底层，包括各种硬件协议，面向硬件；应用层面向用户，提供一组常用的应用层协议，如文件传输协议、电子邮件发送协议等。而传输层的 TCP 协议和互连层的 IP 协议是众多协议中最重要的两个核心协议。

表 6.3　TCP/IP 结构对应的 OSI 参考模型

<table>
<tr><th>TCP/IP</th><th>OSI</th></tr>
<tr><td rowspan="3">应用层</td><td>应用层</td></tr>
<tr><td>表示层</td></tr>
<tr><td>会话层</td></tr>
<tr><td>主机到主机层（又称传输层）</td><td>传输层</td></tr>
<tr><td>网络层(又称互连层)</td><td>网络层</td></tr>
<tr><td rowspan="2">网络接口层（又称链路层）</td><td>数据链路层</td></tr>
<tr><td>物理层</td></tr>
</table>

1．IP 协议

在因特网中，它是能使连接到网上的所有计算机网络实现相互通信的一套规则，规定了计算机在因特网上进行通信时应当遵守的规则。任何厂家生产的计算机系统，只要遵守 IP 协议就可以与因特网互连互通。正是因为有了 IP 协议，因特网才得以迅速发展，成为世界上最大的、开放的计算机通信网络。

IP 协议是 TCP/IP 协议体系中的网络层协议，它的主要作用是将不同类型的物理网络互连在一起。为了达到这个目的，需要将不同格式的物理地址转换成统一的 IP 地址，将不同格式的帧(物理网络传输的数据单元)转换成“IP 数据报”，从而屏蔽了下层物理网络的差异，向上层传输层提供 IP 数据报，实现无连接数据报传送服务；IP 的另一个功能是路由选择，简单来说，就是从网上某个结点到另一个结点的传输路径的选择，将数据从一个结点按路径传输到另一个结点。

2．TCP 协议

TCP 即传输控制协议，位于传输层。TCP 协议向应用层提供面向连接的服务，确保网上发送的数据报可以完整地接收，一旦某个数据报丢失或损坏，TCP 发送端可以通过协议机制重新发送这个数据报，以确保发送端到接收端的可靠传输。依赖于 TCP 协议的应用层协议主要是需要大量传输交互式报文的应用，如远程登录协议（Telnet）、简单邮件传输协议（SMTP）、文件传输协议（FTP）、超文本传输协议（HTTP）等。

三、IP 地址

1．IP 地址的分类

因特网通过路由器将成千上万个不同类型的物理网络互连在一起，是一个超大规模的网络。为了使信息能够准确到达因特网上指定的目的结点，必须给因特网上每个结点(主机、路由器等)指定一个全局唯一的地址标识，就像每一部电话都具有一个全球唯一的电话号码一样。在因特网通信中，可以通过 IP 地址和域名，实现明确的目的地指向。

互联网协议地址（Internet Protocol Address，IP 地址）是 Internet 中一种给主机编址的方式。IP 地址是 TCP / IP 协议中使用的互连层地址标识。IP 协议经过近 30 年的发展，主要有两个版本：IPv4 协议和 IPv6 协议。它们的最大区别就是地址表示方式不同。

目前因特网广泛使用的是 IPv4，即 IP 地址第 4 个版本，在本书中如果不加以说明，IP 地址均指 IPv4 地址。IPv4 的 IP 地址是一个 32 位的二进制数，通常被分割为 4 个“8 位二进制数”（即 4 个字节）。IP 地址通常用“点分十进制”表示成 a.b.c.d 的形式，其中，a、b、c、d 都是 0～255 的十进制整数。例如，点分十进制 IP 地址（100.4.5.7），实际上是 32 位二进制数（01100100.00000100.00000101.00000111）。一台主机的 IP 地址由网络号和主机号两部分组成，IP 地址的结构如图 6.7 所示。

网络号	主机号

图 6.7 IP 地址的结构

IP 地址由各级因特网管理组织进行分配，它们被分为不同的类别。根据地址的第一段将 IP 地址空间划分为 A、B、C、D、E 共 5 类，其中 A、B、C 是基本类，D、E 类作为多播地址和保留使用，见表 6.4。

表 6.4 IP 地址

地址类别	首段地址范围	IP 地址范围	最大网络数	最大主机数
A 类	0～127	1.0.0.0～126.255.255.255	126（2^7-2）	16777214
B 类	l28～191	128.0.0.0～191.255.255.255	16384(2^{14})	65534
C 类	192-223	192.0.0.0～223.255.255.255	2097152(2^{21})	254

IP 地址规定了如下几种有特殊意义的地址。

1）广播地址

TCP/IP 规定，主机号全为“1”的网络地址用于广播之用，称为广播地址。所谓广播，指同时向网上所有主机发送报文。

2）“0”地址

TCP/IP 协议规定，各位全为“0”的网络号被称为“0”地址，也称“本网络”。

3）回送地址

A 类网络地址 127 是一个保留地址，用于网络软件测试及本地主机进程间通信，称为回送地址。无论什么程序，一旦使用回送地址发送数据，协议软件立即返回，不进行任何网络传输。

2．IPv4 和 IPv6

现有的互联网是在 IPv4 协议的基础上运行的。IPv6 是下一版本的互联网协议，即下一代互联网的协议，它的提出最初是因为随着互联网的迅速发展，IPv4 定义的有限地址空间将被耗尽，而地址空间的不足必将妨碍互联网的进一步发展。为了扩大地址空间，拟通过 IPv6 以重新定义地址空间。IPv4 采用 32 位地址长度，只有大约 43 亿个地址，而 IPv6 采用 128 位地址长度，几乎可以不受限制地提供地址。在 IPv6 的设计过程中除解决了地址短缺问题以外，还考虑了 IPv4 中解决不好的其他问题，主要有端到端 IP 连接、服务质量（QoS）、安全性、多播、移动性、即插即用等，读者可以自行了解相关知识，此处不再赘述。

3．IP 地址其他相关知识

1）子网掩码

子网掩码又称网络掩码、地址掩码、子网络遮罩，它用来指明一个 IP 地址的哪些位标识的是主机所在的子网以及哪些位标识的是主机的位掩码。子网掩码不能单独存在，它必须结合 IP 地址一起使用。子网掩码只有一个作用，就是将某个 IP 地址划分成网络地址和主机地址两部分。

2）网关

网关又称网间连接器、协议转换器。网关用于传输层上，以实现网络互连，是最复杂的网络互连设备，仅用于两个高层协议不同的网络互连。网关既可以用于广域网互连，也可以用于局域网互连。 网关是一种充当转换重任的计算机系统或设备。在使用不同的通信协议、数据格式或语言，甚至体系结构完全不同的两种系统之间，网关是一个翻译器。网关会对收到的信息重新打包，以适应目的系统的需求。现在的网关可以同时提供过滤和安全功能。

3）DNS

DNS（Domain Name System，域名系统），是因特网的一项核心服务，它作为可以将域名和 IP 地址相互映射的一个分布式数据库，能够使人更方便地访问互联网，而不用记住无意义的数字。

任务实战

一、设置 IP 地址

打开“控制面板”→“网络和 Internet”→“网络和共享中心”窗口，单击“更改适配器设置”链接，在打开的“网络连接”窗口中选择“本地连接”图标并双击，会打开“本地连接 状态”对话框，如图 6.8 所示。

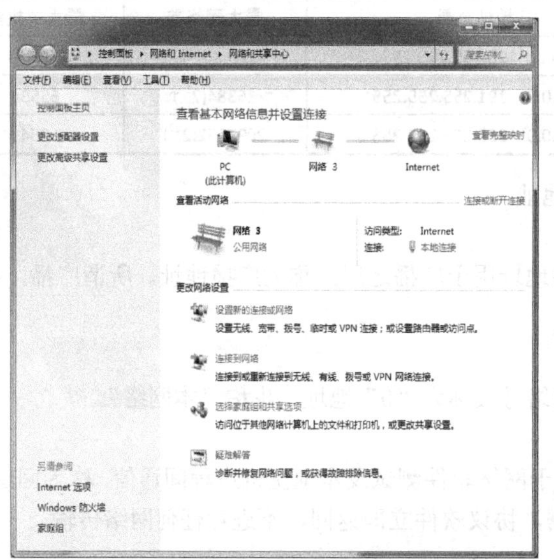

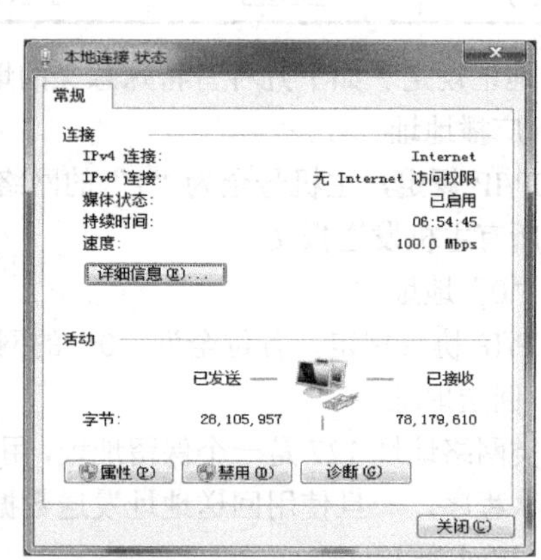

图 6.8 “网络和共享中心”窗口和“本地连接状态”对话框

在“本地连接 状态”对话框中，单击“属性”按钮，打开“本地连接 属性”对话框，如图 6.9 所示，也可以直接在“网络连接”窗口中右击“本地连接”图标，在弹出的快捷菜单中选择“属性”选项，打开“本地连接 属性”对话框。

双击“Internet 协议版本 4（TCP/IPv4）”选项，进入 IP 地址属性设置，Windows 7 默认是通过 DHCP 服务器“自动获得 IP 地址”的。此处可以选中“使用下面的 IP 地址”单选按钮，手动输入“IP 地址”、“子网掩码”、“默认网关”及“DNS 服务器地址”，即可为计算机设置 IP 地址等信息，如图 6.10 所示。

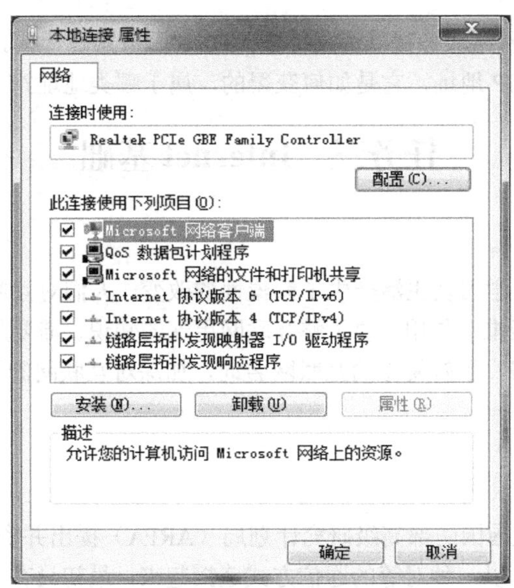

图 6.9　“本地连接 属性”对话框

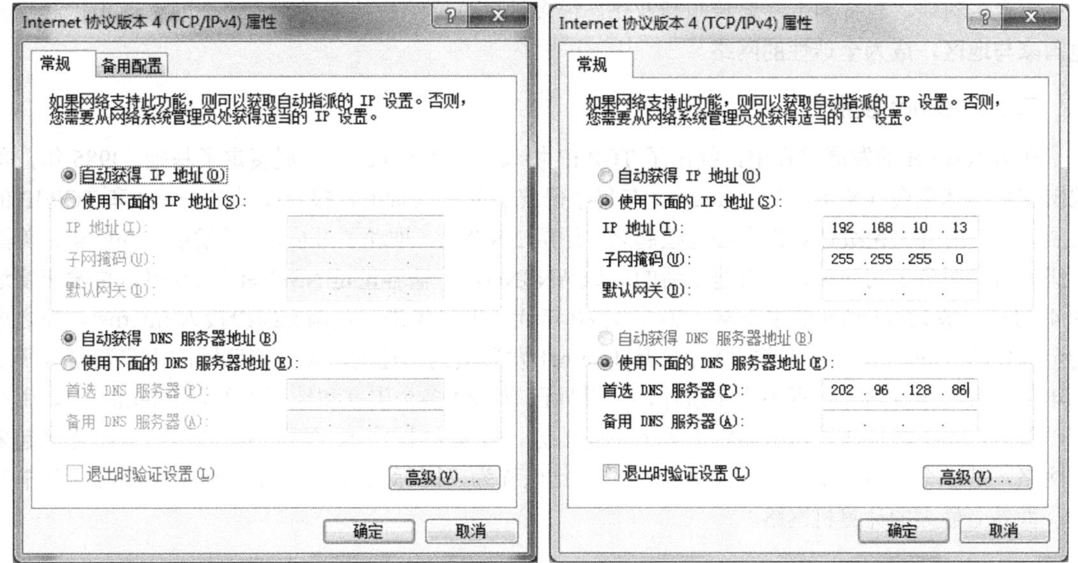

图 6.10　设置 IP 地址

扩展知识

DHCP（Dynamic Host Configuration Protocol，动态主机配置协议）是一个局域网的网络协议，通过该协议，可以给内部网络主机自动分配 IP 地址，作为一种网络管理手段，可以提高网络管理员的工作效率。

DNS 服务器 IP 地址由各地的互联网服务提供商提供，读者可咨询当地的互联网服务提供商，如中国电信、中国联通、长城宽带等。

技能练习

1．列举身边的计算机网络，并试着分析这种网络使用什么作为传输介质。

2．了解自己的计算机使用了哪些网络协议。

3．了解自己家上网的网络服务提供商是什么，DNS 服务器是什么。

4．查看自己计算机的 IP 地址，它是如何获得的，属于哪类地址？

任务三　Internet 基础

 任务说明

互联网对人们的工作、学习及生活产生了颠覆性的改变，人们对互联网越来越依赖，互联网的发展对社会发展起到了积极推动作用，要了解互联网更深的知识，需要从互联网的起源、国内外的互联网发展及现状进行学习，了解常见的互联网名词，加深对互联网的了解。

 相关知识

一、Internet 起源

Internet 始于 1968 年美国国防部高级研究计划局（ARPA）提出并资助的 ARPANet 网络计划，其目的是将各地不同的主机以一种对等的通信方式连接起来，最初只有 4 台主机。此后，大量的网络、主机与用户接入 ARPANet，扩展到美国国内的学术机构，进而迅速覆盖了全球的各个领域，运营性质也由科研、教育为主逐渐转向商业化。很多地区性网络也接入进来，这个网络逐步扩展到其他国家与地区，成为全球性的网络。

二、Internet 发展

在 ARPANet 的发展过程中，提出了 TCP/IP 协议，为 Internet 的发展奠定了基础。1985 年，美国国家科学基金会（NSF）发现 Internet 在科学研究上的重大价值，投资支持 Internet 和 TCP/IP 的发展，将美国五大超级计算机中心连接起来，组成 NSFNet，推动了 Internet 的发展。1992 年，美国高级网络和服务公司（ANS）组建了新的广域 ANSNet，传输容量是 NSFNet 的 30 倍，传输速度达到 45Mb/s，成为 Internet 的主干网。20 世纪 80 年代，世界先进工业国家纷纷接入 Internet，使之成为全球性的互联网络。20 世纪 90 年代是 Internet 发展最为迅速的时期，互联网的用户数量以平均每年翻一番的速度增长。据不完全统计，全世界已有 180 多个国家和地区加入到 Internet 中。由此可以看出，因特网是通过路由器将世界上不同地区、规模大小不一、类型不一的网络互相连接起来的网络，是一个全球性的计算机互联网络，因此也称为“国际互联网”，是一个信息资源极其丰富的、世界上最大的计算机网络。

三、我国互联网发展及现状

Internet 在中国的发展可以追溯到 1986 年。当时，中科院等一些科研单位通过国际长途电话拨号到欧洲一些国家，进行国际联机数据库检索。虽然国际长途电话的费用是极其昂贵的，但是能够以最快的速度查到所需的资料。这可以说是我国使用 Internet 的开始。由于核物理研究的需要，中科院高能所（IHEP）与美国斯坦福大学的线性加速器中心一直有着广泛的合作关系。随着合作的不断深入，双方意识到了加强数据交流的迫切性。在 1993 年 3 月，高能所通过卫星通信站租用了一条 64kb/s 的卫星线路与斯坦福大学联网。1994 年 4 月，中科院计算机网络信息中心通过 64kb/s 的国际线路连接到美国，开通路由器，我国开始正式接入 Internet。从此中国的网络建设进入了大规模发展阶段。据不完全统计，截止到 2013 年 12 月，我国的网民已达到 6.18 亿，互联网普及率达 45.8%，互联网已经渗透到人们生活的各个方面。

互联网与传统产业相互融合并进一步深化，为网络经济发展提供了更加广阔的空间。互联网已经成为国家的重要基础设施，我国正在成为互联网的应用大国，移动互联网、云计算、物联网、下

一代互联网等网络新技术、新应用、新平台的不断涌现，为互联网与传统产业的发展提供了更加便利的条件，越来越多的工业、企业将借助互联网平台进行其分销渠道的整合、供应链管理，以及对生产经营的全方位渗透，借助互联网服务带动了现代物流、工业设计、管理咨询等现代服务业的发展；互联网进一步融入农业、农村、农民的生产和生活之中，通过互联网平台开展全方位、综合化的农村信息服务，进行村务、商务、农务的全方位互动，转变农民的思维方式和行为模式，促进农村、农业生产和生活方式进入新格局。借助互联网进行优质教育资源的整合和全民终身教育，进一步促进了教育教学的改革，云计算、互联网等技术在医疗、交通等领域的试点应用，使电子病历、智能交通等公共服务的手段和平台进一步丰富和延伸，促进了社会服务管理模式的创新和发展。

四、域名

Internet 上使用 IP 地址来标识和区分，但是数字形式的 IP 地址，对于用户来说是一组无意义的数字，记忆起来相当困难。于是 TCP/IP 引进了一种字符型的主机命名制，这就是域名，域名是因特网上用来查找网站的专用名称，作用类似于地址、门牌号。域名是唯一的，不可能有重复的域名。

域名的功能是映射互联网上的服务器的 IP 地址，从而使人们能够与这些服务器连通。域名的实质就是用一组由字符组成的名称代替 IP 地址。为了避免重名，域名采用层次结构，各层次的子域名之间用圆点“.”隔开，从右至左分别是第一级域名（或称顶级域名），第二级域名，……，直至主机名。其结构如下：主机名.….第二级域名.第一级域名。国际上，第一级域名采用通用的标准代码，它分为组织机构和地理模式两类。由于因特网诞生于美国，美国的第一级域名采用组织机构域名。美国以外的其他国家和地区都采用主机所在地的国家或者地理域名名称为第一级域名，如 CN（中国）、JP（日本）、KR（韩国）、UK（英国），等等。通过域名通常能了解该服务器的相关信息，如 www.tsinghua.edu.cn ，最右边的“cn”表示“中国”，“edu”表示教育网，“tsinghua”表示“清华大学”，因此 www.tsinghua.edu.cn 表示中国教育网上的清华大学的服务器。常用一级域名标准代码见表 6.5。

表 6.5 常用一级域名标准代码

域名代码	意 义
com	商业组织
edu	教育机构
gov	政府机关
mil	军事部门
net	主要网络支持中心
org	其他组织
int	国际组织
<country code>	国家代码（地理域名）

五、统一资源定位器

URL（Uniform Resource Locator，统一资源定位器），被称为网页地址，是因特网上标准的资源的地址。通俗来说，它用来指出某一项信息所在的位置及存取方式。例如，要访问某个网站，在 IE 或者其他浏览器的地址栏中输入的就是 URL。URL 是在互联网上用来指定一个位置或者某一网页的标准方式。书写格式如下。

协议：//IP 地址或域名/路径/文件名

例如，http：//www.China.com.cn:8080/news/tech/2013_10/abc.html 就是一个 Web 页的 URL，浏

览器可以通过这个URL得知：使用的协议是HTTP，资源所在主机的域名为www.china.com.cn，端口地址为8080，要访问的文件具体位置是文件夹news/tech/2013_10中，文件名为abc.html。

但是在URL格式中，除了协议名称和主机名必须要有之外，其余的（如端口地址、存放目录等通常可以省略。不同协议的URL见表6.6。

表6.6 不同协议的URL

协议名称	协议说明	示例
HTTP	超文本传输协议	http://www.baidu.com
FTP	文件传输协议	ftp://192.168.10.1
File	本地文件传输协议	file:///f:/flash/1.swf
Telnet	远端登录的服务协议	telnet://news.tsinghua.edu

六、Internet常用术语

1．浏览器

浏览器是可以显示网页内容，并让用户与这些文件交互的一种软件。网页浏览器主要通过HTTP协议与网页服务器交互并获取网页。浏览器是大多数用户最常使用的客户端程序。

2．HTTP

详细规定了浏览器和WWW服务器之间互相通信的规则，是通过Internet传送WWW文档的数据传送协议。

2．WWW

WWW指万维网，是一个由许多互相链接的超文本组成的系统，通过互联网访问。在这个系统中，每个有用的事物，称为一个“资源”；并且由一个全局URI（统一资源标识符）标识；这些资源通过超文本传输协议传送给用户，而后者通过单击链接来获得资源。

3．URI

URI是一个用于标识某一互联网资源名称的字符串。这种标识允许用户对网络中（一般指万维网）的资源通过特定的协议进行交互操作。例如，一个可通过HTTP协议访问的资源http://www.somesite.com.cn/sports news/，一个用户的电子邮箱mailto:someone@somesite.com，一个网站的内部片段http://somesite.com/sports news/top.htm#section_1等。

4．HTML

HTML即超文本标记语言，它通过标记符号来标记要显示的网页中的各个部分。网页文件本身是一种文本文件，通过在文本文件中添加标记符，可以告诉浏览器如何显示其中的内容。文本中还包含了所谓的“超链接”，即一种URL指针，通过单击它，可使浏览器方便地获取新的网页。这也是HTML获得广泛应用的最重要的原因之一。

5．主页

主页，亦称首页或起始页，是用户打开浏览器时自动打开的一个或多个网页。主页也可以指一个网站的入口网页，即打开网站后看到的第一个页面，大多数作为主页的文件名是index、default、main或portal。

6．搜索引擎

搜索引擎是指根据一定的策略、运用特定的计算机程序从互联网上搜集信息，在对信息进行组织和处理后，为用户提供检索服务，将用户检索到相关的信息展示给用户的系统。百度和Google是搜索引擎的代表。

7．BBS

BBS 是“电子布告栏系统”或“电子公告牌系统”，是一种电子信息服务系统。它向用户提供了一块公共电子白板，每个用户都可以在上面发布信息或提出看法，早期的 BBS 由教育机构或研究机构管理，现在大多数网站上建立了自己的 BBS。目前国内比较著名的 BBS 有天涯论坛、百度贴吧等。

技能练习

1．你知道哪些网络知识？与同学们分享自己使用网络的心得体会。

2．你主要使用网络来做什么，常使用什么软件？简单列举即可。

知识巩固

1．目前，计算机与局域网相互连接时使用最广泛的接口是（　　）。

A．网络适配器　　B．双绞线　　C．同轴电缆　　D．光纤

2．通过 WWW 浏览器看到的有关企业或个人信息的第一个页面称为（　　）。

A．网页　　B．统一资源定位器　　C．网址　　D．主页

3．域名 MH.BIT.EDU.CN 中的主机名是（　　）。

A．MH　　B．EDU　　C．CN　　D．BIT

4．计算机网络最突出的优点是（　　）。

A．资源共享和快速传输信息　　B．高精度计算和快速发送邮件

C．运算速度快和快速传输信息　　D．存储容量大和高精度

5．正确的 IP 地址是（　　）。

A．202.112.111.1　　B．202.2.2.2.2　　C．202.202.1　　D．202.257.14.13

6．常用的传输介质中传输速率最快的是（　　）。

A．双绞线　　B．光纤　　C．同轴电缆　　D．电话线

7．Internet 中不同网络和不同计算机相互通信的协议是（　　）。

A．ATM　　B．TCP/IP　　C．Novell　　D．X.25

8．接入 Internet 的每台主机都有一个唯一可识别的地址，称为（　　）。

A．TCP 地址　　B．IP 地址　　C．TCP/IP 地址　　D．URL

9．目前广泛使用的 Internet，其前身可追溯到（　　）。

A．ARPANet　　B．CHINANet　　C．DECnet　　D．NOVELL

10．能够利用无线移动网络上网的是（　　）。

A．内置无线网卡的笔记本式计算机　　B．部分具有上网功能的手机

C．部分具有上网功能的平板电脑　　D．以上全部

项目二　浏览器的使用

项目指引

网络上有丰富的资源，在接入互联网后，需要通过浏览器才能浏览网上信息，获取网络资源。能够通过 Internet 方便快捷地查找并获取重要的信息资源，是现代社会中人们必备的一项技能。

知识目标

了解 IE 浏览器，并掌握 IE 浏览器的常见功能和组成。

技能目标

学会使用 IE 浏览器浏览网页，学会获取网络上的资源，并能够根据个人需要正确设置 IE 浏览器。

任务一　使用 IE 获取网络上的资源

任务说明

每年 3 月 12 日是我国的植树节，学校学生会准备组织各班以“植一棵小树，造绿色家园”为主题，进行一次校报制作比赛。作为班级的一员，要利用 Internet 搜索有关植树节的图片、文章，并整理相关资料，制作出一份精美的校报。

通过本任务的学习，将了解 IE 浏览器，并学会如何启动和使用 IE 浏览器，并通过具体实例，学会从互联网上获得所需资源。

相关知识

一、浏览器

计算机接入因特网后，还需要安装浏览软件，才能浏览网上的网页信息，这种浏览软件称为浏览器。浏览器的种类有很多，人们常用的是微软公司的 IE 浏览器。此外，浏览器还有 Opera、Mozilla 的 Firefox、Maxthon（基于 IE 内核）、世界之窗、手机版的 UC 等。无论使用哪种浏览器，先要考虑的是浏览器能否提供良好的使用界面和运行安全。

二、浏览器核心

当今浏览器核心的种类大约只有 Trident、Gecko、WebKit 和 Presto 等。

（1）Trident 核心：代表产品是 IE，由于其被包含在全世界使用率最高的操作系统 Windows 中，有极高的市场占有率，所以称其为 IE 核心。虽然它相对其他浏览器核心而言还比较落后，但 Trident 一直在被不断地更新和完善。除 IE 外，使用 Trident 核心的浏览器有很多，如遨游、世界之窗、腾讯 TT、搜狗，等等。

（2）Gecko 核心：代表作品是 Firefox。它的最大优势是跨平台，能在 Microsoft Windows、Linux 和 Mac OS X 等主要操作系统上运行。使用它的著名浏览器有 Firefox、Netscape。

（3）WebKit 核心，主要代表作品有苹果公司的 Safari 和 Google 公司的浏览器 Chrome。

（4）Presto 核心，代表作品是 Opera，这是被公认为速度最快的浏览器。

三、IE 浏览器

IE 浏览器是微软公司设计开发的一个功能强大、很受欢迎的 Web 浏览器。在 Windows 7 操作系统中内置了 IE 浏览器的升级版本 IE 8，与以前版本相比，其功能更加强大，使用更加方便，可以使用户轻松使用。使用 IE 浏览器，用户可以将计算机连接到 Internet，从 Web 服务器中搜索需要的信息、浏览 Web 网页、收发电子邮件、上传网页等。

四、启动 IE 浏览器

启动 IE 浏览器的方法有很多种，常用方法是双击放置在桌面上的 IE 快捷方式图标“ ”。或者选择“开始”→“所有程序”→“Internet Explorer”选项。如图 6.11 所示为启动后的 IE 浏览器。

图 6.11　IE 浏览器

五、IE 浏览器的组成

进入到一个网站的主页后，可以对该网站的信息进行浏览，为了顺利并快捷地浏览网站，IE 浏览器除了在主界面中存放了一个网站的标题信息外，还提供了菜单栏、地址栏、工具栏、工具按钮、导航栏和搜索栏等常用菜单和工具，提高了上网效率。

1. 菜单栏

默认的 IE 8 工作界面没有菜单栏，为方便习惯使用菜单的用户使用，可设置显示菜单栏，在“收藏夹栏”或者“命令栏”等空白处右击，即可弹出快捷菜单，在快捷菜单中勾选需要的工具栏即可，如图 6.12 所示。菜单栏包括“文件”、“编辑”、“查看”、“收藏夹”、“工具”、“帮助”6 个菜单。

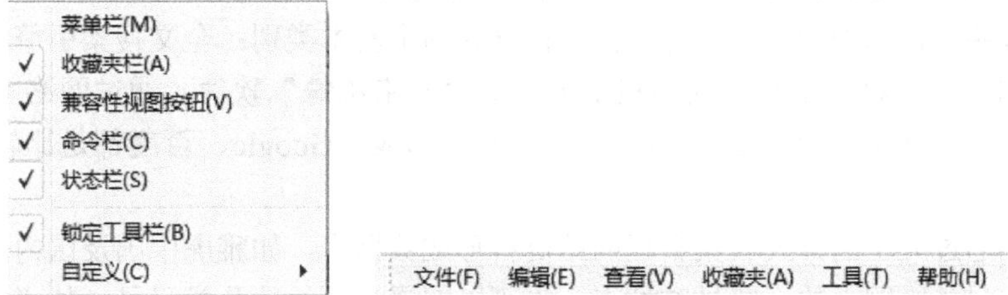

图 6.12　设置显示菜单栏

2. 地址栏

地址栏用于输入和显示 URL，在输入地址时，可以省略“http://”，并且用户第一次输入某个地址时，IE 会记忆这个地址，再次输入这个地址时，只需输入开始的几个字符，IE 就会检查已保存的地址并把其开始的几个字符与用户输入的字符符合的地址罗列出来，供用户选择。用户可以用鼠标上下移动选择其一，单击即可转到相应地址，不必输入完整的 URL。通过单击地址栏的下拉按钮，能看到最近浏览的网页地址。

3. 工具栏按钮

IE 8 中的工具栏按钮和“地址栏”、“搜索栏”等融为一体，常用按钮如下。

：向前、向后翻动浏览过的页面。

：停止当前浏览器对某一链接的访问。

：更新当前的页面，按“F5”键也可更新页面。

：用于返回到默认的起始页。

：在搜索框中输入关键字，可搜索相关的网页。

：可以把经常浏览的 Web 页或站点地址存储下来，便于以后使用“收藏”菜单或按钮，轻松地打开这些站点。

4．选项卡

旧版本的 IE 浏览器通常通过打开新的窗口来浏览网页，在新版本的 IE 中，一个 IE 窗口内有多个选项卡，每个选项卡对应一个网页，大大方便了用户的使用。

5．网页主窗口

网页主窗口是用户所需浏览的网站或者网页内容的主要显示区域，网页往往需要通过浏览器的滚动条才能浏览完整。

通常，一个网页的上部是“banner”，用来显示网站标题或广告等信息；在页面的上部或者左右两侧一般是网站导航，网站导航的基本作用是使用户方便地访问到所需的内容，方便地回到网站首页，以及浏览其它页面或网站；而后是网页内容，一般包含文字、图片、视频，超链接等重要元素；最下方一般是页脚，用来放置该站点最佳浏览分辨率、所属公司、网站的版权、电子信箱、地址等信息。

六、信息检索

随着科技的进步和生活水平的提高，互联网已经成了人们生活的必需，Internet 中的信息越来越多。而通过信息检索，人们可以了解和掌握更多的知识，了解更多对人们有用的信息。面对网络日益膨胀的知识信息海洋，搜索引擎随之发展起来，它成为快速浏览和检索信息的工具。这里的信息检索就是指借助搜索引擎从互联网海量信息集合中找出用户需要的信息的过程。

七、搜索引擎

“搜索引擎”是 Internet 上的某个站点，它有自己的数据库并保存了 Internet 上很多网页的信息，且不断更新。按照工作原理的不同，可以把它们分为两个基本类别：全文搜索引擎和分类目录。

全文搜索引擎的数据库依靠“网络机器人”或“网络蜘蛛”软件，通过网络上的各种链接自动获取大量网页信息内容，并按已定的规则分析整理形成。Google、百度都是比较典型的全文搜索引擎。

分类目录则通过人工的方式收集整理网站资料形成数据库，如雅虎中国及国内的搜狐、新浪、网易分类目录。另外，网上的一些导航站点，也可以归属为原始的分类目录，如“网址之家”等。

扩展知识

网络蜘蛛通过网页的链接地址来寻找网页，通常从一个网站的主页开始读取网页的内容，找到在网页中的其他链接地址，然后通过这些链接地址寻找下一个网页，如此循环下去，直到把这个网站的所有网页都抓取完为止。

当抓取到这些网页后，由分析索引系统程序对收集回来的网页进行分析，提取相关网页信息（包括网页所在 URL、编码类型、页面内容包含的所有关键词、关键词位置、生成时间、大小、与其它网页的链接关系等），根据一定的相关度算法进行大量复杂计算，得到每一个网页针对页面文字中及超链接中每一个关键词的相关度（或重要性），然后用这些相关信息建立网页索引数据库。

建立网页索引数据库后，当用户输入关键词搜索时，由搜索系统程序从网页索引数据库中找到符合该关键词的所有相关网页。因为所有相关网页针对该关键词的相关度早已算好，所以只需按照现成的相关度数值排序即可，相关度越高，排名越靠前。最后，由检索器将搜索结果的链接地址和页面内容摘要等内容组织起来，返回给用户需要的信息。

目前，常用的Internet搜索引擎有Google（htt://www.google.com.hk）、百度（http://www.baidu.com）、Yahoo（http://yahoo.com）、搜狗（http://www.sougou.com）等。如图6.13所示为百度网站的主页。

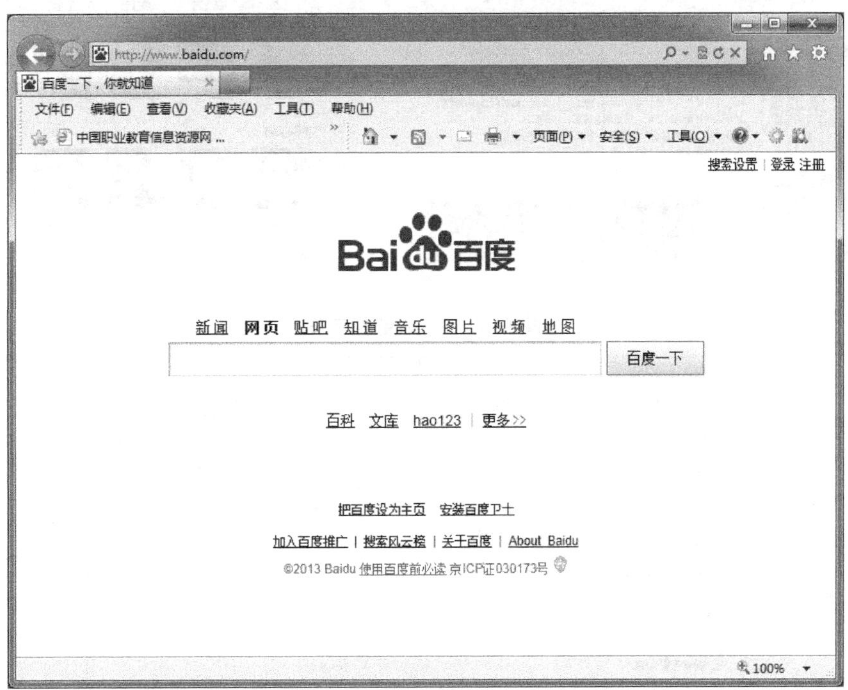

图6.13 百度主页

任务实战

一、搜索“植树节”相关信息并保存文字信息

（1）打开IE浏览器，在浏览器地址栏中输入www.baidu.com，打开网站的主页。

（2）在百度主页中间的输入栏中输入关键字“植树节”，单击“百度一下”按钮。

（3）浏览器中会出现很多条目，其中关键字“植树节”在每个条目中都以红色字体出现，如图6.14所示。当鼠标指针指向这些字的时候，指针会变成手状，表明这些都是链接。单击任何一个链接即可打开一个新的“标签页”窗口，在其中可进行查看和阅读。

（4）打开链接，选择“文件”→“另存为”选项，打开“保存网页”对话框，选择要保存的位置，在“文件名”文本框中输入文件名，选择保存类型为“文本文件”，单击“保存”按钮，网页上的文字内容即可保存到指定的位置，如图6.15所示。

（5）如果仅仅需要网页上文字的一小段，则可以直接在网页上选中文字并复制即可。注意，有些网站屏蔽了直接复制功能。

图 6.14　百度搜索结果

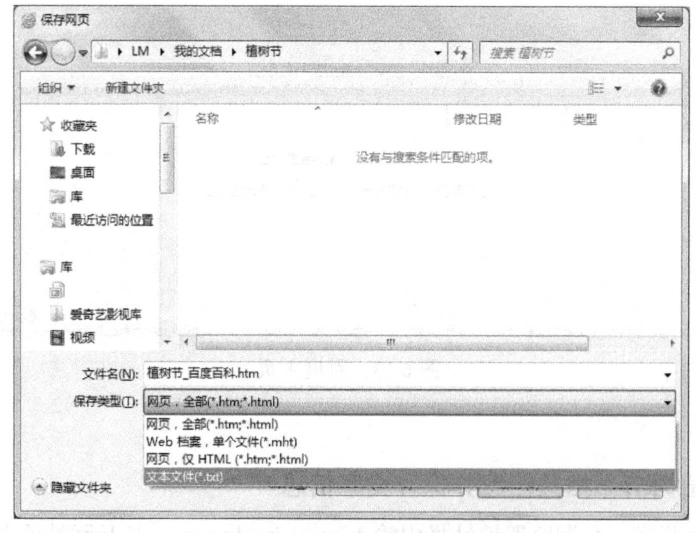

图 6.15　“保存网页”对话框

扩展知识

网上的资源很多，如仅搜索“植树节”，如图 6.16 所示显示了 8 390 000 个相关结果，因此搜索的关键字设置很有技巧，可以加快信息检索速度，更快地找到自己所需的资源。

例如，大家可以在百度中搜索“搜索技巧大全”关键字，可搜索到相关页面，学会灵活运用百度搜索技巧，以更快速、更准确地在互联网中找到需要的信息。

还可通过访问“http://www.baidu.com/gaoji/advanced.html”网址，使用百度高级搜索。高级搜索页面将上面的所有高级语法集成，用户不需要记忆语法，只需要填写查询词和选择相关选项即可完成复杂的语法搜索，如图 6.16 所示。

Bai du 百度　高级搜索

搜索结果	包含以下**全部**的关键词	百度一下
	包含以下的**完整关键词**	
	包含以下**任意一个**关键词	
	不包括以下关键词	
搜索结果显示条数	选择搜索结果显示的条数	每页显示10条
时间	限定要搜索的网页的时间是	全部时间
语言	搜索网页语言是	全部语言　仅在简体中文中　仅在繁体中文中
文档格式	搜索网页格式是	所有网页和文件
关键词位置	查询关键词位于	网页的任何地方　仅网页的标题中　仅在网页的URL中
站内搜索	限定要搜索指定的网站是	例如：baidu.com

©2014 Baidu

图 6.16　高级搜索

二、搜索和保存有关“植树节”的图片

（1）直接在图 6.14 中选择“图片”搜索类型，网页上马上会显示搜索出的相关图片，如图 6.17 所示。

图 6.17　搜索图片

（2）单击其中需要的预览图片，会显示图片的原始大图，并且在图片的下方会显示图片文件原来所处的网页地址。右击图片，在弹出的快捷菜单中选择“图片另存为”选项，选择好图片类型，输入要保存的图片文件名，单击“保存”按钮，如图 6.18 所示。

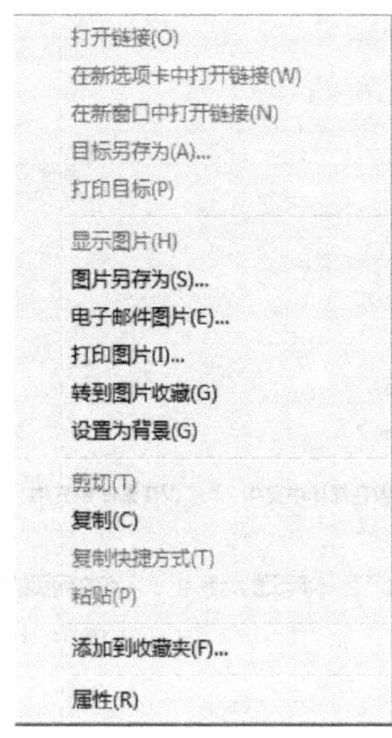

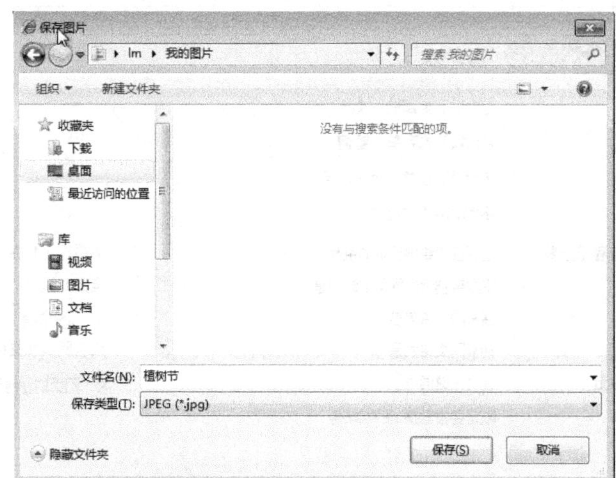

图 6.18　保存图片

技能练习

1．搜索有关“雷锋精神”或者“青年志愿者”的资料。

（1）通过百度搜索有关雷锋精神或者青年志愿者的至少 1 篇文章和 3 幅图片。

（2）把搜索到的文章另存为文本文档，将图片保存到“E:\青年志愿者活动”文件夹中。

2．搜索有关搜索技巧的相关文章。

利用百度搜索“搜索技巧”，把搜索到的有关文章加以总结和整理，保存到“E:\搜索技巧”文件夹中，并和同学们分享相关搜索技巧。

任务二　IE 的设置

任务说明

为了更好地使用 IE，还需要学习一些 IE 的设置技巧，如清理 Internet 临时文件、历史记录，设置默认主页，收藏网站等。

相关知识

一、临时文件

在上网的同时，IE 之类的浏览器会在硬盘中保存网页的缓存，以提高以后浏览的速度。Cookies 为了加快用户下次登录网站的访问速度，会记录下用户的身份识别等信息。Internet 临时文件夹也会记录访问过的站点，如果不及时清理这些记录，它会占用越来越多的磁盘空间，从而降低硬盘读写速率。

二、收藏夹

收藏夹是上网时方便用户记录的常用的网站地址，可把它们放到一个文件夹中，想用的时候可以找到并打开。如图 6.19 所示为 IE 默认的收藏夹。

三、历史记录

计算机根据用户的设置会保存某一段时间内用户曾经访问过的网址，即 Internet 历史记录。

打开浏览器，按“Ctrl+H”组合键，会弹出用户浏览过的历史记录，选择相应的日期，会有当天浏览的网页记录，如图 6.20 所示。

图 6.19　收藏夹

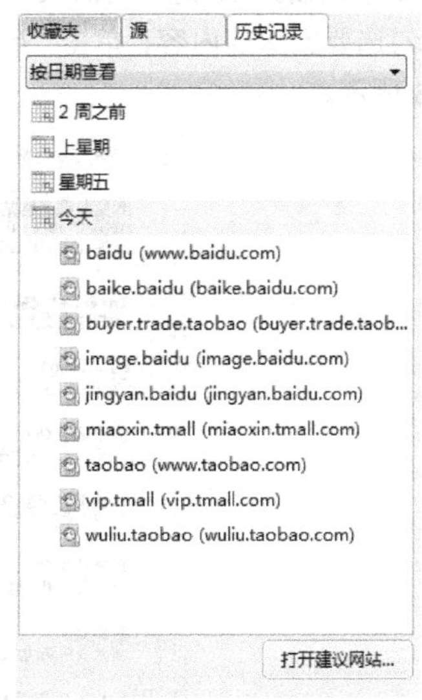

图 6.20　历史记录

任务实战

一、设置 Internet 临时文件和历史记录

选择“工具”→“Internet 选项”选项，打开“Internet 选项”对话框，选择“常规”选项卡，在“浏览历史记录”选项组中单击“设置”按钮，打开“Internet 临时文件和历史记录设置”对话框，在要使用的磁盘空间中直接输入数值，在“网页保存在历史记录中的天数”选项中设置历史记录保存天数，单击“确定”按钮，即可调整临时文件夹的空间大小和历史记录保存天数，如图 6.21 和图 6.22 所示。

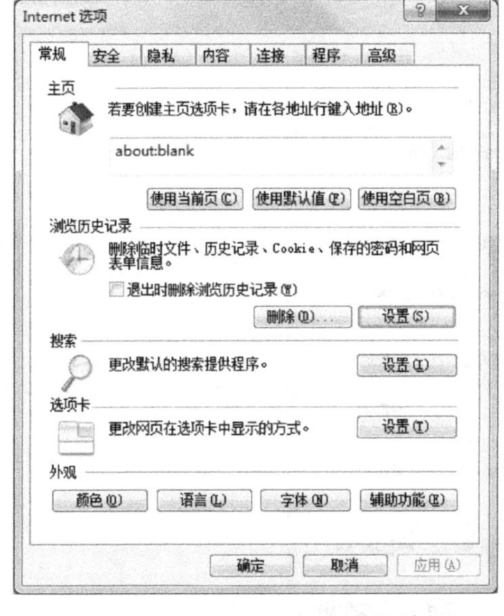

图 6.21　“Internet 选项”对话框

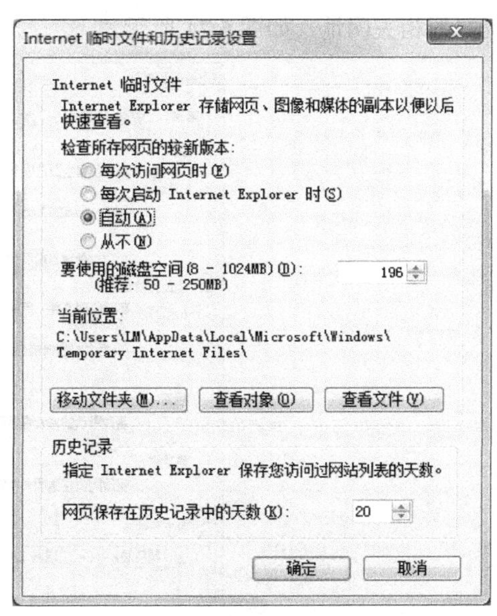

图 6.22　“Internet 临时文件和历史记录设置”对话框

二、删除临时文件和历史记录

在如图 6.21 所示的“浏览历史记录”选项组中，单击“删除”按钮，打开“删除浏览的历史记录”对话框，勾选要删除的内容，单击“确定”按钮即可删除 Internet 临时文件、历史记录、Cookie 等，如图 6.23 所示。

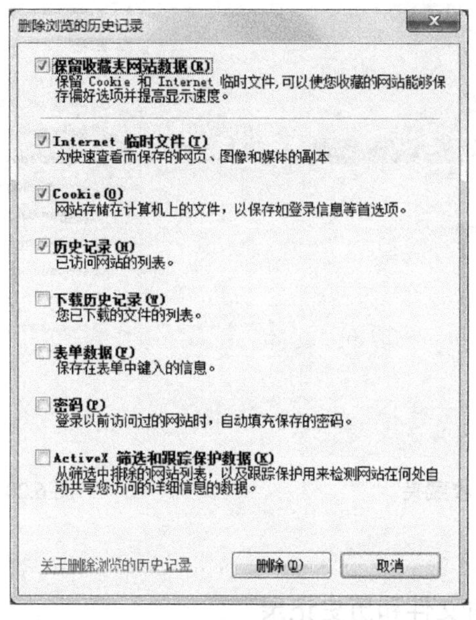

图 6.23　“删除浏览的历史记录”对话框

三、设置默认主页

（1）选择“工具”→“Internet 选项”选项，打开“Internet 选项”对话框。

（2）选择“常规”选项卡，在“主页”选项组的地址栏中输入准备设置为默认主页的网页的 URL，如常见网址导航 www.hao123.com，单击“确定”按钮，以后每次打开 IE 浏览器时，网页都会自动打开相关网址，如图 6.24 所示。

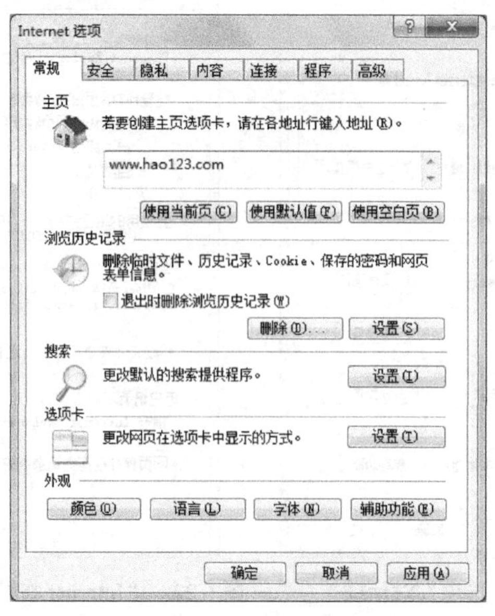

图 6.24　设置默认主页

四、使用收藏夹

如果有一些网站是用户经常访问的，或者网页尚未浏览完下次需要继续浏览，或者网页内容比较有意义想要多次浏览，则可以把这些网址添加到收藏夹中，这样再打开这个网站或者页面时，不需要再输入网址，可以在收藏夹中直接打开。

（1）打开一个常用的网址，在 IE 浏览器中选择“收藏”→“添加到收藏夹”选项，打开“添加收藏”对话框，如图 6.25 所示。

（2）如果收藏夹中网址已经很多，则可以对它们进行整理。可建立几个文件夹，并重新命名网址，再将各个网址分门别类地整理到不同文件夹中，如图 6.26 所示。

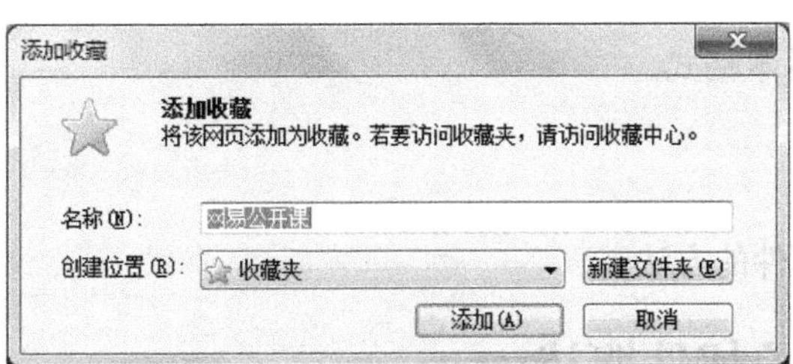

图 6.25　添加到收藏夹图

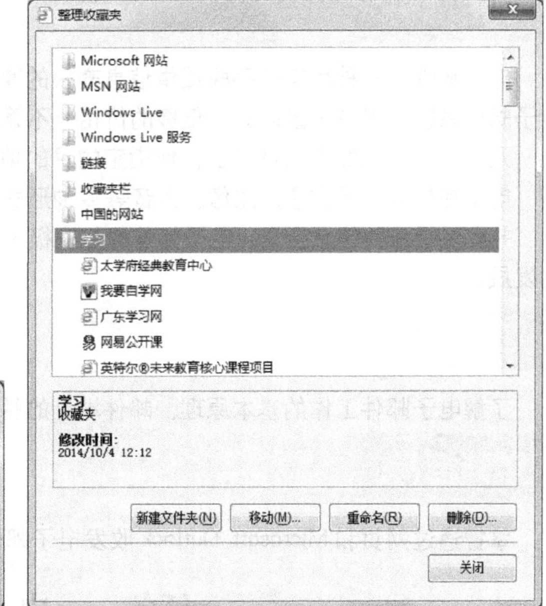

图 6.26　整理收藏夹

技能练习

1．整理收藏夹，添加网站到收藏夹中。

在浏览器中打开网易公开课、新浪公开课、中国公开课，并把这些网址都添加到收藏夹中，并进行收藏夹的整理，建立文件夹“网络学习”，并把刚才收藏的 3 个网址转移到“网络学习”文件夹中。

2．整理 Internet 临时文件夹，清理 Cookie。

清理 Internet 临时文件夹中的内容，将临时文件夹占用的空间设置为 100MB，设置保存历史记录为 5 天，清除所有 Cookie、表单数据和密码。

知识巩固

1．经常访问的网站应该添加在（　　）中。

A．历史记录　　C．cookie　　B．收藏夹　　D．临时文件夹

2．常用的 WWW 浏览器是（　　）。

A．IE　　C．迅雷　　B．BBS　　D．快车

3．如果要访问的网页有图片没有显示出来，则可以单击（　　）按钮。

A．刷新　　B．后退　　C．停止　　D．前进

4．下列各项中，不属于 Internet 应用的是（　　）。

A．新闻组　　B．远程登录　　C．网络协议　　D．搜索引擎

5．要在 Web 浏览器中查看某一电子商务公司的主页，应知道（　　）。

A．该公司的电子邮件地址　　B．该公司法人的电子邮箱

C．该公司的 WWW 地址　　D．该公司法人的 QQ

项目三　电子邮件

项目指引

电子邮件是一种用电子手段提供信息交换的通信方式，是互联网应用最广的服务。通过网络的电子邮件系统，用户可以以非常低廉的价格（不管发送到哪里，都只需负担网费）、非常快速的方式（几秒之内可以发送到世界上任何指定的目的地），与世界上任意角落的网络用户联系。

电子邮件可以是文字、图像、声音等多种形式。同时，用户可以得到大量免费的新闻、专题邮件，并实现轻松的信息搜索。电子邮件的存在极大地方便了人与人之间的沟通与交流，促进了社会的发展。

知识目标

了解电子邮件工作的基本原理、邮件地址的基本格式。

技能目标

掌握通过网页和 Microsoft Outlook 收发电子邮件的方法。

任务一　电子邮件概述

任务说明

电子邮件可谓是应用最广的互联网服务，可是电子邮件是怎样工作的呢？平时怎样收发邮件呢？本任务将了解、认识电子邮件。

相关知识

一、电子邮件

电子邮件（Electronic mail，E-mail）又称电子信箱，它是一种用电子手段提供信息交换的通信方式。

由于电子邮件通过网络传送，具有方便、快速，不受地域或时间限制，费用低廉等优点，因此很受广大用户欢迎。与通过邮局邮寄信件必须写明收件人的地址类似，要使用电子邮件服务，首先要拥有一个电子邮箱，每个电子邮箱应有一个唯一可识别的电子邮件地址。电子邮箱是由提供电子邮件服务的机构为用户建立的。任何人都可以将电子邮件发送到某个电子邮箱中，但是只有电子邮箱的拥有者输入正确的用户名和密码，才能查看到 E-mail 的内容。

二、电子邮件地址

每个电子邮箱都有一个电子邮件地址，电子邮件地址的格式是固定的，即<用户名>@<主机域

名>。它由收件人用户标识(如姓名或缩写)、字符“@”(读做“at”)和电子邮箱所在计算机的域名3部分组成。地址中间不能有空格或逗号。例如，dglgxs@sohu.com 就是一个电子邮件地址，它表示在“sohu.com”邮件主机上有一个名为 dglgxs 的电子邮件用户。电子邮件先被送到收件人的邮件服务器，存放在属于收件人的 E-mail 邮箱中。所有的邮件服务器都是 24 小时工作的，可以随时接收或发送邮件，发信人可以随时上网发送邮件，收件人也可以随时连接因特网，打开自己的电子邮箱阅读电子邮件。由此可知，在因特网上收发电子邮件不受地域或时间的限制，双方的计算机并不需要同时打开。

三、电子邮件工作原理

（1）电子邮件的基本原理：通信网上设立了“电子信箱系统”，它实际上是一个计算机系统。系统的硬件是一个高性能、大容量的计算机。硬盘作为信箱的存储介质，在硬盘上为用户分配一定的存储空间作为用户的“信箱”，每位用户都有属于自己的一个电子信箱，要确定一个用户名和用户可以自己随意修改的口令。存储空间包含存放所收信件、编辑信件及信件存档 3 部分，用户使用口令开启自己的信箱，并进行发信、读信、编辑、转发、存档等各种操作。

（2）电子邮件的通信是在信箱之间进行的。用户先开启自己的信箱，再将需要发送的邮件发送到对方的信箱中。邮件可以在信箱之间进行传递和交换，也可以与另一个邮件系统进行传递和交换。收方在取信时，使用特定账号从信箱提取。电子邮件的工作过程遵循客户机/服务器模式。每份电子邮件的发送都要涉及发送方与接收方，发送方构成客户端，而接收方构成服务器，服务器含有众多用户的电子信箱。发送方通过邮件客户程序，将编辑好的电子邮件向邮局服务器（SMTP 服务器）发送。邮局服务器识别接收者的地址，并向管理该地址的邮件服务器（POP3 服务器）发送消息。邮件服务器将消息存放在接收者的电子信箱内，并告知接收者有新邮件到来。接收者通过邮件客户程序连接到服务器后，会看到服务器的通知，进而打开自己的电子信箱来查收邮件。

（3）电子邮件在发送与接收过程中都要遵循 SMTP、POP3 等协议，这些协议确保了电子邮件在各种不同系统之间的传输。SMTP，是互联网上的一种通信协议，主要用于传送电子邮件，当通过电子邮件程序，发送 E-mail 给另一个人时，必须通过 SMTP 协议，将邮件送到对方的邮件服务器上，等到对方上网的时候，就可以收到这封邮件。POP3 是互联网上的第一个离线通信协议，它的主要功能是传送电子邮件，当寄信给另一个人时，对方可能不在线，所以邮件服务器必须为收信者保存这封信，直到收信者收到信件。当收信人收信的时候，必须通过 POP 协议取得邮件。简单来说，SMTP 负责电子邮件的发送，而 POP 负责接收 Internet 上的电子邮件，如图 6.27 所示。

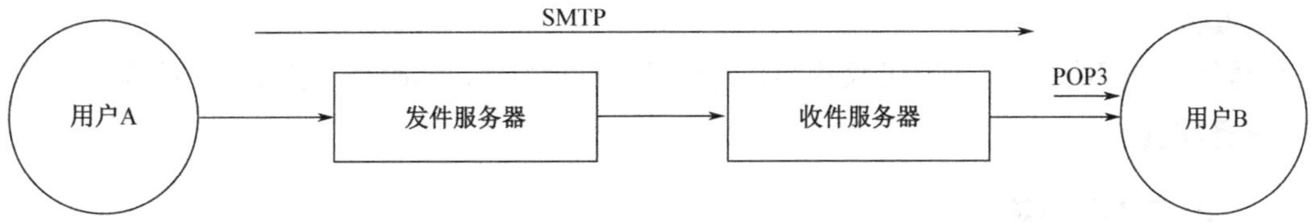

图 6.27　邮件发送和接收

技能练习

1．简述电子邮件的原理。

2．搜索，电子邮件服务一般有哪些服务提供商。

任务二　收发电子邮件

 **任务说明**

想要使用电子邮件收发邮件时，必须先拥有一个电子邮箱地址，那么如何申请一个邮箱地址？如何在互联网上收发邮件呢？

 **相关知识**

一、电子邮件服务商的选择

在选择电子邮件服务商之前要明白使用电子邮件的目的是什么，根据自己的不同目的有针对性地选择。

如果经常和国外的客户联系，则建议使用国外的电子邮箱，如 Gmail、Hotmail、Yahoo 等。

如果想当做网络硬盘使用，需经常存放一些图片资料，收发一些大的附件等，则应该选择存储量大的邮箱，如 Gmail、Yahoo、网易 163 mail、网易 126 mail、TOM mail、21CN mail 等。

如果自己有计算机，那么最好选择支持 POP/SMTP 协议的邮箱，可以通过 Microsoft Outlook、Foxmail 等邮件客户端软件将邮件下载到自己的硬盘上，这样不用担心邮箱的容量不够用，还能避免其他人窃取密码以后偷看信件。

若想在第一时间知道自己的新邮件，那么推荐使用中国移动通信的移动梦网随心邮，或中国联通如意邮箱。当然，现在大的电子邮件服务商都有手机客户端，可以随时随地查看电子邮件。

如果只在国内使用，那么 QQ 邮箱也是很好的选择，拥有 QQ 号码的邮箱地址能让自己的朋友通过 QQ 和自己发送即时消息。

二、电子邮件的格式

电子邮件有两个基本的组成部分：信头和信体。信头相当于信封，信体相当于信件内容。

1．信头

信头中通常包括如下几项。

收件人：收件人的 E-mail 地址。多个收件人地址之间用分号“;”或者逗号“,”隔开。

抄送：表示同时可以接收到此信的其他人的 E-mail 地址。

主题：类似于一本书的章节标题，它概括地描述了邮件的主题，可以是一句话或一个词。

2．信体

信体就是希望收件人看到的正文内容，有时可以包含附件，如照片、音频、文档等。

 **任务实战**

一、申请免费邮箱

打开 IE，在地址栏中直接输入“email.163.com”，即可进入如图 6.28 所示的界面，单击“注册网易免费邮”链接，可以进入“网易邮箱注册”页面，如图 6.29 所示，按照要求逐一填写各项必要信息，如邮件地址、密码、确认密码、验证码等，即可进行注册。注册成功后，即可使用刚注册的邮箱地址和密码登录电子邮箱。

图 6.28　免费申请网易邮箱

图 6.29　网易邮箱注册

二、邮箱收发电子邮件

（1）根据前面的描述，注册一个地址为“dglgxs@163.com”的邮箱，如图 6.30 所示。

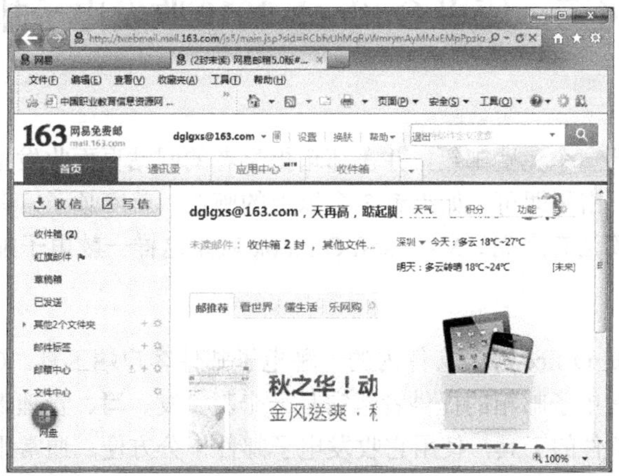

图 6.30　登录后的邮箱界面

（2）单击左侧窗格中的“收信”或者“收件箱”按钮，即可查看其他人发来的邮件。单击“写信”按钮，在“收件人”文本框中输入对方的邮件地址，可以“添加附件”发送一些除文字之外的文件，如图片、文档等。在下面的正文框中输入要书写的信件内容。单击绿色背景的“发送”按钮，即可完成本次邮件的发送。如图6.31所示为，向lgxsk123@126.com发送一封电子邮件。

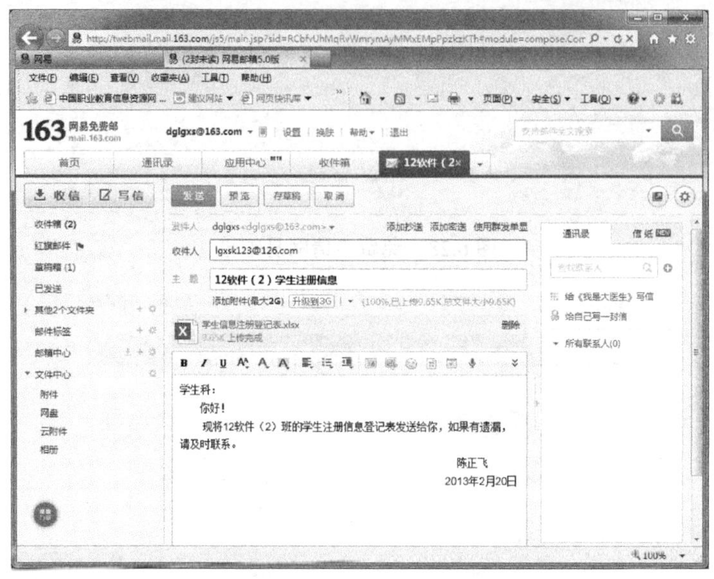

图6.31　发送一封电子邮件

技能练习

1．申请一个免费邮箱。

申请一个网易163或者126免费邮箱，利用申请的邮箱写一封邮件并发送给自己的同学、老师、家人等，也可以给自己发送。接收邮件，思考和讨论邮件发送和接收的过程。

2．使用不同的邮箱。

申请两个不同的邮箱，如搜狐邮箱和网易邮箱。在多个邮箱之中互相发送邮件。认真观察几个邮箱的区别，如容量的大小、发送和接收的速度、管理的方便程度等。

任务三　使用Outlook 2010收发电子邮件

任务说明

前面学习了如何注册一个免费邮箱，并在邮箱提供者的网站页面收发电子邮件。如果只有一个邮箱，那么键入用户名、密码即可；如果有3个以上的邮箱，就麻烦了，有没有一种工具可以管理这些邮箱，使办公变得简洁有序呢？Microsoft Outlook就是这样一款电子邮件管理软件。

相关知识

Microsoft Outlook是Office办公套件内的一种电子邮件客户端工具。Outlook 2010，专门用来收发电子邮件，但它不是电子邮箱的提供者，它是一个收、发、写、管理电子邮件的办公软件，即收、发、写、管理电子邮件的工具，使用它收发电子邮件十分方便。通常用户在某个网站注册了自己的电子邮箱后，要收发电子邮件，必须登录该网站，进入电子邮件网页，输入帐户名和密码，再进行电子邮件的收、发、写操作。

当使用 Microsoft Outlook 2010 后，这些顺序便可跳过。只要打开 Microsoft Outlook 2010，Microsoft Outlook 2010 程序便自动与注册的网站电子邮箱服务器联机工作，接收新电子邮件。发信时，可以使用 Microsoft Outlook 2010 创建新邮件，通过网站服务器联机发送。另外，Microsoft Outlook 2010 接收电子邮件时，会自动把发信人的电邮地址存入"通讯簿"，供以后调用。当单击网页中的电子邮件链接时，会自动进入写邮件界面，该新邮件已自动设置好了对方（收信人）的电邮地址和自己（发信人）的电邮地址，只要输入内容，单击"发送"按钮即可。

这些是最常用的 Outlook 功能，它还有许多附加功能，读者可以通过 Outlook 的"帮助"菜单和其他教学资料进一步学习，以便更熟练地使用 Outlook。当然，有些网站的电子邮箱服务器并不支持 Outlook，请读者注意。

任务实战

一、Microsoft Outlook 2010 的启动和配置

1．启动 Microsoft Outlook 2010

选择"开始"→"所有程序"→"Microsoft Office"→"Microsoft Outlook 2010"选项，打开如图 6.32 所示的界面。

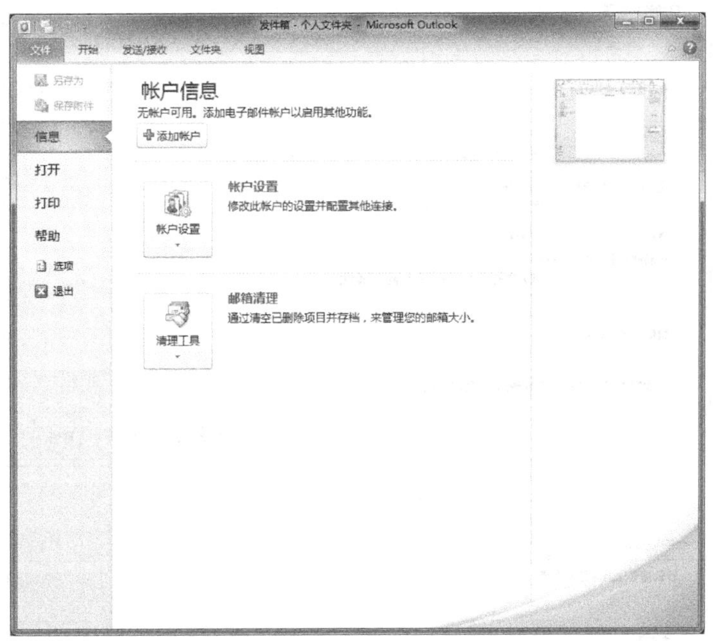

图 6.32　Microsoft Outlook 启动界面

2．添加账户

首次启用 Outlook 时，需要添加账户才可使用，单击"文件"选项卡"信息"组中的"添加账户"按钮，打开"添加新用户"对话框，进入"选择服务"界面，此处选中默认的"电子邮件账户"单选按钮，如图 6.33 所示。

单击"下一步"按钮，进入"自动账户设置"界面，输入姓名（即邮件上显示的名称）、电子邮件地址和密码，如图 6.34 所示。

单击"下一步"按钮，进入"联机搜索您的服务器设置…"界面，如图 6.35 所示。打开提示对话框，单击"允许"按钮，继续搜索服务器设置，登录到服务器并发送一封测试邮件，所有步骤完成后，表示账户添加成功，如图 6.36 所示，单击"完成"按钮即可，如图 6.36 所示。

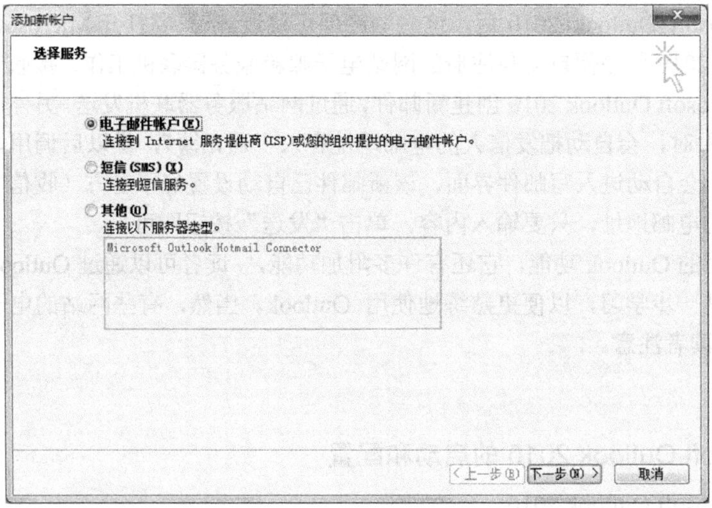

图 6.33　选择服务

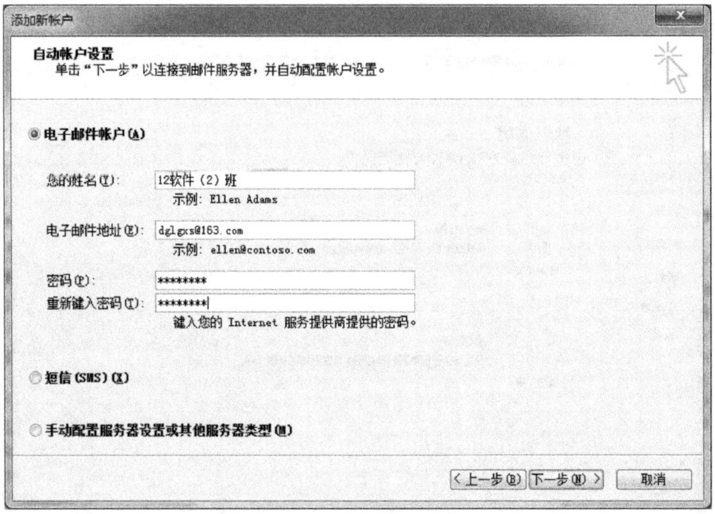

图 6.34　设置账户

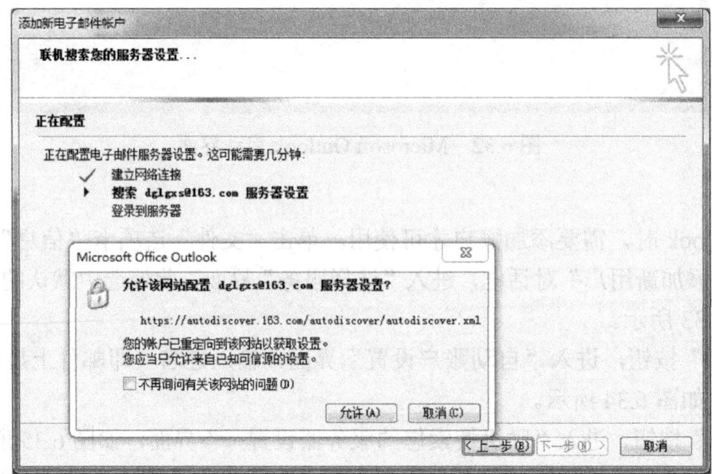

图 6.35　联机搜索服务器

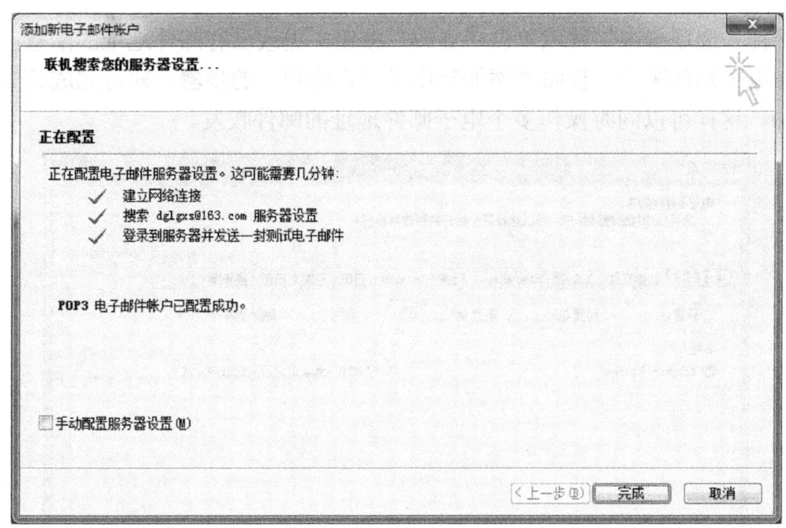

图 6.36　添加新账户

3．Outlook **工作界面**

当配置完成后，或者以后打开 Microsoft Outlook 时，即可进入当前邮箱的 Outlook 工作界面，如图 6.37 所示。

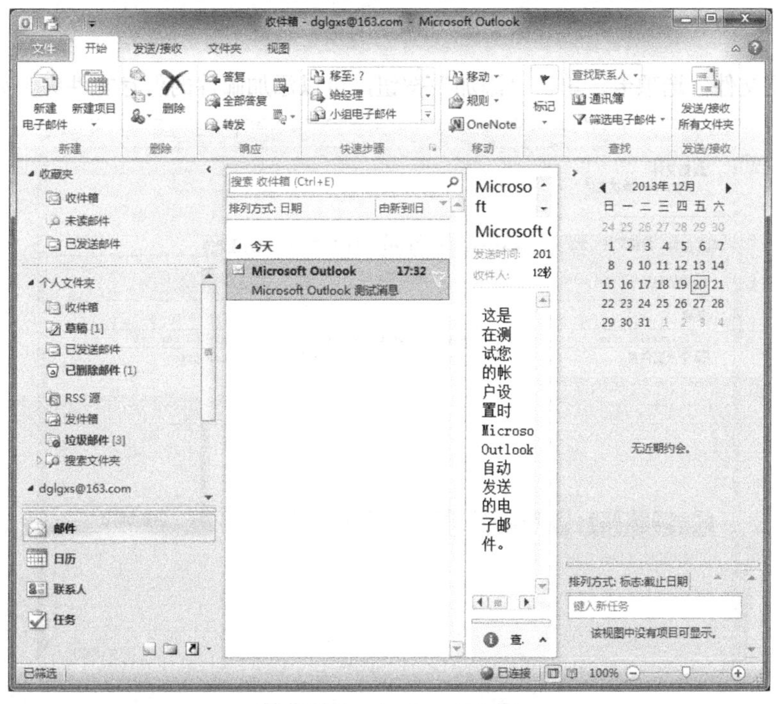

图 6.37　Outlook 工作界面

这样，下次直接开机打开 Microsoft Outlook 时可以方便快捷地收发电子邮件。

二、多邮箱地址添加

如果有多个邮箱地址，则可以单击“文件”选项卡“信息”组中的“帐户设置”按钮，打开如图 6.38 所示的“账户设置”对话框。

在“电子邮件”选项卡中，可以单击“更改”按钮，更改已有邮件地址的配置；本例单击“新建”按钮，添加电子邮件账户，按照“添加新电子邮件账户”的步骤，即可完成第二个、第三个等邮箱地址的添加。这样可以同时操作多个电子邮件地址的邮件收发。

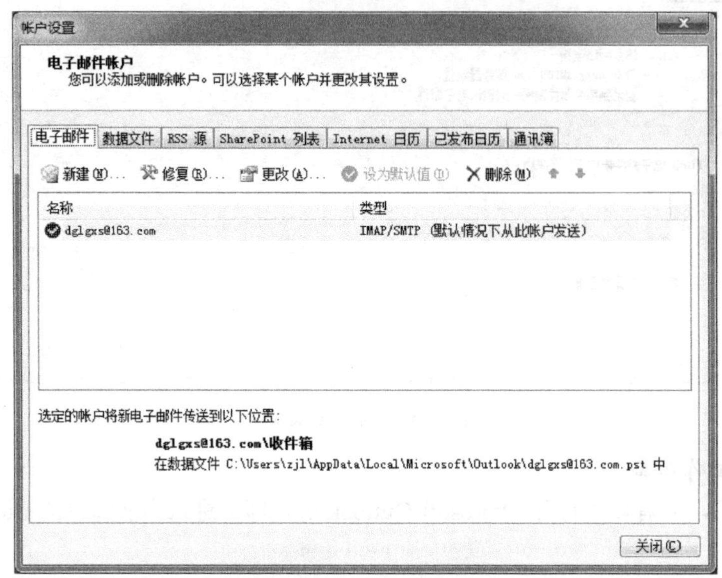

图 6.38　电子邮件账户设置

选择“数据文件”选项卡，单击“添加”按钮，可以添加邮件的保存文件夹，如图 6.39 所示。

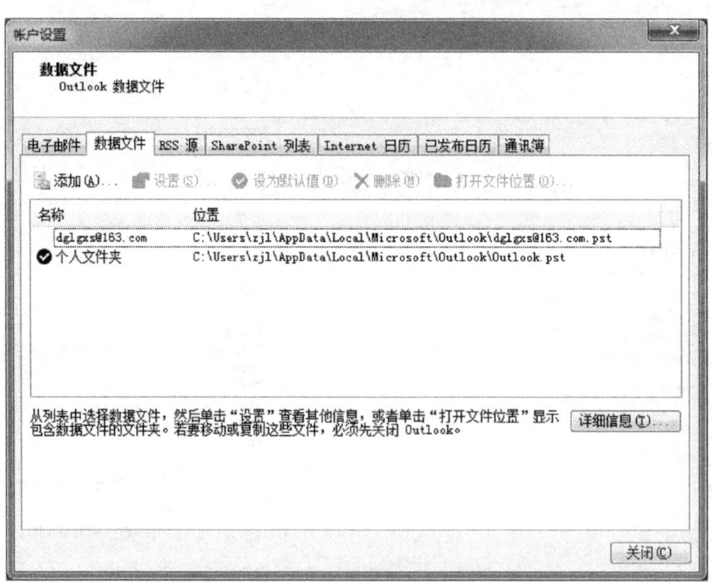

图 6.39　数据文件的设置

单击“设置”按钮，可以对文件夹设置密码，并压缩存储文件夹，如图 6.40 所示。

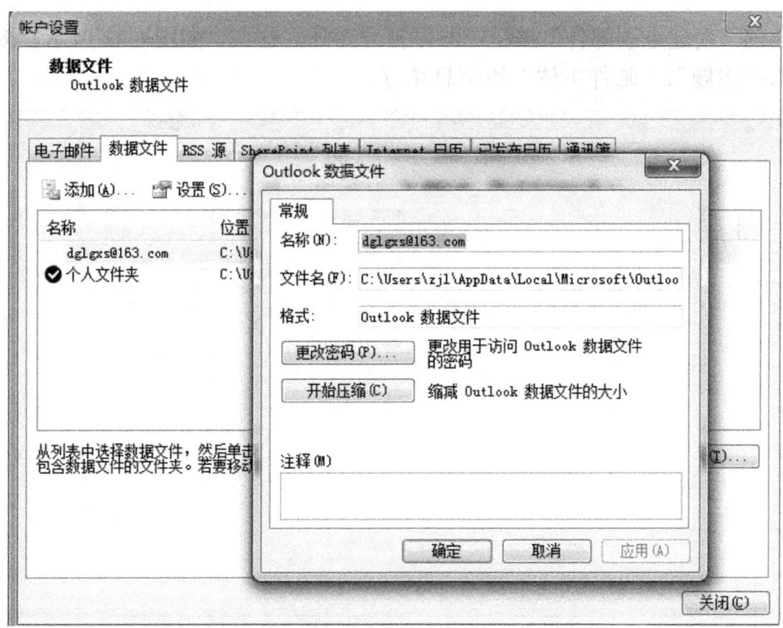

图 6.40 设置密码

三、Microsoft Outlook 的使用

1. 创建新邮件

启动 Microsoft Outlook，进入如图 6.41 所示的工作界面。

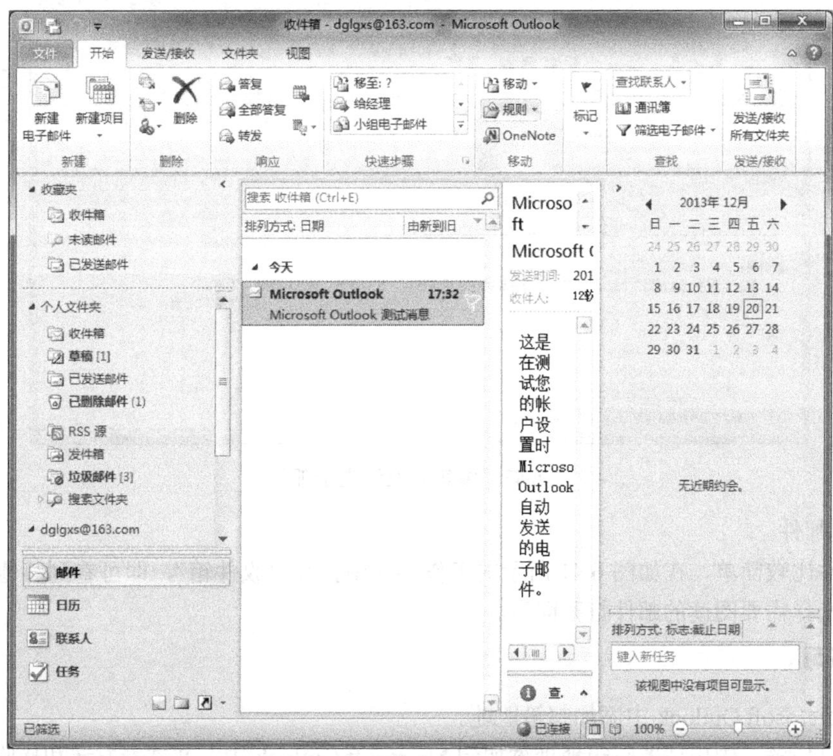

图 6.41 Microsoft Outlook 界面

单击左上角的“新建电子邮件”按钮，即可打开新邮件窗口，如图 6.42 所示。按照要求将“收件人”、“抄送”、“主题”、“邮件主体”等信息填好。

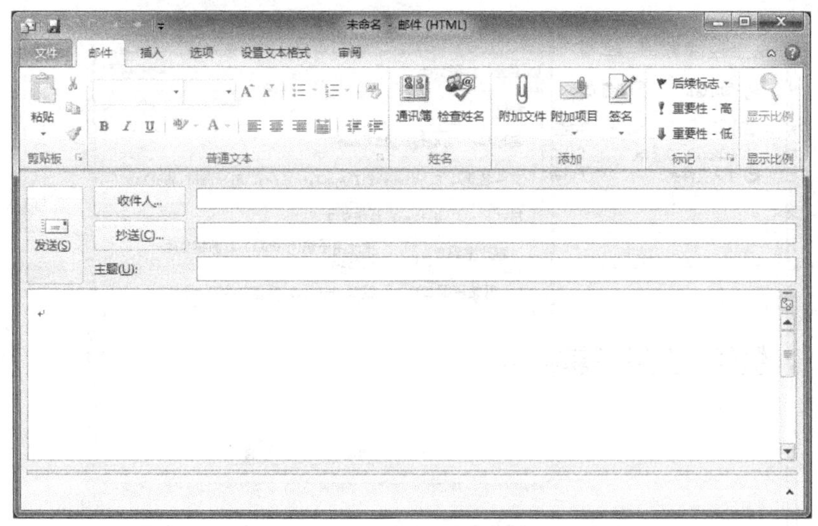

图 6.42 新邮件窗口

还可以通过“通讯簿”选择收件人地址，并可以添加或者删除收件人的地址。如果需要发送附件，则单击“附加文件”按钮。设置完成后单击“发送”按钮即可发送电子邮件，如图 6.43 所示。

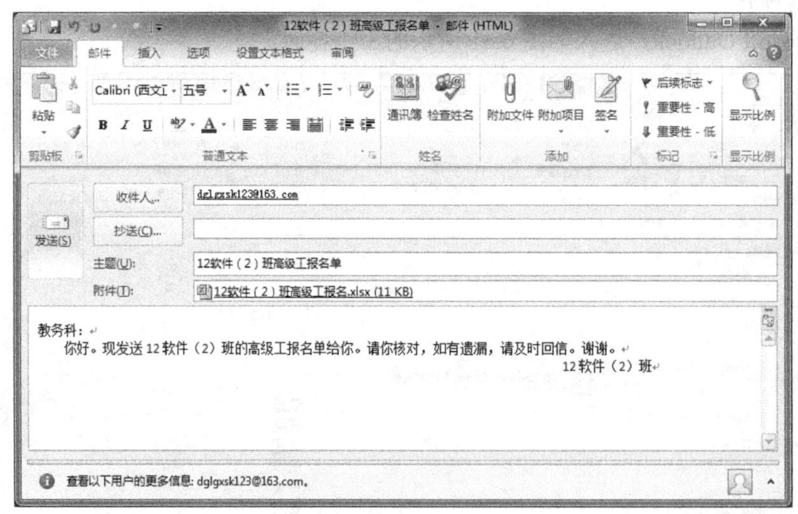

图 6.43 编辑并发送电子邮件

2．接收邮件

接收邮件比较简单，在如图 6.41 所示的工作界面中打开“收件箱”，即可看到其他人给自己发送的邮件，选择需要阅读的邮件打开即可。

技能练习

1．在 Microsoft Outlook 中添加邮箱地址。

将本项目任务一中申请的邮箱地址添加到 Microsoft Outlook 中，并试着发送和接收邮件。

2．在 Microsoft Outlook 中使用不同的邮箱。

在 Microsoft Outlook 中使用不同的邮箱接收和发送邮件。

提示：在“发送/接收”选项卡中，通过单击“发送/接收组”下拉按钮，在下拉列表中可以选择通过哪个邮箱收发电子邮件。

知识巩固

1．如果电子邮件到达时，收件人的计算机没有开机，那么电子邮件将会（　　）。

A．退回给发信人　　B．保存在服务商的主机上

C．过一会儿重新发送给对方　　D．自动保存到你的电脑上

2．Office 2010 办公套件中能够收发 E-mail 的客户端软件是（　　）。

A．Outlook Express　　B．Microsoft Outlook

C．Foxmail　　D．Internet Explorer

3．在 Internet 电子邮件系统中，发送邮件过程中使用到的协议是（　　）。

A．POP3　　B．E-mail　　C．SNMP　　D．SMTP

4．以下关于电子邮件的说法中，不正确是（　　）。

A．电子邮件的英文简称是 E-mail

B．加入因特网的每个用户通过申请都可以得到一个“电子邮箱”

C．在一台计算机上申请的“电子邮箱”，以后只有通过这台计算机才能接收信件

D．一个人可以申请多个电子信箱

5．写邮件时，除了发件人地址外，必须填写的是（　　）。

A．信件内容　　B．收件人地址　　C．主题　　D．抄送

*项目四　即时通讯和微博

项目指引

现代社会人们越来越习惯使用一些网络即时通讯软件来进行联系，通过空间，通过朋友圈分享自己心情、状态等，这方面比较出色的应用，首推 QQ、微信。互联网上还有另外一个沟通和展示的平台那就是微博，人们通过这个平台关注自己喜欢的朋友、明星的动态，微博的转发速度，远快于传统媒体，越来越影响的人们生活的方方面面。

知识目标

了解 QQ、微信、微博等平台的概念和作用，初步认识这些软件。

技能目标

掌握 QQ、微信、微博等平台的使用，能够使用 QQ、微信、微博等软件进行沟通。

任务一　即时通信软件

任务说明

即时通信软件 QQ 和微信已经成为人们沟通联系的重要方式，现在智能终端已经逐渐普及，人们使用 QQ 和微信等即时通信软件更加方便，微信的出现甚至已经威胁到运营商的短信业务。

相关知识

一、QQ

1999 年 02 月，腾讯正式推出第一个即时通信软件——“OICQ”，后改名为腾讯 QQ。腾讯 QQ 是腾讯公司开发的一款基于 Internet 的即时通信软件。腾讯 QQ 支持在线聊天、视频电话、点对点断点续传文件、共享文件、网络硬盘、自定义面板、QQ 邮箱、手机 QQ、QQ Live（在线直播）等多种功能，并可与移动通信终端等多种通信方式相连。如图 6.44 所示为 QQ 界面。

二、微信

微信是腾讯公司于 2011 年初推出的一款通过网络快速发送语音、短信、视频、图片和文字，支持多人群聊的手机聊天软件。用户可以通过微信与好友进行形式上更加丰富的类似于短信、彩信等方式的联系。微信软件本身完全免费，使用任何功能都不会收取费用，使用微信时产生的上网流量费由网络运营商收取。因为是通过网络传送的，因此微信不存在距离的限制，即使是国外的好友，也可以使用微信对讲。如图 6.45 所示为微信界面。

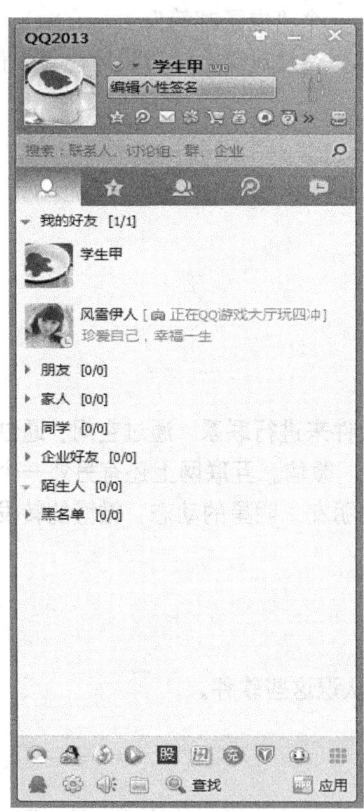

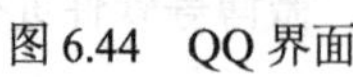
图 6.44　QQ 界面

图 6.45　微信界面

任务实战

一、QQ 的使用

1. QQ 的安装和申请

登录 http://im.qq.com，下载 QQ 软件并安装。运行 QQ 软件，如图 6.46 所示，输入 QQ 号码和密码即可登录 QQ 系统。

图 6.46 QQ 登录界面

如果未注册 QQ 号码，则在登录界面中单击“注册账号”按钮，进入 QQ 注册界面，在界面中输入对应信息，单击“立即注册”按钮即可完成注册，如图 6.47 所示，可在下一个界面中看到自己的 QQ 号码。

图 6.47 QQ 注册界面

2．QQ 的使用

用自己的号码登录 QQ 后即可进入主界面，如图 6.48 所示，单击“查找”按钮，即可添加“QQ 好友”，添加成功后，在 QQ 联系人中即可看到。双击 QQ 好友，即可打开聊天对话页面，也可传送文件，如图 6.49 所示。

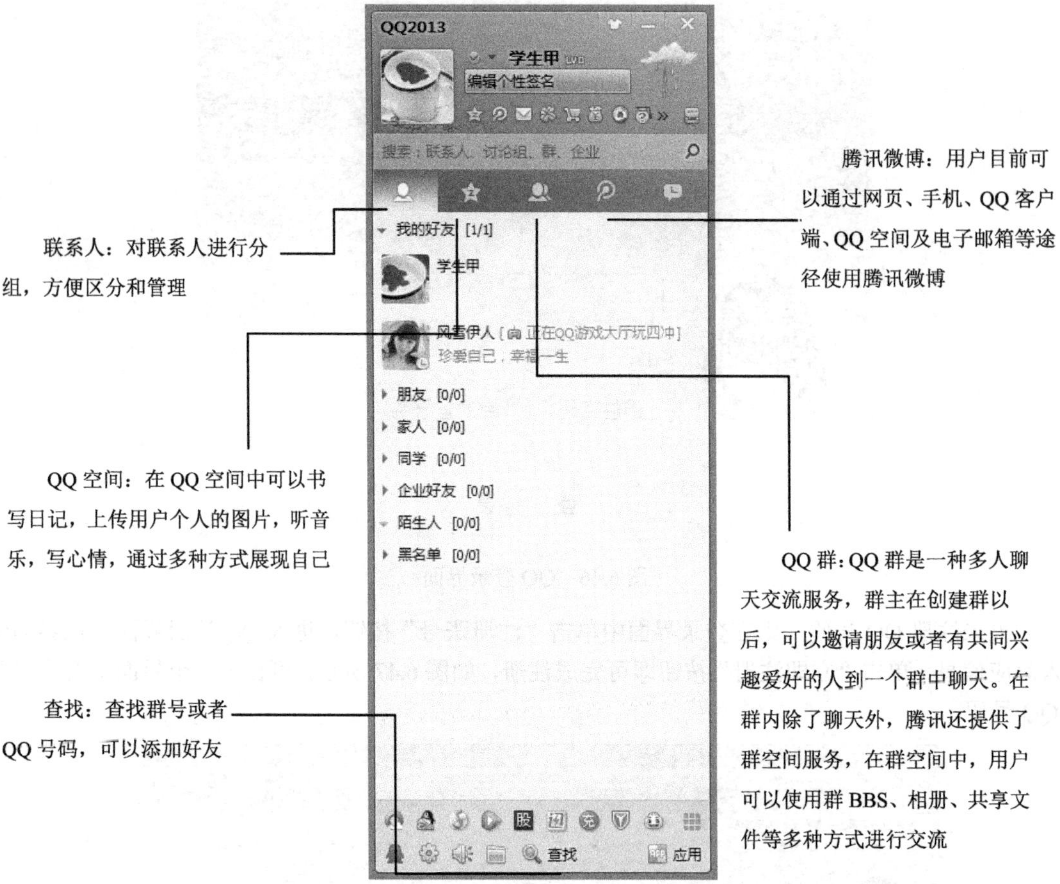

腾讯微博：用户目前可以通过网页、手机、QQ客户端、QQ空间及电子邮箱等途径使用腾讯微博
联系人：对联系人进行分组，方便区分和管理
QQ空间：在QQ空间中可以书写日记，上传用户个人的图片，听音乐，写心情，通过多种方式展现自己
QQ群：QQ群是一种多人聊天交流服务，群主在创建群以后，可以邀请朋友或者有共同兴趣爱好的人到一个群中聊天。在群内除了聊天外，腾讯还提供了群空间服务，在群空间中，用户可以使用群BBS、相册、共享文件等多种方式进行交流
查找：查找群号或者QQ号码，可以添加好友
QQ2013
学生甲
编辑个性签名
搜索：联系人、讨论组、群、企业
我的好友 [1/1]
学生甲
风雪伊人 [正在QQ游戏大厅玩四冲]
珍爱自己，幸福一生
朋友 [0/0]
家人 [0/0]
同学 [0/0]
企业好友 [0/0]
陌生人 [0/0]
黑名单 [0/0]
查找
应用

图 6.46　QQ 使用界面

风雪伊人
珍爱自己，幸福一生
发送文件/文件夹
发送离线文件
发送微云文件
传文件设置
文件管理器
学生甲 2013/1
你好！
以上是历史消息
消息记录
贴钱赚人气，数米胜百八！
关闭(C)
发送(S)
福美来6.88万
全系钜惠
点此
免费拥有QQ秀

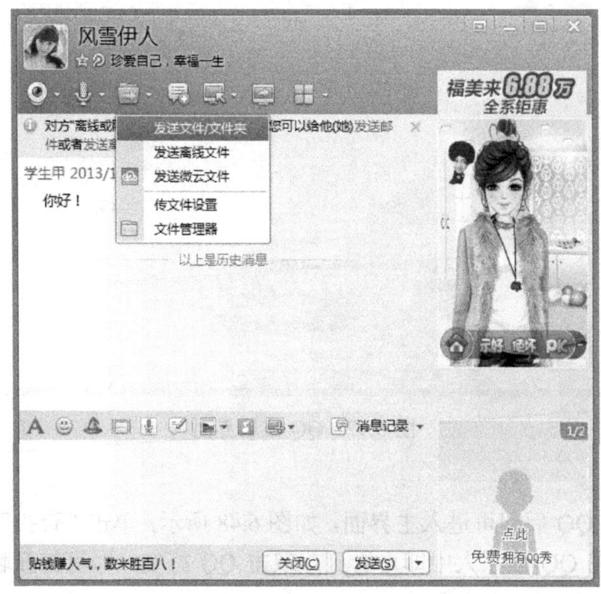

图 6.49　QQ 聊天及传送文件

二、微信的使用

1. 微信下载安装和账号注册

下载安装：通过手机助手下载并安装微信软件，或者登录 http://weixin.qq.com 下载并安装微信软件。

账号注册和登录：QQ 用户可以直接使用 QQ 账号登录微信，手机注册用户可通过手机号码完成注册并登录，如图 6.50 和图 6.51 所示。

图 6.50　手机注册界面

图 6.51　登录界面

2. 功能

微信主界面分为“微信”、“通讯录”、“发现”、“我”4 个版块，下面逐一介绍各个版块包含的功能和使用方法，如图 6.52 所示。

图 6.52　微信使用界面

1）“我”

在“我”版块中包含个人信息、我的相册、我的收藏、我的银行卡、表情商店、设置 6 个选项，如图 6.53 所示。

（1）个人信息：进行名字、个性签名、头像等个人信息的设定和修改，还可进行 QQ 号、手机号、邮件地址的绑定。

（2）我的相册：在“我的相册”中可以查看之前发表的个人信息，包括图片和文字信息。

（3）我的收藏：在“我的收藏”中，可以编辑和添加想要收藏的文字、图片及手机存储的文件等，好友对话内容也可以进行长按收藏。

（4）我的银行卡：可以进行银行卡的添加和绑定，绑定之后可以在微信上进行购物、话费充值等，目前只支持部分储蓄卡和信用卡。

（5）表情商店：在表情商店中可以选择使用免费或者付费的表情，在界面右上角的设置中可对现有和收藏的表情进行编辑。

（6）设置：对新消息、提醒、朋友圈权限、字体大小、聊天背景等进行设置。

2）发现

“发现”板块中包含朋友圈、扫一扫、摇一摇、附近的人、漂流瓶、游戏中心等，如图 6.54 所示。

（1）朋友圈：在“朋友圈”中可以查看微信好友和个人的最新动态；也可以发布动态，即快速点击右上角的相机按钮，可以发表图片和文字结合的动态（一次图片最多可以添加 9 张），长按相机按钮，只能发表文本动态。

（2）扫一扫：扫商品的条码可以显示商品的相关信息，扫书籍的封面可以显示书籍的相关信息；扫街景可以进行实时定位，扫英语单词可以进行翻译；扫一扫可以通过右上角按钮对手机中存储的二维码进行扫描，扫描时将要扫描的内容置于框内，可自动扫描。

（3）摇一摇：晃动手机可以发现同一时刻晃动手机的人。

（4）附近的人：单击右上角的按钮，可以对附近的人进行筛选；点击头像可以打招呼、举报和查看其详细资料。

（5）漂流瓶：微信漂流瓶的使用和 QQ 的漂流瓶使用基本相同。

（6）游戏中心：游戏中心可以进行游戏的下载/安装和管理，对于已安装好的游戏可以直接启动。

图 6.53　“我”界面

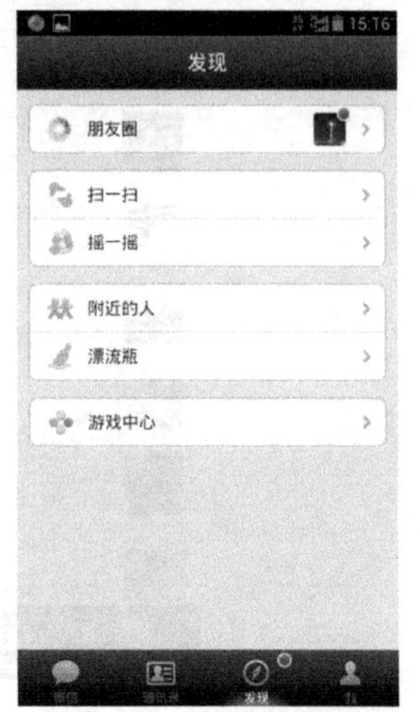

图 6.54　“发现”界面

3）通讯录

通过搜索框可快速查找好友，如图 6.55 所示。

图 6.55　“通讯录”界面

图 6.56　“添加朋友”界面

单击右上角的“添加”按钮，通过搜号码（QQ 号、微信号、手机号）进行好友添加。在“添加 QQ 好友”、“添加手机联系人”中可以邀请好友开通微信，对已经开通微信的好友可直接进行添加；输入想要查找的公众号名称、微信号，可查找并关注或取消关注；“一起按，加朋友”可以查找周围同时按的人，并添加好友，如图 6.56 所示。

4）微信

此版块主要显示最近联系的好友、服务号和微信号。

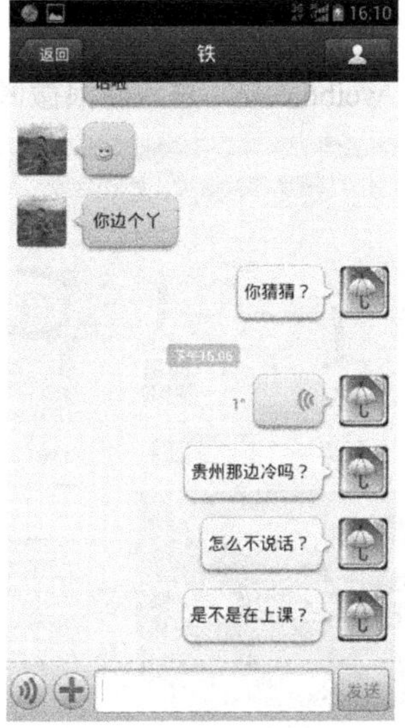

图 6.57　微信聊天界面

在搜索栏中可以直接输入想要查找好友的微信名或者备注，也可以单击搜索框最右边的话筒进行语音搜索，喊出要搜索人的微信名或者备注名即可搜索到此人；在微信版块界面的右上角单击“添加”按钮，可进行群聊的相关操作，在群聊界面的右上角单击按钮可设置群聊的相关信息，并删除和退出群聊，如图 6.57 所示。

与好友聊天时，单击输入框最左边的按钮，可以进行语音对话；单击“+”按钮可以选择输入的表情、图片、视频、位置、名片等，这些板块也可以自己添加，通过左右滑动切换；版块中包含一个实时对讲功能，当两个人或者群聊时都可以使用，发起实时对讲，按住界面中的圆形按钮，可以开始语音交流，类似于 QQ 的语音连接，右上角的按钮可以将界面折叠起来，折叠后仍可以实时对讲并使用微信的其他功能；退出时单击左上角的“退出”按钮即可。

技能练习

1．开通 QQ 空间，介绍自己的学校、自己的专业，通过 QQ 和老师、同学进行交流。
2．开通微信，并以班级为单位建立一个微信群聊，邀请同学们加入这个群聊。
3．通过搜索或者扫描二维码的方式，关注自己学校的公众账号。

任务二　微博

 任务说明

微博是一种新型的网络交互方式，它是一个基于用户关系的信息分享、传播及获取平台，是一种即时通信系统。下面以新浪微博为例介绍微博的使用。

 相关知识

微博最大的特点就是集成化和开放化，用户可以通过手机、IM 软件（QQ、MSN）和外部的 API 接口等方式发布消息。微博是一种互动性及传播性极强、极快的工具，传播速度甚至比很多媒体还要迅速。下面以目前最具代表性的新浪微博为例，来学习微博的使用。

任务实战

一、微博的注册

在 IE 浏览器地址栏中输入 http://weibo.com，进入新浪微博页面，如图 6.58 所示。

图 6.58　新浪微博页面

单击“立即注册”按钮，进入新浪微博的注册页面，如图 6.59 所示。

图 6.59 新浪微博注册界面

根据页面的提示内容，填写相关的资料后，单击“立即注册”按钮，即可开通属于自己的微博。

二、使用微博

注册完成账号后即可使用自己的账号登录微博并发布微博，如图 6.60 所示，中间的文本框内最多可以输入 140 个字，编辑完毕后单击“发布”按钮即可发布微博。微博可以绑定手机，也可以随时随地通过手机来发送或者接收微博信息。

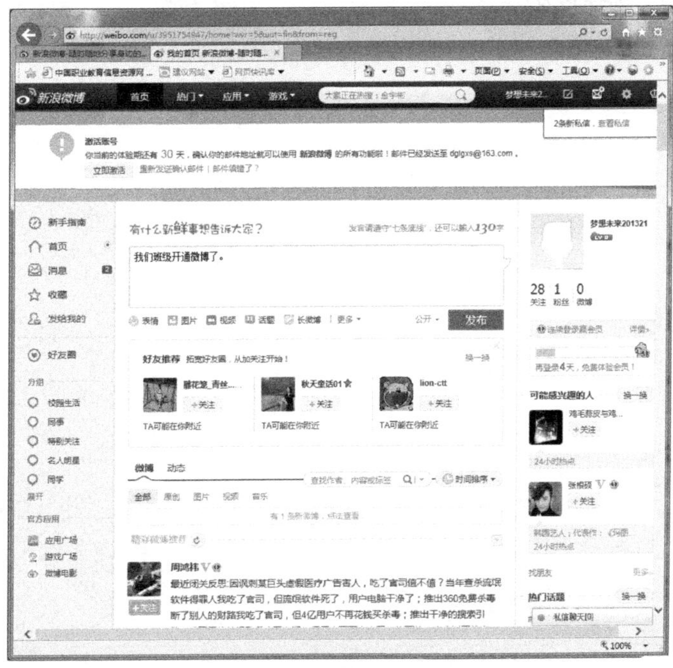

图 6.60 新浪微博发布页面

三、关注

微博是一个用来交流的工具，用户可以关注感兴趣的人或组织，以便随时查看他们的更新。

四、评论转发

用户可以对别人发的微博进行评论，也可以转发别人的微博。当自己和好友之间的对话不想让第三方知道时，可以通过私信聊天。注意，在转发的时候要甄别信息的来源，不要造谣、传谣，不做违法的事情，更不要被别有用心的人利用。

 **技能练习**

1. 申请新浪微博，关注自己的同学。
2. 发表一个微博。

 **知识巩固**

1．中国最大的网上购物网站是（　　）。

A．淘宝　　B．搜狐　　C．新浪　　D．亚马逊

2．QQ 是一种（　　）工具。

A．聊天　　B．支付　　C．网银　　D．下载

3．微博是一种（　　）平台。

A．网络购物　　B．支付　　C．信息传播　　D．游戏平台

4．微信是（　　）公司开发的即时通信平台。

A．阿里巴巴　　B．腾讯　　C．搜狐　　D．盛大

5．关于 QQ、微信、微博等网络平台上的信息，人们应采取的态度是（　　）。

A．全部相信

B．基本上都是以娱乐为目的的，不用太认真

C．不加甄别，选择转发

D．以上都不对

反侵权盗版声明